计 算 机 类 专 业
系统能力培养系列教材

*Software Engineering*
*Principles and Practices*

# 软件工程
# 原理与实践

沈备军 万成城 陈昊鹏 陈雨亭 编著

U0378945

机械工业出版社
CHINA MACHINE PRESS

本书共分四篇。第一篇（第1、2章）对软件工程进行概述，介绍了什么是软件、软件工程和软件过程。第二篇（第3~9章）讲解了软件工程的模型和方法、软件需求工程、软件架构设计、软件详细设计、编码和版本管理、软件测试，以及软件运营和维护。第三篇（第10~14章）介绍了软件项目管理和规划、软件质量管理、软件风险管理、软件度量以及软件开发中人的管理。第四篇（第15、16章）介绍了软件工程的新进展，包括智能软件工程和群体软件工程等新技术和新方法。

本书内容全面、实践性强、紧跟学术和实践前沿，适合作为本科生和研究生"软件工程""高级软件工程""软件过程""软件项目管理"等课程的教材，同时对从事软件开发、运维和管理的各类技术人员也有非常好的借鉴作用。

**图书在版编目（CIP）数据**

软件工程原理与实践 / 沈备军等编著 . -- 北京：
机械工业出版社，2023.10
计算机类专业系统能力培养系列教材
ISBN 978-7-111-73944-9

I.①软…  II.①沈…  III.①软件工程 – 高等学校 –
教材  IV.① TP311.5

中国国家版本馆 CIP 数据核字（2023）第 182775 号

机械工业出版社（北京市百万庄大街 22 号　邮政编码 100037）
策划编辑：关　敏　　　　　责任编辑：关　敏
责任校对：张爱妮　周伟伟　　责任印制：郜　敏
三河市国英印务有限公司印刷
2024 年 1 月第 1 版第 1 次印刷
186mm × 240mm・26.25 印张・555 千字
标准书号：ISBN 978-7-111-73944-9
定价：79.00 元

电话服务　　　　　　　　　网络服务
客服电话：010-88361066　　机 工 官 网：www.cmpbook.com
　　　　　010-88379833　　机 工 官 博：weibo.com/cmp1952
　　　　　010-68326294　　金 书 网：www.golden-book.com
**封底无防伪标均为盗版**　机工教育服务网：www.cmpedu.com

# 编委会名单

# 丛 书 序 言

人工智能、大数据、云计算、物联网、移动互联网以及区块链等新一代信息技术及其融合发展是当代智能科技的主要体现，并形成智能时代在当前以及未来一个时期的鲜明技术特征。智能时代来临之际，面对全球范围内以智能科技为代表的新技术革命，高等教育也处于重要的变革时期。目前，全世界高等教育的改革正呈现出结构的多样化、课程内容的综合化、教育模式的学研产一体化、教育协作的国际化以及教育的终身化等趋势。在这些背景下，计算机专业教育面临着重要的挑战与变化，以新型计算技术为核心并快速发展的智能科技正在引发我国计算机专业教育的变革。

计算机专业教育既要凝练计算技术发展中的"不变要素"，也要更好地体现时代变化引发的教育内容的更新；既要突出计算机科学与技术专业的核心地位与基础作用，也需兼顾新设专业对专业知识结构所带来的影响。适应智能时代需求的计算机类高素质人才，除了应具备科学思维、创新素养、敏锐感知、协同意识、终身学习和持续发展等综合素养与能力外，还应具有深厚的数理理论基础、扎实的计算思维与系统思维、新型计算系统创新设计以及智能应用系统综合研发等专业素养和能力。

智能时代计算机类专业教育计算机类专业系统能力培养 2.0 研究组在分析计算机科学技术及其应用发展特征、创新人才素养与能力需求的基础上，重构和优化了计算机类专业在数理基础、计算平台、算法与软件以及应用共性各层面的知识结构，形成了计算与系统思维、新型系统设计创新实践等能力体系，并将所提出的智能时代计算机类人才专业素养及综合能力培养融于专业教育的各个环节之中，构建了适应时代的计算机类专业教育主流模式。

自 2008 年开始，教育部计算机类专业教学指导委员会就组织专家组开展计算机系统能力培养的研究、实践和推广，以注重计算系统硬件与软件有机融合、强化系统设计与优化能力为主体，取得了很好的成效。2018 年以来，为了适应智能时代计算机教育的重要变化，计算机类专业教学指导委员会及时扩充了专家组成员，继续实施和深化智能时代计算机类专业教育的研究与实践工作，并基于这些工作形成计算机类专业系统能力培养 2.0。

本系列教材就是依据智能时代计算机类专业教育研究结果而组织编写并出版的。其中的教材在智能时代计算机专业教育研究组起草的指导大纲框架下，形成不同风格，各有重点与侧重。其中多数将在已有优秀教材的基础上，依据智能时代计算机类专业教育改革与发展需求，优化结构、重组知识，既注重不变要素凝练，又体现内容适时更新；有的对现有计算机专业知识结构依据智能时代发展需求进行有机组合与重新构建；有的打破已有教材内容格局，支持更为科学合理的知识单元与知识点群，方便在有效教学时间范围内实施高效的教学；有的依据新型计算理论与技术或新型领域应用发展而新编，注重新型计算模型的变化，体现新型系统结构，强化新型软件开发方法，反映新型应用形态。

本系列教材在编写与出版过程中，十分关注计算机专业教育与新一代信息技术应用的深度融合，将实施教材出版与 MOOC 模式的深度结合、教学内容与新型试验平台的有机结合，以及教学效果评价与智能教育发展的紧密结合。

本系列教材的出版，将支撑和服务智能时代我国计算机类专业教育，期望得到广大计算机教育界同人的关注与支持，恳请提出建议与意见。期望我国广大计算机教育界同人同心协力，努力培养适应智能时代的高素质创新人才，以推动我国智能科技的发展以及相关领域的综合应用，为实现教育强国和国家发展目标做出贡献。

智能时代计算机类专业教育计算机类专业系统能力培养 2.0

系列教材编委会

2020 年 1 月

# 序

软件工程作为一门学科正式出现，至今已有 50 余年的历史。而自中国 1980 年启动软件工程研究与实践以来，软件工程在中国发展也已超过 40 年。最近 20 年，中国更是大力发展软件产业，加快培养软件人才。2022 年，中国软件业从业人数超过 800 万。

软件工程是一门原理性和实践性均很强的学科，且需要随着软件形态的变化与时俱进。上海交通大学沈备军等作者编著的《软件工程原理与实践》，全面而详细地介绍了现代软件工程的各个分支，并对该领域的前沿新技术和新方向进行了展望。本书既可作为教材，又可作为自学用书和科研参考书。

翻阅书稿引发了我的一些思考，在此与读者分享。

1）软件工程源于软件及软件开发存在着复杂性、不可见性和可变性。软件工程领域中有著名的《人月神话》与《没有银弹》，这些著作清晰地说明了软件开发的复杂性。当前，大型系统软件代码量急剧增加——美国谷歌在线服务的代码量超过了 20 亿行。软件开发的复杂性，本质上源于要解决的实际问题所具有的复杂性和变化性。同时，软件运行环境、软件运行依赖的数据和自身状态及其逻辑关系的复杂组合，以及当前依赖程序员个人能力的软件开发过程等，都是造成软件开发问题复杂性的原因。过去 50 多年里，学术界与工业界提出了很多软件工程过程、软件工程技术及软件工程管理方案，以有效解决软件开发中存在的复杂性和不确定性。读者在阅读本书时，需要厘清诸多模型、技术、方案所提出的缘由，以在实际软件开发过程中灵活使用。

2）软件开发方法因领域分化特色越来越明显。近 10 年互联网与物联网发展到了一个新的阶段，支持人和物的移动互联成为软件系统的重要特性。与此同时，各个行业（石化、船舶、航空等）都有自己的软件应用，需要有适合自己的软件开发方法，特别是，以深度学习为代表的智能化方法的发展，延伸了软件的应用场景，给软件开发带来更大的挑战，也蕴含更大的机遇。软件开发人员不仅需要不断学习新的软件工程方法，而且需要花费更多时间去学习领域知识。我们可以探索不同领域软件开发所遵循的过程。

3）近几十年催生了很多新的软件开发范式。国防科技大学王怀民院士在中国计算机大会报告《软件开发范式的变革》中，将软件发展历程概括为工程范式、开源范式，以及正在形成的群智范式。工程范式研究组织和管理软件开发过程的方法，以及与软件生产相关的自动化工具；开源范式通过自组织的社区群体，鼓励开展软件作品的自由创作；

群智范式试图在工程范式和开源范式之间找到平衡点，实现自由创作与规范生产的连接和转化。传统软件工程关注工程范式，为软件开发提供了诸多开发指导原则。然而，现在软件开发正逐步走向开源范式和群智范式。读者在阅读本书的过程中，可进一步关注开源范式和群智范式，并探索将来可能出现的新的软件开发范式。

4）人工智能时代的开启，为软件工程的发展带来机遇，也给软件开发带来了挑战。诸多证据已经表明，人工智能技术的应用可以加快软件开发进程，提高软件质量和可维护性，但是人工智能技术并不能完全取代软件工程师的角色。软件工程师在软件需求分析、设计和开发、测试和维护中仍然扮演着关键的角色，必须不断更新自己的知识和技能，以适应人工智能技术的发展。

我们相信软件工程将为中国软件业提供更多的最佳实践。很庆幸，中国已经开始产生并将继续涌现更多具体实践。我们更期待，下一次软件工程的深刻变革将由中国来主导。

金芝

2023 年 4 月 10 日

# 前　言

　　软件工程是一种采用工程化方法构建和维护有效的、实用的、高质量的软件的技术与方法。在互联网和人工智能等技术的影响下，软件工程正在经历一场深刻的变革，呈现出敏捷化、智能化和全球化的发展趋势。本书从软件工程的本质出发，详细介绍了软件过程、软件工程技术和软件工程管理，同时介绍了智能软件工程和群体软件工程等新技术和新方法，是一本内容全面、实践性强、紧跟学术和实践前沿的系统性图书，适合作为本科生和研究生"软件工程""高级软件工程""软件过程""软件项目管理"等课程的教材，同时对从事软件开发、运维和管理的各类技术人员也有非常好的借鉴作用。

　　和其他软件工程相关书籍相比，本书具有以下特点：

　　（1）覆盖 SWEBOK 第 4 版的核心知识域

　　IEEE 正在制定国际标准的软件工程知识体系（Software Engineering Body Of Knowledge，SWEBOK）第 4 版，SWEBOK 第 4 版目前已进入公共评审阶段，计划 2023 年推出。本书覆盖 SWEBOK 第 4 版的核心知识域，包括软件需求、软件架构、软件设计、软件构造、软件测试、软件工程运营、软件维护、软件配置管理、软件工程管理、软件工程模型与方法、软件工程过程、软件质量和软件工程职业实践。

　　（2）突出了软件工程的敏捷化、开发与运维一体化、智能化

　　为适应当前软件工程的过程和方法上的特点，本书弱化和减少了以瀑布模型为代表的软件开发模型和结构化开发方法学的知识点，强化了敏捷软件开发和面向对象的开发方法学；增加了开发与运维一体化（DevOps）和持续集成与持续交付；展望了智能软件工程和开源等群体软件工程的新技术和新方向。

　　（3）案例贯穿软件工程核心环节

　　软件工程是一门工程学科，实践非常重要，因此本书引入了软件工程的最佳实践（best practice），并以一个汽车 4S 店业务管理系统为案例，阐述了软件工程从需求、设计、测试到管理等的核心环节，帮助学生扎实掌握基础知识，培养学生解决实际问题的能力。除此之外，我们强调在学习软件工程的过程中要进行大作业的演练。

　　全书分为四篇——软件工程概述、软件工程技术、软件工程管理和软件工程新进展，共 16 章。第一篇讲述软件工程的概念和软件过程；第二篇讲述从需求、设计、编码、测试到运维的软件工程技术实践和面向对象的分析与设计方法；第三篇讲述软件工程管理

的重要知识域，包括软件项目管理和规划、软件质量管理、软件风险管理、软件度量、个体和团队管理；第四篇讲述软件工程的两项新进展——智能软件工程和群体软件工程。

本书除了以下说明的章节之外，均由沈备军执笔完成。本书的合著者万成城副教授编写了第8章和第15章；陈昊鹏副教授编写了第5章和第6章；陈雨亭副教授编写了第3章。

本书在编写过程中得到了上海交通大学智能软件工程实验室顾小东老师和同学们的大力支持，在此向他们表示衷心的感谢。还要感谢上海交通大学软件学院和计算机系的领导和老师们对我们的指导与帮助。本书内容覆盖广泛，除了作者自身的研究成果和实践经验以外，参考了大量公开发表的文献，故同时向这些作者表示感谢。

由于作者水平有限，书中难免存在不足和不当之处，恳请广大读者指正。

作者
2023年3月

CONTENTS

# 目　录

第一篇

# 软件工程概述

CHAPTER1

第 **1** 章

# 绪论

本章主要知识点

❏ 软件的作用和特性是什么？软件开发与维护目前面临哪些挑战？
❏ 什么是软件工程？软件工程的根本目标是什么？
❏ 软件工程的知识体系包括哪些知识域？

　　软件作为信息社会的基础设施，深刻地影响着现代人类文明的进程。作为软件产业的支撑学科，软件工程聚焦于如何高效地开发和运维高质量的软件。在软件定义一切的时代，软件工程对推动我国创新驱动发展的国家战略具有重大意义。本章将从软件和工程两个角度探索软件工程的本质、基本原理和发展趋势，然后介绍软件工程职业道德规范，最后给出本书的案例。

## 1.1　什么是软件

### 1.1.1　软件的定义和作用

　　什么是软件呢？现在，被普遍接受的软件的定义是：软件（software）是在通用计算机硬件之上面向特定应用目标实现的解决方案。它是计算机系统中与硬件（hardware）相互依存的另一部分，包括程序（program）、相关数据（data）及说明文档（document）。为了更好地理解软件的概念，将软件和硬件等其他人工产品相区分是非常重要的。软件是逻辑的而不是物理的产品。因此，软件具有与硬件完全不同的特征。

　　（1）软件开发不同于硬件设计

　　与硬件设计相比，软件更依赖于开发人员的业务素质、智力，以及人员的组织、合作和管理。对硬件而言，设计成本往往只占整个产品成本的一小部分，而软件开发占整个产品成本的大部分，这意味着软件开发项目不能像硬件设计项目那样来管理。

（2）软件生产不同于硬件制造

硬件设计完成后就可投入批量制造，制造是一个复杂的过程，其间仍可能引入质量问题；软件成为产品之后，其制造只是简单的复制而已，软件的仓储和运输也非常简单。因此，软件产品必须要成为第一，一旦落后，市场就会被领先的产品以零成本的复制所占领。

（3）软件维护不同于硬件维修

硬件在运行初期有较高的故障率（主要来源于设计或制造的缺陷），在缺陷修正后的一段时间中，故障率会降到一个较低和稳定的水平上。随着时间的推移，故障率将再次升高，这是因为硬件会受到磨损，达到一定程度后就只能报废。软件是逻辑的而不是物理的，虽然不会磨损和老化，但在使用过程中的维护却比硬件复杂得多，在维护过程中还可能产生新的错误。软件在运营时需要持续的维护和版本更新，这也正是软件产业隶属于服务业而不是制造业的主要原因。

当前，软件作为信息技术产业的核心与灵魂，正发挥着巨大的使能作用和渗透辐射作用。所有新的信息技术应用、平台和服务模式，均离不开软件技术作为基础支撑。更为重要的是，在数字经济时代，软件技术已经成为企业的核心竞争力，不仅引领着信息技术产业的变革，在汽车、能源、制造、零售等众多传统领域中存在的比重和重要性也在不断加大，在支持这些传统领域产业结构升级换代甚至颠覆式创新的过程中起到核心关键作用，并进一步加速重构了全球分工体系和竞争格局。作为新一轮科技革命和产业变革的标志，德国的"工业 4.0"和美国的"工业互联网"，以及我国的"制造强国战略"，均将信息和软件技术作为发展重点。无所不在的软件，正在走出信息世界的范畴，开始深度渗透到物理世界，在支撑人类社会运行和人类文明进步中发挥重要的"基础设施"作用，甚至开始扮演着重新定义整个世界图景的重要角色。

## 1.1.2　软件的发展历史

从世界上第一台计算机 ENIAC 在美国诞生到现在的 70 多年时间里，软件作为人类智力活动的逻辑产品，经历着与其他行业不同的快速发展。作为信息技术的核心，软件技术呈现从"工具"和"平台"到"引领"的转变。与此同时，软件的产品形态和商业模式也在不断演进，先后经历了大型机和小型机时代的硬件附属阶段、PC 时代的独立软件产品阶段、"互联网 +"时代的"软件即服务"阶段，以及数字经济时代的"软件定义"阶段<sup>⊖</sup>。

（1）硬件附属阶段

在计算机诞生后的相当长一段时期内，实际上并没有"软件"的概念，计算机是通过用机器语言和汇编语言编写程序直接操作硬件来运行的。到 20 世纪 60 年代初，在高

---

　　⊖　参见 https://m.thepaper.cn/baijiahao_6956608。

级程序设计语言出现后，软件才从硬件中分离出来，成为相对独立的制品。但是，在这个大型机和小型机时代，硬件占据绝对主体的地位，软件仅仅作为计算机硬件的附属物而存在，没有独立的商业形态，软件的代码通常是向使用者开放的，便于用户自己进行修改与优化。

（2）独立软件产品阶段

进入 20 世纪 70 年代的 PC 时代后，出现了软件许可证（license）的概念，卖软件的许可证成为一种新型的商业模式，软件作为一个独立的产品销售，软件代码成为核心竞争力而不再对使用者开放。标志性的成功案例就是微软的 Windows 操作系统。在这个时期，软件逐渐颠覆了传统计算机产业"硬件为王"的格局，开始成为 IT 产业的主导者。软件开始正式成为一个独立产业，在各个行业、领域不断普及，催生了人类历史上信息化的第一波浪潮，即以单机应用为主要特征的数字化阶段（信息化 1.0）。

（3）"软件即服务"阶段

20 世纪 90 年代中期开始，随着互联网的快速发展普及，软件从单机计算环境向网络计算环境延伸，带来了信息化的第二波浪潮，即以网络在线应用为主要特征的网络化阶段（信息化 2.0）。软件的形态发生了重大的变化，"软件即服务"（software as a service）开始成为一种非常重要的网络化软件交付形态和使用方式。不同于传统面向单机的拷贝形态，"软件即服务"使得人们不必再拥有软件产品，而是通过互联网在任何时间、任何地点、任何设备上，直接与软件提供者进行连接并按需获取和使用软件的功能。

（4）"软件定义"阶段

当前，软件正在融入支撑整个人类经济社会运行的基础设施中，对传统物理世界基础设施和社会经济基础设施进行重塑与重构，通过软件定义的方式赋予其新的能力和灵活性，成为促进生产方式升级、生产关系变革、产业升级、新兴产业和价值链的诞生与发展的重要引擎。

## 1.1.3　挑战与问题

软件与工业控制、制造、科学计算、数值计算、物联网等各领域不断加强融合，正引领并促进这些领域的高速发展。为了满足各个领域的相关要求，软件对应呈现出许多新的特征，从而导致软件开发与维护面临新的挑战：

1）软件复杂性挑战。今天的软件常常是网络应用，涉及多种硬件、多种操作系统、多种编程语言，逻辑复杂，同时面临层出不穷的新技术。

2）软件大规模挑战。软件规模不断扩大，一个宇宙飞船的软件系统源程序代码可多达 2000 万行，鸿蒙操作系统的研发人数超过 2 万。

3）软件高质量挑战。随着软件应用在越来越多的关键领域中，软件的质量要求也越来越高，例如高安全性、高可靠性、高性能、高易用性、可配制的功能和流程等。

4）不确定性挑战。乌卡（VUCA）时代下，软件项目面临需求和技术的易变性、不确定性、复杂性和模糊性的挑战，应用环境从静态、封闭、可控逐步变为动态、开放、难控。

5）进度和敏捷开发的挑战。几乎所有软件项目的进度要求都很紧，常常需求还没有确定，交付日期却已经定了，进度预估不足是常态。这就要求敏捷开发，快速适应需求变化。

6）遗留系统（legacy system）的挑战。随着软件的不断开发和应用，存在着大量的遗留系统需要集成和复用。这些系统是早年采用旧的技术开发而成的，目前一部分仍能有效运行，一部分需要升级改造，还有一部分虽然被淘汰，但仍包含大量可复用的资产。

7）分散团队的协同挑战。全球软件开发由于能充分利用各地的资源，被越来越多的组织所接受，特别是跨国组织和集团。地理位置分散的开发团队，协同合作需要克服时间、文化等差异造成的沟通障碍。

我们所面临的新挑战不止上述这些。这些挑战导致了软件项目的成功率和质量一直偏低。根据 Standish Group 发布的 chaos 报告 ⊖，软件项目的成功率低于 40%，超过 60% 的项目由于进度延期、超出预算、不符合客户的需求、质量低劣等原因而在不同程度上失败。由于软件质量低劣导致的故障，也给我们的生活和工作带来了巨大的损失。例如，2018 年印尼狮航一架波音 737 MAX 8 客机途中坠落，189 人罹难，失事原因为软件设计缺陷，飞机的迎角传感器"数据错误"触发"防失速"自动操作，导致机头不断下压，最终坠海。

为什么软件开发表现得如此不成熟呢？分析其根源，主要有两个方面的原因：

● 与软件本身的特点有关。软件是无形的逻辑实体，具有高度的复杂性，不仅难以理解和描述，而且难以开发、度量和控制，使得软件开发过程中处处充满着风险。

● 与软件开发和维护的方法、过程、管理、规范和工具不正确有关。Parnas 教授曾说过，虽然我们已经提出了不少好的技术和方法，例如迭代式交付（1988）、测量（1977）、风险管理计划（1981）、变更控制委员会（1979），等等，"它们早就在这里多年了，但是没有被适当使用"。当前软件实践常常是，面对进度压力，软件工程师没有计划他们的工作，匆匆地走过需求、设计和编码，软件开发直到测试前仅仅是忽略质量的技术。这些实践引入了大量的缺陷，即使是有经验的工程师也会每 7~10 行代码就引入一个缺陷，中等规模的系统平均存在着上千个缺陷。大多数缺陷必须靠测试发现，这通常要花去开发时间的一倍时间。目前大多数的工作方式还像 30 年前一样。

如何才能解决这些问题，提高软件开发和维护的效率与质量？这正是软件工程所研究和实践的。

---

⊖　参见 http://www.standishgroup.com。

## 1.2 什么是工程

### 1.2.1 软件是一门工程学科

为了更深入地探索软件的本质，软件学术界和产业界进行了大量的研究和探索。软件开发追求的目标是什么？软件应是一门什么学科？是艺术、科学，还是工程？

艺术是追求美（beauty）的学科。软件开发和艺术有关系，优秀的软件好用且美，就像艺术品一样。有人曾说，写一行行代码，就像写一首蓝色的诗。软件的开发和艺术的创作在某些方面常常很相似，都需要灵感和创意，非常依赖于创作者的个体能力、思维方式以及当时的情绪和状态。

科学是追求真（truth）的学科。软件开发和科学有关系，它具有数理性质，可以采用数学抽象方法进行一致性分析并细化成更详细的理论。形式化开发方法就是用数学的方法来开发或验证软件的。

工程是追求善（benefit）的学科。软件开发具有很强的工程性质，软件开发需要一群人靠系统的方法一起进行分析、设计、实现和测试来完成，"不是一个人在战斗"，也不是只靠一种技术。它需要多个人的有效协作、多种学科技术的有效综合才能成功。因此，我们认为软件开发更偏向工程学科，如图 1-1 所示，软件开发的目标是提供最大的价值。

当前，软件工程学科已发展为计算机科学与技术、数学、工程学、管理学等相关学科的交叉学科。2011 年初国务院学位委员会和教育部将软件工程确立为一级学科。

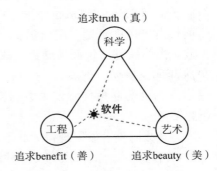

图 1-1 软件是一门工程学科

### 1.2.2 工程的定义和特性

所谓工程，是对技术（或社会）实体的分析、设计、建造、验证和管理。应用于不同的领域，则形成系统工程、社会工程、化学工程、冶金工程、机电工程、土木工程、水利工程、交通工程、纺织工程、食品工程，以及软件工程等。工程是一种组织良好、管理严密、各类人员协同配合、共同完成工作的学科，它具有以下特性：

1）以价值为目标。工程的目标就是获得最大的效益，给社会或组织带来价值。

2）高度的组织管理性。工程需要各类人员为了共同的愿景和目标协同配合，需要把相互作用和相互依赖的若干组成部分结合成具有特定功能的有机整体，因此它是一门组织管理的学科。

3）多种学科的综合。工程需要综合使用多门学科的知识和技术。例如，软件工程涉及数学、工程学、美学、经济学、管理学等学科。

4）高度的实践性。工程需要采用实践的研究方法，从实践中总结知识，再应用于实践中。

## 1.2.3 工程过程

工程过程由以下步骤组成 ⊖，适用于包括软件工程在内的所有工程领域：

1）理解真正的问题。当需求被确认时，工程就开始了，没有现成的解决方案可以满足该需求。然而，需要解决的问题并不总是工程师被要求解决的问题，因此应采用根源分析等技术来发现需要解决的真正的潜在问题是什么。

2）设计方案。设计多个技术上可行的解决方案，从技术、财务、进度等维度进行评估，从中选出最佳解决方案，确保方案能很好地满足需求。

3）监控所选方案的效能。在方案实施过程中监督和评估它的实际效能，并确定其他备选方案是否更好（如果为时不晚）。

工程过程是迭代的，前一个迭代中获得的知识将为后一个迭代提供指导和改进方向。

## 1.3 什么是软件工程

面对软件开发与维护所面临的挑战和问题，人们开始探索把工程的方法应用于软件开发，即以价值为中心，用现代工程的概念、原理、技术和方法进行计算机软件的开发、运营和维护，把经过时间考验而证明正确的管理技术和当前能够得到的最好的技术方法结合起来，以经济地开发出高质量的软件并进行有效的维护，这就是软件工程。

### 1.3.1 软件工程的概念和知识体系

"软件工程"一词，最早是 1968 年北大西洋公约组织（NATO）在开创性软件工程主题会议上提出的，Fritz Bauer 给出了如下的定义："软件工程就是为了经济地获得可靠的且能在实际机器上高效运行的软件而建立和使用的工程原理"。1990 年，ISO/IEC/IEEE 系统和软件工程的术语标准给出一个更全面的定义：软件工程是将系统的、规范的、可量化的方法应用于软件的开发、运行和维护，即将工程化应用于软件。

1999 年，ISO 和 IEC 启动了软件工程知识体系（Software Engineering Body Of Knowledge，SWEBOK）指南的标准化项目，IEEE 和 ACM 等联合承担了这一任务，几十个国家和地区的几百名软件工程专家共同参与了指南的制定。SWEBOK 指南在 2001 年推出第一个版本，2004 年和 2014 年分别推出了 2.0 版和 3.0 版，目前 4.0 版正在评审中，预计 2023 年推出。SWEBOK 指南的目的是促进世界范围内对软件工程的一致观点，阐明软件工程

⊖ 参见 https://www.swebok.org。

相对其他学科（如计算机科学、项目管理、数学、工程学）的定位和分界，刻画软件工程学科的核心知识。更新后的 SWEBOK 指南 4.0 版把软件工程的知识域分为软件需求、软件架构、软件设计、软件构造、软件测试、软件工程运营、软件维护、软件配置管理、软件工程管理、软件工程模型与方法、软件工程过程、软件质量、软件安全、软件工程经济、软件工程职业实践、计算基础、数学基础和工程基础。其中前 15 个知识域涵盖软件工程专业知识，后 3 个知识域是通用的基础知识。

### 1.3.2　软件价值工程

软件工程是一门工程，因此其根本目标是创造价值。价值是"事物的作用、重要性或实用性"⊖。软件价值对不同的对象有不同的含义：对软件开发方来说，高价值就是低的开发成本；对软件开发投资方（sponsor）来说，价值是投资收益；对软件使用者来说，价值就是效益。因此要提高软件价值，就要提高效益、降低成本。而效益和成本之间没有固定的计算公式，这就是创新的动力之源。

UMLChina 首席专家潘加宇提出一个很有趣也颇有道理的观点，他认为，软件需求的根本目标是创新，解决"提高效益"问题，即让"产品好卖"；而软件设计的根本目标是模块化与复用，致力于解决"降低成本"的问题。不仅仅是软件需求和设计，软件工程中的每一个环节和每一个活动都是为了价值交付。例如，智能编码、强调质量和测试而减少返工、进行成本的估算和控制、采用敏捷过程、构建 DevOps 工具链、关注软件服务的运维质量等，都是以价值为目标所提出的最佳实践。

软件工程是一项价值工程，其生产力是持续快速交付价值的能力，即以价值为中心，追求软件开发的质量、效率和速度，如图 1-2 所示。用最朴素直白的表达，就是"多快好省"地开发和运维有价值的软件。

图 1-2　软件工程生产力

### 1.3.3　软件系统工程

软件总是处于复杂的系统中，其中包括网络、服务器、中间件、数据库等基础软硬件以及用户和软件所处的物理与社会环境。对用户及其他干系人（即与软件系统相关的人或组织）而言，真正有价值的是完整的系统而非其中的软件。因此，需要在这个更大的系统范围内思考软件的定位和作用，进行不同系统组成成分之间的职责分配和协同，明确软件的需求。

软件工程的系统思维分为四个方面：

1）全局思维。分析软件系统内各模块之间的关系，与外部系统交互，以及这些关系

---

⊖　参见 https://www.pmi.org。

背后的运行逻辑。

2）综合思维。软件系统是社会系统和技术系统相互作用而形成的社会技术（social-tech）系统。

3）工程思维。软件工程应以资源有限、条件不足为前提，去实现"现实世界"的目标。

4）抽象思维。通过抽象提炼复杂软件系统的本质，对软件系统进行建模。

如何才能成功地开发出一个复杂的软件系统？有三条复杂性控制的基本准则——抽象、分解和迭代，这些方法能应用于几乎所有复杂事物的处理上。

（1）抽象

抽象（abstraction）是从众多的事物中抽取出共同的、本质性的特征，而舍弃其非本质的特征。共同特征是指那些能把一类事物与他类事物区分开来的特征，这些具有区分作用的特征又称本质特征。因此抽取事物的共同特征就是抽取事物的本质特征，舍弃非本质的特征。抽象也是一个裁剪的过程，它将不同的、非本质性的特征全部裁剪掉了。

共同特征是相对的，是指从某一个刻面（角度）看是共同的。比如，对于汽车和大米，从买卖的角度看都是商品，都有价格，这是它们的共同特征，而从其生物特性角度看，它们则是不同的。所以在抽象时，同与不同，决定于从什么角度上来抽象。抽象的角度取决于分析问题的目的。

抽象可应用于各领域中以降低问题的复杂度。普遍运用于程序设计中的抽象包括两种，一种是过程抽象（procedural abstraction），另一种是数据抽象（data abstraction）。对象（类）的抽象则通过操作和属性，组合了这两种抽象。

（2）分解

分解（decomposition），即分而治之，是指把一个复杂的问题分解成若干个简单的问题，然后逐个解决。我们把一个复杂的软件分解成多个模块，开发人员能够在不需要许多交流的情况下，开发不同的模块，最终把这些模块集成为一个软件系统。在分解问题时，应遵循以下原则：

● 每个子问题在细节上处于相同的级别。
● 每个子问题能够被独立解决。
● 每个子问题的解决方案综合起来可以解决原来的问题。

（3）迭代

复杂软件系统充满着很多不确定性和挑战，当我们对此缺少经验，无法对其进行正确的分解和抽象时，如何进行处理？采用迭代（iteration）开发！在软件系统全面构造之前，我们先针对不确定的问题做试验，以获得经验。如果问题很复杂，则再做试验，获得更多经验，直至我们有足够的经验进行正确的处理。每一轮尝试就是一个迭代，例如应对需求模糊的需求界面原型迭代，应对技术和架构风险的技术原型迭代，应对进度风险的构造迭代（重要的功能在前期迭代中完成，可以提前交付），等等。前一个迭代中获得的知识将为后期迭代提供指导。

### 1.3.4 软件工程的发展趋势

在互联网和人工智能等技术的影响下，软件工程正在经历一场深刻的变革，呈现出敏捷化、智能化和全球化的发展趋势。

（1）敏捷化

面临在需求和技术不断变化的场景下快速实现软件开发和维护的挑战，软件的开发和运维呈敏捷化趋势，Scrum 和 DevOps 等敏捷过程应运而生。敏捷过程强调以人为本，快速响应需求和变化，高效地交付产品，它基于适应而非预测，通过快速、短迭代的开发，不断产出和演化软件。敏捷过程高度注重人员间的协作和交流，而非命令和控制，充分发挥工程师的能动性和创造力，同时通过工具链来提升工作的效率和质量。

（2）智能化

软件工程正在进入智能化时代，Codex、ChatGPT 和 GPT-4 等人工智能技术极大地赋能于软件开发和运维，成为软件工程师强大的智能助手，可用于软件需求分析、设计方案推荐、根据上下文自动生成代码、自动生成测试脚本、自动诊断和修复缺陷、辅助理解代码等环节。智能化软件工程不仅能提升软件工程的效率和质量，使软件工程师能更多地关注创造性工作，而且将极大地推动最终用户参与到软件开发中，最终实现"人人都是程序员"。

（3）全球化

互联网为人类个体之间的交互和协作提供了一种全新的基础设施，促进了社会化、全球化的软件工程实践的出现。这种新型软件工程被称为群体软件工程，它利用互联网将全球各地的开发者和用户协同起来，合作创新，"集众智、采众长"，快速开发出高质量的软件系统。这不仅有利于软件开发和运维的全球化，同时也推动了软件生态的建立和产业创新。目前群体软件工程主要形态有三种，即开源软件、软件众包，以及应用程序商店。

## 1.4 软件工程职业道德规范

在软件定义时代，软件的行为及质量对现实世界和人类社会有着巨大的影响。作为软件的创造者，软件工程师应遵循软件工程职业道德规范，肩负起这一巨大的责任。

### 1.4.1 SEEPP 标准

为了让软件工程成为有真正意义的职业，IEEE 计算机学会和美国计算机学会从1996 年起组织专家编写软件工程职业道德规范（SEEPP），作为指导软件工程师的行为准则。该准则 1998 年已发布 5 版，通过广泛的评审和修改，其中 5.2 版 ⊖ 被两学会正式批准，有些公司已开始拿它作为聘请员工签约时的一个组成部分。居德华教授和朱三元教授将规范标准翻译成中文，以促进国内软件工程的职业化建设。

SEEPP 标准有两个首要目标。第一个目标是，"软件工程师必须做出自己的承诺，做好软件分析、说明、设计、开发、测试和维护，使软件工程师成为有益和受人尊敬的职业。"换句话说，这一规范的一个主要功能是促进软件工程职业本身的发展。第二个目标是，软件工程师"对公众健康、安全和福利的承诺"，强调软件工程师的社会责任高于某个特定个人，与其他工程领域的职业道德规范类似。为了实现这两个目标，软件工程师应当坚持下列八项原则。

1）公众——软件工程师应保持与公众利益的一致性。

5.2 版特意将公众利益列为第一原则，当出现利益冲突时，职业软件工程师应把维护公众利益作为最高判断准则，而绝不能将个人或雇主利益放在第一位，这一点是符合我国国情的。这一原则也意味着，软件工程师应负起使自己的工作和开发的软件能有益于公众的全部责任；对一切可能危及公众或环境的东西，软件工程师应毫不犹豫地加以揭露和阻止。

2）客户和雇主——在保持与公众利益一致的原则下，软件工程师应注意实现客户和雇主的最高利益。

由于软件工程师的工作对客户和雇主有直接影响，他们应当尽力保护客户和雇主的利益，除非后者的利益与公众利益有冲突。软件工程师只提供他们专长范围内的服务，注意保护机密信息，不做私活和有害于客户或雇主的事情，不使用非法获得的软件，如果他们认为项目有可能失败，应如实向客户和雇主报告。

3）产品——软件工程师应当尽可能地保证他们的产品和修改符合最高的专业标准。

对开发的产品，软件工程师应尽一切努力确保高质量、可接受的成本和合理的进度，当因素存在冲突需要折中解决时，应让雇主和客户知道实情。他们应对估算中的不肯定性提供评估，遵守相关的职业标准，在产品公开发布前，确保经过适当的评审和测试。

4）判断——软件工程师应当维护他们职业判断的完整性和独立性。

真正的职业人员同时具有独立行使职业判断的权利和责任，即使在与自身利益或与客户 / 雇主利益有冲突时，仍能坚持高的职业标准。软件工程师只认可和放行他们认为已适当评审和可以客观认同的产品，他们不应当参与非法或不诚信活动，例如行贿、重复收费或者同时为有利害冲突的双方工作且隐瞒冲突实情。

5）管理——软件工程的经理和领导人员应赞成并促进对软件开发和维护的理性管理。

软件工程的管理人员应与其他软件工程师一样遵循同样的职业标准，包括职业道德规范。对待其雇员应公平和真诚，注意将任务分配给可胜任的人，并注重提升他们的教

---

⊖　参见 https://ethics.acm.org/code-of-ethics/software-engineering-code/。

育和实践经验，对成本、进度、人员投入、质量和项目的其他产出，应能做出现实的定量估计。

6）专业——软件工程师应当推进其专业的完整性和声誉，以符合公众利益。

软件工程师应用自身行动推进软件工程成为一个职业，促进软件工程知识的传播，自觉创造支持职业规范的工作环境，拒绝为违反职业道德规范的组织工作，对出现违反职业道德规范的情况应向同事、经理或有关管理机构及时反映。

7）同事——软件工程师对同事应持正直和支持的态度。

软件工程师应帮助其他同事遵循职业道德规范，互相公正对待，为他人的职业发展提供协助，对要求胜任力之外的专长时，应主动请求具有此专长的其他专业人员的帮助。

8）自我——软件工程师应当终身参加职业实践的学习，并促进理性的职业实践方法的发展。

软件工程师应不断提高自身的技能水平，保持知识更新，使自己能跟上技术发展的步伐，做出更大的贡献。

软件工程职业道德规范和职业实践标准，强调职业的责任和对社会的贡献，正是软件工程本身正在成长和成熟的一个标志。沿着这一方向，我们希望看到一个全新的软件工程职业。

## 1.4.2 软件工程师的职业责任

高度的工作责任感和严格履行职责是每一位软件工程师的不折不扣的义务，这可表现为以下三个层次：

1）社会责任。只做有益于社会的事，不做并阻止任何有害于社会的事，这是必须坚持的首要原则。因此，IEEE 的职业道德规范明确列出，必须承担使工程决策保证公众健康、安全和福利的责任，即刻揭露那些可能危及公众利益或环境的因素。

2）工作责任。这涉及软件工程师工作可能直接影响的人，诸如雇主、客户、合作者、同事和其他干系人，应尽最大努力履行自己的职责，保质保量地完成任务，努力保护干系人应得的利益，诚恳地向他们提出建议，若发现可能有损他们利益的情况则应如实地反映和报告。

3）严格履行合同、协议和交付的职责。应保证交付的软件能实现要求的功能，这涉及工程师是否守信和正直的问题。如果感觉无法按要求完成分配的任务，有责任提出修改要求，应把风险和事由如实告知雇主和客户。对接受的工作和任务，不管是否已表示过可能出现的问题，都应尽力履行，并对出现的结果承担责任。

梅宏院士在 CCF 中国工程师文化日活动中提出：对于工程师而言，如何顺应时代，迎接机遇，应对挑战，成为数字经济时代推动我国甚至全球产业振兴的新时代工程师，做出无愧于时代的贡献？这是我们必须回答好的问题。我们需要不断学习、勇于创新、追求卓越，用 0 和 1 去改变世界、编织世界。

## 1.5 案例概述

软件工程是一门实践的学科，其知识来源于实践，并应用于实践。因此，软件工程的教学也必须基于实践。本书将以一个简单的汽车 4S 店业务管理系统为案例，来阐述软件工程的各个环节。

4S 是指汽车的整车销售（Sale）、零配件销售（Sparepart）、售后服务（Service）和信息反馈（Survey）。随着近年国内汽车市场"井喷"式的增长，汽车 4S 店急需一个业务管理信息系统来帮助提升管理水平，提高汽车销售和服务的效率和质量。于是，ABC 汽车集团公司委托 SJTU 小组开发汽车 4S 店业务管理系统（简称 4S 系统），实现整车销售、配件销售、售后服务以及信息反馈的 4S 服务协同管理，整车和配件的采购管理，以及用户权限和基本数据的系统管理。系统的具体功能包括：

1）整车销售：管理整车销售过程，从客户登记、整车报价、订购、签订销售合同到交车结算。

2）零配件销售：管理汽车零配件销售过程，包括零配件报价、领料和销售。

3）售后服务：管理汽车维修过程，从客户登记、维修项目派工、领料、维修完工、检验到交车结算。

4）信息反馈：管理客户投诉和问卷调查，包括投诉登记和处理、问卷设计和调查。

5）采购：管理整车和配件的采购过程，从采购申请、核准、下订单到进货结算。

6）系统管理：管理企业员工及权限、车型及配件等基础数据。

## 思考题

1. 和硬件相比，软件具有哪些特性？
2. 软件开发的根本目标是什么？
3. 什么是软件工程？软件工程的知识体系是什么？
4. 软件工程的系统思维分为哪四个方面？
5. 如何控制软件开发的复杂性？请列出三种基本准则，并简述之。
6. 请列出 IEEE 和 ACM 的软件工程职业道德规范（SEEPP）中的 8 项准则。

CHAPTER2

# 第 2 章

# 软件过程

**本章主要知识点**

❑ 常见的软件过程模型有哪几种？各自有什么优缺点？

❑ 敏捷过程的价值和准则是什么？ Scrum 和 Kanban 过程各有什么特点？

❑ 什么是 DevOps？什么是持续集成和持续部署？

随着软件开发复杂度和规模的不断增加，仅仅依靠个人的技能、依靠编程和测试已远远不能满足需要。在过去几十年中，人们已逐渐认识到，软件过程是软件产品成本、进度和质量的主要决定因素，是建造高质量软件需要完成的任务框架。本章将详细介绍软件过程的概念、常见的软件过程模型、敏捷过程和 DevOps，以及软件过程的选择、裁剪、评估和改进。

## 2.1 软件过程概述

### 2.1.1 软件过程的概念

每个人都知道主动积极的优质软件工程师的重要性，但是如果不理解软件过程，或者软件过程不是在最佳实践下进行，即使是技术精英也无法达到最佳的工作状态。过程是将人、技术、管理结合在一起的凝聚力，是产品成本、进度和质量的主要决定因素。

1984 年 10 月，第一届国际软件过程会议召开，会议提出"软件过程"这个新概念，这标志着软件工程进入了软件过程时期。所谓软件过程（software process），也称为软件生存周期过程，是指软件生存周期中软件定义、开发和维护的一系列相关过程，它定义什么时候做什么、如何做、由谁来做、产生什么制品（artifact）。一个过程由多个彼此相关的活动组成，活动可细分为任务，任务把输入制品加工成输出制品。活动通过人工或自动的手段来执行，可以是顺序的、迭代的（重复的）、并行的、嵌套的，或者是有条件地引发的。

通过软件过程，可以规范软件开发与维护的流程，不断地引入软件开发与维护的最佳实践，持续地进行改进，使得软件项目的成功是可以重复的，确保明天的实践比今天更好。

## 2.1.2　软件生存周期过程标准

ISO/IEC 12207《系统和软件工程：软件生存周期过程》标准（System and Software Engineering-Software Life Cycle Processes）将软件过程进行了系统的分类，并定义了每个软件过程的活动，以指导所有参与软件项目的人员（供应商、集成商、开发人员、操作人员、维护人员、管理人员、用户以及支持人员）在软件开发、运作、维护中更好地协同工作。ISO/IEC 12207 认为，软件是系统的一部分，软件需求从系统需求和设计中导出，开发后的软件最终集成到系统中，软件过程和系统过程紧密相关。软件生存周期过程分为四大过程组，如图 2-1 所示。

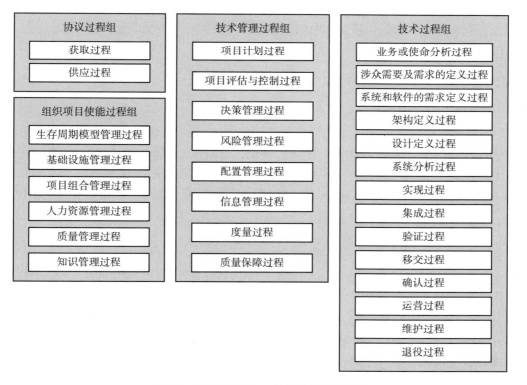

图 2-1　ISO/IEC 12207 软件生存周期过程

协议过程组定义了软件系统的需方和供方在获取或提供满足需求的软件产品或服务时所需要进行的活动，它包括获取过程和供应过程。其中获取过程是为需方而定义的，该过程从确定需要获取的系统、软件产品或软件服务开始，制定和发布标书，选择供方和管理获取过程,直到验收系统、软件产品或软件服务。供应过程是为供方而定义的,该过程决定编制投标书来答复需方的招标书;与需方签订一项合同,来提供系统、软件产品或软件服务;确定为管理和保证项目所需的规程和资源,从编制项目计划,实施计划,直到系统、软件产品或软件服务交付给需方。

组织项目使能过程组提供所需的组织级资源和基础设施以支持项目,并确保达成组织的目标和所签订的协议。它包括 6 个过程:生存周期模型管理过程、基础设施管理过程、项目组合管理过程、人力资源管理过程、质量管理过程和知识管理过程。

技术管理过程组的项目过程负责计划、执行、评估和控制项目的进度,并支持各种特定的管理目标,包括项目计划过程、项目评估与控制过程、决策管理过程、风险管理过程、配置管理过程、信息管理过程、度量过程和质量保障过程。

技术过程组关注贯穿软件生存周期的技术活动,用以定义系统的需求,将需求转换成一个有效的产品,使用这个产品,提供所需的服务,并保持这些服务直至它被淘汰。这些过程涵盖了软件或系统开发中的业务分析、需求定义、架构定义、设计定义、系统分析、实现、集成、验证、移交、确认、运维、退役等各个方面。

ISO/IEC 12207 提供了一个全面的过程框架,为制定组织或项目特定的软件过程提供指南。

## 2.2 软件过程模型

软件过程模型,又称为软件生存周期模型,是软件过程的结构框架,它在一定抽象层次上刻画了一类软件过程的共同结构和属性。不同的软件过程模型阐述不同的软件开发思想、步骤以及最佳实践。常见的软件过程模型包括瀑布模型、增量模型和演化模型。

### 2.2.1 瀑布模型

1970 年 Royce 提出了著名的线性顺序模型,又称瀑布模型(waterfall model)。正如它的名字一样,瀑布模型将软件过程中的各项活动规定为依固定顺序连接的若干阶段工作,形如瀑布流水,最终得到软件产品。这些顺序执行的阶段通常为:需求、设计、实现、测试、交付、运行和维护,如图 2-2 所示。每个阶段的结束处都设有评审,只有通过评审才能进入后一阶段。前一阶段的中间产品是后一阶段工作的基础。

瀑布模型的优点在于:①它在支持开发结构化软件、控制软件开发复杂度、促进软件开发工程化方面起了显著作用;②它为软件开发维护提供了一种当时较为有效的管理模式,通过开发计划制订、项目估算、阶段评审和文档控制有效地对软件过程进行指导,从而对软件质量起到一定程度的保障作用。但是,瀑布模型的最大问题在于没有在实践中进行验证。一个没有通过验证的模型在大量的实践中会暴露出它的种种不足和问题:

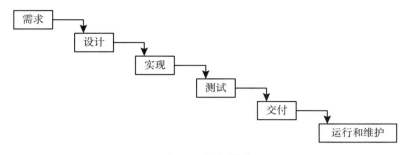

图 2-2 瀑布模型

1）不能应对不确定性。用户常常难以清楚地给出所有需求，而瀑布模型却要求如此，它不能接受在许多项目的开始阶段自然存在的不确定性，以及开发过程中的需求变更。

2）错误发现太迟。软件的运行版本一直要等到项目开发晚期才能得到，很多错误直到运行程序时才被发现，造成大量的返工。

3）开发进度缓慢。由于模型的线性顺序，开发者常常被不必要地耽搁，某些项目组成员不得不等待组内其他成员先完成其依赖的任务。

瀑布模型太理想化、太单纯，已不再适合当前充满各种风险的软件开发项目。但我们应该认识到，"线性"是人们最容易掌握并能熟练应用的思想方法。当人们碰到一个复杂的"非线性"问题时，总是会千方百计地将其分解或转化为一系列简单的线性问题，然后逐个解决。线性是一种简洁，简洁就是美。当我们领会了线性的精神，就不要再呆板地套用瀑布模型的外表，而应该用活它。例如增量模型和演化模型实质上就是多次重复的线性模型。也许，当软件工程和开发技术足够成熟时，线性模型可能会再次回归到业界实践中。

## 2.2.2 增量模型

增量模型（incremental model），又称有计划的产品改进模型，它从一组给定的需求开始，通过构造一系列可执行版本来实施开发活动。第一个版本实现一部分需求，下一个版本实现更多的需求，以此类推，直到系统完成。每个版本都要执行必要的活动和任务，如，需求分析和架构设计仅需要执行一次，而软件详细设计、软件编码和测试、软件集成和软件验收在每个版本构造过程中都会执行。增量模型的例子如图 2-3 所示。

和瀑布模型相比，增量模型具有以下显著的特点：

1）多个版本可以并行开发。在开发每个版本时，开发过程中顺序地或部分平行地进行各项活动和任务。当相继版本在部分并发开发时，开发过程中的活动和任务可以在各版本间平行地被采用。

2）每个版本都是可运行的产品。每一个线性序列产生软件的一个可发布的"增量"，这必须是可运行的产品。

3）需求在开发早期是明确的。大部分需求在项目早期就被定义，在此基础上进行整体架构的设计，然后将功能有计划地分为若干增量来逐步实现。

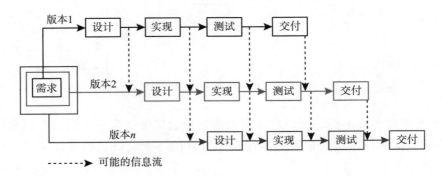

图 2-3 增量模型

当开发人员、资源或资金不足以在设定期限内实现一个完全的版本时，增量开发尤为有用。早期的增量可以由较少的人员实现，如果核心产品很受欢迎，可以增加新的人手实现下一个增量。同时，增量能够有计划地管理技术风险，并且能提前把产品推向市场。但增量并没有缓解瀑布模型中的需求风险和架构风险。相反，一旦需求不明确、架构没有把握或变更频繁，其返工风险会更大，极可能涉及多个并行开发的版本。

### 2.2.3 演化模型

就像所有复杂系统一样，软件要经过一段时间的演化。业务和产品需求在软件开发过程中常常发生改变，想要一次迭代就开发出最终产品是不可能的；同时，紧迫的市场期限使得难以一下子完成一个完善的软件产品。因此，只要核心需求能够被很好地理解，我们就可以进行渐进式开发，其余需求可以在后续的迭代中进一步定义和实现。这种过程模型称为演化模型（evolutionary model），它能很好地适应随时间演化的产品的开发。

演化模型是迭代的过程模型，它的特征是渐进地开发各个可执行版本，逐步完善软件产品，如图 2-4 所示。每个版本在开发时，开发过程中顺序地或部分重叠平行地进行各项活动和任务。演化模型通过以下手段缓解了软件开发所遇到的进度风险、需求风险、架构风险、技术风险、集成风险和质量风险等。

1）优先级高的需求在前面的迭代实现，迭代式交付产品。当进度来不及时，宁可放弃优先级低的需求，绝不牺牲质量。

2）支持迭代间和迭代内的并行开发，加快开发进度。需求在开发早期常常不能被完全了解和确定，演化模型在一部分需求被定义后就开始开发了，然后在每个相继的版本中逐步完善。

3）在软件的开发过程中，需求总会变化，但需求变化和需求"蠕变"会导致项目延期交付、工期延误、客户不满意、开发人员受挫。通过向用户演示迭代所产生的部分系统功能，我们可以尽早地收集用户对系统的反馈，及时改正对用户需求的理解偏差，从而保证开发出来的系统能够真正地解决客户的问题。

4）当我们对项目的技术方案不确定时，演化模型通过早期迭代进行技术探索，建立架构或技术原型，通过原型的测试与反馈来评估和选择合适的技术方案，为后续的迭代化开发提供稳定的基础。

5）在每个迭代中都安排集成和测试，使得系统集成和系统测试提前并持续执行，及早发现代码缺陷。

演化模型是目前采用最广泛的模型，统一软件过程（UP）和许多敏捷过程（如 XP、Scrum）都采用了这种模型。原型模型则是迭代次数为 2 的演化模型，它在第一个迭代中通过界面原型来识别和澄清软件需求，然后在第二个迭代中根据明确的需求进行开发。但是，演化模型也有一个明显的缺点——复杂。它比瀑布模型要复杂很多，其难点是迭代的规划和控制，当然，这也是其成功的关键。本

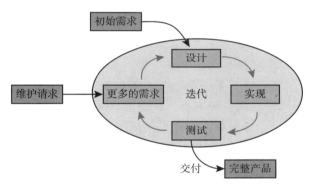

图 2-4  演化模型

节以下内容将详细阐述迭代化开发原则，并以统一过程为例来解释演化模型。

### 2.2.3.1 迭代化开发原则

迭代是处理不确定的复杂问题的有效手段。演化模型采用迭代来应对复杂软件开发中的不确定性，将一个软件生命周期划分为若干个迭代，前一个迭代将为下一个迭代积累经验。

● 迭代化开发原则一：要求每次迭代都产生一个可执行的软件版本。每次迭代本身都包括计划、建模、需求、分析和设计、实现、测试、评估等活动。每个迭代开始于计划和需求，结束于一个小型发布，其内部就像一个小的瀑布模型，即瀑布模型可以看作迭代化开发的一个特例，整个开发流程只有一次迭代。唯一和瀑布模型不同的是，其计划、需求、设计、实现、测试等活动允许（或鼓励）部分并行。

● 迭代化开发原则二：要求有计划的迭代。采用瀑布模型进行开发也有迭代，例如第一个迭代是对所有的功能进行需求分析、设计、实现和测试，在测试时发现需求有缺陷，然后返工至需求，再进行设计、实现和测试，形成第二个迭代，在测试时又发现缺陷，再返工……但这种迭代是无计划的、失控的。我们无法事先预计会有多少次迭代，每个迭代做什么，项目什么时候会结束。迭代化开发要求在做项目计划时就确定迭代的个数，

以及每个迭代的起止时间和任务。一个软件项目通常由 3~9 个迭代组成，项目的风险越高，迭代就越多。迭代的安排和计划是由风险驱动的。

**汽车 4S 店业务管理系统的迭代安排**

我们首先分析汽车 4S 店业务管理系统的风险，发现最大的三个风险如下：

1）第一大风险：需求风险。ABC 汽车集团公司提不出具体需求，同时由于激烈的市场竞争，在开发过程中需求将会发生变化。

2）第二大风险：技术风险。采用什么架构，是否要采用 Web service 技术？SJTU 项目组没有相关经验。

3）第三大风险：进度风险。整个项目的开发进度非常紧。按当前掌握的需求，需要 9 个月才能完成，但 ABC 公司为了配合一款新车上市，要求 7 个月后系统就上线。

根据上述风险分析，我们进行了如下的迭代安排：

1）第一个迭代，解决需求风险，开发需求界面原型，并和 ABC 公司召开需求联合评审会，获得用户反馈。

2）第二个迭代，解决技术风险和架构风险，开发架构原型，并通过测试确保所选的技术和架构是合理的。

3）第三个迭代~第六个迭代，解决进度风险。我们将用户需求排出优先级，将优先级高的需求放在第三个迭代完成，构建系统的第一个版本，并在第四个迭代进行第一次移交，包括移交时的系统打包、用户手册准备、验收测试和部署上线。第五个迭代开发优先级中的需求，构建系统的第二个版本，并在第六个迭代进行第二次移交。每个迭代一个月。

在新车上线时，前四个迭代已经完成。虽然系统的功能没有全部完成，但系统最重要的功能已经移交和上线，而且质量很好，用户可以开始使用。余下的次要功能在第 9 个月底全部完成，不影响 ABC 公司的业务。

事实上，迭代的周期有长有短，同一个软件项目中多个迭代的周期也常常不尽相同。典型情况下，一个迭代一般是 2~6 周，这受软件项目的规模和复杂性、开发组织的规范、稳定性和成熟度，以及软件开发的自动化程度等因素的影响。

### 2.2.3.2 统一软件过程

每一种软件过程模型都有具体的过程实例，其中统一软件过程（UP）<sup>⊖</sup>是目前广泛接受的演化过程之一。UP 是 Rational 软件公司（2003 年被 IBM 收购）开发的一个风险驱动的、基于 UML 和构件式架构的迭代、演化开发过程，它是从几千个软件项目的实践经验

---

⊖ 参见 Jacobson，I.，Booch，G. 和 Rumbaugh，J. 著的 *The Unified Software Development Process* 一书。

中总结出来的，对于实际项目具有很强的指导意义。

UP 的整体框架如图 2-5 所示。它展示了两个维度：水平方向是随着时间逐渐延展的项目生命周期，展示了过程以阶段、迭代和里程碑所表述的动态特性；垂直方向是以规范为逻辑划分的活动，通过过程元素，如流程、活动、制品、角色等展示了过程的静态特性。

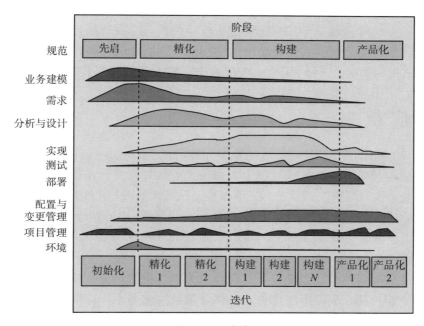

图 2-5　UP 框架

UP 把软件过程分为先启（inception）、精化（elaboration）、构建（construction）和产品化（transition）四个阶段。每个阶段又可分为多个迭代，其中迭代的数量和风险相关，风险越大则迭代个数越多。每个阶段结束是一个业务决策里程碑（大里程碑），每个迭代结束是一个技术里程碑（小里程碑）。

先启阶段的目的是在所有项目干系人之间就项目目标达成共识。该阶段对新项目尤其重要，新项目的重要业务风险和需求风险问题必须在项目继续进行之前得到解决。对于扩展现有系统的项目来说，先启阶段较短。先启阶段的结束是软件生存周期的目标里程碑。

精化阶段的目的是建立软件架构的基线，解决技术风险，以便为软件的详细设计和实现提供一个稳定的基础。架构是基于对大多数重要需求（对系统架构有很大影响的需求）的考虑和风险评估建立起来的。架构的稳定性则通过一个或多个架构原型进行评估和验证。精化阶段的结束是软件生存周期的架构里程碑。

构建阶段的目的是基于已建立基线的架构完成系统开发。从某种意义上来说它是一个"制造"过程——由于需求风险和技术风险已经通过前两个阶段受到控制，其重点在于管理资源和控制操作，以便优化成本、进度和质量，又快又好地实现软件的功能。从这种意义上说，从先启和精化阶段到构建和产品化阶段，管理上的思维定式经历了从知识产权开发到可部署产品开发的转变。构建阶段的结束是软件初始能力的里程碑。

产品化阶段的重点是交付最终用户可以使用的软件。它可跨越几个迭代，包括测试处于发布准备中的产品和基于用户反馈进行较小的调整。在产品化阶段，用户的反馈应主要侧重于调整产品、配置、安装和可用性问题，而所有软件架构上的问题应该在项目早期阶段就已得到解决。产品化阶段的结束是软件产品发布的里程碑。

## 2.3 敏捷过程

20 世纪 90 年代后期，随着技术的发展和经济的全球化，软件开发也出现了新的特点，即在需求和技术不断变化的过程中实现快速的软件开发。在这个背景下，软件行业借鉴了制造业"敏捷制造"的思想，逐渐形成了敏捷（agile）软件开发这一新型软件开发模式。在 2001 年，以 Kent Beck、Martin Flower、Alistair Cockburn 等为首的一些软件工程专家成立了"敏捷联盟"（http://www.agilealliance.com），并提出了著名的敏捷宣言，这标志着敏捷软件开发的思想逐步走向成熟。

和传统过程不同的是，敏捷过程强调以人为本，快速响应需求和变化，把注意力集中到项目的主要目标——可用软件上，在保证质量的前提下，适度文档、适度度量。敏捷过程基于适应而非预测，它弱化了针对未来需求的设计而注重当前系统的简化，依赖重构来适应需求的变化，通过快速、短迭代的开发，不断产出和演化可运行软件。敏捷过程以人为导向，把人的因素放在第一位。它认为，软件开发中的绝大部分是需要创造力的设计工作，因此，在管理理念上应注重领导和协作，而非命令和控制，充分发挥软件人员的能动性和创造力。敏捷过程特别强调软件开发中相关人员间的信息交流，认为面对面的交流的成本要远远低于文档交流的成本，应减少不必要的文档，提高应变能力。

从本质上讲，敏捷过程是为克服传统软件过程中认识和实践的弱点开发而成的，它可以带来多方面的好处，但并不适用于所有的软件开发项目。它也并不完全对立于传统软件工程实践，而是保留了传统软件工程实践的基本框架活动：客户沟通、策划、建模、构建、测试、交付、迭代等，但将其缩减到一个推动项目组进行构建和交付的最小任务集。

### 2.3.1 敏捷过程的价值观和原则

敏捷过程的框架分为四个层次：动机、价值、原则和实践，如图 2-6 所示。

（1）动机

互联网的迅猛发展和经济全球化向软件开发提出了新的挑战：快速的市场进入时间、快速变化的需求、快速发展的技术。在这个背景下，许多软件工程师都试图改变传统软件过程的复杂性，自下而上地提出了敏捷过程。

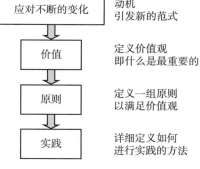

图 2-6　敏捷过程的四个层次

（2）价值

《敏捷宣言》中包含了四条著名的敏捷价值观，所有敏捷过程都必须同意这个价值观才能加入敏捷联盟中。

- 注重个人和交互胜于过程和工具。
- 注重可用的软件胜于事无巨细的文档。
- 注重客户协作胜于合同谈判。
- 注重随机应变胜于循规蹈矩（恪守计划）。

敏捷开发认为关注左边的内容更能适应市场需求，提升客户满意度。

（3）原则

从四条敏捷价值观出发，敏捷联盟提出了十二条基本原则：

- 最优先的目标是通过尽早地、持续地交付高价值的软件来满足客户需要。
- 欢迎需求变化，甚至在开发后期也是如此。敏捷过程通过驾驭变化来帮助客户取得竞争优势。
- 经常交付可用软件，间隔从两周到两个月不等，优先采用较短的时间尺度。
- 整个项目自始至终，业务人员和开发人员都必须每天在一起工作。
- 以积极主动的人员为核心建立项目团队，给予他们所需的环境和支持，并且信任他们能够胜任工作。
- 在开发团队内外传递信息最有效率和效果的方法是面对面的交流。
- 可用的软件是最主要的项目进展指标。
- 敏捷过程提倡可持续的开发。项目发起人、开发者和用户都应该始终保持稳定的工作步调。
- 持续关注技术上的精益求精和优良的设计以增强敏捷性。
- 简约——使必要的工作最小化的艺术——是成功的关键。
- 最优的架构、需求和设计浮现于自组织的团队。
- 团队定期不断地对如何更加有效地开展工作进行反思，并相应地调整、校正自身的行为。

这些敏捷原则是用来判断一个组织是否做到了敏捷的主要依据。

（4）实践

敏捷到底应该如何做？如何将敏捷价值观和原则落到实处？这是大多数人最关心的

问题。人们已研究总结出大量成熟的敏捷实践，在此基础上提出了一系列具体的敏捷过程，如 Scrum、Kanban、XP、AgileUP、AM（Agile Modeling）、Lean、FDD、Crystal 等。接下来将介绍最有代表性的敏捷过程——Scrum 和 Kanban。

### 2.3.2 Scrum

Scrum 是目前最流行的软件过程，它关注敏捷的软件项目管理，由 Ken Schwaber 和 Jeff Sutherland 于 1993 年提出，已在全球许多公司中应用，适用于需求难以预测的复杂商务应用产品的开发。Scrum 一词来源于橄榄球运动，意为两队并列争球。敏捷软件开发就像是橄榄球的争球过程，是迅速的、有适应性的、自组织的。

Scrum 认为软件开发过程更多是经验性过程（empirical process），而不是确定性过程（defined process）。确定性过程是可明确描述的、可预测的，因而可重复执行并能产生预期的结果，并能通过科学理论对其进行最优化。经验性过程与之相反，应作为一个黑箱（black box）来处理，通过对黑箱的输入输出不断进行度量，在此基础上，结合经验判断对黑箱进行调控，使其不越出设定的边界，从而产生满意的输出。Scrum 方法将传统软件开发中的分析、设计、实现视为一个黑箱，认为应加强黑箱内部的混沌性，使项目组工作在混沌的边缘，充分发挥人的创造力。若将经验性过程按确定性过程来处理（如瀑布模型），必将使过程缺乏适应力。

Scrum 的核心准则是自我管理和迭代开发。

（1）自我管理

Scrum 团队的目标是提高灵活性和生产能力。为此，他们自组织、跨职能，并且以迭代方式工作。每个 Scrum 团队都有三个角色：① Scrum 主管（Scrum Master），负责确保成员都能理解并遵循过程，通过指导和引导让 Scrum 团队更高效地工作，生产出高质量的产品；②产品负责人（Product Owner），定义和维护产品需求，负责最大化 Scrum 团队的工作价值；③团队（Team），负责具体工作。团队的理想规模是 5~9 人，团队成员具备开发所需的各种技能，负责在每个 Sprint（冲刺迭代）结束之前将产品负责人的需求转化为潜在可发布的产品模块。

Scrum 过程中没有中心控制者，强调发挥个人的创造力和能动性，鼓励团队成员进行自我管理，使用自己认为最好的方法和工具进行开发。Scrum 主管的职责不是检查和监督团队成员的日常工作，而是消除团队开发的外部障碍，指导团队成员工作，对内部成员进行培训。Scrum 通过鼓励同场地办公、口头交流和遵守共同规范创建自组织团队。

（2）迭代开发

Scrum 是一种演化型的迭代开发过程，如图 2-7 所示。Scrum 的核心是 Sprint，即贯穿于开发工作中的短期迭代。一个 Sprint 周期通常为 1~4 周，它是一个固定时间盒，在项目进行过程中不允许延长或缩短。每个 Sprint 都会提交一个经测试可发布的软件产品增量版本。Sprint 由 Sprint 计划会、开发工作、Sprint 评审会和 Sprint 反思会组成。

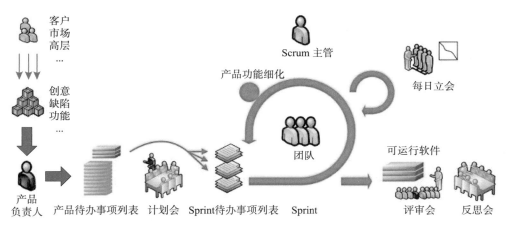

图 2-7　Scrum 过程

Scrum 采用四个主要的文档：产品待办事项列表（product backlog）、Sprint 待办事项列表（Sprint backlog）、发布燃尽图（release burndown chart）和 Sprint 燃尽图（Sprint burndown chart）。产品待办事项列表是囊括了开发产品可能需要的所有事项的优先排列表。Sprint 待办事项列表包含在一个 Sprint 内将产品待办事项列表转化成最终可交付产品增量的所有任务。发布燃尽图衡量在一个发布计划的时间段内剩余的产品待办事项列表。Sprint 燃尽图衡量在一个 Sprint 时间段内剩余的 Sprint 待办事项列表条目。

Scrum 采用任务板来可视化软件开发的进展，它可以是一个大白板，也可以使用软件，如图 2-8 所示 ⊖。任务板上展现了当前 Sprint 的所有任务，每项任务用一张"即时贴"来代表，上面记录着任务的名称、优先级、接受任务的开发者姓名、预计的完成时间等信息。任务板上有 3 列：待处理的任务（To Do），即 Sprint 中要着手的待办事项或用户故事（user story）；进行中的任务（Doing），即团队成员已经认领的、正在处理的任务；已完成的任务（Done），即团队成员已经完成的、被关闭的任务。在 Sprint 过程中我们要不断地更新任务板。

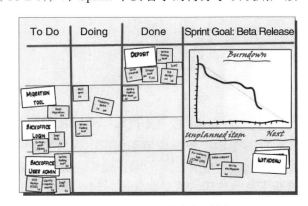

图 2-8　Scrum 任务板示例

Scrum 主管通过每日立会（standup meeting）来保证项目组成员了解其他所有人的工作进度。Scrum 每日立会是每天早上进行的 15 min 的会议，大家必须站立开会，例如站在任务板前。每个团队成员要回答以下三个问题：昨天你做

---

⊖　参见 Henrik Kniberg 所著的 *Scrum and XP from the Trenches* 一书。

了什么？今天打算做什么？有没有问题影响你达成目标？团队成员通常需要与 Scrum 主管沟通解决这些问题，这些沟通不是会议讨论内容，因此每日立会只是提出问题，会后再个别沟通具体问题的解决方案，以确保每日立会的时长控制在 15 min 以内。

Scrum 能快速适应需求变化，提高开发进度和质量，在工业界取得了很大成功。Standish Group 的 2018 年 chaos 报告中的调查结果表明，Scrum 的项目成功率达到 58%，而传统的瀑布模型的项目成功率仅有 18%。

### 2.3.3    Kanban

Kanban，又称为看板，源自精益制造，从丰田公司的实践中演化出来，其核心在于工作的全方位可视化以及基于工作的实时沟通。通过看板墙（Kanban board）中各工作项的直观展示，让团队成员清晰了解各项工作的状态及进展，并识别瓶颈。

看板墙和 Scrum 任务板很类似，可以是物理板或电子板。不同的是，在看板墙中，根据团队的规模、结构和目标的不同，团队可以设置自己个性化的工作流。图 2-9 是一个典型的看板墙，它的每个迭代由待办事项（Backlog）、选择（Selected）、开发 / 处理中（Develop/Ongoing）、开发 / 已完成（Develop/Done）、部署（Deploy）和发布（Live!）等步骤组成。我们也可以把开发进一步细分为设计、编码和测试。看板墙的作用是把整个开发流程可视化。团队在看板墙的各栏目中贴上卡片来代表开发过程中的各个工作项，让团队工作流可视化呈现。

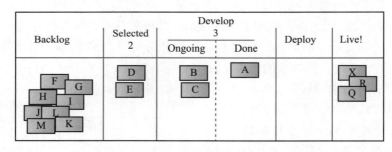

图 2-9    看板墙示例

看板墙上的每张卡片代表一个工作项，它记录了有关该工作项的相关信息，使整个团队能够全面了解负责该工作项的人员、正在完成的工作的简要描述、估计该工作需要多长时间等。电子板上的卡片通常还会包含功能截图和其他对经办人有价值的技术细节。看板卡片允许团队成员在任何时间点都能了解每个工作项的状态以及相关细节。

栏目顶部的数字代表该步骤的最大工作项容量。Kanban 通过限制进行中的工作项的数量，防止过度生产，并动态地揭示开发过程中的瓶颈。进行中的工作项（work in progress，WIP）称为在制品。团队通过将在制品与团队能力的匹配来达到软件的"及时"

（just in time，JIT）开发。

　　Kanban 和 Scrum 都是基于快速迭代的敏捷过程，采用自组织团队。和 Scrum 不同的是，Kanban 的最大特点是限制正在进行的工作项的数量，以及看板墙上可视化的工作流。此外，Kanban 的迭代没有规定的固定时长，没有规定的角色。两个过程可以相互融合，例如微软提出的 Scrum-ban。

## 2.4　开发运维一体化

　　在传统的软件组织中，开发与运维之间常常存在隔阂，这使得软件产品无法迅速地交付给市场。隔阂产生的根本原因是：开发人员和运维人员认识的方法，以及各自所处的角色，都存在根本性的差别。开发团队要求不断满足新的客户需求，并快速实现新的功能。而运维最关心的是"稳定"，任何差错都有可能对生产环境中的用户造成直接影响。因此，开发运维一体化（DevOps）应运而生，它将敏捷过程从开发延伸至运维，形成了贯穿软件开发和软件运维的一系列实践 <sup>⊖</sup>。

### 2.4.1　DevOps 的生命周期

　　DevOps 是敏捷过程在完整的软件生命周期上的延伸，从文化、自动化、标准化、架构以及工具支持等方面，打破开发与运维之间的壁垒，在保证高质量的前提下，缩短产品交付的周期。DevOps 始于计划，覆盖编码、构建、测试、发布或交付、部署、运营和监控等阶段，如图 2-10 所示。这是个"无穷环"，因为 DevOps 的根本理念是"持续"，也就是"没有终点"。"无穷环"也象征着软件开发与运维过程中短周期、高质量的交付和快速的反馈。

　　自动化是 DevOps 的基石，通过 DevOps 工具链可使软件构建、发布和部署更加快捷、频繁和可靠。工具链通常以持续集成工具为中心，将项目管理和问题跟踪、版本管理、构建、测试、发布、部署、监控等工具作为一个个集成单元，进行编排与调度，构建开发与运维的自动化工作流，支持 DevOps 的全生命周期。

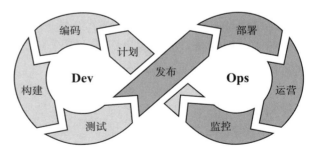

图 2-10　DevOps 的生命周期

　　⊖　具体可参见 IEEE Standard for DevOps：Building Reliable and Secure Systems Including Application Build，Package and Deployment，https://standards.ieee.org/ieee/2675/6830/。

### 2.4.2 应用 DevOps 的原则

为了应用和优化 DevOps 过程，Kim 等提出了 DevOps 的"三步工作法"基础原则 $^{\ominus}$。

● 第一步，流动原则，聚焦于价值流的快速流动。为了在竞争中取得优势，DevOps 的目标是在缩短代码从变更到生产环境上线所需时间的同时提高服务的质量和可靠性，建立从开发到运维之间快速的、平滑的、能向客户交付价值的工作流。为了实现上述目标，本原则借鉴精益思想，实现工作内容的可视化，减小工作批次大小和等待间隔，内建质量以防止缺陷向下游传递，从而增强价值流动性。

● 第二步，反馈原则，关注于持续快速的反馈机制。本原则使得开发运维的每个活动都可快速、持续性地获得工作反馈，及时发现并修复问题，从开发源头控制质量，为下游活动做优化。

● 第三步，持续学习与实验原则，旨在创建有创意、有高度信任感的企业文化。本原则鼓励每个人敢于发现问题、承担问题、解决问题；从成功和失败中不断学习，开展科学的实验，进行持续改进；在团队中分享知识和经验，建立学习型、共享型文化。

### 2.4.3 持续集成、持续交付和持续部署

DevOps 的根本理念是"持续"，最核心的技术实践是持续集成、持续交付和持续部署。

● 持续集成（continuous integration）是指开发人员频繁地（一天多次）将更新的代码合并或者提交到主干源码仓库中。在这个合并或者提交的过程中，都伴随着执行一系列质量保证活动（如代码规范检查、单元测试、安全扫描等）来确保代码的质量。持续集成的主要目标是让正在开发的软件始终处于可工作状态，同时更快地发现、定位和修复错误，提高软件质量。

● 持续交付（continuous delivery）是指在持续集成的基础上，将集成后的代码自动安装到更贴近真实运行环境的"类生产环境/预生产环境"中。持续交付可以看作持续集成的下一步。持续交付的主要目标是让正在开发的软件始终处于可部署状态，同时实现快速交付，能够应对业务需求。

● 持续部署（continuous deployment）是指在持续交付的基础上，将交付后的代码自动部署到生产环境中。持续部署的主要目标是加快从代码提交到部署的速度，并能快速地收集真实用户的反馈。

在持续集成、持续交付和持续部署的整个过程中，代码以及相关的制品不断向生产环境的方向流转，在工具链的支持下实现价值的快速流动。

---

$^{\ominus}$ 具体可参见 G. Kim、J. Humble、J.Debois、J. Willis 和 N. Forsgren 著 *The DevOps Handbook：How to Create World-Class Agility，Reliability and Security in Technology Organizations*。

## 2.4.4　DevOps 工具链

软件的项目/任务管理工具、版本管理工具、构建工具、代码静态分析工具、自动测试工具、部署工具、监控工具等形成了一个 DevOps 工具链，在整个软件生命周期中支持开发与运维团队的高效协同。

DevOps 工具链通常采用持续集成工具作为流程引擎，将 DevOps 的各种工具进行集成，构建一个可重复和可靠的自动化系统，实现价值快速持续的交付。典型的持续集成工具包括开源 Jenkins、Atlassian 的 Bamboo、腾讯的 Coding 平台、华为云软件开发平台 DevCloud、阿里巴巴的云效流水线等。

整个流程通常分为以下几个主要阶段：

1）计划阶段。采用项目/任务管理工具进行计划、问题跟踪和协作。典型的工具如 Jira 和 Pivotal Tracker 等。

2）编码阶段。采用 IDE 进行编程，完成的代码只有通过代码静态分析工具或代码评审等质量门禁，才能进入代码库。典型的版本控制系统有 Git 和 SVN 等，代码静态分析工具有 SpotBugs、PMD、CheckStyle 和 SonarQube 等。

3）构建阶段。使用构建工具管理项目依赖，进行编译和链接，生成目标代码。典型的 C/C++ 构建工具有 CMake 和 Bazel，Java 构建工具有 Maven 和 Gradle 等。

4）测试阶段。通过部署工具将目标代码部署到测试环境，采用自动测试工具运行测试用例。典型的自动测试工具包括 JUnit、CppUnit、PyUnit 等单元测试工具，Postman 和 SoapUI 等 API 测试工具，Selenium 等功能测试工具，以及 JMeter 和 LoadRunner 等性能测试工具。

5）发布阶段。通过部署工具将通过测试的目标代码部署到生产环境，进行软件发布。典型的部署工具有 Capistrano 和 CodeDeploy。开发人员也可以通过编写脚本实现自定义的自动部署。

6）运营阶段。采用监控工具对运行的软件进行自动监控，监控内容包括指标、日志和分布式追踪。如果在运营时发现缺陷或新需求，则将变更请求以新任务的形式登入项目/任务管理工具中。典型的监控工具有 Prometheus、Grafana、ELK、Jaeger 等。

# 2.5　软件过程的选择、裁剪、评估和改进

## 2.5.1　软件过程的选择和裁剪

经过几十年的演化，软件过程发展出了众多流派，包括黑客开发、敏捷开发、风险驱动的开发、计划驱动的开发、严格的微里程碑的开发等。每种过程都有其价值，集成了多项最佳实践，适用于特定类别软件的开发。不存在一种过程对所有项目都是最好的

选择。因此，选择适合自己组织或项目的过程，是实施软件过程的首要任务。软件过程的选择应综合考虑以下多种因素，进行敏捷和规范的平衡。

1）产品/项目自身的特点：开发特定项目、通用产品还是产品线？需求是否明确？需求变化是否频繁？开发周期是否很短？产品升级换代是否很快？项目规模是否很大？项目干系人是否很广？开发团队是集中的，还是分散的？对可靠性和性能等质量要求是否很高？开发嵌入式系统、信息系统、多媒体系统还是其他？一般来说，"重"量级的软件过程适合需求相对稳定、项目规模较大、开发周期较长、质量攸关、产品/项目较广的情形，而以敏捷开发为代表的"轻"量级过程比较适合需求变化快、项目规模小、开发周期短、项目干系人少的项目。

2）团队的实际情况和企业文化：以敏捷开发为主的软件过程对团队成员的要求非常高，无论是专业技能、沟通技巧还是职业精神。此外敏捷开发强调自组织团队，这要求软件组织对开发团队充分信任、充分授权、积极支持，这需要组织文化的强力支持。

3）客户的影响：通常客户不会直接介入开发团队对过程的选择。但是大型客户对供应商可能有强制的过程标准。另外，客户会对过程提出一些要求，例如，提供种类繁多的文档，进行定期的阶段评审等。

选择后的软件过程还需要经过裁剪和融合才能真正满足项目的实际需要。通常会从以下几个方面对软件过程进行裁剪。

1）流程归并与裁剪：并不是每个项目都需要采用软件过程中的所有流程、阶段、活动，开发人员可以根据项目的实际情况对流程进行归并和裁剪。例如 UP 中有业务建模流程，那么产品的原型阶段可能需要包括这个流程；而产品的升级版本可以简化业务建模流程，直接从需求开始。

2）角色的筛选与定制：软件过程是适用于各种项目开发的通用框架，其角色定义力求完整、分工明确。而在实际项目中，由于项目规模、资源的限制，一些角色可以根据需要合并，其职责和行为规范可以根据实际情况重新定义。

3）文档的裁剪和定制：软件过程通常会定义标准的文档模板和规范，而项目有时并不需要过多的复杂文档，因此项目经理可以制订文档计划，对实际项目所产生的文档数量与规范进行裁剪和定制。

软件过程的选择和裁剪还有一个重要内容，即融合。融合的意思是不仅仅采用一种软件过程，而是在项目过程中融合其他的软件过程。例如微软在项目开发过程中采用了 Scrum 和 Kanban 的融合方法，从而创造了一种全新的敏捷开发方法——Scrum-ban。

## 2.5.2 软件过程的评估

所定义的软件过程是否适合本组织或本项目？过程绩效如何？软件过程能力成熟度为几级？哪些实践域做得很好，哪些又有不足呢？为了评估一个软件工程的好坏，研究人员提出了软件过程评估的参考模型和方法，例如 CMM/CMMI<sup>⊖</sup>、ISO/IEC 20000<sup>⊖</sup>、ISO/ IEC 15504、GJB 5000 等。其中最有影响力的是美国卡内基 – 梅隆大学软件工程研究所 （CMU/SEI）提出的 CMM/CMMI，在美国、中国、印度等国家普遍采用。欧洲则更多地采用国际标准 ISO/IEC 15504。近年来，软件的运营和维护管理也逐渐引起大家的注意，于是国际标准化组织在 ITIL 的基础上推出了 ISO/IEC 20000，用于评估软件运维过程的能力。GJB 5000 标准则是我国军用软件的能力成熟度评估的国家标准。

### 2.5.2.1　CMM/CMMI

为了保证软件产品的质量，20 世纪 80 年代中期，美国联邦政府提出了对软件承包商的软件开发能力进行评估的要求。为了满足这个要求，CMU/SEI 于 1987 年研究发布了过程能力成熟度模型（Capability Maturity Model，CMM），2002 年发布了 CMMI（Capability Maturity Model Integration），当前 CMMI 的最新版本为 3.0。CMMI 是一个标准簇，它包括开发、服务、供应商管理、安保、安全、数据管理和虚拟交付等八个领域。

CMMI 将软件组织的能力成熟度分为以下五个等级，如图 2-11 所示。

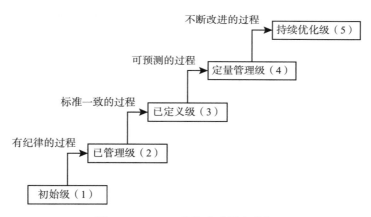

图 2-11　CMMI 的能力成熟度等级

1）初始级（initial）。软件过程是无序的，有时甚至是混乱的，对过程几乎没有定义，成功取决于个人努力。管理是反应式的。

2）已管理级（managed）。建立了基本的项目级软件过程来跟踪费用、进度和功能特性，制定了必要的过程纪律，能重复早先类似应用项目取得的成功经验。

3）已定义级（defined）。软件技术和管理都形成了组织级的标准软件过程，所有项目均使用经批准、剪裁的标准软件过程来开发和维护软件，软件产品的生产在整个软件过程中是可观察的。

---

⊖　参见 https://www.cmmiinstitute.com/cmmi。

⊖　参见 https://www.iso.org/standard/70636.html 和 https://www.iso.org/standard/72120.html。

4）定量管理级（quantitatively managed）。分析对软件过程和产品质量的详细度量数据，对软件过程和产品都有定量的理解与控制。管理和决策都有客观依据，能够定量预测性能。

5）持续优化级（optimizing）。实现了过程的量化反馈，采纳先进的新思想、新技术促使过程持续不断地改进。

CMMI 提供了各个实践域和成熟度等级的标准，但未提供具体的过程。各组织应根据自己的业务目标和特点与标准来制定自己的过程体系。

#### 2.5.2.2 ISO/IEC 20000

在注重 IT 系统开发的同时，系统的运营和维护也成为关注的焦点。每年都有大量因系统运行故障而导致业务严重中断或出错的事件发生，造成了巨大的经济效益和社会效益的损失。为了提高 IT 运维服务管理过程的成熟度，2005 年以 ITIL 为基础的英国国家标准 BS 15000 被国际标准化组织接受，成为 IT 服务管理 ISO/IEC 20000 国际标准，用于评估和认证 IT 运维服务管理过程的能力。ISO/IEC 20000 提出了一整套规范的 IT 服务运营、实施和改进的过程管理、人员管理以及技术管理体系。它强调以客户为中心的、基于过程的 IT 服务管理，通过整合业务与 IT 服务，提高 IT 服务的提供和支持能力。

ISO/IEC 20000 包含两个部分，其中 ISO/IEC 20000-1 是 IT 服务管理体系的要求，包括 6 大过程组（即服务组合，关系和协议，供需，服务设计、建立和转换，解决和实现，服务保障）及过程组所覆盖的 21 个服务管理流程。ISO/IEC 20000-2 是 IT 服务管理体系应用指南，为体系的实施提供参照说明。

#### 2.5.2.3 评估方法

CMMI、ISO/IEC 20000、ISO 15504、GJB 5000 等标准不仅提出了过程评估的参考模型，同时还提供了过程评估的方法，以系统地指导评估的实施，现以 CMMI 的评估方法为例进行阐述。

CMMI 的评估方法强调实践的价值和目的及过程改进的效果，它定义了四种评估方法。

1）基准对比评估（benchmark appraisal）：一种正式评估方法，目的是获得评估等级，评估过程需执行所有的评估步骤，要求全面覆盖评估中所使用的模型。根据被评估的 CMMI 的不同级别，评估组通常为 4~9 人，由主任评估师领导，评估时间为 5~10 天。评估方式为文件审查和人员访谈，评估输出物为最终评估报告。所给出的成熟度等级结果的有效期为 3 年。

2）维持性评估（sustainment appraisal）：是针对已经通过基准评估的组织进行续证需求的评估。如果没有大的组织架构的变动，维持性评估将实质性地缩减审查过程成熟度的持续性的范围。1/3 的实践域要深入分析，其他可以概要分析。如果是高成熟度的评估，则包含高成熟度实践的实践域须深入分析。评估时对上一次评估发现的弱项（实践）要进行考察。最多可以连续做 3 次维持性评估。评估组最少为 2 人，包含 1 名主任评估师。有效期为 2 年。

3）评价性评估（evaluation appraisal）：一种非正式评估方法，通常在正式评估前进行，以衡量组织是否达到了 CMMI 的实践要求。评价性评估可以由组织在任何范围内使用，集中于需要关注的实践域，可以只收集更少的信息。评估组的负责人既可以是主任评估师，也可以由组织内部有经验的成员担当。

4）行动计划复评（action plan reappraisal）：是针对第一次基准评估失败的组织，改进软件过程后，再一次进行评估的方法。该方法必须在上次评估结束后 4 个月内完成，且需要得到 CMMI 研究院认可。

## 2.5.3 软件过程的改进

通过软件过程评估，组织能清晰地了解开发现状，分析不足，总结成功经验和失败教训，引入软件开发最佳实践，进行软件过程的改进。CMU/SEI 在推出 CMM/CMMI 模型的同时，基于戴明博士的 PDCA（Plan-Do-Check-Act）循环提出了软件过程改进模型——IDEAL，如图 2-12 所示。

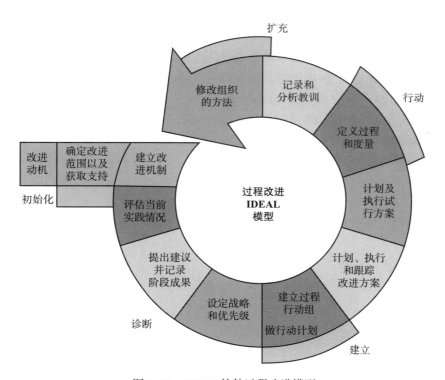

图 2-12　IDEAL 软件过程改进模型

IDEAL 定义了初始化（Initiating）、诊断（Diagnosing）、建立（Establishing）、行动（Acting）和扩充（Leveraging）五个阶段。其中初始阶段是组织层上下同心、拟定目标和愿望的阶段，这是对未来有一个共同思考的过程；诊断阶段采用评估的工作，对组织现状进行分析，发现存在的缺点和问题，并根据组织战略要求，确定需要进一步改进的方向；建立阶段制定相应的规则、模板和过程，作为改进实施的基础；行动阶段则是一个不断试点、总结、推广的过程，在这个过程中组织的所有人员都积极参与，在提高技能、绩效的同时，也在提高组织对过程改进的信心；扩充阶段进行总结、再学习和提高。

软件过程的改进需要循序渐进，不能一蹴而就；需要持续改进，不能停滞不前；需要联系实际，不能照本宣科；需要适应变革，不能一成不变。

## 思考题

1. 什么是软件过程？根据 ISO/IEC 12207 标准，软件过程可分为哪些过程组？
2. 瀑布模型、增量模型和演化模型各有哪些优缺点？
3. 迭代化开发的原则是什么？
4. 请简要列出敏捷开发的价值观和原则。
5. Scrum 过程的两大核心准则是什么？请简述之。
6. 请简要解释 Kanban 中 WIP 的含义和作用。
7. 什么是 DevOps？它有什么作用？
8. 持续集成、持续交付和持续部署的差别是什么？
9. CMMI 模型将软件组织的能力成熟度分为五个等级，请简述之。
10. 请简述软件过程的改进模型 IDEAL。

# 第二篇

## 软件工程技术

第 **3** 章

# 软件工程模型和方法

❏ 什么是软件工程模型？CIM、PIM 和 PSM 的区别是什么？

❏ 常见的软件工程方法有哪几种？它们各有什么优势和不足？

    软件工程最核心的技术是软件建模。本章从软件工程模型出发，介绍了各种软件工程方法，包括结构化方法、面向对象方法、基于构件的开发方法、面向服务方法、模型驱动开发方法、软件产品线工程和形式化方法等。每种方法适合不同的软件类型和开发要求，有各自的软件建模技术。软件工程方法的发展呈现出三个趋势：模块化、复用、高质量。从模块化角度来看，软件模块从函数（结构化方法）、类（面向对象方法）、构件（基于构件的方法）发展至服务（面向服务方法）；从复用角度来看，从代码的复用、构件（基于构件的方法）的复用，到架构（软件产品线）的复用和服务（面向服务方法）的复用，从单个产品到产品簇（软件产品线）的复用；从质量角度来看，从工程方法发展到形式化方法。

## 3.1 软件工程模型

### 3.1.1 什么是模型

    模型是对客观世界的某种简化，是对事物或系统的一种抽象描述。人们常常在正式建造实物或解决复杂问题之前，首先建立一个简化的模型，剔除那些非本质的东西，以便更透彻地了解问题的本质，抓住问题的要害；然后在模型的基础上进行分析、研究、改进和验证，最后才具体实施。对于一个工程，模型具有以下作用：

    1）在正式启动工程项目之前，通过模型的分析和实验，能发现设计中的错误和遗漏之处，降低工程的风险；

2）通过模型，研究和比较不同的解决方案，选出最合适的方案；

3）用于与项目组其他成员、客户、领导等相关人员进行交流；

4）指导和促进工程的实现。

例如，建筑模型用于向客户展示建筑物的整体结构，飞机模型用来进行风洞实验等。软件系统也一样，需要在编码前构造业务模型、分析模型和设计模型。

一个好的模型应当刻画问题的关键方面，而略去其他相对次要的因素。同时，模型还应反映出各个建模者和使用者的不同视角。不同主体对同一客体的认识结果依赖于各自的视角，这样能更好地集中注意力，有效地解决关键问题。

模型可以用不同的语言和工具来描述。如果模型是为了方便相关人员交流，那么就要选用尽可能通用的、易于理解的语言和草图来描述模型。而如果一个模型要被用于在人和计算机之间交流，那么它必须是用精确定义的语言来描述的。

### 3.1.2　CIM、PIM 和 PSM

模型是多层次的，我们可以建立不同详细程度的模型。在软件工程领域，按抽象层次，模型通常分为 ⊖：

1）计算无关模型（Computation Independent Model，CIM）。CIM 描述了一个系统的需求，以及这个系统将要被使用的业务语境。这个模型通常描述系统的用途，而不是其该如何被应用。它一般用业务语言或者领域相关语言来表达。系统的业务模型就是一种 CIM。

2）平台无关模型（Platform Independent Model，PIM）。PIM 是具有高抽象层次、独立于任何实现技术的模型。PIM 描述了系统将会如何被创建，不涉及具体的实现技术，它并不描述针对某一具体平台的解决机制。一个 PIM 可能适用于平台甲而不适用于平台乙，它也可能适用于所有的平台。系统的分析模型就是一种 PIM。

3）平台相关模型（Platform Specific Model，PSM），又称平台特定模型。PSM 是关联于某一具体技术平台的模型。它既包含来自描述 CIM 该如何实现的 PSM 的细节问题，又包含描述如何在一个具体平台上实现这一应用的细节问题。系统的设计模型就是一种 PSM。

## 3.2　结构化方法

结构化方法（Structured Method）是由 Edward Yourdon 和 Tom DeMarco 等人在 20 世纪 70 年代中后期提出的一种系统化开发软件的方法，并在 20 世纪 80 年代成为主流。该方法基于模块化的思想，采用"自顶向下，逐步求精"的技术对系统进行划分，包括结

---

⊖　参见 MDA Guide Version 2.0，https://www.omg.org/cgi-bin/doc? ormsc/14-06-01。

构化分析、结构化设计和结构化编程。其中结构化编程是指采用顺序、选择、重复三种
基本控制结构构造程序，避免使用 goto 语言。本节将介绍结构化方法中的建模技术，即
结构化分析和结构化设计（包括概要设计和详细设计）。

### 3.2.1　结构化分析

结构化分析先把整个系统表示成一张环境总图，标出系统边界及所有的输入和输出，
然后由顶向下对系统进行细化，每细化一次，就把一些复杂的功能分解成较简单的功能，
并增加细节描述，直至所有的功能都足够简单，不需要再继续细化为止。

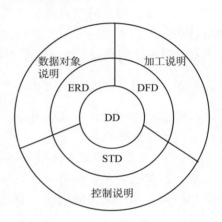

结构化分析的输出是结构化分析模型，它的
组成结构如图 3-1 所示，其中包括数据流图（Data
Flow Diagram，DFD）、实体 – 关系图（Entity-Relation
Diagram，ERD）、状态转换图（State Transition Diagram，
STD）和数据字典（Data Dictionary，DD），以及加
工说明（Process SPECification，PSPEC）等。在 20 世
纪 80 年代中期，以 Ward 和 Hatley 等为代表的学
者在此基础上又扩充了行为模型，提出了控制流图
（Control Flow Diagram，CFD）。

（1）分层数据流图建模

数据流图（DFD）的主要作用是指明系统中的数
据是如何流动和变换的，并描述使数据流进行变换

图 3-1　结构化分析模型的组成结构

的功能。在 DFD 中出现的每个功能的描述则写在加工说明（PSPEC）中，它们一起构成
软件的功能模型。DFD 使用四种基本图形符号进行建模：①圆框代表加工；②箭头代表
数据的流向，数据名称总是标在箭头的边上；③方框表示数据的源（发送数据）和宿（接
收数据），即与系统打交道的人或外界系统；④双杠（或单杠）表示数据文件或数据库。
图 3-2 给出了一个考务处理系统的 0 层 DFD 示例。

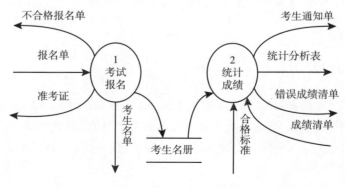

图 3-2　DFD 的示例

　　DFD 采用"自顶向下，逐步求精"的方式进行分层建模，先画出顶层图，再画 0 层、1 层……，直至足够详细。

　　（2）数据字典定义

　　最低一层 DFD 包含系统的全部数据和加工说明，从数据的终点开始，沿着 DFD 一步步向数据源点回溯，这样就容易看清楚数据流中每一个数据项的来龙去脉，然后定义它们的组成。表 3-1 中列出了数据字典使用的描述符号。

表 3-1　数据字典使用的描述符号

| 符号 | 名称 | 举例 |
| --- | --- | --- |
| = | 定义为 | x=…表示 x 由…组成 |
| + | 与 | a + b 表示 a 和 b |
| ［…，…］ | 或 | ［a，b］表示 a 或 b |
| ［… \| …］ | 或 | ［a \| b］表示 a 或 b |
| {…} | 重复 | {a} 表示 a 重复 0 或多次 |
| $\{\cdots\}_m^n$ | 重复 | $\{a\}_3^8$ 表示 a 重复 3~8 次 |
| （…） | 可选 | （a）表示 a 重复 0 或 1 次 |
| "…" | 基本数据元素 | "a"表示 a 是基本数据元素 |

　　采用上述符号，可以为 DFD 中的每个数据项逐一写出定义，并合并成数据字典。例如：成绩清单 = 准考证号 + 考试科目 + { 试题号 + 试题分 }$_5^1$ + 总分。

　　（3）加工说明定义

　　加工说明是对 DFD 中的每个加工所做的说明，由输入数据、加工逻辑和输出数据等部分组成。加工逻辑阐明把输入数据转换为输出数据的策略，是加工说明的主体。显然，在需求分析阶段，策略仅需要指出要加工"做什么"，而不是"怎样去做"。加工说明通常用结构化语言、判定表（decision table）或判定树（decision tree）、IPO 图（Input-Process-Output chart）等来描述，如图 3-3 所示。

　　（4）实体 – 关系图建模

　　实体 – 关系图（ERD）用于描述数据对象间的关系，是软件的数据模型。在 ERD 中出现的每个数据对象的属性均可用数据对象说明来描述。ERD 原来是描述数据库中各种数据之间的关系的图形表示工具，在数据库设计中早已广泛应用。由于这种图能直观、明了地表达数据间的复杂关系，所以在结构化分析中，尤其是某些包含复杂数据的应用，也将它用作数据分析和建模的工具。

　　在 ERD 中，实体（或数据对象）用长方形表示，实体之间的关联关系用线表示，这种关系还存在着与出现次数有关的对应值，称为基数（cardinality），如图 3-4 所示。

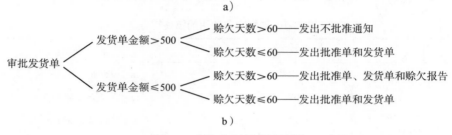

| 发货单金额 | >500 | >500 | ≤500 | ≤500 |
|---|---|---|---|---|
| 赊欠天数 | >60 | ≤60 | >60 | ≤60 |
| 发出不批准通知 | √ | | | |
| 发出批准单 | | √ | √ | √ |
| 发出发货单 | | √ | √ | √ |
| 发出赊欠报告 | | | √ | |

a）

审批发货单
- 发货单金额>500
  - 赊欠天数>60——发出不批准通知
  - 赊欠天数≤60——发出批准单和发货单
- 发货单金额≤500
  - 赊欠天数>60——发出批准单、发货单和赊欠报告
  - 赊欠天数≤60——发出批准单和发货单

b）

图 3-3 判定表和判定树示例

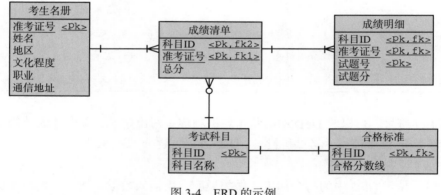

图 3-4 ERD 的示例

（5）状态转换图建模

状态转换图（STD），简称状态图，用于指明系统在外部事件的作用下将会如何动作，表明了系统的各种状态以及各种状态间的变迁，从而构成行为模型的基础，关于软件控制方面的附加信息则包含在控制说明中。在 STD 中，用矩形表示状态，用线条表示状态的转变。图 3-5 是复印机的 STD。

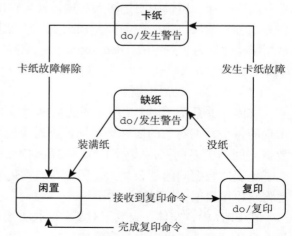

图 3-5 STD 的示例

### 3.2.2　结构化概要设计

结构化概要设计的任务就是把用 DFD 表示的分析模型转换为以结构图（Structure Chart，SC）表示的设计模型。在 SC 中，用矩形框来表示模块，用带箭头的连线表示模块间的调用关系，如图 3-6 所示。

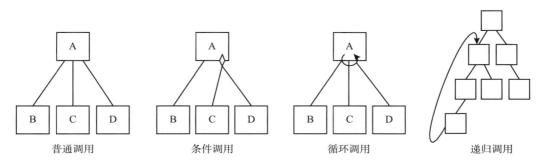

图 3-6　SC 中模块调用的表示方法

DFD 分为变换型结构和事务型结构两种。变换型结构的 DFD 由三个部分组成：输入、变换和输出，如图 3-7 所示。事务型结构的 DFD 图由至少一条输入路径、一个事务中心与若干条动作路径组成，如图 3-8 所示。

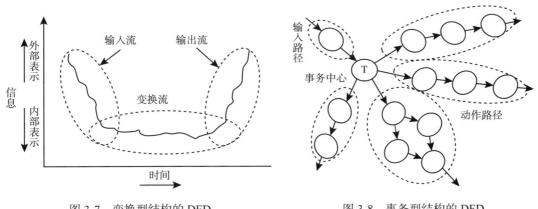

图 3-7　变换型结构的 DFD　　　　　图 3-8　事务型结构的 DFD

针对上述两种类型的 DFD，结构化设计方法分别采用了两种映射方法——变换映射与事务映射，来把 DFD 方便地转换为初始 SC，图 3-9 和图 3-10 是两种映射方法的示意图。

得到的 SC 需要进一步进行细化和改进。结构化设计方法提出了一系列优化软件结构设计的指导规则，即启发式设计策略。

1）降低模块的耦合度，提高内聚度。分割或合并 SC 中的模块，应该以提高模块独立性为首要标准：力求提高内聚度、降低耦合度，简化模块接口，以及少用全局型数据和控制型信息等。除此之外，也要适当考虑模块的大小。一般来说，模块的总行数应控制在 10~100 行的范围内，以便于阅读。

2）保持低扇出和高扇入。扇入（fan-in）高则上级模块多，能够增加模块的利用率；扇出（fan-out）低则表示下级模块少，可以减少模块调用和控制的复杂度。通常扇出数以 3~4 为宜，最好不超过 5~7。如扇出过高，软件结构将呈煎饼形，此时可用增加中间层的方法使扇出降低。设计良好的软件通常具有瓮形（oval-shaped）结构，两头小、中间大，这类软件在下部收拢，表明它在低层模块中使用了较多高扇入的共享模块。

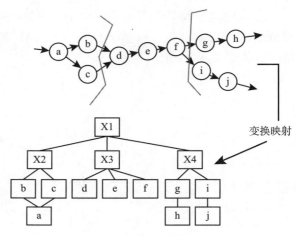

图 3-9 变换映射示意图

3）模块的作用域应限制在该模块的控制域范围内。一个模块的控制域，是指该模块自身及其下级模块（即可供它调用的模块）。一个模块的作用域，是受这个模块中的判定所影响的模块。本规则要求，模块的作用域不要超出控制域的范围；软件系统的判定，其位置离受它控制的模块越近越好。

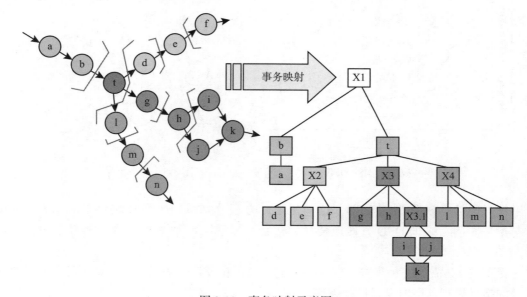

图 3-10 事务映射示意图

### 3.2.3 结构化详细设计

结构化详细设计就是针对 SC 图中的每个模块给出足够详细的过程性描述，确定采用的算法、模块内数据结构和模块接口的细节，用某种选定的表达工具给出更清晰的描述。常用的结构化详细设计的表达工具包括：程序流程图（Flow Diagram）、PAD（Problem Analysis Diagram）、N-S 图（N-S Chart）和伪代码等。以程序流程图为例，其图形符号如图 3-11 所示，具体示例如图 3-12 所示。

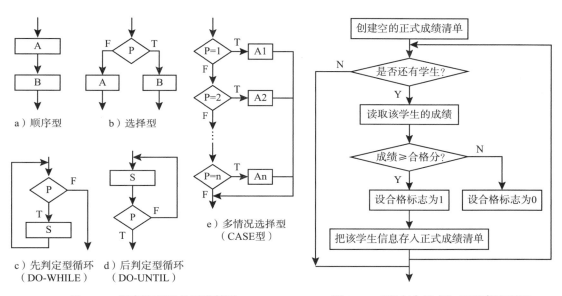

图 3-11 程序流程图的图形符号          图 3-12 "审定合格者"的程序流程图

## 3.3 面向对象方法

面向对象方法（Object Oriented Method）是一种把面向对象的思想应用于软件开发过程，从而指导软件开发活动的系统方法，它建立在对象概念（对象、类和继承）的基础之上，是一种运用对象、类、封装、继承、多态和消息等概念来构造软件的开发方法。面向对象的思想最初起源于 20 世纪 60 年代中期的仿真程序设计语言 Simula 67。20 世纪 80 年代初出现的 Smalltalk 语言和 20 世纪 90 年代推出的 C++、Java 语言及其程序设计环境，先后成为面向对象技术发展的重要里程碑。从 20 世纪 80 年代末开始，面向对象方法得到快速发展，特别是 20 世纪 90 年代中期由 Booch、Rumbaugh 和 Jacobson 共同提出了统一建模语言（Unified Modeling Language，UML），把众多面向对象分析和设计方法综合成一种标准，自此，面向对象方法成为主流。

### 3.3.1　面向对象的基本概念

面向对象思想的最重要特征，是在解空间中引入了"对象"的概念，使之逼真地模拟问题空间中的客观实体，从而与人类的思维习惯相一致。面向对象方法包含以下核心概念：

1）对象（object）。对象是现实世界中个体或事物的抽象表示，是它的属性和相关操作的统一封装体。属性表示对象的性质，属性值规定了对象所有可能的状态。对象的操作是指该对象可以展现的外部服务。例如，若将卡车视为对象，则它具有位置、速度、颜色、容量等属性，对于该对象可施行启动、停车、加速、维修等操作，这些操作将或多或少地改变卡车的属性值（状态）。

2）类（class）。类用于表示某些对象的共同特征（属性和操作），对象是类的实例。例如，汽车类可包含位置、速度、颜色等属性，以及启动、停车、加速等操作。某一辆具体的卡车是汽车类的一个实例。

3）继承（inheritance）。类之间可以存在继承关系，它是现实世界中遗传关系的直接模拟，可用来表示类之间的内在联系以及对属性和操作的共享。子类可以沿用父类（被继承类）的某些特征，同时子类也可以具有自己独有的属性和操作。例如，飞行器、汽车和轮船都是交通工具类的子类，它们都可以继承交通工具类的某些属性和操作。

除继承关系外，现实世界中还大量存在着"部分 - 整体"关系。例如，飞机可由发动机、机身、机械控制系统、电子控制系统等构成。这种关系在面向对象方法中可表示为类之间的聚合（aggregation）关系。

4）消息（message）。消息传递是对象与其外部世界相互关联的唯一途径。对象可以向其他对象发送消息以请求服务，也可以响应其他对象传来的消息，完成自身固有的某些操作，从而服务于其他对象。例如，直升机可以响应轮船的海难急救信号，起飞、加速、飞赴出事地点并实施救援作业。

### 3.3.2　面向对象的基本原则

为了真正实现面向对象的优势，在应用面向对象技术进行分析与设计时，需要遵循四个基本原则——抽象、封装、模块化以及层次原则。

1）抽象（abstraction）是处理现实世界复杂性的最基本方式，抽象的结果反映出事物重要的、本质的和显著的特征。在面向对象方法中，它主要抽取事物的结构特征和行为特征，并组成一个有机的整体。抽象的结果有赖于特定的领域，具有客观性；抽象的结果有赖于特定的视角，具有主观性。在概念上，最核心的抽象内容是对象。准确地讲，对象是一个具有明确边界和唯一标识的、封装了行为和状态的实体。这里的实体是广义的概念，代表一个具有物理意义的实体，可以是一个纯粹软件意义上的实体，也可以是一个概念上的实体。

2）封装（encapsulation）将对象特征的实现方式隐藏在一个公共接口之后的黑盒中。封装概念的关键点在于被封装对象的消息接口。所有与该对象进行的沟通都要通过响应消息的操作来完成。除了对象本身，其他任何对象都不可能改变它的属性。封装在很多时候也被称作"信息隐藏"，信息有两个层面的含义，一方面是接口中操作的具体实施方法，另一方面是对象内部的状态信息。对于和某对象沟通的其他对象而言，只需了解它的消息接口即可顺利地与该对象进行沟通。封装起到两个方向的保护作用：一方面是对象内部的状态被保护起来，不会被与该对象沟通的其他对象直接篡改；另一方面是对象内部特征的变化不会改变其他对象与该对象的沟通方式。封装为面向对象系统带来一种叫作"多态"（polymorphism）的能力，即一个接口可以有多种实现。在概念上，接口是封装原则的准确描述手段，用于声明类或者构件能够提供的服务。

3）模块化（modularity）是关注点分离最常见的表现，软件被划分为独立命名、可处理的模块，把这些模块集成在一起可以满足问题的需求。模块化的关键点是通过分解技术来降低软件的复杂度，减少开发的成本。模块化的目标是将软件划分成一组高内聚（将逻辑上相关的抽象放在一起）、低耦合（减少模块间的依赖关系）的模块。在传统的结构化方法中，模块化主要是考虑对子程序进行有意义的分组；在面向对象方法中，模块主要表现为类、包和子系统。抽象、封装和模块化的原则是相辅相成的。一个对象围绕单一的抽象提供了一个明确的边界，封装和模块化都围绕这种抽象提供了屏障。

4）层次（hierarchy）的基本含义是不同级别的抽象组成一个树形的结构。层次的种类是多种多样的，可以是集合的层次、包含的层次、继承的层次，等等。简单地讲，层次就是一个描述分类的结构。层次的典型例子是生物中的门、纲、属、种、科等。层次的本质目的是表述并使用事物之间的相似性，同时事物之间的区别得以更加明显。这带来了两方面的好处：一方面，对同层次事物之间具有的相同特征，没有必要在这个层次内作分别的、重复的描述，可以将这部分内容放到更高的层次中去描述；另一方面，主体理解客体的概括程度是可选择的，主体可以根据实际需要决定采用较高层次的描述或者是较低层次的描述来认识客体。在概念上，层次的主要表现形式为类之间的泛化关系（generalization）。但是，层次的概念不仅仅局限于类之间的泛化，模式（pattern）乃至框架（framework）的复用在本质上同样是层次概念的应用。

### 3.3.3 面向对象的模型

根据 UML 2.5 版本，面向对象的模型分为结构模型和行为模型两类，如图 3-13 所示，一共 14 种图（泛化树上的叶结点）⊖，这 14 种图在面向对象分析与设计时并不一定都要用到，要视具体的软件来进行选择。

---

⊖ 参见 UML Specification V2.5，http://www.omg.org/spec/UML。

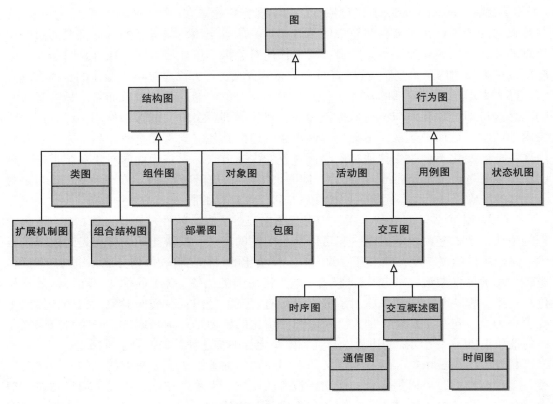

图 3-13　UML 图

### 3.3.4　面向对象的分析

面向对象的分析（Object Oriented Analysis，OOA）的目的是了解问题域所涉及的对象、对象间的关系和作用（即操作），然后构造问题的分析模型，力争该模型能真实地反映出所要解决的"实质问题"。在这一过程中，抽象是最本质、最重要的方法。在实际进行问题分析时，应当针对不同的问题性质选择不同的抽象层次，过简或过繁都会影响对问题的本质属性的了解和解决。

OOA 强调直接针对问题域中客观存在的各种事物建立 OOA 模型中的对象，用对象的属性和服务分别描述事物的静态特征和行为。问题域有哪些值得考虑的事物，OOA 模型中就有哪些对象，而且对象及其服务的命名都强调应与客观事物一致。另外，OOA 模型也保留了问题域中事物之间的关系，例如把具有相同属性和相同服务的对象归结为一类，用一般 / 特殊结构（又称分类结构）描述一般类与特殊类之间的关系（即继承关系）；用整体 / 部分结构（又称聚合结构）描述事物间的组成关系，等等。

可以看到，无论是对问题域中的单个事物，还是对各个事物之间的关系，OOA 模型都保留着它们的原貌，没有转换、扭曲，也没有重新组合，所以 OOA 模型能够很好地映射问题域。OOA 对问题域的观察、分析和认识是很直接的，对问题域的描述也是很直接的，它所采用的概念及术语与问题域中的事物保持了最大限度的一致，不存在语言上的鸿沟。

OOA 方法的基本步骤包括：

1）采用用例技术对软件的功能进行用例建模；

2）识别出软件的关键抽象，即概念类，采用类图建立概念模型；

3）对每个用例进行用例分析，识别出分析类，建立类图和交互图。

OOA 的更多内容和案例请参阅本书第 4 章。

### 3.3.5 面向对象的设计

在分析模型的基础上，进行面向对象的设计（Object Oriented Design，OOD），建立软件的设计模型。OOA 与 OOD 的职责划分是：OOA 针对问题域运用面向对象的方法，建立一个反映问题域的分析模型，不考虑与系统实现有关的因素（包括编程语言、图形用户界面、数据库等），从而使 OOA 模型独立于具体的实现；OOD 则是针对系统的一个具体实现平台运用面向对象的方法。

OOD 与 OOA 采用相同的表示法和模型结构，这是面向对象方法优于结构化方法的重要因素之一。从 OOA 到 OOD 不存在转换，只需局部的修改或调整，并增加与实现有关的独立部分。因此 OOA 与 OOD 之间不存在结构化方法中分析与设计之间的鸿沟，两者能够紧密衔接，大大降低了从 OOA 过渡到 OOD 的难度、工作量和出错率。

OOD 方法的基本步骤包括：

1）从多个视图设计软件的架构，并选定设计模式。常见的架构视图包括逻辑视图、进程视图、开发视图、物理视图、用例视图、数据视图等；

2）在架构设计的基础上，确定子系统之间的接口，并对子系统内部进行设计；

3）进行详细的类的设计和优化。

OOD 的更多内容和案例请参阅第 5 章。

## 3.4 基于构件的开发方法

基于构件的软件开发（Component Based Software Development，CBSD）方法 ⊖ 通过构件的构造和组装来开发一个新系统。构件是指独立于特定平台和应用系统，具有定义良好的接口，支持一定功能的、可复用与自包含的软件构成部分。在面向对象方法让人们能按客观世界规律进行软件分析和设计建模，使软件具有更好的可复用性和可维护性的同时，分布式计算的压力又给软件开发提出了许多挑战：它要求软件实现跨空间、跨时

---

⊖ 参见 Umesh Kumar Tiwari 和 Santosh Kumar 著 *Component-Based Software Engineering: Methods and Metrics*。

间、跨设备、跨用户的共享，这导致软件在规模、复杂度、功能上的极大增长，迫使软件要向异构协同工作、各层次上集成、可反复复用的工业化道路上前进。基于构件的软件开发方法正是为了适应这种需求而提出的。

### 3.4.1  概述

从抽象程度来看，面向对象方法已达到了类级复用，它以类为封装的单位，这样的复用粒度还太小，不足以解决异构互操作和效率更高的复用。基于构件的软件开发方法将抽象提到一个更高的层次，通过构件对一组类的组合进行封装，代表完成一个或多个功能的特定服务，也为外界提供了多个接口。构件对外隐藏了具体的实现，只用接口提供服务。这样，在不同层次上，构件均可以将底层的多个逻辑组合成高层次上的粒度更大的新构件，甚至直接封装到一个系统，使模块的复用从代码级、对象级、架构级到系统级都可能实现，从而使软件像硬件一样装配定制而成的梦想得以实现。图 3-14 是基于构件的软件系统的一个示例，其中构件用长方形表示，箭头是构件提供和调用的接口。

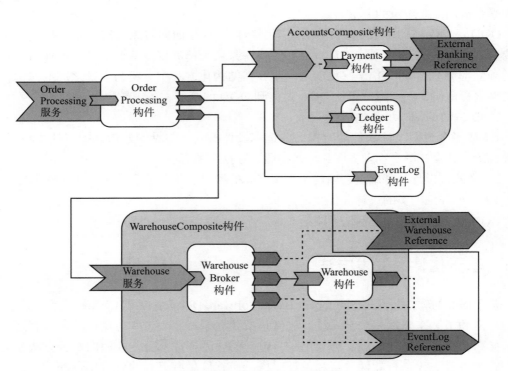

图 3-14  基于构件的软件系统示例

基于构件的软件开发方法具有以下优点：

1）提供了一种手段，使软件可用预先编好的、功能明确的构件定制而成，并可用不同版本的构件实现软件的扩展和更新。

2）利用模块化方法，将复杂的难以维护的系统分解为互相独立、协同工作的构件，并努力使这些构件可反复复用。

3）突破时间、空间及不同硬件设备的限制，利用统一的接口模型和标准实现跨平台的互操作。现有的一些构件标准与构件模型包括 OMG CORBA、微软 COM/DCOM、EJB/Java EE、OASIS SCA，等等。

与面向对象方法相比，基于构件的软件开发方法更加注重黑盒复用。通常面向对象开发者可以看到所使用的类的内部实现，也可以与开发伙伴协商改动。而对于使用者来说，构件的内部设计可能无法得到（也许因为构件是购买的），也不容易与开发者商量要求构件改动。这意味着基于构件的软件开发方法要求构件具有更正式的语义规约和接口的语法说明。

## 3.4.2　方法框架

不同于"一切从零开始"的软件开发方法，基于构件的软件开发方法以领域软件架构为蓝图，以可复用的软件构件为组装基本单元，高效率、高质量地构造应用软件系统的方法。它主要包括三个阶段：构件开发、构件管理和构件组装，如图 3-15 所示。

1）构件开发。构件生产者基于领域工程方法对特定领域进行分析和设计，然后基于领域架构进行构件设计，开发符合构件模型规范的构件，或者把现有的构件包装成目标构件标准的构件。

2）构件管理。构件管理者把大量可复用的构件按照不同的特点（不同的刻面）进行管理，并让用户检索到符合用户需求的构件。

3）构件组装，即应用开发。在开发某个领域的应用系统时，不需要全部从头开始进行开发编码，可复用构件库（或构件市场）中的构件，当然也需要补充开发一些应用专用的构件，然后把这些构件组装起来成为一个完整的可运行的应用系统。这一阶段由应用开发者负责，包括构件之间组装关系的建模、构件组装模型的验证、构件组装黏合代码的开发，等等。

以下各小节将分别介绍这三个阶段。

## 3.4.3　构件开发

构件开发可分为领域工程和构件工程，它首先进行领域开发，产生领域模型和领域基准体系结构，确定领域中潜在的可复用构件，然后进行构件的可变性分析，构建可复用构件。其具体步骤如下：

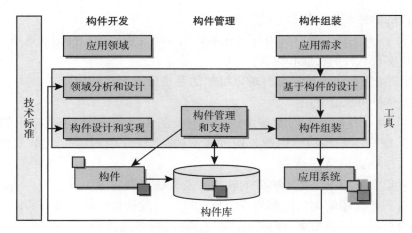

图 3-15　基于构件的软件开发方法

1）领域分析和设计。采用领域工程的技术，对特定应用领域中已有的系统、预期的需求变化和技术演化进行分析，标识出整个领域中通用的需求，设计出领域的体系结构。首先收集领域中有代表性的应用样本，分析这些已有的系统和预期的需求变化中的公共部分或相似部分，抽取该领域的体系结构。这个领域基准的体系结构是可以裁剪和扩充的，以供该领域的应用复用。然后在此体系结构的基础上标识该领域的候选构件，对其进行泛化，提高其通用性。同时寻找候选构件在不同应用中可能修改的部分，即变化点（variation point），通过设置参数、继承或其他手段，使可变部分局部化。

2）构件设计和实现。采用构件工程的技术，设计和实现领域分析与设计产生的候选构件。首先以构件的接口为需求，对构件进行详细设计，然后编程实现，最后对构件进行严格的测试，以提高其可靠性。所使用的测试用例可跟随构件一起被复用。

### 3.4.4　构件管理

所开发的构件应存放在构件库中，这需要相应的构件描述、分类和存储，以满足应用开发时对构件检索的要求。构件管理的任务包括组织、描述和分类构件，管理和维护构件库，评估构件资产。

1）组织、描述和分类构件，并将其放入构件库中进行管理，便于构件的检索，使构件使用者能够知道构件的存在，并很容易地找到需要的构件。

2）管理和维护构件库。建立和维护构件库，分配操作权限，对构件进行配置管理，包括建立基线、进行版本控制和变更控制，使构件使用者能够得到最新版本的构件。

3）评估构件资产，以不断改进构件。评估构件的价值包括构件的复用潜力、创建构件的成本、使用构件带来的利益、构件资产的应用情况、构件资产升级的频率、目前的构件资产分类是否合理等。

### 3.4.5 构件组装

在基于构件的软件开发方法中，应用系统是由构件组成的，应用开发就是对构件进行组装的过程。首先进行应用系统分析，借鉴领域基准体系结构设计应用系统的体系结构，然后选择可复用构件进行组装，并开发少量构件胶合代码和应用特定代码，形成应用系统，最终通过测试。其具体步骤如下：

1）基于构件的设计。开发一个应用系统，首先要建立该应用的体系结构模型，将不同需求划分给软件架构中的不同构件，这是一种基于构件的体系结构，又称构件架构（component architecture）。基于构件的应用系统体系结构可采用"4+1"视图（即逻辑视图、进程视图、物理视图、开发视图和场景视图），只是对逻辑视图有特别的要求。其逻辑视图应描述组成应用系统的构件及其接口、构件之间的静态结构、交互、约束和关系。该模型可以使用领域工程提供的领域特定的基准体系结构，经裁剪或扩充而获得。

2）构件组装。这是一个构件选择、鉴定、特化和组装的过程。首先根据应用系统的体系结构，从构件库或其他可利用的构件源（如构件供应商）中寻找开发软件的候选构件。评价候选构件，以判断它是否适合待开发的软件。当有多个候选构件同时满足新软件的同一需求时，可根据复用代价、构件质量等加以选择。由于可复用构件具有通用性，因此在复用时有时需要对其进行特化，以满足特定应用的需求。如果构件中含有变化点，则要选择合适的变体（variant）链接到变化点上。一个新系统不可能全部由可复用构件组成，因此对新系统中未采用复用的部分仍需专门开发，最后将可复用构件和开发的代码组装成一个新的软件系统。

3）系统测试和发布。对组装后的软件系统进行集成测试和系统测试，最终将通过测试的系统进行发布。

在基于构件的软件开发活动结束后，应对所使用的可复用构件做出评价，提出修改或改进意见，以提高它以后的可复用性。同时还可根据新开发的部分，向构件库推荐可能的可复用构件，以不断扩充和完善构件库。

## 3.5 面向服务方法

5G/6G 移动通信、云计算、大数据和人工智能技术的蓬勃发展，使得人类社会进入了万物互联的时代。各种各样的应用系统都运行于基于 Internet 的开放分布计算环境中，通过 Web 协议实现动态交互协作，并可根据应用需求和网络环境变化而进行动态演化。在这种背景下，面向服务方法（Service Oriented Method）应运而生，它是以面向服务架构（Service Oriented Architecture，SOA）为基础的软件建模方法。基于面向服务架构的应用系统具备松散耦合、位置透明、协议独立的特征，可以充分复用现有的各种资源，并有效地实现随需应变。

### 3.5.1　面向服务架构的基本概念

SOA 是一种构建分布式应用系统的架构技术，在 SOA 的世界中，服务占据了核心位置，围绕着服务包含三种角色，图 3-16 [一] 显示了 SOA 中三种角色之间的协作。

SOA 中的角色包括：

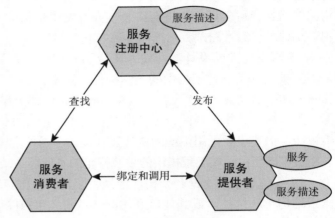

图 3-16　SOA 中的角色及其协作

● 服务消费者：即使用服务的应用系统、软件模块或其他的服务。它通过在服务注册中心中对服务进行查找，并通过指定的传输协议与服务绑定，来调用服务的功能。服务消费者是根据服务的接口契约执行服务功能的，例如根据 WSDL（Web Service Description Language）文件中的约束来基于 SOAP（Simple Object Access Protocol）的 Web 服务，或者按照 REST（Representational State Transfer）协议来调用 RESTful Web 服务。

● 服务提供者：即在网络上可寻址的实体，它接受并处理来自服务消费者的请求。它将其服务和接口契约发布到服务注册中心中，以便服务消费者可以发现和访问其服务。例如，云提供商会以基础设施即服务（Infrastructure as a Service，IaaS）、存储即服务（Storage as a Service，StaaS）、平台即服务（Platform as a Service，PaaS）以及软件即服务（Software as a Service，SaaS）等多种形式将其资源通过 URL 开放给服务消费者使用。

● 服务注册中心：即服务发现使能者，它包含一个可用服务池，并允许服务消费者按照多个维度查找符合要求的服务提供者的位置和接口契约。服务注册中心还可以通过与服务访问网关集成，一方面，实现向服务消费者屏蔽服务的具体位置，以提高服务部署与调用的灵活性；另一方面，还可以实现服务多实例之间的负载均衡。

在 SOA 中，所有实体都可以扮演服务提供者、服务消费者和服务注册中心这三种角色中的一个或多个。它们能够执行的操作包括：

● 发布：服务总是希望能够被更多的消费者访问，因此，会将其服务描述发布到服务注册中心。例如，基于 SOAP 的 Web 服务会将其 WSDL 文件发布到服务注册中心。服务消费者可以通过在服务注册中心进行查询来发现与调用注册过的服务。

● 发现：服务消费者通过向服务注册中心查询，搜索满足查询条件的服务，获取这些服务的描述文件。

---

一　参见 Endrei Mark、Ang Jenny 和 Arsanjani Ali 等著 *Patterns：Service-Oriented Architecture and Web Services*。

- 绑定与调用：在获取服务描述文件之后，服务消费者按照其中的服务接口信息来调用服务，包括传输协议、请求与响应的消息格式、服务用 URL 表示的地址等。

而在图 3-16 中涉及的软件制品包括：

- 服务：通过发布接口使其允许服务消费者进行调用。

- 服务描述：指定服务消费者与服务提供者交互的方式，指定服务请求和服务响应的格式，并且还可以指定前置条件、后置条件以及服务质量的级别等。

服务强调的是独立于具体的编程语言和实现，可以通过纯文本协议进行调用。因此，服务通常是对使用某种编程语言编写的构件或模块进行封装而得到的。例如，使用 Java 语言开发的服务器端构件，可以被 Java 语言开发的客户端通过远程方法调用（Remote Method Invocation，RMI）机制调用，也可以被 C# 语言开发的客户端按照 REST 协议来访问。所以说，服务并不是空中楼阁，它的实现仍然要基于面向对象和面向构件等开发技术。就像构件是在对象概念之上的更进一步封装一样，服务在逻辑概念上也位于构件之上，但是服务与构件之间并非一一对应的关系。这是因为在基于构件开发的系统中，构件是业务实体的映射，而在 SOA 系统中，服务是业务规则的映射。因此，服务与构件分别是在问题域和实现域的抽象，二者维度不同，所以绝对不能认为把构件进行包装，将其服务描述发布到服务注册中心，就可以完成基于构件的应用系统向 SOA 应用系统的迁移。

在 SOA 的应用中，系统由大量的服务构成，这些服务通常并不直接交互，而是通过企业服务总线（Enterprise Service Bus，ESB）以消息传递的方式实现与其他服务之间的交互，而传递的消息都是数据而非事件。因此，服务本质上是数据驱动的，由企业服务总线来转发各种消息。图 3-17 给出了 ESB 的概念模型以及 SOA 应用的构成。

正是由于企业服务总线在 SOA 应用中处于核心地位，因此，SOA 应用会体现出三个主要特征：

- 松散耦合：服务和服务之间没有形成直接的调用，它们是数据驱动的，而调用消息以及响应消息则是由服务总线根据预定的业务流程来转发的。

- 位置透明：服务的位置对于服务的调用者来说并不重要，服务调用者只需要和服务总线交互即可，而服务总线起到了消息转发的功能。

- 协议独立：服务调用及响应消息可以使用各种传输协议来传输，而服务总线将通过各种适配器来实现协议的转换。

从上述描述可知，服务总线承载的功能使它成了重量级的基础软件，并且可能会成为服务之间交互性能的瓶颈。因此，很多 SOA 应用系统在实现时会根据实际需求有选择地使用服务总线，以避免出现系统性能瓶颈。

上面涵盖了 SOA 的主要概念。SOA 实际上是内涵很广的一个技术架构，它使得分布式应用系统的设计与开发呈现出完全不同的面貌。

### 3.5.2　面向服务建模的内涵

SOA 解决方案由可复用的服务及服务总线等基础设施组成，这些服务带有定义良好且符合标准的已发布接口。这些接口独立于任何平台和语言，通常以纯文本的方式描述和调用，例如通过 WSDL 描述并通过 SOAP 调用。因此，SOA 提供了一种将部署于不同的平台、使用不同的编程语言实现的应用系统以随需应变的方式集成在一起的机制。

从概念上讲，SOA 中有三个主要的抽象级别⊖：

● 操作：代表单个逻辑内聚的工作单元的事务。执行操作通常会导致读、写、修改或删除若干个存储在持久性介质上的数据。SOA 操作与面向对象编程中的方法（函数）类似，它们都有特定的结构化接口，并且返回结构化的响应。与方法一样，特定操作的执行可能涉及调用额外的操作。

● 服务：代表操作的逻辑分组。例如，如果将用户转账视为

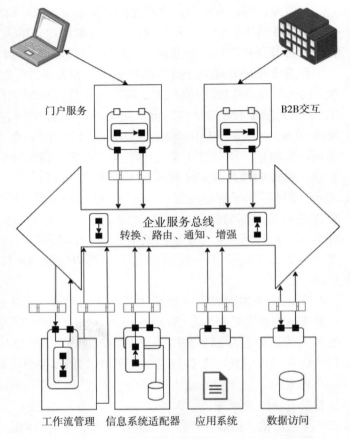

图 3-17　ESB 的概念模型及 SOA 应用

服务，则按照用户名查找客户、按照账户余额列出顾客和保存新的账户余额等就代表相关的操作。

● 业务流程：为实现特定的业务目标而执行的一组长期运行的动作或活动。业务流程通常包括多个服务调用，例如录用新员工、出售产品或服务。在处理订单流程中，每个流程都需要调用多个服务来实现其业务目标。在 SOA 术语中，业务流程包括依据一组业务规则按照有序序列执行的一系列对服务的调用。服务调用的排序、选择和执行称为服务编排或流程编排。

从建模的观点来看，由此带来的挑战是如何描述设计良好的操作、服务和流程的抽

---

⊖　参见 Olaf Zimmermann 和 Pal Krogdahl 所著的《面向服务的分析与设计原理》。

象特征，以及如何系统地构造它们。

面向服务的分析与设计（Service-Oriented Analysis and Design，SOAD）实际上是将面向对象的分析与设计（OOAD）、企业架构（Enterprise Architecture，EA）框架和业务流程建模（Business Process Modeling，BPM）等现有建模方法进行综合，并通过添加新的原理和规则而形成的，包括服务编排、服务库和服务总线中间件模式等在建模时需要给予特别关注的部分。

除了综合面向对象分析与设计、业务过程建模和企业架构框架技术之外，还有几个重要的方面需要特别关注：

- 服务分类和聚合：服务有不同的用法和用途，例如，可以从软件实现角度识别软件服务，也可以从业务逻辑角度识别业务服务，而这两者可以不是一对一映射的。对于复杂的业务逻辑，还可以将原子服务编排成级别更高、功能齐全的组合服务。服务组合可以通过可执行模型（如 BPEL 建模的模型）来加以简化。
- 策略和方面：服务具有语法、语义和服务质量特征，它们都必须进行建模；正式的接口契约必须涵盖比 WSDL 更多的内容。因此，Web 服务策略（WS-Policy）框架是一个重要的相关规范。
- 中间汇合的流程：在真实世界中，并没有全新的项目，必须始终考虑遗留系统。因此，需要采用中间汇合的方法，而不是单纯的自顶向下或自底向上的流程。在设计取决于现有的 IT 环境而不是现在和将来的业务需要的情况下，单纯的自底向上方法往往会导致业务服务抽象效果不佳；而单纯的自顶向下方法可能会使得非功能性需求特征设计不充分，并且损害其他的架构质量因素，甚至还会在服务和构建之间产生不匹配的问题。
- 服务获取和知识代理：应该将复用看作识别和定义服务最主要的标准之一。如果构件（或服务）不可能复用，就无法将其作为服务进行部署，它可以依附于相关的服务，但是不能单独作为服务而存在。然而，即使从一开始就计划好了复用，还是需要将服务获取流程形式化。由众多使用者共同使用服务是 SOA 明确的设计目标之一，通过服务注册中心（例如企业 UDDI 目录）可以帮助解决部分问题，包括服务注册、查找和路由。

### 3.5.3 面向服务建模的方法

对应于面向服务建模所涉及的三个抽象层面，面向服务分析与设计也包含三个层面的内容：

1）业务层面：这个层面的设计又分为三个层面。首先是在功能域层面对业务逻辑进行描述，产生独立于计算的业务模型；其次是在业务流程层面使用标准的方式，对业务逻辑进行编排，产生规范的业务流程；最后是在业务服务层面对业务流程中的服务进行识别，从而产生业务服务集。构建业务流程可以使开发人员更加清晰地理解业务需求，并且由于很多开发工具都支持在构建业务流程之后、在不开发具体服务的情况下即可对业务流程本身进行逻辑测试，所以还可以通过对业务流程的测试来检验开发人员对需求理解的正确性。对业务服务的识别完全是从业务角度出发的，其原则是确保业务的边界和粒度划分都符合业务逻辑，因此它们和最终开发出来的软件服务之间可能并非一一映射关系。

2）服务层面：这个层面的设计是从软件设计和实现的角度出发，根据业务流程和业务服务集，设计对应的软件服务集。通常情况下，为了设计方便，业务服务集和软件服务集是一一映射关系，但是出于某些原因，例如为了对软件服务进行复用，业务服务集和软件服务集也可能并非一一映射。尽管如此，软件服务集必须实现业务服务集中的所有功能。软件服务集中的服务都是一些诸如 Web 服务这样的独立于具体的开发语言的服务。

3）构件层面：正如前面提到的，服务是对构件的包装而得到的，即服务最终是由构件实现的。构件是与开发语言相关的实体，需要在特定的开发语言和开发框架中进行设计。服务的粒度通常会比构件大，因此设计出来的构件数量通常也会进一步增多。同样出于复用的目的，开发人员可能会把在多个服务中共用的部分抽取出来构建成通用的工具构件，在多个软件服务中使用。

面向服务架构通常用来实现系统集成，即通过面向服务架构将多个互相关联但是独立开发的应用系统集成到一起。因此，在进行以系统集成为目的的面向服务的设计时，会发现构件层面的内容已经全部或大部分都具备了，开发人员要做的是从底层的构件层面向上，并从顶层的业务层面向下，最终在软件服务和业务服务的中间点汇合，从而得到完整的设计方案。这种设计流程可以简略地描述如下：

- 自顶向下分解：在进行业务层面的设计时，根据用户规格说明书，在功能域进行业务分解，将系统分解成若干子系统或模块，并创建在这些子系统中的业务流程。在进行业务服务识别时，可以以业务分解得到的用例为依据，将业务服务的粒度和边界控制在合理的范围内。

- 自底向上抽象：在进行构件层面的设计时，要从现有的系统出发，通过分析选择合适的构件包装成软件服务，以实现对业务流程中识别出来的业务服务的支持。在进行构件选择和服务包装时，需要考虑的因素包括原有接口、暴露边界和安全性等。在必要的时候，还会对现有系统进行重构，以使其构件适合被包装成软件服务。

- 中间汇合：在这里需要将软件服务和业务服务进行映射，由于是从两头出发并行设计的，因此这种映射很可能并非一一映射。除了映射之外，还需要考虑质量属性方面的需求，例如系统性能和可扩展性等。

## 3.6　模型驱动开发方法

以 UML 的广泛接受和使用为基础，OMG 在 2001 年提出模型驱动架构（Model Driven Architecture，MDA），使模型成为系统的实现，而不再仅仅作为文档出现。这标志着模型驱动开发（Model Driven Development，MDD）方法广为接受，并开始在实践中推广。模型驱动开发提高了软件开发行为的抽象级别，倡导将业务逻辑定义为精确的高层抽象模型，让开发人员从烦琐、重复的低级劳动中解脱出来，更多地关注业务逻辑层面，从而提高软件开发效率、软件可复用性和可维护性。纵观软件产业几十年的发展，我们一直致力于在底层硬件上叠加更高的抽象层次，从汇编语言到高级语言，从代码段的复用到类库和框架的复用，从项目特定代码到设计模式。现在，模型驱动开发方法则把软件开发的核心从代码转移到了模型。

## 3.6.1　方法概述

模型驱动开发方法就是对实际问题进行建模，并转换、精化模型直至生成可执行代码的过程。在模型驱动开发中，模型不再仅仅是描绘系统、辅助沟通的工具，而是软件开发的核心和主干。模型之间通过模型映射机制相互转换，保证了模型的可追溯性。软件的开发和更新过程就是模型自顶而下、逐步精化的过程。模型驱动开发的基本思想是：一切都是模型。软件的生命周期就是以模型为载体并由模型转换来驱动的过程。

模型驱动开发方法的通常流程如图 3-18 所示，开发者对业务需求进行分析和抽象，采用某种建模语言（如 UML）建立平台无关模型（PIM）；采用 Model-to-Model 模型转换技术将 PIM 转换成平台相关模型（PSM），需要时对 PSM 进行精化和优化；再采用 Model-to-Text 模型转换技术根据 PSM 生成代码。在实践中，可根据需要对该流程进行裁剪。例如，PIM 至 PSM 的转换采用人工完成；PSM 至代码只生成代码框架或部分代码，再和人工编写的代码进行集成，得到最终的软件系统，等等。又如嵌入式系统领域的 SCADE 工具，开发者定义 PSM 后，工具就能进行自动模型检验，并生成 C 语言代码。

图 3-18　模型驱动开发方法的通常流程

另一种模型驱动开发方法是基于领域特定语言（Domain Specific Language，DSL）的开发。针对特定领域，进行领域分析，定义新的元模型（如对 UML 元模型进行扩充），设计出领域特定的建模语言。开发者采用 DSL 进行领域应用的编程，所编写的 DSL 程序通过解释器直接解释执行，或者通过生成器生成 C 等通用语言的代码来编译执行。例如，物联网领域的 IFTTT 平台，开发者用 IFTTT 语言编写物联网代码（即 If-Then 规则）后，平台就能解释执行。

以下几小节将从方法的核心——模型和元模型的概念出发，阐述两个关键技术——模型转换和 DSL。

### 3.6.2　模型和元模型

软件模型是对软件系统的抽象定义，采用建模语言进行刻画，如通用建模语言（UML）和领域特定的建模语言（SCADE）。元模型（meta-model）就是定义和扩展建模语言的模型，它是模型的模型。所有的建模语言都有其特定的元模型定义，即开发者采用某种建模语言所设计的模型必须遵循它的元模型所定的语法和语义。

为了描述、构造和管理元模型，OMG 提出了元对象设施（Meta Object Facility，MOF）<sup>⊖</sup>的概念。MOF 是一种元模型的模型，即元元模型（meta-meta-model）。于是，模型实例 – 模型 – 元模型 – 元元模型就构成了四层元模型体系结构，如图 3-19 所示。

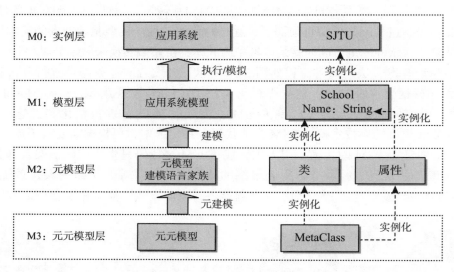

图 3-19　MOF 的四层结构

在图 3-19 中，M0 是模型实例层，包含对象和数据，表示的是系统中的实体，是系统所运行的层次。M1 是模型层，包含各类模型，是系统的模型，M0 层的元素都是 M1 层的实例。M2 是元模型层，比如 UML、CWM 等已经被标准化的元模型，M2 层的元模型定义了 M1 层中的模型。M3 是元元模型层，是用来定义如 UML 语言、IDL 语言用的模型，M3 层是自描述的。每个较低的层次都是其上一个层次的实例，都被其上的层次所定义，只有到了第 M3 层时，它才是自定义的。简单地说，MOF 就是用来定义元模型的结构集。我们可以按照这个思路不断地增加层次，但是实践表明，更多的层次也没有什么意义。元层次本质上不限于四层，重要的是每层之间的实例化关系，以及 M3 层的自

──────────
⊖　参见 Marco Brambilla、Jordi Cabot 和 Manuel Wimmer 所著的 *Model-Driven Software Engineering in Practice，2nd Edition*。

描述能力。

　　除了采用现有的建模语言进行模型的建模，我们还可以根据特定领域需要，采用 MOF 定义该领域的元模型，设计出特定领域的建模语言或 DSL，也可以对现有建模语言的元模型进行扩展（如 UML 提供了 Profile 机制），增强该建模语言的建模能力。

### 3.6.3　模型转换

　　模型转换是模型驱动开发的关键操作，用于实现不同模型之间（例如 PIM–PSM）、模型和文本（例如 PSM– 代码）之间的转换。模型转换可分为两类：

　　1）模型之间（Model–Model），例如 PIM–PIM、PIM–PSM 和 PSM–PSM 等。MOF 提出了 QVT 语言来定义模型之间的转换规则。

　　2）模型和文本之间（Model–Text），例如从 PSM 生成代码、部署脚本、文档、报告等。MOF 提出了 MOFM2T 语言来定义模型和文本之间的转换规则。

　　如何实现模型转换？目前普遍采用基于模板的方法来实现一组转换规则集。我们可以运用通用的编程语言（如 Java）编写转换规则，但这降低了转换规则的抽象层次，增加了开发的复杂度。因此，主流的方法是利用模型转换语言（如 QVT、AGG、TGG、ATL等）编写转换规则。为便于针对建模语言用模型转换语言构造转换规则，源模型建模语言、目标模型建模语言和模型转换语言应该是由同一元建模语言建立的。

　　图 3-20 展示了元建模、建模、模型间转换之间的关系。元建模者在元建模工具的支持下，使用元建模语言建立建模语言和模型转换语言。建模者在建模工具的支持下，用建模语言建立或完善模型。在模型转换工具的支持下，转换规则开发者针对建模语言用模型转换语言建立转换规则。转换工具基于转换规则把一种模型（源模型）转换为另一种模型（目标模型），如把 PIM 转换为PSM。模型和文本之间的转换也同理。

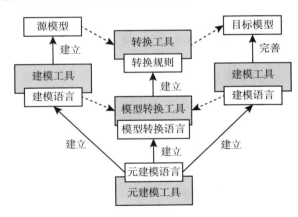

图 3-20　不同模型间的转换

### 3.6.4　领域特定语言

　　领域特定语言（Domain Specific Language，DSL）是描述特定领域或问题的有效手段，它通过适当的表示方法和抽象机制来提供对特定问题领域的表述能力，因此，DSL 常用来生成特定应用领域中的一个产品 / 应用家族的各成员。

　　DSL 既可以是用文本表达的，也可以是用图形表达的（具体词法）。这一具体词法可以映射到一个语言模型（抽象词法），它描述了模型该如何在一个领域中用相关的建模元素来创建。模型的语义通常由模型转换和代码生成来定义。因而，DSL 本身就主要是由元模型来定义的。创建一个模型驱动的 DSL 一般需要以下三步：

1）定义一个语言模型来形式化地描述 DSL 的抽象词法。一般地，语言模型是从一个形式化的元模型得来的。例如采用 UML 的各种扩展机制来定义 DSL。

2）定义一个恰当的具体词法。因为具体词法表达的是抽象词法中的概念，所以在具体词法和抽象词法元素之间存在着一个对应的关系。

3）利用一个生成器将 DSL 翻译为一种可执行的表达。要做到这一步，必须按照 DSL 的形式化语言模型把具体词法元素映射到抽象词法的实例上。目标编程语言的代码是从抽象词法生成的，在这两者之间可能会有多种不同的模型转换步骤，这可以通过利用各种模型转换和代码生成技术来实现。在实际操作中，生成器必须能够定义 DSL 的语义。

传统的 DSL 一般都以一种特定的方式定义，没有系统的标准，属于"特事特办"型，而在模型驱动的 DSL 方法中定义 DSL 时不但引入了系统性过程，同时还对生成器的基础构造和先前定义过的元模型也进行了复用。最终，这种方法提供了一个清晰的概念来把面向对象模型和 DSL 的概念结合起来。

对 DSL 的研究和实践已有很长的历史，从早期 UNIX 系统的 Shell 语言、数据库的查询语言 SQL 到编译生成程序 YACC，以及专用的排版系统 LaTex，这些都是 DSL 的成功范例。在工具支持下，DSL 定义的领域模型可直接生成代码，或解释执行。

## 3.7 软件产品线工程

软件复用和构件技术作为提高软件开发的效率与质量的重要途径已经得到广泛的认同，软件产品线（Software Product Line）工程 ⊖ 则将复用从单个产品提升至产品簇。它针对特定领域中的一系列具有公共特性的软件系统，通过对领域共性（commonality）和可变性（variability）的把握构造一系列领域核心资产，使特定的软件产品可以在这些核心资产基础上按照预定义的方式快速、高效地构造出来。

### 3.7.1 方法概述

软件复用对任何一种软件开发方法都是有效的，如结构化方法中的函数库、面向对象方法中的 UML 设计模式和类库、以代码复用为核心的基于构件的开发方法，都能明显提高软件开发的效率和质量。经过对软件复用的大量研究和实践，人们发现，特定领域的软件复用活动相对容易取得成功，这是由领域的内聚性和稳定性决定的。在此背景下，CMU/SEI 借鉴制造业中生产线的成功经验，提出了软件产品线概念，其特点在于维护公

---

⊖ 参见 Markus Roggenbach 和 Antonio Cerone 等著 *Formal Methods for Software Engineering*: *Languages*，*Methods*，*Application Domains*。

共软件资产库，并在软件产品开发过程中复用这些资产。

软件产品线是指"共享一组公共受控特征，满足特定市场需要，并且按照预定方式在相关核心资产基础上开发而成的一系列软件系统"。一条产品线是共享一组共同设计及标准的产品族，从市场角度看是在某市场片段中的一组相似的产品。这些产品属于同一领域，具有公共需求集，可以根据特定的用户需求对产品线体系结构进行定制，在此基础上通过通用构件和特定应用构件的组装得到。在此构件是指包括软件服务在内的广义的构件。产品线工程是一种有效的、系统的软件复用形式，复用的对象包括产品线体系结构、构件、过程模型等。软件产品线在产业界已进行了不少实践，并取得了良好的收益。

软件产品线工程由三个基本活动组成——领域工程、应用工程和产品线管理，如图 3-21 所示。

1）领域工程，是产品线核心资产的开发阶段，属生产者复用。它定义和实现了产品线的共性和可变性。所谓共性是指产品线中多个应用完全相同的那一部分特性；可变性则将不同应用区分开来。领域工程通过领域分析识别出产品线的共性和可变性，在此基础上设计、开发和完善可复用资产，包括领域的产品线软件体系结构和可复用构件等。

2）应用工程，是基于核心资产的应用产品开发阶段，属消费者复用。它根据单个软件产品的特定需求对领域模型进行定制，通过对领域资产的复用，使用产品线的可变性实现目标产品。产品线的最终价值体现在应用工程具体软件产品的开发过程中。

3）产品线管理，包括技术和组织管理两个方面。成功的产品线需要持久的、强有力的、有远见的管理，这是由于软件产品线涉及领域工程和应用工程两个层面，而应用工程中又包含多个并可能随时间推移不断增加的应用产品。此外，软件产品线往往是一个长期的投资过程，需要经历领域发展、成熟以及核心资产不断积累的过程。因此，在长期的软件产品线开发和不断演化过程中，如何管理各种开发活动、协调核心资产与应用产品两个层面上的开发和演化就显得十分重要了。

三个基本活动紧密联系，各自不断更新，同时引发其他活动的更新，更新可以以任何次序出现且反复循环。正向的开发活动通过核心资产开发用于应用开发，逆向的开发活动则从现有产品中挖掘公共资产放入产品线资产库。核心资产开发和产品开发之间存在很强的反馈循环，即使采用正向开发，核心资产也可能随着新的产品开发而更新。由于

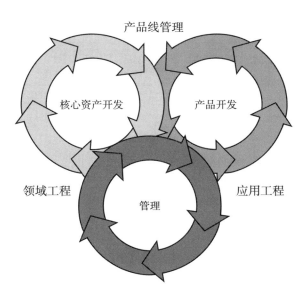

图 3-21　软件产品线工程的三个基本活动

领域总是处于不断的发展变化中，而开发者对领域预见性的把握并不总是准确的，因此需要持久的、强有力的、有远见的管理。

### 3.7.2　产品线的可变性

显式定义和管理可变性是软件产品线工程的两个重要特性之一，它是产品线工程与单一系统工程中软件复用的重要区别。软件产品线的可变性通过变化点（variation point）来定义，变化点既代表了变化主题，又包含了上下文信息。变化点主要有两个来源：一是不同客户的不同需求，例如有的汽车制造公司希望汽车巡航系统提供多国语言的支持；二是软件工程师需要使系统支持或使用不同的技术，例如汽车巡航系统支持雷达和激光两种测距方法。

可变性建模方法主要可以分为两类：一类是把可变性作为传统软件模型的组成部分，例如把可变性集成到用例模型、特征模型、时序图和类图等；另一类是把传统软件模型和可变性模型分离开来，例如图 3-22 的正交变化模型。这两种方法各有优缺点，前者简单易行，但由于在传统模型中增加了可变性信息，使模型变得复杂，并且难以实现软件可变性的全局描述；后者则在单独的模型中定义可变性，实现了可变性的全局描述，但需要新增模型。

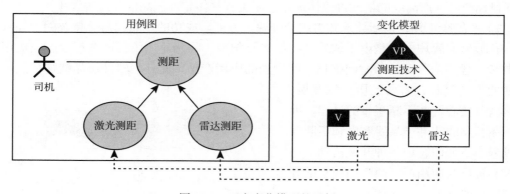

图 3-22　正交变化模型的示例

我们通过对变化点的定义来对可变性进行建模，其内容至少应包含：

1）变化点的表示。

2）变化点的可变体。

3）变化点与可变体之间的变化依赖关系，基本关系有：可选性（optional）、选择性（alternative）、多选性（or）。可选性表示变化点上只有一种可变体，并且需要确定是否被选中；选择性表示变化点上有多种可变体，且只有一种可以被选中；多选性表示可以从多种可变体中选中多个。

4）变化点之间的约束依赖，基本关系有：需要和排斥。

5）可变体之间的约束依赖，基本关系有：需要和排斥。

6）可变性模型与其他开发模型之间的追踪关系。

### 3.7.3 领域工程

在产品线工程的基本活动中，核心资产的开发，即领域工程，是决定因素，也是难度最大的环节。领域工程通过领域分析、领域设计、领域实现三个阶段，将一个领域的知识转化成为一组规约、架构和相应的可复用构件。

（1）领域分析

领域分析负责确定领域范围，分析领域共性和可变性需求，并将结果用易于理解的方式表示出来，形成领域模型。

首先确定产品线的领域范围，这受到成本、复用价值和易复用性等多种因素的影响。成本制约要求领域的范围应该保持在一个合理的尺度内，即领域不可能无限制地覆盖所有共性和可变性。同时，为了提高领域工程输出的可复用资产的复用价值，领域应尽可能多地包含共性成分；而为了提高可复用资产的易复用性，领域又必须尽可能考虑如何使这些共性成分更好地适应复用场景中存在的各种可变性。因此，如何在投资预算的基础上综合考虑产出的可复用资产的复用价值和易复用性，从而在共性和可变性之间寻求一个适当的折中点，就成为领域范围确定中的关键问题。

然后识别和分析软件产品线上的一组具有相似需求的应用系统的共性和可变性需求。表 3-2 是采用应用系统 – 需求矩阵进行分析的示例，矩阵的左列是所有应用中的需求，首行表示产品线中的应用系统。在矩阵中表示需求对哪个应用系统是强制有的。

从应用系统 – 需求矩阵中可以很方便地看出哪些需求是所有应用系统所必需的，哪些需求是一些应用系统共有的，而哪些需求是个别系统需要的。将所有应用系统所必需的需求确定为共性需求，例如定速巡航和监控引擎；将其他需求定为可变性需求，例如自动减速和测距。

表 3-2 应用系统 – 需求矩阵示例

| | 汽车巡航系统 1 | 汽车巡航系统 2 | …… | 汽车巡航系统 $n$ |
|---|---|---|---|---|
| 定速巡航 | 强制的 | 强制的 | …… | 强制的 |
| 自动减速 | | 强制的 | …… | |
| 测距 | | 强制的 | | |
| 监控引擎 | 强制的 | 强制的 | …… | 强制的 |

共性需求的建模方法和常规软件需求建模一样，可以采用用例图、特征模型、类图、状态机图等来刻画。可变性需求则应当通过变化点、可变体及其关系来定义。

（2）领域设计

领域设计将软件开发人员在开发同一领域中的系统时逐渐积累起来的经验显式地表达出来，以便在未来的开发中复用。领域设计包含两个主要活动：一是依据领域模型设计出领域中的应用系统所具有的共性软件体系结构，即特定领域的软件体系结构（Domain Specific Software Architecture，DSSA）；二是对领域模型中的可变性需求进行设计。领域设计的成果是进一步识别和生产源代码级可复用资产的基础。

从领域需求设计出相应的 DSSA 在本质上是一个从需求到设计的转化过程，涉及问题域部分、人机交互部分、控制接口部分和数据接口部分。这四个部分的设计在时间上没有一定的先后关系，可以根据实际情况穿插进行。DSSA 设计有两种方法：其一是在现有系统的体系结构模型中选择一个作为基础，依据领域需求，并参考其他系统的体系结构，对这个模型进行补充和修改；其二是依据领域需求，并参考现有系统的体系结构，逐步建立一个新的体系结构模型。

然后在 DSSA 下进行可变性设计，常用技术包括（但不限于）：

● 构件框架。框架由构件和接口组成，我们可以通过接口把可变性封装起来，不同的构件实现变化点的不同的可变体。

● 特定应用插件。针对不同的应用系统，插入不同的插件，实现不同的可变性需求。

● 设计模式。设计模式为如何针对不同的问题分离可变部分提供了解决方案。

● 配置。采用产品配置的方式来定制可变性需求，例如通过文件或数据库进行配置，或开发专门的配置工具或配置语言。

（3）领域实现

领域实现负责在领域分析和领域设计的基础上，实现领域中的 DSSA 和构件等可复用资产。常用的实现方法包括：依据领域设计的模型重新实现 DSSA 和构件；从现有应用系统中利用再工程技术提取 DSSA 和构件；对现有构件进行重新包装；通过购买等方式获取外界的 DSSA 或构件等。

开发可复用构件是从设计到代码的转换，必须遵循 DSSA，且应尽量减少构件与外部的依赖关系，建立良好的接口规约，为每个接口提供简单的文本描述、类型规约、参数的取值范围和对越界参数的处理方法等信息。同时应为复用者进行效率调优提供机会，帮助复用者选择正确的语言成分和恰当的环境设置。

## 3.8 形式化方法

为了提高软件开发的质量和效率，人们提出了多种解决方法，归纳起来有两类：一是采用工程方法来组织、管理软件的开发过程；二是深入探讨程序和程序开发过程的规律，建立严密的理论，以期用来指导软件开发实践。前者会导致软件工程中工程准则的发展，后者则会推动对形式化方法的深入研究。所谓形式化方法（Formal Method）<sup>⊖</sup>，是指采用数学（逻辑）证明的手段对计算机系统进行建模、规约、分析、推理和验证的方法。它是保证计算机系统正确性与安全性的一种重要方法，目前在安全攸关的软件系统（如航空航天软件和医疗设备软件）中取得了令人瞩目的成果。形式化方法已融入软件开发过程的各个阶段，从需求分析、架构设计、算法设计、编程、测试直至维护。

## 3.8.1　方法概述

形式化方法是利用数学描述、验证软件或硬件及其性质的技术。数学为软件开发提供了精确定义、一致性、完整性等概念，并进一步提供了定义规约、实现和正确性的机制。不同形式化方法的数学基础是不同的，有的以集合论和一阶谓词演算为基础（如 Z 和 VDM），有的以逻辑、状态机、网络、进程代数、代数等为基础。形式化方法与非形式化方法的本质区别是显而易见的：形式化方法的基础是数学意义上的准确定义；非形式化的软件开发方法并不具备数学基础，因而缺乏精确性。

形式化方法主要包含三部分内容：

1）形式化规约。形式化规约提供了目标系统及其性质的精确描述，从而帮助软件开发人员准确理解目标系统及其相关性质，精确开发软件，以及严格验证软件。形式化规约需要形式化规约语言的支持。

2）形式化开发。基于软件的形式化规约，开发人员可以严格开发软件，例如，要求开发的代码的行为与规约一致，根据规约生成代码或定义代码的断言。

3）形式化验证。这主要是指通过完全的自动证明来协助软件、硬件的开发和验证，即自动证明软件、硬件的形式化规约的正确性，证明其满足可靠性及安全性需求等。一般来说，理论证明最难，代价也最为昂贵，它常常被用在那些高可靠、高安全的系统（如微处理器设计中的关键部分）中，证明目标软件满足某些性质等。

## 3.8.2　形式化规约

形式化方法可以被用来描述被开发的软件及其性质，所得到的文档通常被称为形式化规约。形式化规约是对程序需要"做什么"的数学描述，是用具有精确语义的形式语言书写的程序功能描述，它是设计和编制程序的出发点，也是验证程序是否正确的依据。

形式化规约的方法主要可分为两类：一类是面向模型的方法，也称为系统建模，这些方法通过构造目标系统的计算模型来刻画系统的不同行为特征；另一类是面向性质的方法，也称为性质描述，该方法通过定义系统必须满足的一些性质（例如功能、实时性、性能、系统内部结构等要求）来描述目标系统。

---

⊖　参见 Meta Object Facility Core Specification, https://www.omg.org/spec/MOF/2.5.1/PDF。

描述形式化规约的语言通常被称为形式化规约语言。不同的形式化规约方法要求不同的形式化规约语言，包括代数语言（如 OBJ、Clear、ASL、ACT One/Two 等）、进程代数语言（如 CSP、CCS、π 演算等）和时序逻辑语言（如 PLTL、CTL、XYZ/E、UNITY、TLA 等）。这些规约语言基于不同的数学理论及规约方法，因而也千差万别，但它们有一个共同的特点，即每种规约语言均由基本成分和构造成分两部分构成，前者用来描述基本（原子）规约，后者把基本规约组合成复杂规约。

### 3.8.3　形式化开发

形式化方法可以应用于软件过程的任意或所有阶段。最好的应用策略是在软件过程的早期各阶段运用形式化方法，并选择性地将形式化方法添加到后期阶段。

在需求阶段，非形式化的软件需求是通过自然语言进行描述的，很难进行（手工或者工具）检查。引入形式化方法，并不改变自然语言所描述的需求，但是形式化方法可以用于软件需求规约、证明，从而增强软件需求的严谨性。此外，形式化的需求规约有助于确保最终软件的验证性。在设计阶段，采用形式化方法进行 PSM 建模，不仅能通过形式化分析和仿真等避免其他软件开发方法所引入的歧义性、不完整性和不一致性问题，而且还能在建模工具的支持下从形式化 PSM 自动生成代码和测试用例。在编码阶段，除了自动生成代码外，如果形式化规约的语义是前置条件与后置条件，则前置条件与后置条件将成为代码的断言。在测试阶段，可采用设计阶段生成的测试用例进行测试，还能用形式化验证来代替一部分测试。如果形式化规约的语义是操作语义，则应验证软件的行为与该规约所描述的行为是否一致。

形式化开发的优点是产生正确的软件。不过，在工业界实际使用时会遇到以下问题：形式化方法比较费时和昂贵，需要强有力的工具支持；因为很少有软件开发者具有使用形式化方法所需的背景知识，所以尚需多方面的培训；难以用软件的形式化规约与对其一无所知的用户进行沟通等。

### 3.8.4　形式化验证

一旦形式化规约已经制定，该规约可以作为依据，证明有关的规约性质。证明手段主要包括手工证明、定理证明和模型检验三种。

1）手工证明。有时，对系统进行证明并不是为了保证其正确性，而是希望更好地了解系统。因此，一些软件的正确性证明具有典型的数学证明风格：证明过程使用自然语言，也并不严格。一个良好的证明应当具有可读性，容易被其他人所理解。需要注意的是，软件中可能存在一些细微的错误，而自然语言存在模糊性，常常导致手工证明过程中不能发现这些细微错误。此外，良好的证明过程需要具有复杂的数学和专业知识。

2）定理证明。通过提供目标软件、逻辑公理和一系列推理规则形成一个逐步证明的方案。定理证明由工具自动进行证明，但需要人工去发现哪些性质是应当被证明的。

3）模型检验。利用有限状态机来自动验证系统的正确性。通过穷尽搜索目标系统在执行时的所有状态，以验证系统符合某些性质。模型检验由工具自动执行，但需要人工提供一个抽象的模型，否则复杂系统的状态将非常多，形成空间爆炸。

在业界中，定理证明或模型检验更多地被集中使用在集成电路或者嵌入式系统的设计和验证中。例如，此前，由于奔腾芯片的 FDIV 错误，通常需要对处理器的浮点计算提供额外的审阅工作；通过定理证明，AMD、英特尔等芯片厂商可以确保其生产的处理器上的除法和其他操作的实现是正确的。

## 思考题

1. 什么是模型？软件模型的三个层次分别是什么？请对每个层次进行简要说明。
2. 结构化分析模型和设计模型分别由哪些模型组成？
3. 请列出面向对象的基本原则。
4. 什么是构件和基于构件的软件开发方法？
5. 面向服务架构中松散耦合、位置透明和协议独立这三个特性是如何实现的？
6. 什么是元模型？请简要介绍模型的 MOF 四层结构。
7. 什么是软件产品线工程？它的三个基本活动分别是什么？
8. 什么是形式化方法？请分析它的优点和缺点。

CHAPTER4

# 第 **4** 章

# 软件需求工程

本章主要知识点

❑ 软件需求有哪几类？优秀需求应满足哪些特性？
❑ 软件需求工程包括哪五个阶段？
❑ 如何进行面向对象分析建模？

软件需求工程是软件开发周期的第一个阶段，也是关系软件开发成败最关键的阶段。本章将从面临的挑战出发，详细阐述软件需求的概念、软件需求工程的关键活动、面向对象的需求分析方法，以及敏捷开发中的需求工程。

## 4.1　面临的挑战

准确、完整和规范化的软件需求是软件开发成功的关键，但是需求的收集、分析、整理、定义、组织、管理具有相当高的复杂度，而且难度会随着项目规模的扩大而非线性增加，这是由需求本身的特性决定的。软件项目中 40%~60% 的问题都是在需求阶段埋下的祸根。在软件需求工程阶段，我们常常面临如下问题和挑战：

（1）项目干系人说不清需求

需求并不总是显而易见，它常常涉及多学科、多领域的交叉，需要从众多项目干系人（stakeholder）中获取。所谓项目干系人，是指受项目影响或与项目有直接、间接利益关系的个人或组织，例如项目的发起者、用户、承担者、开发者、系统管理和维护者、技术支持者、领域专家，等等。这些项目干系人往往有不同的想法，这些想法甚至互相矛盾；项目干系人的知识背景各不相同，信息沟通困难。在不少项目中，项目干系人甚至提不出需求。如何引导项目干系人提出真正的需求是本阶段面临的第一个挑战。

（2）需求表述的二义性问题

获取到的需求，通过开发团队的整理和分析，会形成书面的需求文档，但是需求文档一般是用自然语言编写的，常常存在二义性问题。不同的人阅读文档后理解会不一致，特别是没有软件工程背景的用户，其理解和开发团队之间往往存在偏差。如何达成一致的、准确的需求表述？

（3）需求经常变化，项目没有时限

系统工程的首要法则是变更，软件工程也一样。软件需求对时间敏感，只要项目没有结束，需求就会发生变化。这些变化包括：不断增加的新需求、原有需求发生变化、原有需求不再有效。我们不能不允许需求变更，因为这些变更常常是合理的，例如业务环境发生变化、竞争产品推出了新的功能、项目干系人对产品有了更深入的认识、原先的需求有缺陷、开发资源发生变化，等等。但是如果缺少对需求变更的有效控制，那么项目就会变成一个烂尾工程，永远无法结束。

（4）开发人员不得不大量超时工作，因为误解或二义性的需求直到开发后期才发现

软件需求工程位于软件开发周期的最上游，如果需求上的一个缺陷没有被及时发现，或发现后没有及时纠正，那么该缺陷的修复成本会随着开发的进展而 1–10–100 地不断放大。这就是著名的需求 1–10–100 规则。如何及早地发现需求的缺陷，避免大量的返工？

（5）系统测试白费了，因为测试人员并未明白产品要做什么

测试人员如果对需求不够了解，那么测试只能做一些表面的检查，对深层次的业务逻辑测试常常会力不从心。软件需求涉及软件团队的每个角色，包括用户、需求工程师、架构师、设计工程师、程序员、测试工程师、用户文档编写人员。每个人都应对需求有深入的、一致的理解。

（6）功能都实现了，但由于产品的性能低、使用不方便或其他因素使用户不满意

在需求工程阶段，用户和开发团队常常只重视功能需求，对性能、易用性等质量需求只是草草带过，有时甚至忘记去分析和定义。这将导致软件开发完成后投入使用时，用户对软件不满意。更有甚者，软件会由于性能和可靠性等问题而无法使用。

（7）维护费用相当高，因为客户的许多增强要求未在需求获取阶段提出

用户常常抱怨软件的维护费用太高。这一部分原因就是需求阶段只考虑了当前的需求，没有考虑将来的需求，导致软件架构设计不够灵活，没有预留相应的可变点。当软件进入维护阶段时，一旦软件架构无法支持新的需求变更，就会导致大量的代码返工。

那么，如何有效地开展需求工程，解决以上问题呢？这正是本章的重点。

## 4.2 软件需求

### 4.2.1 什么是软件需求

什么是需求？需求就是为解决问题或达成目标必须符合的条件或能力 ⊖。作为软件系统必须符合的条件或能力，我们通常采用 FURPS+ 模型定义软件需求，它使用英文单词的首字母缩写词来描述软件需求的内涵：

1）功能性（Functionality）：特性、功能和信息安全性。

2）易用性（Usability）：用户学习和操作软件的容易程度。易用性包含人员因素、美观、用户界面的一致性、联机帮助和环境相关帮助、向导、用户文档和培训材料等方面。常用指标为完成任务所花费的时间、用户满意度、操作成功率等。例如，一个培训过的用户应该可以在平均 3 min 或最多 5 min 以内，完成新车订购操作。

3）可靠性（Reliability）：广义的可靠性包括可靠性和可用性（availability），其中可靠性是指软件在规定的条件下和规定的时间内无错运行的概率，可用性是指软件在任意随机时刻需要开始执行任务时，都处于可工作或可使用状态的概率。可靠性的常用指标为 MTBF 度量，称为平均故障间隔时间，或平均无故障工作时间。可恢复性的常用指标为 MTTR 度量，称为平均故障修复时间。可用性的计算公式为：MTBF/（MTBF+MTTR），它不仅取决于可靠性，还取决于可恢复性。例如，4S 系统的可用性应至少达到 99.5%。

4）性能（Performance）：软件运行的速度或效率。它在功能性需求上规定性能参数。例如，在预期的高峰负载下，4S 系统的最长响应时间允许为 5 s。常用指标为吞吐量、处理时间、等待时间、响应时间、响应时间抖动、错失率、并发用户数、资源消耗等。这些指标适用于不同的场景，例如：当系统中各种事件的响应时间相差较大时，可以使用吞吐量来度量系统性能；如果两个系统的平均处理时间相同，那么响应时间抖动小的系统性能就更稳定一些。因此，要根据实际情况选择恰当的指标进行度量。

5）可支持性（Supportability）：软件易于修改和维护的能力。它表明了系统测试、安装、扩展、移植、本地化、维护等所需工作量的大小。例如，一个至少具有 6 m 产品支持经验的软件维护程序员可以在 1 h 内为系统添加一个新的可支持硬拷贝的输出设备。可支持性包括可测试性、可扩展性、可适应性、可维护性、兼容性、互操作性、可配置性、可服务性、可安装性，以及是否可本地化和国际化。

其中 URPS 合称为非功能需求，或软件质量属性。FURPS+ 中的 "+" 是一些补充的需求，例如：

1）设计约束（design constraint）：规定或约束系统的设计，通常任何不允许有一个以上设计选项的需求都可以认为是一个设计约束，例如必须采用某种算法，必须使用某种数据库系统等。

---

⊖ 参见 http://www.swebok.org。

2）实现需求（implementation requirement）：规定或约束系统的编码或构建，如所需标准、编程语言、数据库完整性策略、资源限制和操作环境。

3）接口需求（interface requirement）：规定系统必须与之交互操作的外部软件或硬件，以及对这种交互操作所使用的格式、时间或其他因素的约束。

4）物理需求（physical requirement）：规定系统必须具备的物理特征，可用来代表硬件要求，如物理网络配置需求。

针对不同的软件，以上各项需求的优先级是不同的，同时还应对各项需求进行裁剪。例如，飞机控制软件的最重要的需求是安全性和可靠性；Web 系统的需求中可以将浏览器的兼容性从可支持性中单列出来；在线支付系统的最重要的需求是信息安全性和互操作性，也应单列。值得注意的是，除了设计约束，需求并不包括设计细节、实现细节、项目计划信息或测试信息。需求与这些没有关系，它关注的是待开发的系统是什么，而不是如何去开发。

软件需求包括两个层次：

1）软件概要需求，记录在前景（vision）文档中，用于刻画关键的用户需要和系统特性（feature）。

2）软件详细需求，记录在软件需求规约（Software Requirement Specification，SRS）文档中，用于描述详细的功能需求、非功能需求和约束条件。

针对小规模软件，软件概要需求和软件详细需求可以记录在同一个文档中。

## 4.2.2　优秀需求具有的特性

整个软件的开发是需求驱动的，有了需求，才能开始计划、设计、编码和测试。优秀的需求是项目成功的关键要素之一，其最大好处是使开发后期和整个维护阶段的返工大大减少。近来很多实践研究表明，需求错误导致的成本放大因子可以高达 200。

那么，什么样的需求才是优秀的？下面先讨论单个需求的要求 [一]：

1）完整性。每一项需求都必须将所要实现的功能描述清楚，以使开发人员获得设计和实现这些功能所需的所有必要信息。

2）正确性。每一项需求都必须准确地陈述其要开发的功能。做出正确判断的参考是需求的来源，如用户需求或上层需求。若软件需求与对应的上层的系统需求或业务需求相抵触则是不正确的。只有用户代表才能确定用户需求的正确性，这就是一定要有用户积极参与的原因。

3）可行性。每一项需求都必须是在已知系统和环境的权能与限制范围内可以实施的。为避免不可行的需求，最好在收集和获取需求过程中始终有一位技术人员与需求工程师在一起工作，由他负责检查技术可行性。

4）必要性。应把用户真正所需要的和最终系统所需遵从的标准记录下来，每项需求

---

[一]　参见 Wiegers，K. E. 和 Joy Beatty 著的 *Software Requirements, 3rd Edition* 一书。

都能回溯至某项用户输入，没有画蛇添足。

5）划分优先级。给每项需求分配一个实施优先级以指明它在特定产品中的重要性。如果把所有的需求都看作同样重要，那么项目管理者在计划调度中就丧失了控制自由度。

6）无二义性。每项需求对所有读者都只能有一个明确统一的解释。由于自然语言极易导致二义性，所以尽量把需求用简洁明了的语言表达出来。避免二义性的有效方法包括对需求文档进行评审、编写测试用例、开发原型、编写项目的术语表等。

7）可验证性。检查每项需求是否能采用某种方法进行验证。如果没法设计出相应的测试用例或其他验证方法，则该需求就是不可验证的，其实施是否正确只能靠主观臆断。一份前后矛盾、不可行或有二义性的需求也是不可验证的。

上述是单个需求陈述说明的特性，现讨论多项需求（例如一个需求文档）的要求：

1）完整性。不能遗漏任何必要的需求信息。遗漏需求将很难查出，注重用户的任务而不是系统的功能将有助于避免不完整性。如果知道缺少某项信息，用 TBD（"待确定"）作为标准标识来标明这项缺漏。在开始开发之前，必须解决需求中所有的 TBD 项。

2）一致性。每项需求与其他软件需求或高层需求不相矛盾。在开发前必须解决所有需求间的不一致部分。只有进行一番调查研究，才能知道某一项需求是否确实正确。

3）可修改性。需求文档应该是容易修改的。这就要求每项需求要独立标出，并与其他需求区别开。每项需求只应在需求文档中出现一次，这样更改时易于保持一致性。另外，使用目录表、索引和相互参照列表方法将使软件需求文档更容易修改。

4）可跟踪性。应在每项软件需求与它的来源、设计元素、源代码、测试用例之间建立起连接链，这要求每项需求以一种结构化的、细粒度的方式编写并单独标明，而不是大段大段的叙述。

## 4.3 软件需求工程的 5 个阶段

开发出符合上述 11 条特性的优秀需求是一项不小的挑战，必须采用工程的方法：通过对问题及其环境的理解与分析，为问题涉及的信息、功能及系统行为建立模型，将用户需求精确化、完全化，最终形成需求规约，这一系列活动即构成了软件需求工程。换句话说，软件需求工程是发现、获取、组织、分析、编写和管理需求的系统方法，应让客户和项目组之间达成共识。

软件需求工程的流程如图 4-1 所示，它由以下 5 个阶段组成 ⊖：

1）需求获取：对业务问题进行分析，确定软件系统的边界；然后通过与项目干系人的交流，及对现有系统或竞争产品的观察等获取信息。所收集的项目干系人需求将用作

---

⊖ 参见 Zhi Jin 著的 *Environment Modeling-Based Requirements Engineering for Software Intensive Systems* 一书。

定义系统高层特性的主要输入，通过分析形成前景文档。

2）需求分析：提炼、分析和仔细审查已收集到的项目干系人需求，建立需求分析模型。分析模型常常采用文字和图形相结合的方式进行精确描述。

3）需求定义：在分析模型的基础上形成详细的、清晰的、规范的需求文档——软件需求规约（SRS），作为用户和开发者之间的一个契约。

4）需求验证：以前景文档、分析模型、需求规约等需求文档为输入，通过符号执行、模拟、快速原型、评审等途径，验证需求文档的正确性和可行性。

5）需求管理：建立并维护在软件工程中同客户达成的契约。需求管理活动通常包括定义需求基线，划分需求优先级，以及在整个软件开发过程中进行需求实现的跟踪和需求变更的评估、核准与控制。

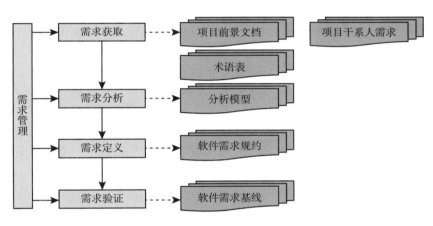

图 4-1　软件需求工程的流程

以下各小节将分别针对这 5 个阶段进行详细阐述。

## 4.3.1　需求获取

需求获取是在问题及其最终解决方案之间架设桥梁的第一步。在这一阶段，需求工程师分析业务问题，确定软件系统的边界；然后通过与项目干系人交流、对竞争产品进行分析等多渠道地获取干系人需求；通过软件高层特性分析形成前景文档，明确软件的概要需求。为了更精确地捕获需求，同时应尽早地制定项目的术语表。需求获取阶段的主要成果为前景文档、术语表和一组详细的干系人需求。

### 4.3.1.1　分析业务问题与确定解决方案

一个有价值的软件应该紧密围绕业务目标进行开发，能解决业务的痛点和难点问题。因此，第一件要事是对业务问题达成一致，分析问题根源，然后提出业务解决方案。

一种简单有效的问题分析方法是将发现的业务问题写下来，征求需求团队中每个人的意见。先询问他们：问题是什么？不要急于确定解决方案，而应花时间理解问题，看是否每个人都同意对问题的界定。然后请再次询问：问题真的是这样的吗？探究症结所在或"隐藏在问题之后的问题"。真正的问题往往隐藏在那些看似问题的问题之后。请不要满足于对问题的第一次说明，而应反复地问"为什么"，以便揭示"真正"的问题。常用的根源分析技术包括集体讨论、鱼刺图与 Pareto 图。不应过分关注某个预想的解决方案，以至于很难澄清根本问题。此时建议先探究该解决方案的优点，然后尝试找出这个方案可以避免或解决的问题；接着分析这些问题是不是业务中存在的"真正"问题。

之后，需求工程师根据业务问题及其根源，分析业务需求，提出多种业务解决方案，包括技术的和非技术的方案。通过客观比较，确定其中最能满足业务需求的最佳解决方案。至此，软件开发项目才能真正启动，以实现该方案。

### 4.3.1.2　获取常用术语

项目一启动就要尽早获取项目常用的业务术语，定义初步的术语表，以保持需求的一致性，从而避免项目成员对术语的使用及其含义产生误解，减少二义性。术语表中的术语是问题领域中的常用术语，该表越早定义越好，并应在软件开发的整个过程中不断进行完善。所有其他文档的文本说明中都应始终如一地使用术语表中的术语。4S 系统的术语表的片段如下所示，它采用统一软件过程 UP 的模板进行撰写。

4S 系统的术语表

**1. 简介**

本术语表维护着 4S 系统在开发过程中使用的定义、首字母缩写和缩略语等。本术语表将在整个项目的进行过程中不断扩充。

**2. 定义**

4S：指整车销售（Sale）、零配件销售（Sparepart）、售后服务（Service）和信息反馈（Survey）。

潜在客：指三个月内可能向公司买车的顾客。

已购客：指已从公司买车的顾客。

A 级客：指给公司带来的价值（包括买车、修车、保养、买零件等）超过 200 万元的顾客。

B 级客：指给公司带来的价值（包括买车、修车、保养、买零件等）超过 100 万元的顾客。

C 级客：指给公司带来的价值（包括买车、修车、保养、买零件等）在（0，100）万元之间的顾客。

……

### 4.3.1.3　识别需求来源

软件需求可以来自方方面面，这取决于所开发产品的性质和开发环境。因此，需从不同来源收集需求，这说明了需求工程以相互交流为核心的性质。

需求工程的目标是让项目干系人对需求达成一致的、正确的理解，因此项目干系人是需求的最主要的来源。应让项目干系人广泛表达他们的意愿，希望系统开发完成后具备什么样的特性，能解决什么问题。这些意愿被收集整理，称为"项目干系人需求"。收集后的项目干系人需求有的将被分析、加工、整理、记录进前景文档和 SRS 文档；有的被保留在项目干系人需求列表中考虑以后实现；还有的经过评审后被废弃。

除了向项目干系人调研需求外，还要收集竞争产品的信息，以保证待开发软件的竞争力。对竞争产品积极方面的了解对软件需求确定显然是一种很有价值的投入。同时，识别竞争产品中存在的不足和问题也会为软件需求的创新和改进提供机会。收集方法包括在 Internet 上搜索、参加会议、图书馆查阅、获取其他公司的报告和调查、咨询行业专家、收集广告资料等。

如果所开发的软件是版本升级，则还应当收集现有版本的缺陷报告、变更请求和用户反馈，安排现场参观，了解人们是如何使用现有系统的，并找出待改进之处。

通用产品和特定项目的需求来源略有不同。通用产品是针对一个市场多个客户，应向潜在客户调研需求，并强调竞争产品分析；而特定项目是有明确的用户，需求调研对象更为具体。但同时我们要换位思考，在某种程度上，要把项目当作产品来开发，要把产品当作项目来开发。对于特定项目，虽然用户是确定的，需求是确定的，但我们要考虑用户将来的需求、行业的需求，这样才能使开发出来的软件更具生命力和竞争力。对于产品，因为竞争使产品分类越来越细，不再有针对所有人的产品了，因此，我们要将产品定位到某个目标人群，选定潜在客户代表，进行需求调研，使需求具体化、明确化。

### 4.3.1.4　收集干系人需求

从所确定的需求来源来看，需求工程师可通过与项目干系人的交流、对竞争产品的分析、对现有系统的反馈收集、专家咨询等方法收集干系人需求。由于项目干系人的知识背景各不相同，需求获取常常十分困难，因此我们要使用下面一些沟通技术来确保收集到正确的项目干系人需求：

1）访谈。为找出新软件产品的项目干系人需求，最直截了当的方法是询问合适的项目干系人代表。例如与指导用户和提供技术支持的工作人员进行访谈，了解用户在使用现有系统过程中所遇到问题的信息，以及用户关于系统改进的想法。

2）调查问卷。调查问卷有助于从广大有潜力的项目干系人那里获得大量定量的数据，务必调查相关的用户并询问一些能产生反响的好问题。

3）需求研讨会。举办需求研讨会就是将所有项目干系人代表集中在一起，进行一次深入的、有重点的会议交流，一起来讨论需求。

4）用例研讨会。在需求研讨会中，采用用例技术来进行讨论，识别出执行者（actor）

和用例（use case），进行功能需求建模。通常，小组的一半成员来自开发团队，另一半是用户代表。

5）制作示意板（story board）。使用工具（有时是动画演示）向项目干系人说明系统将如何运行以及如何满足需要。

6）角色扮演。给项目小组的每个成员分配一个对系统有影响的角色。角色可以是用户、系统本身、其他系统，也可以是系统维护的实体。然后，小组走查如何使用系统。

7）复审现有需求。项目组可能已经拥有以前的系统或其他相关系统的需求规约作为参考，则通过走查来改进和复用这些现有需求。

8）观察正在工作的用户。对当前系统的用户和将来系统的潜在用户，需求工程师可以观察他们的"日常工作"以获得经验，这些经验能提供很有价值的信息。

以上这些技术应主要根据用户和开发人员的经验来进行选择，如果用户经验丰富，而开发人员却没有经验，则开发人员要选择能弥补和学习经验的沟通技术；反过来，若开发人员经验丰富，而用户却没有经验，则开发人员要选择能引导和培训用户的沟通技术。除此之外，在选择沟通技术时还应考虑项目的领域、开发方法、开发工具等。多种技术常常会综合应用。

需求获取是一个需要高度合作的活动，并不是客户所说的需求的简单誊本。需求工程师必须透过客户提出的表面需求理解他们的真正需求。采用以上方法所收集的项目干系人需求将用作定义前景文档中系统高层特性和 SRS 的主要输入。通常，需求获取主要在项目前期的迭代中执行，但是项目干系人需求的收集应贯穿项目的始终，这是通过需求变更管理来实现的。

### 4.3.1.5　撰写前景文档

根据所收集的项目干系人需求，需求工程师应进行软件高层特性分析，形成前景文档，从而明确软件的概要需求。前景文档定义了软件核心需求的概览，确定了软件开发的范围。它关心的是与软件有关的最根本的"什么"和"为什么"的问题，主要内容包括产品定位、价值和商机、项目干系人、概要功能需求、概要非功能需求和概要约束条件。4S 系统的前景文档如下所示，该文档采用统一软件过程（UP）的模板，由于篇幅有限，只选择了核心内容进行示例。

4S 系统的前景文档

**1. 简介（略）**

　　1.1　目的　1.2　范围　1.3　术语和缩略语　1.4　参考资料　1.5　概述

**2. 定位**

　　2.1　商机

　　ABC 公司 4S 店缺少统一的管理流程和规范，信息流通不畅，严重影响了工作效率和服务质量。这既损害了客户的利益，也不利于公司的长期发展。本系统将为 ABC 公司 4S 店带来一体化管理方案，基于先进的 IT 技术，实现整车销售、配件销售、售后服务以及信息反馈的 4S 服务协同管理，整车和配件的采购管理，以及用户权限和基本数据的系统管理。

### 2.2 问题说明

| | |
| --- | --- |
| 问题 | 落后的管理方式 |
| 影响 | ABC 汽车公司及其客户 |
| 问题的后果 | 内部工作效率低下，客户得不到良好的服务 |
| 成功的解决方案 | 开发一体化管理的汽车 4S 店业务管理软件系统，提高运作效率，给客户带来方便，增加销售业绩 |

### 2.3 产品定位说明

| | |
| --- | --- |
| 针对 | ABC 汽车公司及其客户 |
| 他们 | 提供或者享受 4S 服务 |
| 该 4S 系统 | 是一个软件系统 |
| 其功能 | 包括整车销售、配件销售、售后服务以及信息反馈，整车和配件的采购管理，以及用户权限和基本数据的系统管理 |
| 不同于 | 公司现有的人工管理方式 |
| 我们的产品 | 基于先进的 IT 技术提供一体化管理 |

## 3. 项目干系人和用户说明

本项目的项目干系人除了开发方的代表和专家外，主要还包括 ABC 公司的总经理、店长、IT 经理、系统管理员、财务人员、销售经理、销售员、维修经理、维修员、采购经理、采购员、物流经理、仓库管理员、运输员、质量经理、质检员、客户。

其中系统的最终用户有总经理、店长、系统管理员、财务人员、销售经理、销售员、维修经理、维修员、采购经理、采购员、仓库管理员、运输员、质检员。

项目干系人和用户的详细说明略。

## 4. 产品概述（略）

4.1 产品总体效果 4.2 功能摘要 4.3 假设与依赖关系 4.4 成本与定价 4.5 许可与安装

## 5. 产品特性

### 5.1 整车销售

对整车销售过程中的客户登记、报价、订购，签订销售合同，交车结算等进行管理。

5.2  配件销售

对汽车配件销售过程中的报价、领料、销售等进行管理。

5.3  售后服务

对汽修过程中的客户登记、维修项目派工、领料、维修完工、检验、交车结算等进行管理。

5.4  信息反馈

客户投诉登记，并记录处理结果。

5.5  采购

对整车和配件的采购进行管理，包括采购申请、核准、下订单、进货结算等。

5.6  系统管理

对企业员工及权限、车型及配件等进行管理。

## 6. 约束

1）系统必须采用 B/S 方式实现。

2）系统不需要任何硬件的开发。

3）系统中需要存储的数据类型必须被数据库支持。

## 7. 质量范围

1）性能：系统应支持 100 个并发用户，服务器的响应时间不应当超过 5 秒。

2）可靠性：系统必须能够保证每天 24 小时不间断运行，一年系统平均正常运行时间达到 99.5%。系统应当正确处理发生的异常或者错误，并返回错误信息。

3）易用性：系统应当方便所有用户使用，对于有基础计算机水平的用户的培训时间应不超过 2 h；同时系统应该提供在线的支持和帮助，以方便用户使用该系统。一个培训过的用户应该可以在平均 3 min 或最多 5 min 以内，完成新车订购操作。

4）可维护性：采用面向对象方法合理地设计系统的结构以保证较高的可维护性。

## 8. 优先级

系统的高优先级功能特性应当在版本 1 中发布，中优先级功能特性应当在版本 2 中发布。

版本 1 中应当包含以下功能特性：

- 整车销售管理
- 配件销售管理
- 系统管理

版本 2 中应当包含以下功能特性：

- 售后服务管理
- 信息反馈管理
- 采购管理

### 9. 其他产品需求（略）

例如适用的标准、系统需求、环境需求等

### 10. 文档需求（略）

10.1　用户手册　10.2　联机帮助　10.3　安装指南、配置文件、自述文件　10.4　标签与包装

## 4.3.2　需求分析

已收集到的项目干系人需求常常是原始的、粗糙的，存在不一致等种种缺陷和不足，因此需要对其进行提炼、分析和整理，建立精确的、简明的、易理解的和正确的需求分析模型。分析建模首先是分析，这是一个分解问题、理解问题的过程，要对需解决的问题进行详细的分析，弄清楚问题的要求，理解问题的本质；其次是建模，对问题的逻辑进行重构，从不同的角度、以不同的方式将问题抽象表述出来。

分析建模的主要成果是分析模型。分析模型表达的是问题本质的抽象，而不是问题的解决方案，即"What"而非"How"。它是一个平台无关模型（PIM），与具体实现的平台和技术没有关系。分析模型必须达到三个主要目标：①描述客户的需要；②建立创建软件设计的基础；③定义在软件完成后可以被确认的一组需求。为了达到这些目标，不同的软件开发方法提出了各自的分析模型。这里以面向对象方法为例。面向对象分析模型以对象及其服务作为建模标准，主要包括用例图、活动图、类图、时序图、通信图、状态机图。其中软件的功能建模采用用例图，用例图中的每个用例都有用例规约来详细描述，当用例的事件流相对复杂时，可以用活动图来补充描述。软件的信息域建模采用类图，每个类都代表一个关键数据抽象。软件的行为域建模采用时序图、通信图、状态机图。

不同的软件分析建模方法虽然有各自的建模方法和建模符号，然而所有分析方法都具有共同的操作原则 ⊖：

- 原则 #1：必须描述并理解问题的信息域。信息域包括流入和流出系统的数据以及那些收集和组织永久性数据对象的数据。
- 原则 #2：必须确定软件所要实现的功能。软件功能直接为最终用户服务并且为用户可见特征提供内部支持。功能可以在不同抽象层次上描述。

---

⊖　参见 Roger S. Pressman 的 *Software Engineering：A Practitioner's Approach, 9th Edition* 一书。

- 原则 #3：必须描述软件的行为（作为外部事件的结果）。软件的行为受外部环境交互驱动。最终用户提供的输入、由外部系统提供的控制数据，或者基于网络收集的监控数据都会引起软件的不同行为。
- 原则 #4：描述信息、功能和行为的模型必须以一种能提示分层（或者分级）细节的方式分解开来。分析建模是解决软件工程问题的第一步，它能使开发者更好地理解并且为确定解决方案（设计）准备条件。复杂的问题很难直接解决，因此我们使用"分而治之"的战略，把大的复杂问题划分成很多易于理解的子问题，即"分解"，这也是分析建模的关键策略。
- 原则 #5：分析任务应该从本质信息转向实现细节。分析建模从最终用户角度描述问题开始，在没有考虑解决方案的前提下描述问题的本质。实现细节指出问题的本质将如何去实现，通常作为设计模型的一部分来描述。

## 4.3.3  需求定义

在建立了精确的、正确的需求分析模型后，需求工程师就可以撰写详细的软件需求规约。若软件有用户界面而且需求风险较大，则建议同时开发用户界面原型，以便更好地理解需求和确定需求。

### 4.3.3.1  撰写软件需求规约

在概要需求（即前景文档）和分析模型的基础上，对需求调查得到的大量项目干系人需求进行分析，我们可以定义出详细的软件需求规约（SRS）。在此，软件需求的重点已经从概括地说明用户需要、目的和目标、目标市场和系统特性转移到如何在解决方案中实施这些特性的具体细节。SRS 文档充当了所有项目干系人各方之间的交流基础，以正式或非正式的方式代表了各方之间的契约性协议。

在 SRS 文档中，功能需求采用用例模型等 PIM 来刻画，而非功能性需求通常用文字描述，如易用性需求、可靠性需求、性能需求以及可支持性需求。一些非功能性需求适用于单独的用例，可以在该用例的事件流内获取，或者作为该用例的一个特殊需求来获取。大多数非功能性需求适用于整个系统，则此类需求单独作为一个章节或一个文档进行编写。SRS 的这些详细需求有不同的组织方式，可以整理成一个文档，也可以记录在几个文档中（如功能需求定义于用例模型中，非功能需求在补充规约中记录），或者保存在数据库中。如下是软件需求规约的样例。

**软件需求规约**

**1. 简介（略）**

　　1.1  目的　1.2  范围　1.3  定义、首字母缩写词和缩略语　1.4  参考资料
1.5  概述

**2. 整体说明（略）**

    2.1  语境图（context diagram）

    2.2  用例模型 / 需求概览

    2.3  假设与依赖关系

**3. 用例报告 / 功能需求（略）**

**4. 非功能需求（略）**

    4.1  可靠性需求

    4.2  性能需求

    4.3  易用性需求

    4.4  可支持性需求

    4.5  设计约束

    4.6  接口需求

    用户界面、硬件接口、软件接口和通信接口等

    4.7  联机用户文档和帮助系统需求

    4.8  适用的标准

    4.9  许可需求

    4.10  法律、版权及其他声明

**5. 支持信息**

在决定系统的成功或失败的因素中，满足非功能需求往往比满足功能需求更为重要，但 URPS 四方面的非功能需求有时是冲突的，例如为了实现兼容性可能要牺牲性能。因此，用户和开发者要确定哪些属性比其他属性更为重要，并定出优先级。在决策时，要遵照优先级达成合理平衡。

### 4.3.3.2　开发用户界面原型

即使完成了需求获取、需求分析和编写需求规约，仍然会有一部分需求对客户或开发者不明确或不清晰。如果不解决这些问题，那么在用户产品视图和开发者对于开发什么产品的理解之间必然存在期望差距。通过阅读需求文档或研究分析模型，很难想象软件产品在特定的环境中会如何运行。与此相比，用户界面原型更具体化，更易于理解。比起阅读一份冗长无味的软件需求规约，大家通常更愿意看到有趣的原型。

用户界面原型属于"水平原型"（horizontal prototype），也叫"行为原型"（behavioral prototype），用来探索预期软件产品的一些特定行为，并达到细化和明确需求的目的。当用户在考虑原型中所提出的功能可否使他们完成各自的业务任务时，原型使用户所探讨的问题更加具体化。需要注意的是，用户界面原型中所提出的功能经常并没有真正地实现。它展示给用户的是在原型化屏幕上可用的功能和导航选择。有一些导航可

能会起作用，但是用户可能仅能看到描述在那一点将真正显示的内容的信息。数据库查询所响应的信息是假的或者只是一个固定不变的信息，并且报表内容也是固定不变的。虽然原型看起来似乎可以执行一些有意义的工作，但其实不然。这种模拟足以使用户判断是否有遗漏、错误或不必要的功能。原型代表了开发者对于如何实现一个特定的用例的一种观念。用户对原型的评价可以指出遗漏的过程步骤，或原先没有发现的异常情况。

用户界面原型通常有三种形式：图纸（在纸上）、位图（采用绘图工具）、可执行代码（交互式的电子原型）。在不少项目中，需要按上述顺序使用全部三种原型。对于每个要创建的用户界面原型，应执行以下三个步骤：①设计用户界面原型；②开发用户界面原型；③获得有关用户界面原型的反馈。这些步骤应迭代、循环地进行，连续不断地进行设计、开发，展现给其他项目成员和项目干系人、并得到反馈。因此，先进的快速开发技术和工具是开发原型的基础。

大量实践证明，用户界面原型是一种有效的需求工具，它可以用来明确并完善需求，发现和解决需求中的二义性，消除大家在需求理解上的差异。

### 4.3.4 需求验证

需求（包括前景文档、分析模型和软件需求规约等）是否如实反映了客户的真正需要必须反复验证，在需求工程中常用的需求验证手段有需求评审和原型确认两种。

（1）需求评审

实践证明，早期引入的风险和缺陷会由于开发周期的延伸而放大，因此风险和缺陷应越早发现越好。需求评审是早期控制和防范风险的有效手段，但是很多需求评审因为没有得到足够重视而流于形式。需求评审过程按以下四个阶段进行：

- 计划阶段：首先确定需求评审人员。需求代表客户的诉求，评审人员一定要有真正的业务人员、用户代表，而且这些业务代表的领域知识应足以覆盖所有需求。其他参与评审的人员包括架构师、需求工程师、项目经理、测试工程师等。然后确定需求评审的方法。我们可以根据项目的重要性和复杂性等选择采用非正式评审或正式评审，例如审查、小组评审、走查、轮查等。无论非正式评审或正式评审都应有事先约定的评审规则。例如给出检查清单，将其作为评审人员评审需求的参考检查表使用。关于软件评审的更多细节请参见第 11 章。

- 实施阶段：评审人员采用预选的评审方法，参照检查清单，对需求文档进行评审。评审结束后递交评审发现的问题和结论。针对审查和小组评审等正式评审，由评审组长按计划召集评审人员，以正式的会议形式集中评议。评议应有主次，要重点讨论最重要的需求内容、争议或疑问较多的地方。由会议记录人员整理会议的纲要，记录各与会人员的相关意见，并在会后递交纪要。如果需求文档较大，可安排多次评审会议。

- 改进阶段：一般来说，评审都会发现或多或少的问题和缺陷。需求工程师需按照问题和缺陷清单对需求文档进行修改。返工后的需求文档交评审组长检查。评审组长根据评审结论和返工情况，确定是否需要再次组织评审。对大多数项目，两次评审可以解决大部分的问题。对于悬而未决的问题，如影响范围有限，则可以延后讨论解决。

- 结束阶段：就评审结果做最后的确认，需求定稿，各方签字，在版本库中归档。

（2）原型确认

需求的复杂性和不确定性迫使人们开发了另一项能够早期有效防范风险和降低成本的技术：原型确认。所谓原型确认就是通过快速开发简单的原型系统以验证用户需求的有效性，避免大规模投入后因需求理解偏差而导致返工。

实际应用中，根据目的的不同，原型确认可以分为水平原型确认和垂直原型确认。水平原型也叫行为原型，用以探索预期系统的一些特定行为，并达到细化、验证需求的目的，例如用户界面原型。垂直原型也叫结构化原型或概念的证明，与水平原型相比，除了导航功能之外，垂直原型还实现了一部分应用功能。垂直原型更多用于设计验证而不是需求开发。

根据用途的不同，原型确认可以分为抛弃型原型确认和演进型原型确认。抛弃型原型用来一次性地确认用户需求，原型的代码不再包含在最终产品中。抛弃型原型以最快、最小的低价建立，达到验证目的后就被抛弃。演进型原型是以迭代的方式快速实现部分界面或功能并对需求不确定部分加以检验。演进型原型不会被抛弃，而是会不断被精化直至融入最终产品。

是否采用原型法验证需求，采用何种原型，要根据项目的实际情况，与用户充分沟通后确定，因为开发原型也是有成本的。

## 4.3.5　需求管理

需求管理是指建立并维护在软件工程中与客户达成的契约。这种契约包含在编写的需求规约文档与分析模型中。客户接受仅仅是需求成功的一半，开发人员也必须能够接受它们，并真正把需求应用到软件产品中。需求管理贯穿项目的始终，其主要活动包括：

1）定义需求基线，明确本项目实现哪些功能或非功能需求。

2）在整个软件开发过程中进行需求变更控制和版本控制，控制需求基线的变动以及每个需求和需求文档的版本。

3）在整个软件开发过程中进行需求跟踪，保持项目计划与需求一致，并了解需求的状态。

### 4.3.5.1　定义需求基线

任何一个项目都有资源的限制，包括人力、资金和进度。成功的项目必须将有限的资源用在最具价值的事情上，给用户带来最大的利益。因此我们需要通过针对软件产品的特性和需求划分优先级来定义需求基线，确定本项目开发实现哪些需求。优先级高的需求将被优先考虑。

需求的优先级使用需求属性来确定。常用的需求属性包括重要性、难度、风险、稳定性、工作量等，即重要性高的、难度低的、风险低的、稳定性高的、工作量少的需求的优先级高。

**4S 系统的需求优先级**

开发团队和客户一起对 4S 系统的特性进行优先级分析，以确定项目的范围，记录于前景文档中，其中特性的重要性和稳定性由客户提出，而难度和风险由开发团队输入。

| 特性 | 重要性 | 难度 | 风险 | 稳定性 |
|---|---|---|---|---|
| 特性 1：整车销售 | 高 | 中低 | 中低 | 高 |
| 特性 2：配件销售 | 中高 | 低 | 中低 | 高 |
| 特性 3：售后服务 | 高 | 中高 | 中 | 中 |
| 特性 4：信息反馈 | 中高 | 中 | 中低 | 中 |
| 特性 5：车辆保险代理 | 低 | 中 | 中 | 低 |
| 特性 6：采购 | 高 | 中 | 高 | 中 |
| 特性 7：库存实时预警 | 中 | 高 | 高 | 中高 |
| 特性 8：在线分析（OLAP） | 中 | 高 | 高 | 低 |
| 特性 9：系统管理 | 中高 | 低 | 低 | 中 |

如果由于资源有限，项目只能实现这些功能中的 2/3，而且必须在最终期限到来前交付某些制品，为了避免不必要的技术风险及难度，尤其是在包含不稳定性的情况下，就要排除特性 7 和 8。特性 5 的重要性最低，同时由于需要和多家保险公司的系统进行连接，稳定性低，也被排除。而特性 6 的风险虽然为"高"，却因为具有高的重要性和较好的稳定性，所以必须实现。因此本项目拟实现的需求包括特性 1、2、3、4、6 和 9。

根据项目资源，开发团队按照优先级选定需求，形成书面的需求文档，包括前景文档和软件需求规约。这些需求文档经项目用户和开发组联合评审，通过评审，达成共识，就成了需求基线（baseline）。需求基线的书面形式可以是前景文档、SRS 文档或分析模型。这个基线在客户和开发人员之间构筑了关于软件功能需求和非功能需求的一个约定。

### 4.3.5.2  需求变更控制

需求变更是演进中的软件或现有软件系统所固有的。随着项目的进行，我们对软件系统可能有了更深入的认识、市场可能发生了变更、项目的资源变动了，等等，这些因素都可能导致需求变更，而变更常常是合理的。因此，我们首先不能拒绝变更，就如敏捷过程所提倡的，应拥抱变更。其次，对这些变更要进行有效的控制，以确保采纳最合适的变更，使变更产生的负面影响（如功能无限蔓延等）减少到最小。

变更控制提供了统一、规范的方式来评估需求变更，并且基于业务和技术的因素同意或反对建议的变更。下面推荐 6 条有效的需求变更控制策略：

1）在建立需求基线后，所有需求的变更请求必须遵循统一的变更控制过程，通过单一的渠道进行核准。

2）由项目变更控制委员会（Change Control Board，CCB）决定实现哪些变更。对于大的变更，CCB 由用户、市场人员、项目经理、技术人员等组成；对于小的变更，CCB 可能就是一名架构师或一名项目经理。

3）对于未获批准的变更，除可行性论证之外，不应再做其他设计和实现工作。

4）项目干系人应该及时了解需求变更情况。

5）当实施需求变更时，软件开发计划、相关的设计、代码和测试文档等应该及时更新，以与新的需求保持一致。

6）采用需求变更控制工具，如 Rational RequisitePro 等需求管理工具和 Mantis 等变更跟踪工具。

当接受了所建议的变更后，可能在进度、成本或质量上不能满足这项变更的要求。在这种情况下，必须就约定的变更与用户、所涉及的经理、开发者以及其他相关组织进行协商。需求变更的应对措施有：暂时搁置低优先级的需求；新增一定数量的项目成员；短期内带薪加班；延长项目时间，将新的功能排入进度安排；为了保证按时交工使质量受些必要的影响等。这些措施可能会影响先前和用户签订的合同，这时就需要变更合同内容，如修改项目范围、成本和进度。

需求每次变更后，生成新的版本，经评审核准后，形成新的基线。这些版本应采用版本控制工具（如 SVN 或 Git）及时在版本库中归档，将变更通知到每个涉及的人员，并保证项目组成员拿到正确的需求版本。

### 4.3.5.3　需求跟踪

需求管理中一项重要的活动是跟踪需求和其他项目制品之间的关系。需求跟踪已被证明是保证质量的有效技术，被 IEEE 和 CMMI 等推荐。通过需求跟踪，我们可以得到以下益处：了解需求的来源；了解需求的状态和项目的进展情况；检查代码是否实现了所有需求；检查软件系统是否仅仅做了期望做的事情；分析需求变更的影响等。

需求跟踪链（traceability link）能使我们跟踪一个需求的全过程，即从需求源到实现的整个生存期。图 4-2 说明了软件需求和干系人请求、软件设计、测试用例之间的跟踪链。例如从 SRS 中的一条详细需求可向后跟踪到它的来源，了解它来自哪个项目干系人请求；又可向前跟踪到设计，了解 SRS 中所有的功能和非功能需求是否都得到了实现；当 SRS 变更时，可以评估有多少设计、测试用户和代码需要随之变更，并保证不遗漏任何一个应该做的变更。

除了跟踪需求和其他系统元素之间的联系外，同时应跟踪每个需求的状态（如已建议、已批准、已合并、已确认、已拒绝、已实现、已验证），从中真实地了解项目的进展情况，例如 60% 的需求已实现并通过测试，则可认为项目已完成 60%。

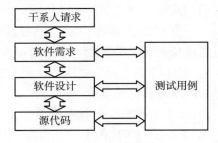

图 4-2　需求跟踪

## 4.4　UML 图

UML[⊖] 是面向对象方法的标准建模语言，本节将介绍 UML 的各类图。需求阶段所涉及的主要 UML 图包括用例图、活动图、类图、时序图、通信图和包图；设计阶段涉及的主要 UML 图包括类图、时序图、通信图、状态机图、构件图、部署图和包图。这些图可以用 UML 建模工具进行绘制，常用的工具有 IBM Rhapsody 和 RSA、Sparx System EA、Sybase PowerDesigner、Borland Together、StarUML 等。

### 4.4.1　用例图

用例图（use case diagram）是一种描述待建软件系统的上下文范围以及它提供的功能的概览视图。它从"黑盒"的角度，描述了谁（或什么）与系统交互，外部世界希望系统做些什么。图 4-3 是用例图的一个例子，描述了 4S 系统中整车销售的功能。

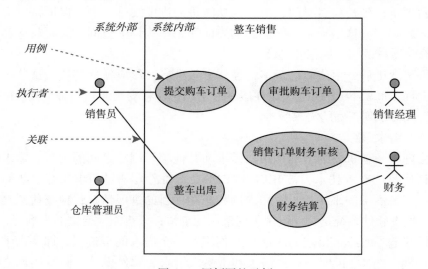

图 4-3　用例图的示例

用例图主要包括一组执行者（actor）、一组用例（use case）以及它们之间的关系。

⊖　参见 UML Specification，https://www.omg.org/spec/UML/。

1）执行者是与系统交互的实体，可以是人、其他外界的硬件设备或系统。执行者位于系统外，用小人来表示。

2）用例代表执行者希望系统做什么，用椭圆表示。用例不仅仅是系统可以提供的功能，从执行者的观点来看，用例必须是一个完整的活动流程，为执行者提供"价值"。

3）关系包括三种：执行者和用例间的关系、用例和用例间的关系，以及执行者和执行者间的关系。执行者和用例间的关系只有一种，即关联，表示哪个执行者使用哪个用例，例如销售人员向系统提交购车订单。用例和用例之间有三种关系：包含、扩展和泛化。执行者间的关系只有一种：泛化。

### 4.4.2 活动图

活动图（activity diagram）用于刻画一个系统或子系统的工作流程，也可用于描述用例内部的事件流。它提供了活动流程的可视化描述，关注被执行的活动以及谁负责执行这些活动。图4-4是一个描述整车销售过程的活动图的例子。

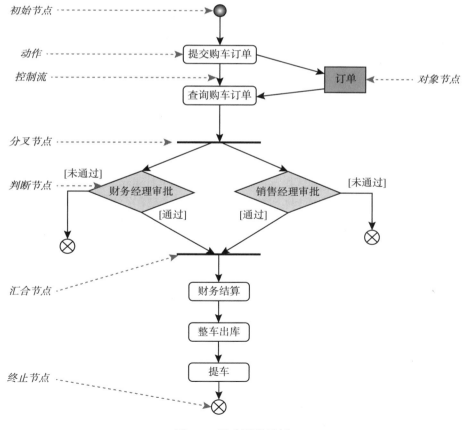

图 4-4　活动图的示例

活动图包括动作（action）、控制流（control flow）、控制节点（control node）和对象节点（object node）。

1）动作是行为的基本单元，一个活动可包含多个动作。动作用圆角矩形表示。

2）控制流用来表示从一个动作到另一个动作的流的控制，用一条带箭头的直线表示。

3）控制节点是用于协调动作的节点，它决定了活动图的流程。控制节点分为初始节点（initial node）、终止节点（final node）、判断节点（decision node）、合并节点（merge node）、分叉节点（fork node）和汇合节点（join node）。

初始节点是活动开始的节点，用一个实心圆表示。终止节点是活动结束的节点，可细分为活动终止和流终止，分别用带十字叉的圆和带边框的实心圆表示。在示例中，有一个初始节点和三个终止节点，终止节点中有一个是正常终止，两个是非正常终止。

分叉节点和汇合节点用于表示并发流，用同步棒（即一条水平或垂直粗线）来表示。分叉节点表示并发流程的开始，汇合节点表示并发流程的结束。在示例中，财务经理审批和销售经理审批是两个并发活动。

判断节点和合并节点用菱形符号表示。一个判断节点可以有一个进入流和多个离去流。在每个离去流上放置一个布尔表达式，在进入这个分支时被判断一次。在所有离去流中，其监护条件应该覆盖所有可能性（否则控制流可能会冻结），同时不应该重叠（否则控制流可能有二义性）。一个合并节点可以有多个进入流和一个离去流。它可以将多个控制路径重新合并。注意，如果一个合并节点接收到多个流，它的离去流指向的动作会被执行多次。

4）对象节点是动作处理的数据，用矩形表示。在某些情况下，看到活动中操作的对象会比较有用。但是，不推荐在所有活动图中都这么做，因为这会使活动图变得复杂而笨拙。

活动图中的元素可以利用分区（partition）或泳道（swimlane）来分组。分组的目的是说明执行具体活动的责任。泳道可以是一个业务单位、部门、小组、执行者、系统、子系统、对象。每个泳道都可以被命名，表示负责者。图 4-5 是带泳道的整车销售活动图。图中，销售员、销售经理、仓库管理员、财务人员这四个执行者各自负责一个泳道。

除此之外，活动图还可以有信号（signal）、异常处理（exception handler）、可中断活动域（interruptible activity region）、扩展区域（expansion region）和结构化活动域（structured activity region）等高级元素。

### 4.4.3　类图

类是面向对象系统组织结构的核心。在分析时，我们利用类图（class diagram）来定义问题域的关键抽象；在设计时，我们则利用类图来记录问题解决方案中类的结构。类图的两个基本元素是类以及类之间的关系，包括继承/泛化（inheritance/generalization）、关联（association）和依赖（dependency）。

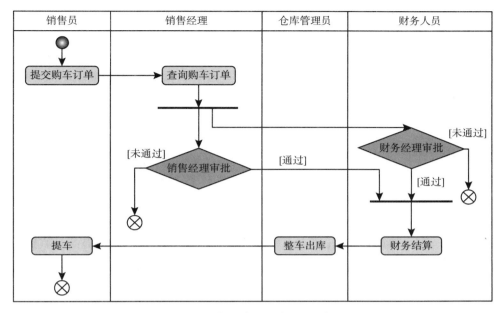

图 4-5　带泳道的活动图的示例

#### 4.4.3.1　类

类定义了一组有着状态和行为的对象。属性和关联用来描述状态。个体行为由操作来描述，方法是操作的实现。在 UML 中，类的表示为一个矩形，由带有类名、属性和操作的分格框组成，如图 4-6 所示。顶部区域显示类的名字，中间的区域列出类的属性，底部的区域列出类的操作。

类在它的包含者内有唯一的名字，这个包含者通常可能是一个包，但有时也可能是另一个类。类对它的包含者来说具有可见性，可见性说明它如何被位于它的包含者之外的类所利用。UML 定义了四种类型的可见性：public（+）, protected（#）, private（−）及 package（~）。但是实际的编程语言可能增加额外的可见性，或不支持 UML 定义的可见性。

| 类名 | Car | |
| --- | --- | --- |
| 属性 | − id | : int |
| | − model | : int |
| | − brand | : int |
| | − price | : int |
| | − color | : int |
| | − release_date | : int |
| | − description | : String |
| | − image | : Image |
| 操作 | + Car() | |
| | + run() | |
| | + sell() | |
| | + transport() | |
| | + repair() | |
| | + maintain() | |

图 4-6　类的示例

类的多重性说明了有多少个实例可以存在，通常情况下，可以有多个（零个或多个，没有明确限制），但在执行过程中一个实例只属于一个类。

#### 4.4.3.2　继承 / 泛化

一组类可以用泛化关系和建立在其内的继承机制分享公用的状态和行为描述。一个类可以有零个或多个父类（超类）和零个或多个后代（子类）。一个类从它的父类和祖先那里继承状态与行为描述，同时可以新增属于自己的属性、操作和关系。

在 UML 中，类之间的泛化关系用带空心三角形的实线来表示，如图 4-7 所示。图中，轿车（Car）继承了车（Vehicle），属单重继承；而房车（RV）有两个父类：车（Vehicle）和房（House），属多重继承。多重继承是现实世界中存在的现象，但在软件建模时，要小心使用多重继承。一方面是因为多重继承使模型更为复杂，另一方面是它有冲突和重复继承的问题。例如车和房都各自有一个属性 color，名称相同含义不同，车的 color 是指车身外表的颜色，而房的 color 是指房间墙壁的颜色，那么它们的子类房车所继承下来的 color 又应是如何呢？两个父类的属性在继承时发生冲突了。如果在车和房前再加一个父类万物（Thing）让其含有 color 属性又会怎么样呢？冲突解决了，但出现了重复继承问题，即有名的"钻石问题"。各种编程语言处理这一问题的方式不同。例如 C++ 采用虚继承方法；Eiffel 容许子类型通过重新命名，或提前为它们确定选择规则，来适应它继承得来的功能；Java 允许对象从多个接口继承，但仅允许一个实现继承。

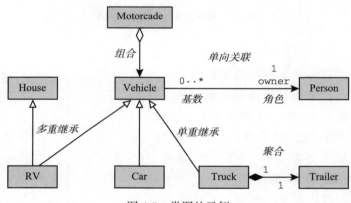

图 4-7 类图的示例

继承是一种 is-a 关系，例如卡车是一种车（Truck is a kind of vehicle）。这种关系看上去很简单直观，但有时也会让人概念混淆。著名的 Liskov 替换准则要求：在继承时，子类应该能替换父类。例如圆是一种有半径的点，因此"圆"可以是"点"的子类，对吗？在 Liskov 替换准则下，这显然是错的。三个"点"能组成三角形，用"圆"换"点"，三个圆能组成三角形吗？在此，关联更能反映领域内涵。

### 4.4.3.3 关联

两个相对独立的类，当一个类的实例与另外一个类的特定实例存在固定关系时，这两个类之间就存在关联关系。在 UML 中，类之间的关联关系用实线箭头来表示。在图 4-7 中，车（Vehicle）和人（Person）之间存在关联，即人是车的主人。关联的两个连接点叫关联端，关联端可以设置名字（角色名）、可见性和基数等特性。基数是指连线两端的数字，表明这一端的类可以有几个实例。图 4-7 中，人针对车的角色名是主人（owner），两端的基数是 1 对多，这表明：1 个人可能有几辆车，也可能没有车，1 辆车只能有 1 个主人。

根据导航箭头，关联可以分为单向关联和双向关联。在一个单向关联中，两个类是相关的，但是只有一个类知道这种联系的存在。车和人的关联线是从车指向人，即车知道自己的主人是谁，但人不知道自己有哪些车，除非进行穷举遍历，因此这是单向关联的一个实例。在一个双向关联中，两个类之间直接用实线相连，没有箭头。语法上没有箭头，语义上却表示双向箭头的导航，即两个类彼此知道对方。

在需求分析阶段，关联表示对象之间的逻辑关系，此时没有必要关注到底采用单向关联还是双向关联，也没有必要关心如何去实现它们。应该尽量避免多余的关联，因为它们不会增加任何逻辑信息。在设计阶段，关联用来说明关于数据结构的设计决定和类之间的职责分离。此时，关联的方向性很重要，为了提高对象的存取效率和对特定类信息的定位，也可引入一些必要的多余关联。值得一提的是，关联不应该等于 C++ 语言中的指针。在设计阶段带有导航性的关联表示对一个类有用的状态信息，它们能够以多种方式映射到程序设计语言中。关联可以用一个指针、被嵌套的类甚至完全独立的表对象来实现。

有一种特殊的关联叫聚合（aggregation），它表示部分与整体关系的关联，在 UML 中用带有空菱形的实线表示，空菱形与聚合类相连接。而组合（composition）是一种更强形式的聚合，整体有管理部分的特有的职责，它用带有实菱形的实线表示。聚合和组合的区别在于，整体和部分的生命周期是否独立。发生聚合关系的两个类独立存在，而在组合关系中，部分依赖于整体存在，当整体消亡时部分也随之消亡。在图 4-7 中卡车（Truck）和它的拖车（Trailer）之间是组合关系，拖车没法离开卡车而单独存在。而车队（Motorcade）和车（Vehicle）之间是聚合关系，车离开车队还是车，它可以单独行驶在路上，也可以加入其他车队。

### 4.4.3.4　依赖

当一个类的行为或实现影响了另一个类时，这两个类之间就存在依赖关系。依赖关系除了用于类之间，也可用于其他模型元素之间，例如设计模型依赖于分析模型，一个包依赖于另一个包，一个类或构件依赖于一个接口，等等。依赖关系表示两个模型元素之间存在的一种语义关系，被依赖者的某些变化会要求或指示依赖者随之发生变化。根据这个定义，关联和泛化都是依赖关系，但是它们有更特别的语义，故它们有自己的名字和详细的语义。因此，我们用依赖这个词来指其他的关系。表 4-1 列出了 UML 基本模型中的一些依赖关系。

在 UML 中，依赖用一个从依赖者指向被依赖者的虚线箭头表示，用一个衍型（stereotype）的关键字来区分它的种类，如图 4-8 所示。衍型是 UML 中用于在一个已定义的模型元素的基础上构造一种新的模型元素的方法。衍型的信息内容和形式与已存在的基本模型元素相同，但是含义和使用方式有所扩展。例如对类进行扩展，定义一种特殊的类"Interface"。在此是对依赖关系进行扩展，以定义表 4-1 中所列的特殊依赖关系。在 UML 中，衍型用双尖括号内的文字字符串表示。

表 4-1　依赖关系的种类

| 依赖关系 | 功能 | 关键字 |
| --- | --- | --- |
| 调用 | 一个类的方法调用其他类的一个操作 | call |
| 创建 | 一个类创建另一个类的实例 | create |
| 派生 | 一个实例从另一个实例导出 | derive |
| 实例化 | 一个类的方法创建另一个类的实例 | instantiate |
| 访问 | 一个包访问另一个包的内容 | access |
| 绑定 | 为模板参数指定值，以生成一个新的模型元素 | bind |
| 许可 | 许可一个元素使用另一个元素的内容 | permit |
| 实现 | 规约及其实现之间的映射 | realize |
| 精化 | 两个不同语义层次上的元素之间的映射 | refine |
| 发送 | 信号发送者和信号接收者之间的关系 | send |
| 替代 | 一个类支持另一个类的接口和契约，则这个类可替代另一个类 | substitute |
| 跟踪依赖 | 不同模型中的元素之间存在的连接，但不如映射精确 | trace |
| 使用 | 一个元素为了实现其功能，需要用到已存在的另一个元素，包括调用、实例化、创新、发送等 | use |

　　依赖关系和关联关系的不同在于，依赖是一种临时的非结构型关系，而关联是一种永久的结构型关系。因此，在需求分析阶段，依赖关系很少使用，更多地使用泛化和关联。

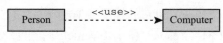

图 4-8　依赖关系的示例

### 4.4.3.5　接口和实现

　　接口和实现的分离能使软件的模块更为独立，从而增加可复用性、减少维护成本。UML 提供了一个建模元素——接口（interface）——来支持这一特性。所谓接口，是一组操作的集合，它是对模块（类、构件、服务、微服务、子系统等）行为的抽象，定义了它们应该提供的服务。接口是一种特殊的类，包含操作但不包含属性，可用类的衍型 <<interface>> 来表示（如图 4-9 所示），也可以用圆圈表示（又称棒棒糖表示法，如图 4-10 所示）。接口只是一种服务的契约，所以它是不能实例化的模型元素。一个模块可以实现一个或多个接口，一个接口可以由一个或多个模块实现。在图 4-9 中，类 Vehicle 实现了接口 Moving。

接口可细分为供给接口（provided interface）和需求接口（required interface）两种。供给接口表示一个类、构件或子系统完全实现了接口所定义的结构和行为，能向外界提供相应的服务。而需求接口则说明，一个类、构件或子系统需要得到接口所定义的服务，如图 4-10 所示。

实现（realize）关系是一种特殊的依赖关系（见表 4-1），它表示如下两个模型元素的关系：一个模型元素定义规约（spec），而另一个模型元素则实现这一规约。例如一个类实现了一个接口，一个类图实现了一个用例，

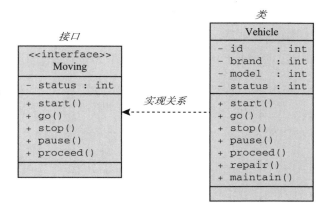

图 4-9　一个实现关系的例子

一个构件实现了一个接口，等等。在 UML 中，实现关系用一条带封闭空箭头的虚线来表示。

图 4-10　供给接口和需求接口

## 4.4.4　时序图

对象之间的交互实现了系统的动态行为，这种交互可以从两个互补的角度来刻画。一种关注于对象内部的行为，UML 中采用状态机图来刻画；另一种关注对象之间的协作，UML 采用时序图和通信图来刻画。

时序图（sequence diagram），又称为序列图，它通过描述对象之间发送消息的时间顺序显示多个对象之间的动态协作。时序图用于跟踪在同一个上下文环境中一个用例场景的执行，当执行一个场景时，时序图中的每条消息对应一个类操作或状态机中引起转换的触发事件。图 4-11 是一个描述整车订单处理的时序图的例子。

时序图以两维图的方式来刻画对象间的动态交互。垂直维是时间，用于表示对象之间传送消息的时间顺序。水平维是角色（role），代表参与交互的对象。每个角色有一个名称和一条生命线（lifeline）。生命线代表整个交互过程中对象的生命期，用垂直虚线表示。生命线之间的箭头连线代表消息（message）。当对象发送或接受消息时，生命线画成双条实线。图 4-11 中，Order、CarDB、Account 三个类的对象协同完成了整车订单处理。

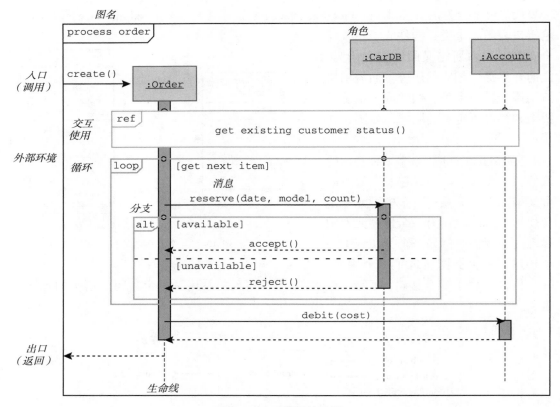

图 4-11    时序图的示例

消息从发出者指向接收者，次序由垂直位置来表示，第一个消息出现在图的顶部，最后一个消息出现在图的底部。因此，就不需要顺序编号了。消息分成三类：同步消息，即操作调用，显示为一条带实心箭头的实线；异步消息是一条带开放箭头的实线；返回消息是一条带开放箭头的实线，在图中它常常可被省略。图 4-11 中，create、reserve 和 debit 消息是同步消息，accept、reject 和两条匿名消息是返回消息。

序列片段（fragment）可以用来简化时序图，也可用来表示时序图中的流程控制结构，它主要包括交互使用（interaction use）、循环（loop）、条件（conditional fragment）和并发（parallel fragment）四种。

1）交互使用，用于复用另处已定义的一个交互场景，它表现为一个带有 ref 标签的框，如图 4-11 在对象 order 创建后就执行已定义的" get existing customer status"时序图中定义的消息序列。

2）循环，表现为一个带有 loop 标签的框，如图 4-11 引入了一个循环，由条件［get next item］来控制执行，依次处理订单中的每一项内容。

3）条件，可以有两个或多个分支，表现为一个带有 alt 标签的框，如图 4-11 中，

CarDB 处理汽车预订（reserve）消息，根据库存情况分别返回 accept 或 reject。

4）并发，可以有两个或多个并发执行的序列片段，表现为一个带有 par 标签的框。

## 4.4.5　通信图

UML 中用于对象交互建模的另一种图是通信图（communication diagram）。与时序图不同，通信图强调的是发送和接收消息的对象之间的组织结构。当两个对象对应的类之间存在关联关系时，对象之间则存在一条通信路径，称为链接（link）。一个对象可以通过链接向另一个对象发送消息。一个链接上可以发送多条消息，一条消息必须附在一个链接上。消息的发生顺序用消息编号来说明。与图 4-11 中的时序图相对应的通信图如图 4-12 所示。

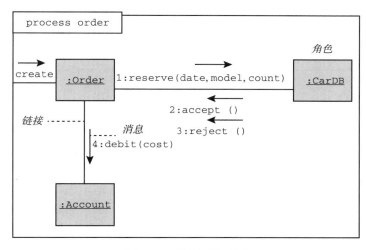

图 4-12　通信图的示例

时序图和通信图都用于表示各对象间的交互关系，两者表述的是相似的信息，但表述的方式却不同，可相互转换。时序图用消息的几何排列关系来表达消息的时间顺序，各角色之间的相关关系是隐含的。通信图用各个角色的几何排列图形来表示角色之间的关系，并用消息来说明这些关系。

## 4.4.6　状态机图

类不但具有结构性特征，还具有行为性特征。状态机图（state machine diagram）又称为状态图，通过有限状态机对系统各个部分的离散行为和使用的协议进行建模。其中，行为状态机用来指定各种模型元素的行为，而协议状态机用来表示每一个类可以触发的合法状态转移。图 4-13 是 UML 规范中给出的一个 ATM（自动提款机）的状态机图示例。

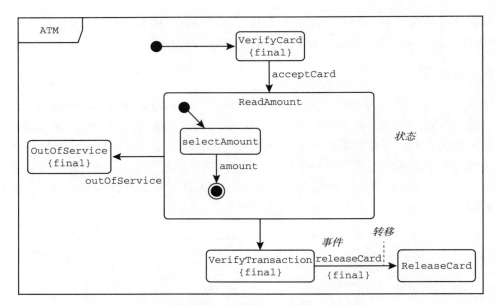

图 4-13　状态机图的示例

在图 4-13 中，可以看到状态机图的几个核心元素：

1）状态：用于对某种形态进行建模，在这种形态下将满足一组不变式条件。其中，初始状态用实心圆表示，终止状态用被圆圈包围的实心圆表示，其他状态都使用圆角矩形表示，矩形内部显示的是状态名。状态机的运行从初始状态开始，经过多个中间状态，最终在某个终止状态或退出状态结束。状态可以是组合状态，例如 ReadAmount 就是一个组合状态，它本身可以分解为一个子状态机。状态可以在设计过程中不断地通过重定义来求精，但是带有 {final} 标志的状态表示它们不能再被重定义，不能对其进行扩展，例如 VerifyCard、OutOfService 和 VerifyTransaction 就属于这种状态，而图中其他状态都可以重定义。

2）转移：表示状态之间可能的路径，这些路径表示状态的转移。当产生恰当的事件时，状态就会发生转移，从一种状态进入另一种状态。转移可以通过重定义来求精，但是带有 {final} 标志的转移同样表示不能再被重定义，例如从 VerifyTransaction 到 ReleaseCard 的转移就不能再被重定义，而图中其他转移都可以重定义。

3）事件：状态机中事件触发迁移，事件可以用转移上的标号来表示，也可以在状态内表示。事件通常分为不同的类型，例如定时事件表示定时触发的事件，调用事件表示在对象上执行同步调用的事件，而信号表示异步调用事件。不同类型的事件可以对通信的行为进行定义，使通信的语义变得丰富而灵活。

使用状态机图可以很好地描述系统的行为。通过状态机图可以将系统中各种不同的状态识别出来，并利用事件和转移来说明状态的迁移条件与过程。状态机图应该具有层次关系，因为在复杂的系统中，显然在一张状态机图中要想描述所有的细节是不可能的，所以可以使用组合状态将状态机图按层次结构组织，这样有利于构建和浏览。状态机图中还包括其他的要素，如伪状态和端口等。

## 4.4.7  构件图

在进行面向对象设计时，需要对类进行更高层次的抽象和封装，产生可复用的构件。由此可见，构件是比类的封装粒度更大的软件复用结构。构件通常由多个类和接口构成，这些类通过协作可以实现相对独立的功能，并且通过接口向构件的用户提供服务。构件促进了软件复用，提高了软件的可维护性。例如，在许多应用系统中都包含用户认证与授权的功能，4S 系统也不例外，关于用户认证需要 User 类、Auth 类、NameCallBack 类、PasswordCallBack 类、CallBackHandler 类等通过协作来完成。于是可以将这些类封装成构件，凡是需要认证功能的应用系统都可以通过应用该构件实现认证功能，而无须重复开发这些类。另外，如果用户认证提供统一接口，凡是应用了该构件的应用系统都是针对该接口编程的，只要保持接口不变，无论是该构件自身更新其具体实现还是替换其他具有该接口的认证构件，都不需要对应用系统进行任何修改，从而提高了软件的可维护性。

从上面的描述可以看出构件具备以下特性：

1）构件在功能上需要是自包含且紧凑的，即构件内部封装的类以紧耦合的方式完成其相对独立的功能，使构件的封装以一种最小完备集的方式实现，从而使构件的复用显得更加合理。

2）构件具有明确的接口，即构件有明确的供给接口（provided interface），构件用户通过该接口可以调用构件的服务；同时也具有明确的需求接口（required interface），构件可以通过该接口实现与其他构件之间的组装。构件通过接口屏蔽了构件内部的具体实现，因此，构件是以黑盒的方式向用户提供服务的。对构件的接口应该提供详细的文档说明，使构件的用户可以正确使用构件。

3）构件是可配置的。构件允许在不同环境中被复用，而这些复用环境不尽相同，因此很多与复用环境相关的参数设置是不能硬编码的，例如认证构件需要访问数据库中的用户和密码信息，而数据库的连接参数，包括数据库的 URL 和数据库连接的用户名与密码等，都需要通过配置的方式来说明。通常这些配置使用结构化方式描述，例如 XML 文件。

4）构件是可组装的。构件在被复用时，需要和其他构件进行组装，以构建更大的软件结构，例如模块、子系统，乃至整个应用。为了实现这个目标，需要对构件进行标准化。

UML 采用构件图（component diagram）来描述构件的外部结构、内部结构，以及构件间的关系，这是一种描述系统静态结构的图。例如，图 4-14 是 UML 规范中给出的构件图的示例。图中，Store 构件是一个组合构件，它由 Order 构件、Customer 构件和 Product 构件组合而成，它向外提供的供给接口是 OrderEntry，而它需要外部提供的需求接口是 Account。Order 构件向外提供的供给接口是 OrderEntry，Store 构件的供给接口代理到该接口上；Order 构件需要外部提供的需求接口是 Person 和 OrderableItem。Customer 构件向外提供的供给接口是 Person，该接口与 Order 构件的需求接口 Person 装配到一起；Customer 构件需要外部提供的需求接口是 Account，该接口代理到 Store 构件的需求接口上。Product 构件向外提供的供给接口是 OrderableItem，该接口与 Order 构件的需求接口 OrderableItem 装配到一起；Product 构件不需要外部提供任何接口。

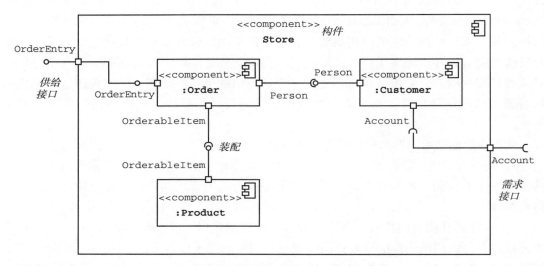

图 4-14　构件图的示例

从图 4-14 可以看出，用构件图可以描述构件的各个要素，包括供给接口、需求接口、装配或依赖关系等。图 4-15 给出了构件的表示法，构件使用带有 <<component>> 关键词的矩形表示，矩形右上角可以显示构件的图标。构件可以像图 4-15a 一样使用外部视图表示构件，其中与构件框连接的外部小圆环表示供给接口，而使用与构件框连接的半圆环表示需求接口；也可以像图 4-15b 一样将接口、操作和属性列在构件框的格子中。

对于复杂的构件，可以给出构件的内部结构，例如图 4-14 就给出了 Store 构件的内部接口。构件和构件的组合可以通过接口之间的装配器来表示，例如图 4-14 中的 Order 构件、Customer 构件和 Account 构件之间就存在着经由装配器的接口装配关系。

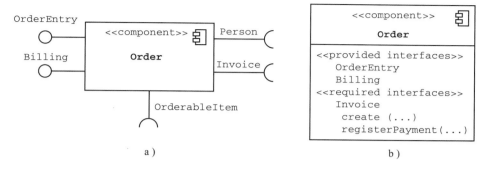

图 4-15　构件的表示法

## 4.4.8　部署图

软件的部署方案定义了系统的执行架构，即如何将软件制品分配到不同的节点上去运行。部署方案的不同对系统设计存在很大的影响，因为部署方案的不同会造成系统各个部分之间通信方式的不同，进而影响系统的质量，甚至有可能导致需要修改系统内部的行为。下面将以 4S 系统为例来说明这个问题。

4S 系统是一个典型的多层 Web 应用系统，其中 Web 层和应用层可以部署在相同或者不同的物理节点上。当部署在不同的物理节点上时，这两层之间会采用远程方法调用（RMI，Remote Method Invocation）的方式进行通信，如图 4-16 所示。在这种情况下，需要为 4SApp.jar 中的构件设计远程接口，而 4Swab.war 中的构件则需要能够调用这些远程接口。此时，为了减少远程调用对系统性能的影响，可以使用外观等模式将接口包装成粗粒度，以减少远程调用的次数。如果远程接口在优化后仍旧无法满足性能需求，还可以将同步调用的 RMI 方式改变成异步的 JMS（Java Messaging Service）调用方式。此外，由于 Web 层和应用层对并发操作的支持程度不同，因此它们可以部署在各自的集群环境中，即从图 4-16 中可以看到 Web Server 与 App Server 之间存在多对多映射的关系。由于这两层建立了各自独立的集群，减少了彼此间物理节点的耦合度，因此系统可用性得到了提高。

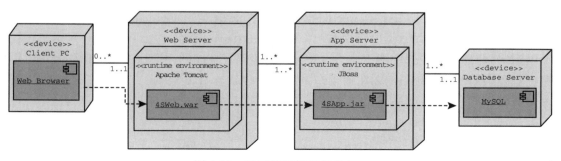

图 4-16　4S 系统的部署方式之一

如果 Web 层和应用层部署在一起，那么这两层之间就只需要使用本地接口（local interface）进行通信，如图 4-17 所示。在这种情况下，4SApp.jar 中的构件只需要向 4Swab.war 中的构件提供本地接口。此时，本地调用对系统性能的影响将会降低，因此接口粒度不再像远程接口那么受限。同时，由于没有了远程开销，同步调用将成为首选。而且，由于 Web 层和应用层部署在相同的物理节点上，因此对单个物理节点处理能力的要求更高了。同时，由于这两层之间的物理耦合度提高了，系统可用性受到影响，因此需要设计更合理的冗余备份机制。

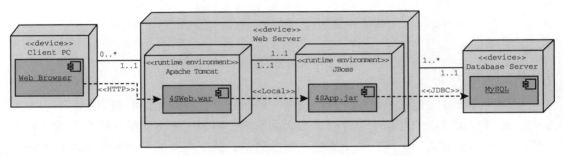

图 4-17　4S 系统的部署方式之二

从上面的分析可以看出，在进行面向对象设计时，必须考虑系统将来的部署。设计人员可以使用 UML 的部署图（deployment diagram）来描述部署方案，部署图的核心元素包括：

1）节点：表示可以在其上部署软件制品的计算资源，在图中使用 3d 立方体视图表示。这些节点通常会以嵌套的方式定义，它们表示硬件设备或软件执行环境。例如，在图 4-17 中，Client PC、Web Server 和 Database Server 是硬件设备，而 Tomcat Apache 和 JBoss 则是软件执行环境。

2）软件制品：表示在软件开发过程中产生的，或者在系统部署和运行时使用的一部分物理信息，如构件、可执行程序、配置文档等。例如，在图 4-17 中，Web Browser 表示客户端浏览器，运行于 Client PC 端；4SWeb.war 表示 4S 系统的 Web 层，运行于 Web Server 的 Apache Tomcat 中；4SApp.jar 表示 4S 系统的应用层，运行于 Web Server 的 JBoss 中；MySQL 表示数据库管理系统，运行于 Database Server 上。

3）通信链路：在部署图中，节点是通过通信路径互连的，通过这些通信路径可以创建任意复杂的网络系统。例如在图 4-17 中，Client PC 与 Web Server 之间是多对一的关系，而 Client PC 中的软件制品与 Web Server 中的软件制品之间通过 HTTP 协议进行通信；在 Web Server 中，Apache Tomcat 与 JBoss 之间是一对一的关系，而 Apache Tomcat 中的软件制品与 JBoss 中的软件制品之间通过 Local 接口进行通信；Web Server 与 Database Server 之间是多对一的关系，Web Server 中的软件制品与 Database Server 中的软件制品之间通过 JDBC 协议进行通信。

除上述要素外，在部署图中还可以描述软件制品的清单、部署规范、节点属性等信息，这些信息可以进一步阐明部署方案的细节。

### 4.4.9 包图

如果为一个大规模的软件系统进行建模，模型中将会有许多不同的元素。管理所有这些元素将是一件令人生畏的任务，所以，UML 提供了一种称为包（package）的组织元素。包是一种分组机制，就像文件系统中的文件夹，它能使复杂的模型更为清晰，支持多用户的并行建模以及版本控制，提供封装和包容，支持模块化。

包及包之间的依赖关系，形成了包图，如图 4-18 所示。4S 系统在用例建模时，有太多的用例，因此将用例分成 7 个包，其中采购、整车销售、配件销售和售后服务都依赖于库存管理，同时系统管理被所有其他包所依赖。

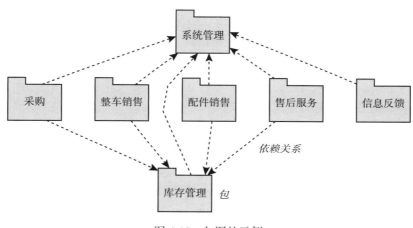

图 4-18 包图的示例

## 4.5 面向对象分析建模

UML 采用基于用例的分析方法构建以上分析模型，它由五个步骤组成[一]，如图 4-19 所示。

1）建立用例模型：对项目干系人需求进行分析，建立用例图，撰写用例规约。

2）建立概念模型：寻找那些无论在问题领域和方案领域都具有普遍意义的概念点，

---

○ 参见 Jim Arlow 和 Ila Neustadt 著 *UML 2 and the Unified Process*：*Practical Object-Oriented Analysis and Design*，*2nd Edition*。

识别出系统的关键抽象，即概念类，画出类图。

3）识别用例实现：根据用例，创建用例实现，建立用例和用例实现之间的追溯关系。

4）识别分析类：从不同维度提取那些能够协作完成用例行为的分析元素，即实体类、边界类和控制类。

5）建立分析模型：用分析类及其对象，建立"用例实现"的时序图、通信图和类图，并完善每个分析类的属性和操作。

这五个步骤常常不可能一次完成，因为既无法获取100%需求，也无法彻底理解需求。这些步骤需在演化软件过程的各迭代中反复执行，例如在第一个迭代的分析建模中建立含有核心用例的用例模型，第二个迭代的分析建模中建立概念模型和识别用例实现，针对核心的用例完成详细的用例规约，并进行用例分析，在第三个迭代的分析建模中对次要用例进行建模、规约详述和分析。高内聚、低耦合的用例模型为实现迭代策略提供了天然的有利条件，即用例可以充当很好的任务划分单元。什么是核心的用例呢？一般地，是指那些对系统构架的影响力

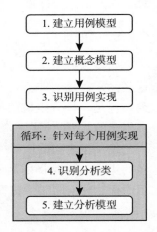

图 4-19    分析建模的步骤

大、功能重要、实现难度高的用例，由架构师来评判。这些核心的用例，将在前面的迭代中优先进行分析、设计和实现。

以下各小节将分别详细阐述这五个步骤。

## 4.5.1    建立用例模型

面向对象分析建模的第一步是建立系统的用例模型，其关键是通过对项目干系人需求的详细分析，识别出待开发软件系统的执行者和用例，画出用例图，并针对每个用例写出详细的用例规约。

### 4.5.1.1    执行者的识别

执行者（actor）是为了完成一个事件而与系统交互的外部事物，它位于系统外部，与系统直接交互，用于描述系统的边界。执行者并不仅仅包括系统的用户，它们还可以是与系统有交互的外部系统和外部设备。

举一个例子，如图4-20所示，待开发的4S系统具有整车销售管理功能，顾客通过与销售人员洽谈，由销售人员使用系统，进行订单信息的管理，同时4S系统和现有的人事管理系统利用接口进行对接，取得员工的信息。试问：谁是4S系统的执行者？

在此，顾客不是4S系统的直接使用者，他通过销售员来使用系统，因此不是执行者。而销售员和人事管理系统是4S系统的执行者。如果改一下需求，4S系统是一个网上在线系统，能支持顾客在网上直接下订单，那么顾客就是执行者了。

顾客　　　　　销售员　　　　4S系统（待开发）　　现有的人事管理系统

图 4-20　谁是执行者

以下问题有助于寻找执行者：

- 谁需要在系统的帮助下完成自己的任务？
- 需要谁去执行系统的核心功能？
- 需要谁去完成系统的管理和维护？
- 系统是否需要和外界的硬件或软件系统进行交互？

任何满足上述一个或多个问题的个人、团队、外部系统、外部设备都是执行者的候选。为了确认这个候选是否真是执行者，可以尝试寻找这个执行者的两至三个实例的名字，看它们是否满足执行者的定义。找到执行者后，应给它取一个合适的名字以表明它的角色，同时给予一个简单的描述，说明它的职责。执行者是一种角色，一个实际用户可能担任着系统的多个执行者角色，同样一个执行者可由多个不同的用户担任，从而代表同一执行者的不同实例。例如 ABC 公司的张凡既是维修员，又从公司买了车，是一名顾客；而维修员除了张凡，还有李强等几十名员工。

根据以上方法，识别以下人员为 4S 系统的执行者：总经理、店长、系统管理员、财务、销售经理、销售员、维修经理、维修员、采购经理、采购员、仓库管理员、运输员、质检员、人事管理系统。

#### 4.5.1.2　用例的识别

识别出系统的执行者后，就可以识别系统的用例（use case）。用例是系统执行的一个动作序列，这些动作必须对某个特定的执行者产生可观测的、有价值的结果。所以，识别用例最好的方法是考虑每个执行者需要从系统得到什么。记住，系统只为它的使用者而存在，因此必须基于用户的需要。以下问题有助于寻找用例：

- 执行者希望系统提供什么功能？
- 执行者是否要创建、存储、删除或读取系统中的数据？
- 执行者是否要告诉系统外界的事件？
- 执行者是否需要告知系统中发生的情况？

回答上述问题，就可以识别出候选的用例。但并不是每个回答都可以发现独立的用例，有些是同一个用例的不同事件流或不同场景（scenario）。要识别是不是独立的用例有时并不容易，但一旦用例的事件流被详细地描述出来，就会很清楚。找到用例后，应给它取一个合适的名字以表明它给执行者带来的价值，同时给予一个简单的描述。为了描述更清晰，应采用术语表中的术语。

在识别用例时，常常存在粒度太小的误区。用例必须给执行者带来可观测的、有价值的结果。一个用例是系统和执行者之间的一次完整"对话"，是一组完整的动作序列。因此，对用例功能进行分解，或者按动作子序列把它划分成多个子用例，都是错误的。

例如不能把"提交购车订单"用例划分成"登录""填写购车订单""保存"三个用例。销售员会为了"登录"而使用 4S 系统吗？显然不会。销售员会只"填写购车订单"而不"保存"吗？那等于白填了。这些用例没有给销售员提供价值。当然，"登录"不是永远成不了用例。例如针对"指纹识别系统"，"登录"是它的最大价值，客户会为了这个价值而购买系统。但对于 4S 系统，"登录"至少不是一个独立用例，它可以是一个被包含的用例。

以低层次的数据操作来命名用例也是属于粒度太小的误区。例如"新增顾客信息""修改顾客信息""删除顾客信息""查询顾客信息"，这些操作常常在一起做，而且太多的小粒度用例使整个模型很难理解。我们应把它们合并，成为一个用例——"管理顾客信息"。

用例是各项目干系人之间的一种行为契约，建立契约的目的是达成某种目标，因此每一个用例及其名称实际上都应代表一个用户目标，这个目标是否得到真正满足是判断我们抽取的某个用例是否"有价值"的关键。因此，列举目标可帮助我们确定用例的粒度大小。每个产生可观察价值的目标对应一个用例。例如，4S 系统的一个目标是"提交购车订单：销售员提交申请顾客的购车订单的信息，信息的完整性由系统检查"。这个目标就对应了一个用例。

### 4.5.1.3 用例图的构建

执行者、用例、关联关系就构成了一个用例图。用例与至少一个执行者交互，而一个用例并不仅局限于一个执行者，参与某用例的执行者可以有多个。然而，一个用例必须向至少一个执行者提供可观察得到的价值。参与某用例的多个执行者各有不同的角色和职责：一些负责接收用例提供的价值，一些则负责向用例提供服务，其他则负责触发或初始化用例。一个系统常常有多张用例图。当系统规模变大时，可以用包来管理用例，将用例进行分组。用例分组的方式有多种，可以按执行者来分，也可以按功能相关性来分，只要便于管理即可。例如图 4-21，4S 系统的用例模型分成七个包，每个包都有一张用例图。

一个完整的用例模型并不是一次完成的，随着对系统需求认识的深入有一个不断精化的过程。

### 4.5.1.4 用例规约的撰写

除了用例图之外，用例模型还包括多个用例规约（use case specification），分别对每个用例的行为进行详细说明。和用例之间的关系相比，用例本身才是最为关键和重要的。因此在用例建模阶段，应该把更多的精力放在写好用例规约上。用例规约可以用时序图、活动图、Petri 网或程序设计语言等来描述，但是从根本上说，用例规约是文字形式的。通常情况下，它们是作为人与人之间，尤其是没有受过专门培训的人员之间互相交流的一种手段。因此，简单的文本通常是编写用例规约的首选形式，时序图、活动图、Petri网或程序设计语言等则作为辅助说明的手段。

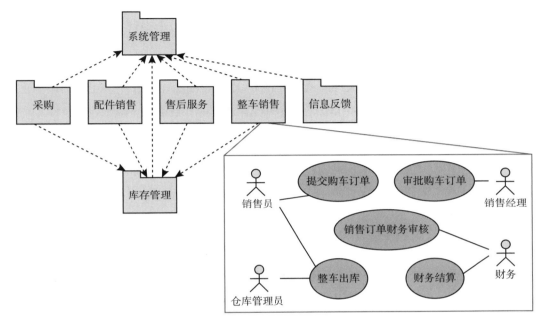

图 4-21　4S 系统的用例模型

（1）用例规约的核心内容——事件流

用例由一系列动作组成，这些动作系列构成事件流，它和用例名称、用例描述一起构成了用例规约的核心内容。事件流描述了那些在执行者和用例之间的对话期间发生的基本活动，例如行为和交互。事件流由基本事件流和备选事件流两部分组成。基本事件流包括在执行用例时"通常"会发生的事件。备选事件流包括与正常行为相关的可选或异常特征的行为，同时也包括正常行为的各种变形。

例如审批购车订单的用例中，正常审批核准的情况是基本事件流，经理不在、审批不通过等情况则是备选事件流。又如管理顾客信息的用例中，如果创建顾客信息是经常发生的事件，修改、删除和查询不常发生，则可以把创建作为基本事件流，而把修改、删除和查询作为备选事件流；如果创建、修改、删除和查询的频度差不多，则可将其都作为基本事件流的四个子流。

建议以一系列步骤的文字来记录基本事件流和备选事件流中活动发生的顺序。事件流的步骤应该从用户的角度，采用用户术语而不是以调用函数名或技术语言来描述，它说明系统做什么，而不是说明为了执行所需的行为而对系统进行的设计。步骤的编号建议如下：基本流采用 1，2，3……顺序编号，扩展流的条件和扩展步骤采用数字、字母间隔的方式，如 1a、1a1、5c、5c3b1 等，而且还可以使用宏代符 *，可以指定任意数目步骤的条件，如 1-9a、2，7-9c 等，这种编号使用方便、可读性强。

（2）用例规约的可选字段

除了用例名称、描述和事件流这些必填的核心字段外，用例规约还可包括以下可选字段：

● 前置条件（pre-condition）和后置条件（post-condition），用于阐明事件流如何开始和结束。其中前置条件描述用例执行前所必需的系统的状态，后置条件描述用例结束后系统可能具备的状态。例如审批购车订单的用例中，前置条件是购车订单已准备好，后置条件是订单被核准或退回。前置条件和后置条件可以帮助定义用例的范围，例如事件流何时开始、何时结束。前置条件和后置条件也有助于确定用例间的依赖关系。用例并不是独立的，一些用例依赖于其他用例，一个用例结束时系统所处的状态是其他用例执行的前提。某用例所依赖的其他用例是什么？该用例结束时系统处于什么状态？该用例如何配合整个用例模型？这些问题只有在了解全局情况后，才能得到解答。

● 扩展点，用于扩展用例。一个扩展点包括一个扩展名称和事件流中的一个或多个位置。使用扩展点有助于将扩展用例的行为规约从基本用例的内部细节中分离出来。我们可以对基本用例进行修改或重新整理，只要扩展点的名称保持不变，那么这种变更将不会影响扩展用例。同时，我们不用在说明基本事件流的文本中包括有关行为可能在何处扩展的细节。详见后文中的扩展关系。

● 业务规则，用于描述事件流中的规则或计算公式。这些规则常常会随着业务环境的变化而变化，因此有必要把它从事件流中分离出来，单独写在这个字段中，以便于维护。业务规则可以用多种形式表示，如文字、决策表、计算公式、决策树、运算法则等。例如审批购车订单的用例中，业务规则为"款项大于 50 万的订单在销售经理审批后应交店长审核"。

● 非功能需求，用于描述单个用例的非功能需求，如可用性、可靠性、性能和可支持性等。针对整个系统或多个用例的非功能需求则写在软件需求规约的单独章节或单独文档中。单个用例的非功能需求通常数量很少，例如生成年度汽车销售报告的用例中，要求系统响应时间不超过 30 s。对于大多数用例，系统响应时间在 5 s 之内，这是一个特例，故在该用例的非功能需求中进行说明。

除此之外，用例规约中还可以加入其他需要的字段，如假设、问题、需求来源、需求优先级等。

表 4-2 是 4S 系统中"提交购车订单"的用例规约。

（3）活动图

当事件流是线性的（含有很少或没有循环和条件逻辑），用文字就足以捕获和表示用例信息。但是，如果事件流中有复杂的逻辑，条件和循环反复有时会变得难以理解。在这种情况下，可以考虑使用 UML 活动图或时序图对事件流进行建模。活动图和时序图提供了对整个事件流的可视化表示，在表示事件流中的条件、同步和循环逻辑时尤其有用，对验证复杂的事件流也很有好处。

表 4-2　"提交购车订单"的用例规约

| 用例编号： | UC100 | 用例名称： | 提交购车订单 |
|---|---|---|---|
| 描述： | 销售员填写并提交购车订单 | | |
| 执行者： | 销售员 | | |
| 前置条件： | 销售员需登录系统 | | |
| 后置条件： | 销售员的操作被系统记录 | | |
| 基本流： | 1. 销售员点击"整车销售管理"菜单。<br>2. 系统显示当前已有的整车订单列表，包括提交的和未提交的。<br>3. 销售员点击"新建订单"链接。<br>4. 系统显示空的购车订单。<br>5. 销售员输入订单信息。每个订单属于一个顾客，并由多个订单项组成。每个订单项的信息包括车的品牌、型号、数量、价格等。<br>6. 销售员点击"确认提交"按钮，提交订单。<br>7. 系统自动验证订单，生成订单号和提车日期。<br>8. 系统显示已生效的购车订单。 | | |
| 备选流： | 3a. 销售员点击打开一个现有的未提交的订单<br>系统显示该订单，销售员进行修改，进入第 5 步。<br>5a. 顾客信息不存在<br>销售员新建一个顾客，输入相关信息。<br>5b. 销售员选择取消<br>用例结束。<br>5c. 销售员选择保存<br>保存所填入的订单信息，回至 3a。<br>7a. 车型出错<br>系统提示"找不到该型号的车辆信息"，要求销售员重新输入"车辆型号"，回到第 5 步。<br>7b. 车辆无库存<br>系统提示"车辆已没有库存"，询问销售员是否继续创建。如果销售员回答"是"，则系统将进行记录，在下一次批量采购中进行采购。如果销售员回答"否"，则用例结束。 | | |
| 扩展点： | ［待定］ | | |
| 非功能需求： | 系统响应客户时间不超过 3 s | | |
| 业务规则： | 5a. 不能与信用黑名单上的顾客签订购车订单<br>7a. 订单号的生成参见《销售单号编码原则》<br>7b. 如果有库存，则提车日期为当前日期后一周。如果没有库存，则提车日期为下个月的第一周。 | | |

图 4-22 是表 4-2 对应的活动图。活动图的初始状态与用例中的前置条件对应，终止状态与用例中的后置条件对应，每个用例事件流的动作都被表示为一个活动。

（4）黑盒用例规约和白盒用例规约

每一个用例规约一般都要随着对系统需求认识的深入，有一个不断精化的过程。随着对问题了解的深入，用例规约不断地添加细节，如图 4-23 所示。第一步：识别出用例，确定其名称、执行者，并通过一个描述来提供对该用例的高层的理解；第二步：加入前置条件、后置条件，以及事件流的分步提纲，重点放在基本事件流上；第三步：对基本事件流和备选事件流的步骤进行详细描述，并补充业务规则、非功能需求，以及其他字段的内容；第四步：充实用例规约，撰写从内部角度观察系统响应的"白盒"用例规约。

并不是所有项目或者模型中的所有用例都需要详细的用例规约。针对一些简单的用例，它们使用分步提纲就可以了。如果用于和非技术背景的项目干系人达成一致的需求，黑盒用例规约是最合适的。如果项目干系人都是技术人员，或者需要依据用例规约进行分析类识别，则需要从内部角度观察系统响应的白盒用例规约。

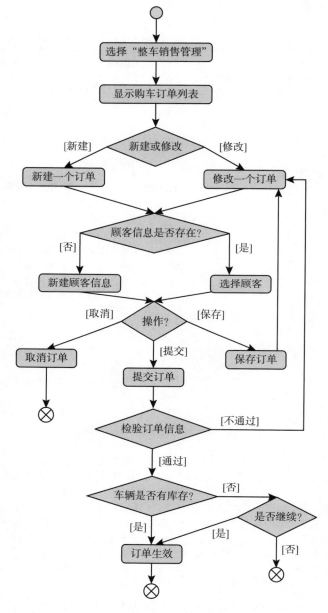

图 4-22 "提交购车订单"用例的活动图

如果要开发内部行为但又要把它们与用例职责区分开来，可以采用另一种双列的用例事件流格式。这种格式既可以描述用户或外部的视图也允许说明系统行为，如表 4-3 所示。

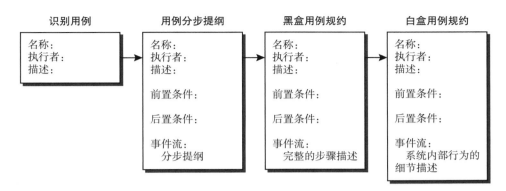

图 4-23 用例规约的细化过程

表 4-3 按黑盒和白盒将事件流分列

用例：从 ATM 机取款

执行者：客户

描述：银行客户想从 ATM 机取款，他选择了取款选项、取款的账号以及数目。ATM 机和客户的银行进行交互以完成该请求。

事件流

| 用户视图 | 系统视图 |
| --- | --- |
| 1. 客户输入 ATM 卡的密码<br>3. 客户选取取款选项、取款的账号以及数目<br>5. 客户拿到钱款、收据和退回的 ATM 卡 | 2. 系统检查 ATM 卡有效，确认密码正确<br>4. 系统根据客户提供的信息和客户的账号，读 ATM 卡，并确定该账号是否有足够数目的钱款可以提取。<br>• 客户账号减去取款的数量。<br>• 取款事件（包括时间、日期、取款数目、ATM 号和输出）记入日志。<br>• 系统生成收据并把钱款送出<br>6. 系统把事件的完成记入日志，ATM 复位等待下一位客户 |

#### 4.5.1.5 用例模型的优化

当对系统用例的行为有了深入、充分的理解后，就可以对用例模型进行优化，从而使用例模型更易于理解，复用性、可扩展性和可维护性也更好。有三种关系可以用于组织和优化用例：包含（include）、扩展（extend）和泛化（generalization）。图 4-24 是对 4S 系统整车销售用例图（见图 4-21）的优化。

（1）包含关系

包含关系是从基本用例到包含用例的关系，它将包含用例定义的行为明确地插入到基本用例定义的行为中。基本用例不能独立执行，它依赖于包含用例的行为。包含关系的 UML 符号是衍型为 <<include>> 的依赖关系，从基本用例指向被包含用例。例如在图 4-24 中，"整车出库""审批购车订单""销售订单财务审核""财务结算"等四个用例都需要查询购车订单的信息，"查询购车订单"这个包含用例捕获了一种基础服务，它与上述四个基本用例间形成包含关系。相应的用例规约如表 4-4 所示。

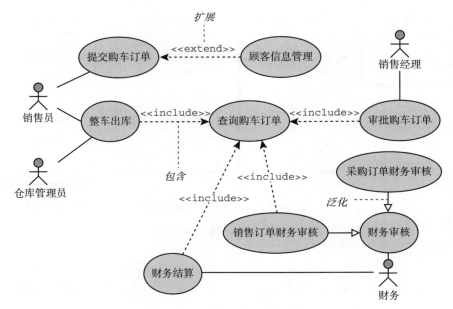

图 4-24　4S 系统优化后的用例图

表 4-4　基本用例和包含用例的用例规约示例

| 整车出库（基本用例） | 查询购车订单（包含用例） |
| --- | --- |
| …… | …… |
| 基本流： | 基本流： |
| 1. 销售员填写整车出库单 | 1. 用户输入查询条件，按查询按钮 |
| 2. 仓库管理员调用"查询购车订单"用例，对照订单信息核准出库单 | 2. 系统查询到满足条件的订单，以列表方式显示 |
| 3. 仓库管理员进行车辆出库 | 3. 用户选中其中一条订单 |
| …… | 4. 系统显示该订单的详细信息 |
| | …… |

　　一个基本用例可以有多个包含用例，一个包含用例可以包含在若干基本用例中，甚至同一个包含用例和同一个基本用例之间可以有多个包含关系，前提是包含用例必须在基本用例中的不同位置插入。一个包含用例可以用作另一个包含用例的基本用例。

　　包含用例的行为插入到基本用例中的一个位置。当遵循基本用例说明的用例实例到达基本用例中定义了包含关系的位置时，它将改而遵循包含用例的说明。一旦执行完包含用例，用例实例就将在基本用例中它先前停止的地方重新开始。包含关系是无条件的：如果用例实例到达基本用例中定义了包含关系的位置，就总会执行包含。如果要表达条件，就需要将其作为基本用例的一部分来表达。如果用例实例无论如何也不能到达定义了包含关系的位置，则不会执行包含。

　　何时采用包含关系进行优化？当用例中有一部分行为对了解用例的主要目的并不是

必需的，只有它们的结果才比较重要，则可以将这一部分行为分离出来，形成一个新的包含用例。由此，通过分离非主要行为，可以使用例的核心价值更为突出，从而提高用例的可理解性。如果多个用例存在一段共有的行为，则可以将这段行为提炼出来，形成一个新的包含用例。由此，通过提炼多个用例中涉及的公共行为，可以实现复用。

（2）扩展关系

扩展关系是从扩展用例到基本用例的关系，它将扩展用例定义的行为插入到基本用例定义的行为中。和包含关系不同的是，它是以隐含形式插入的，也就是说，扩展用例并不在基本用例中显示。

用例之间的扩展关系表示基本用例在它内部说明的某个条件下隐式地合并了扩展用例的行为。基本用例只能在它的某些确定的点上被扩展，这种点称为扩展点。扩展关系的 UML 符号是衍型为 <<extend>> 的依赖关系，从扩展用例指向基本用例。例如在图 4-24 中，"提交购车订单"用例在填写购车者时，如果购车者是新顾客，就会调用"顾客信息管理"用例来新建顾客信息。相应的用例规约如表 4-5 所示。

**表 4-5　基本用例和扩展用例的用例规约示例**

| 提交购车订单（基本用例） | 顾客信息管理（扩展用例） |
| --- | --- |
| ……<br>基本流：<br>1. 销售员点击"整车销售管理"菜单。<br>2. 系统显示当前已有的购车订单列表，包括提交的和未提交的。<br>3. 销售员点击"新建订单"链接。<br>4. 系统显示空的购车订单。<br>5. 销售员输入订单信息。每个订单属于一个顾客，并由多个订单项组成。每个订单项的信息包括车的品牌、型号、数量、价格等。<br>6. 销售员点击"确认提交"按钮，提交订单。<br>7. 系统自动验证订单，生成订单号和提车日期。<br>8. 系统显示已生效的购车订单。<br>……<br>扩展点<br>1. 名称：Create new customer<br>位置：基本流第 5 步<br>…… | 本用例可独立运行，同时其新建顾客信息子流可作为提交购车订单用例的扩展用例，扩展点为"Create new customer"。<br>……<br>基本流：<br>1. 新建顾客信息<br>1.1 如果顾客的信息不存在，则系统显示空的顾客信息表<br>1.2 用户填入顾客信息<br>1.3 用户点击"提交"按钮，进入"提交顾客信息"子流。<br>2. 删除顾客信息<br>3. 查询顾客信息<br>4. 修改顾客信息<br>5. 提交顾客信息<br>……<br>备选流：<br>…… |

扩展是有条件的，它是否执行取决于在执行基本用例时所发生的事件。基本用例并不控制执行扩展的条件：这些条件在扩展关系中进行说明。扩展用例可以访问和修改基本用例的属性。但基本用例看不到扩展用例，也无法访问它们的属性。基本用例自身应是完整的，即基本用例应该是可理解且有意义的，而不必引用任何扩展用例。但基本用

例并不独立于扩展用例，因为如果无法遵循扩展用例，就不能执行基本用例。

一个基本用例可包含若干扩展关系，这意味着一个用例实例在其生命期内可以遵循多个扩展用例。同时，一个扩展用例可以扩展到几个基本用例中。同一个扩展用例和同一个基本用例之间甚至可以有多个扩展关系，前提是扩展用例必须在基本用例的不同位置插入。这意味着不同的扩展关系需要引用基本用例中的不同扩展点。扩展用例自身可以是扩展、包含或泛化关系中的基本用例。例如，扩展用例能够以嵌套方式扩展其他的扩展用例。当执行基本用例的用例实例达到基本用例中定义扩展点的位置时，将对相应扩展关系的条件进行评估。如果条件成立，或者如果没有条件，用例实例将遵循扩展用例；如果扩展关系的条件不成立，就不执行扩展。用例实例一旦执行了扩展，它就会在基本用例的中断点处继续执行基本用例。

何时采用扩展关系进行优化？通常地，如果用例的一部分行为是可选的，或只在特定条件下才执行，那么就可以将这部分行为分离出来，形成一个新的扩展用例。由此，通过分离可选行为，可以简化用例事件流的结构，从而提高用例的可理解性和可扩展性。

（3）泛化关系

用例泛化关系是指一种从子用例到父用例的关系。类似于类之间的泛化关系，子用例继承父用例的行为和含义，它可以增加或覆盖父用例的行为，可以出现在父用例出现的任何位置（即替换原则）。执行子用例的用例实例将遵循父用例的事件流，同时插入附加行为或修改在子用例事件流中定义的行为。

例如在图 4-24 中，"财务审核"用例有两个特殊的子用例——"采购订单财务审核"用例和"销售订单财务审核"用例，它们都有父用例的行为，可以出现在父用例出现的任何地方，但它们还添加了自己的行为。相应的用例规约如表 4-6 所示。

表 4-6 父用例和子用例的用例规约示例

| 财务审核（父用例） | 销售订单财务审核（子用例） |
|---|---|
| …… | 本用例是"财务审核"用例的子用例。 |
| 基本流： | 基本流： |
| 1. 系统显示待审核的订单列表 | 1. 系统显示待审核的订单列表，<u>只显示销售订单</u> |
| 2. 财务选中其中一个订单 | 2. 财务选中其中一个订单 |
| 3. 系统显示该订单的详细信息 | 3. 系统显示该订单的详细信息 |
| 4. 财务对其中的财务信息进行审核，填写审核意见，决定是否通过 | 4. 财务对其中的财务信息进行审核，填写审核意见，决定是否通过。 |
| 5. 财务提交订单的审核意见 | <u>审核销售报价和到款方式是否合理</u> |
| …… | 5. 财务提交订单的审核意见 |
| | …… |

用例泛化关系和包含关系都可以用来复用该模型用例间的行为。二者的区别是，在

用例泛化关系中，执行子用例不受父用例的结构和行为（复用部分）的影响；而在包含关系内，执行基本用例依赖于包含用例（复用部分）执行有关功能的结果。另一个区别是，在泛化关系中，子用例有相似的目的和结构；而在包含关系中，复用相同包含用例的基本用例在目的上可以完全不同，但是它们需要执行相同的功能。

何时采用泛化关系进行优化？如果多个用例在行为和结构上具有共同点而且在目的上又很相似，则可以将它们的共同部分分离出来，形成一个父用例。多个原用例成为子用例，和父用例间建立泛化关系，并可以在从父用例继承的结构中插入新的行为或修改现有的行为。由此，通过提炼多个用例的共性，可以实现复用。但是，由于在子用例的用例规约文档中很难区分和管理从父用例继承来的行为和自己添加的行为，所以用例之间的泛化关系在建模实践中很少使用。

执行者之间也可以建立泛化关系，从一个执行者类型（后代）到另一个执行者类型（祖先）的泛化关系意味着后代将继承祖先在用例中所能担任的角色。例如在图 4-25 中，财务、销售经理、仓库管理员、销售员共享职员的属性。职员是"父角色"，财务、销售经理、仓库管理员和销售员是"子角色"。这两种角色之间的关系是一种继承关系，即泛化。在对执行者进行建模时，泛化用于表示两个实体之

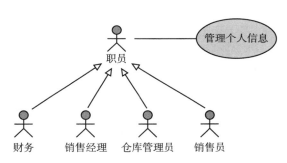

图 4-25　执行者之间的泛化关系的示例

间的共同点和不同点。担任"父角色"的执行者只扮演概念上的角色，不是一个具体的工作岗位。例如，一个人不可能在 4S 店应聘为职员，而是只能应聘为具体的财务、销售经理、仓库管理员或是销售员等。

### 4.5.2　建立概念模型

面向对象分析建模的第二步是确定拟建系统必须处理的核心概念类，并识别这些类之间的关系，画出类图，建立概念模型。这些概念类将始终贯穿于分析和设计中，往往对应着重要的实体信息，我们称之为关键抽象。识别概念类通常有三种方法：

第一种方法是采用分类法。例如分为物理实体、逻辑实体和组织实体。4S 系统中可见的物理实体有顾客和车等，逻辑实体有订单和提车单，组织实体则有部门等。

第二种方法是 Wirfs-Brock 名词提取和过滤法，从用例规约中提取所有的名词进行过滤，得到概念类。例如针对 4S 系统的"提交购车订单 UCR"，采用名词提取和过滤法，对其事件流进行分析。以基本流为例，所有的名词已采用下划线标识出来：

基本流

1. 销售员点击"整车销售管理"菜单。

2. 系统显示当前已有的购车订单列表，包括提交的和未提交的。

3. 销售员点击"新建订单"链接。

4. 系统显示空的购车订单。

5. 销售员输入订单信息。每个订单属于一个顾客，并由多个订单项组成。每个订单项的信息包括车的品牌、型号、数量、价格等。

6. 销售员点击"确认提交"按钮，提交订单。

7. 系统自动验证订单，生成订单号和提车日期。

8. 系统显示已生效的购车订单。


接下来进行过滤：

1）删除冗余的名词。余下：销售员、菜单、系统、订单、购车订单、链接、顾客、订单项、品牌、型号、数量、价格、按钮、订单号、提车日期。

2）删除执行者和系统本身。即删除：销售员、系统。

3）删除属于边界类的界面的元素。即删除：菜单、链接、按钮。

4）删除类的属性，这些名词本身没有自身的属性和操作，只能成为其他类的属性。即删除：数量、价格、订单号、提车日期，这些名词是订单或订单项的属性。

然后得到了六个概念类——订单、购车订单、顾客、订单项、品牌和型号。

如果系统有术语表、领域模型或业务对象模型等，那么这些资料是识别概念类的更好来源。

第三种方法是应用已有的分析模式，这些模式记录了多个领域的核心概念类和概念模型，例如 Martin Fowler 撰写的 *Analysis Patterns：Reusable Object Models* 一书就记载了不少这种分析模式。采用这种方法，将会明显降低建立概念模型的工作量。

在建立概念模型的时候，最常犯的一个错误就是把原本是类的实体当作属性来处理。Store 是 Sale 的一个属性呢，还是单独的概念类？大部分属性有一个特征，就是它的性质是数字或者文本。而 Store 不是数字和文本，所以应该是个类。

在识别出概念类后，再定义这些类之间存在的继承关系或关联关系，绘制出一个或多个类图，形成系统的概念模型。在这个初始阶段，请勿花费过多时间来过分关注概念类的细节，在后续分析和设计时这些类将随着项目的进行不断变化和演进，我们将会发现更多的类和关系。

图 4-26 是 4S 系统的概念模型的一部分，顾客通过订单进行购车，每个订单可有多个细项，每个细项指定购买了几辆某品牌型号的车；订单生效和付款后，自动生成一个提车单，顾客通过提车单进行提车，每个提车单可有多个细项，每个细项指定所提的一辆车。

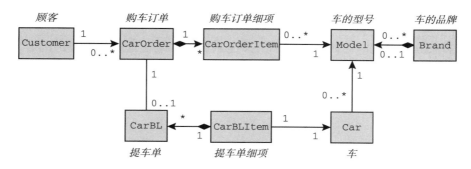

图 4-26　4S 系统的概念模型（局部）

### 4.5.3　识别用例实现

面向对象分析建模的第三步是识别"用例实现"（use case realization）。为了实现从以需求为中心的活动到以设计为中心的活动的转移，"用例实现"充当了两者之间的桥梁。它提供了一种用于将分析模型和设计模型中的行为追踪到用例模型的方法，并围绕用例概念在分析模型和设计模型中组织协作。

用例模型中的每个用例，在分析模型和设计模型中应该至少有一个"用例实现"与其对应。用例与"用例实现"间的关系是实现（realize），即依赖关系。通常，"用例实现"的名称应反映出相应用例的名称，且需要在它们之间显式地建立追踪依赖关系。一个具体的"用例实现"提供了一个场所，用于表达基于分析和设计视角的用例内容，主要包括以用例事件为线索的动态视图和静态视图：一种是直接对应用例事件流的动态交互图（通信图和时序图）；另一种是类图，反映参与用例事件流的元素及其之间的静态关系。

在 4S 系统的分析建模过程中，采用一对一的用例实现识别策略，即一个用例对应一个用例实现。图 4-27 是所识别出的 4S 系统的部分用例实现。这种一对一的策略对于初学者非常合适，对于有经验的需求工程师，可以采用多对多的策略。

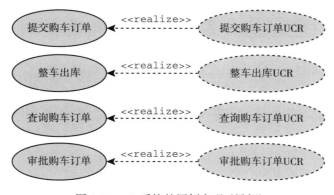

图 4-27　4S 系统的用例实现（局部）

### 4.5.4 识别分析类

面向对象分析建模的第四步是识别出拟建系统的一组备选的分析类，这是系统从纯粹说明所需行为到具体描述系统工作方式的转换过程中的关键一步。在此过程中，分析类用来表示模型元素的"角色"，这些元素提供了满足用例指定的功能性需求以及非功能性需求的必需行为。当项目的工作中心转移到设计时，这些"角色"就演进为实现用例的一组设计元素。

#### 4.5.4.1 三种分析类

分析类是概念层面的内容，它直接针对软件的功能需求，因而分析类对象的行为来自对软件功能需求的描述，即用例。换言之，分析类用于描述拟建系统中那些较高层次的对象，不必关注实现技术等细节，构建的是平台无关的模型。

根据"MVC"设计模式，系统往往在三个维度上易于发生变化：第一，系统和外部环境之间交互的边界（View）；第二，系统要记录和维护的信息（Model）；第三，系统在运行中的控制逻辑（Control）。因此，系统分析按照这个设计模式，将分析类划分为实体（entity）类、边界（boundary）类和控制（control）类。这个原则根据变化因素将拟建系统行为的承担者做出了划分，某个维度的需求变化对系统架构的影响被限制在一个相对明确的范围内。

为了在模型中明确地体现上述划分原则，将属于不同维度的分析类用衍型（stereotype）显式地表达，这些衍型只在分析期间使用，而不在设计期间使用。不同的衍型可采用不同的图标，也可用采用"<< >>"来区别，如图 4-28 所示。

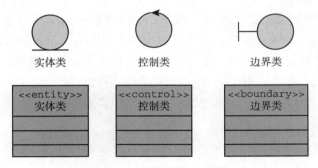

图 4-28 三种分析类的不同衍型

在用例图和详细的"白盒"用例规约基础上，我们就可以提取出合适的边界类、控制类和实体类。其中边界类和实体类通常具有跨越多个用例的通用性，而控制类通常局限于某一特定用例。

#### 4.5.4.2 识别边界类

边界类用于描述系统外部环境与其内部运作之间的交互，主要负责内容的翻译和形式的转换，并表达相应的结果。边界类对系统中依赖于环境的那些部分进行建模，具有良好的隔离作用，使系统的其他部分（实体类和控制类）和系统外部环境解耦。例如，如果更改用户界面或通信协议，将只会更改边界类，对实体类和控制类则毫无影响。

一个系统主要有三种边界类：

1）用户界面类——用来与系统用户进行通信的类，关注的是用户界面的交互内容，如窗口、对话框等。在分析阶段，不要关注界面的美工、排版等具体细节，而只需描述界面的核心字段和构件。可以通过制作用户界面原型的草图来展示边界对象的行为和外观。

2）系统接口类——用来与其他系统进行通信的类，关注的是系统通信协议，如 ATM 和银行会计系统的接口。在此，无论这个协议是现有的，还是新发明的，都只需描述接口的名称和承担的职责，无须关注协议的设计和实现。

3）设备接口类——用来与外部事件的设备（如传感器）进行通信的类，关注的是硬件通信协议，如打印机接口、传感器接口。同样，只需描述其名称和职责，无须关注协议的细节。

通过分析系统的用例图，可以识别出上述三种边界类。识别规则是：执行者和用例之间的一条通信关联对应一个边界类，如图 4-29 所示。若执行者是用户，则所识别的边界类是用户界面类；若执行者是外界系统，则边界类是系统接口类；若执行者是硬件设备，则边界类是设备接口类。在此还要注意的是，和一个用例存在交互的执行者可能不止一个，有几条通信关联线，就有几个边界类。

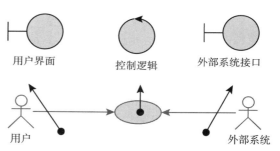

图 4-29  边界类和控制类的识别

例如针对 4S 系统的用例实现"提交购车订单 UCR"，根据图 4-24 用例图，可识别出一个用户界面类——"CreateCarOrderForm"。

### 4.5.4.3  识别控制类

控制类用于描述一个或几个用例所特有的事件流控制行为，如事务管理器、资源协调器和错误处理器等。控制类相当于协调者，它自己通常不处理具体的任务，相反，它协调其他对象实现用例的功能。控制类将用例所特有的行为进行封装，具有良好的隔离作用，系统的其他部分（边界类和实体类）与用例的具体执行逻辑形成松散耦合。控制类所提供的行为具有以下特点：独立于环境，不随环境的变更而变更；确定用例中的控制逻辑（事件顺序）和事务；在实体类的内部结构或行为发生变更的情况下，几乎不会变更；使用或规定若干实体类的内容，协调这些实体类的行为；由于事件流具有多种状态，因此其每次执行的方式可能会不同。

当系统执行用例的时候，就产生了一个控制对象。控制对象经常在其对应用例执行完毕后消亡。控制对象的行为与特定用例的实现密切相关。在很多场景下，甚至可以说是控制对象"掌控"着用例的实现。但是，如果用例任务之间联系很紧密，有些控制对象就能参与多个"用例实现"。此外，不同控制类的多个控制对象可以参与同一个用例。不是所有用例都需要控制对象。例如，如果某个用例的事件流与一个实体对象相关，那么边界对象就可能在该实体对象的协助下实现这个用例。我们常常建议首先为每个"用例实现"确定一个控制类，接着，在确定了更多的"用例实现"，并发现更多的共性后，再对其进行改进。例如针对 4S 系统的用例实现"提交购车订单"，可识别出一个控制类——"CreateCarOrderController"。

#### 4.5.4.4 识别实体类

实体类用于描述必须存储的信息和相关行为。实体类代表拟建系统中的核心概念，如银行系统中实体类的典型示例是账户和客户；在一个网络处理系统中，典型的示例是节点和链接。实体类显示了逻辑数据结构，它们直接对应拟建系统中体现用户核心价值的那部分内容，在系统运行时其实例数据通常需要长期储存。

鉴于边界类和控制类的双重隔离作用，实体类和系统的外部环境以及特定用例的控制逻辑之间弱度耦合。一个实体类通常不是某个"用例实现"所特有的；有时，一个实体类甚至不专用于本系统，它可在多个系统中复用。实体类的主要任务是存储和管理系统中的信息，同时也具有行为，但是这部分行为具有向内收敛的特征，主要包括那些和实体类自身信息直接相关的操作，如增加、删除、查找、修改、判定同值等。这是实体类能够独立于外部环境以及特定控制流的必要条件。

我们经常从概念模型、术语表、业务领域模型、用例的文字描述中寻找到实体类。对用例规约中的事件流文字描述进行"名词提取和过滤"，就是其中一种经典的实体类识别方法。例如针对 4S 系统的用例实现"提交购车订单 UCR"，根据其用例规约，从概念模型（图 4-26）中找到了该用例的六个实体类——订单（Order）、购车订单（CarOrder）、顾客（Customer）、订单项（CarOrderItem）、品牌（Brand）、型号（Model）。

就此，针对 4S 系统的用例实现"提交购车订单 UCR"，识别出候选的边界类、控制类和实体类，如图 4-30 所示。

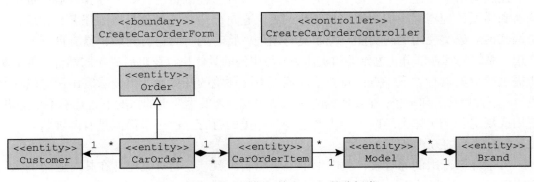

图 4-30 "提交购车订单 UCR"的分析类

### 4.5.5　建立分析模型

最后，基于所识别的分析类，从动态行为的角度对软件系统所要解决的问题进行抽象和描述，建立分析模型。我们针对每个用例实现，以用例作为研究对象，用分析类的实例作为行为载体，通过消息传递的方式实现对用例场景的分析，构建出相应的时序图、通信图和类图。即，用分布在一组分析类中的职责分担用例所要求的行为。

#### 4.5.5.1　职责分配的通用原则

分析类的职责（responsibility）约定了分析类的行为，即分析类实例响应消息的能力，包括向外界提供的服务和维护自身信息的操作。多个分析类相互合作，共同实现系统的需求。如何将协作过程中的职责分配到合适的类呢？我们可以基于分析类的三种衍型完成这一任务：

1）边界类：负责与执行者的交互；
2）实体类：负责所封装数据的管理；
3）控制类：负责一个用例或其重要事件流的控制和协调。

如果待操作的数据集中在一个实体类中，则按照面向对象准则——数据及其操作应封装在一起，其相应的管理职责就应放在该类中。但当数据分布在多个类中时，则其职责的分配可有以下几种选择：把职责放到其中一个类中，并建立该类和其他类的关系；创建一个新类，把职责放到新类中，并建立该类和其他类的关系；把职责放到控制类中，并建立该类和其他类的关系。当一个新的职责被识别出来时，一定要先检查现有类是否有相似的职责，应尽可能复用这些类。

#### 4.5.5.2　时序图和通信图的构建

分布在一组分析类中的职责将分担用例所要求的行为，互相协同，实现用例的事件流。即，依据用例规约中的文字描述的需求场景，用 UML 的交互图（包括时序图和通信图）进行转述。用例的事件流中包含多个事件序列，其中有一个基本事件序列和若干备选事件序列。通常地，我们先绘制时序图，在对象之间用消息传递的方式把事件序列的内容复述出来。描述分析类实例之间的消息传递过程就是将职责分配到分析类的过程。每个事件序列都需要一个时序图，当某一事件序列的内容比较复杂时，可以考虑在时间维度上分成两张时序图。

例如，如图 4-31 所示，4S 系统"提交购车订单"用例实现的一组分析类（见图 4-30）的对象相互协同和交互，完成了表 4-2 所定义的事件流。由于篇幅限制，在此只关注了基本流。

通信图和时序图在本质内容上是等价的，因此可以利用建模工具从时序图自动生成相应的通信图。在通信图中，控制类实例看起来就像"贯穿东西南北的交通枢纽"。图 4-32 就是图 4-31 对应的通信图。

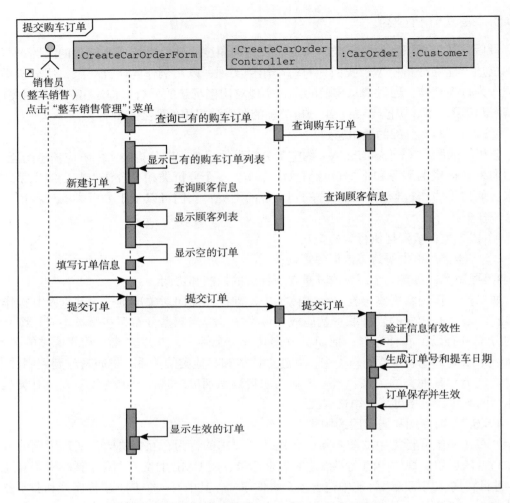

图 4-31 "提交购车订单 UCR"的时序图（局部）

### 4.5.5.3 类图的构建

交互图表达了"用例实现"的动态行为，而类图则刻画了"用例实现"的静态特性。"用例实现"中的类图又称为 VOPC（View Of Participating Class）类图，即参与协作完成该"用例实现"的分析类所组成的视图。一般情况下，根据"用例实现"中的时序图或通信图，就可获得全部或大部分 VOPC 的类。

通信图中的对象之间的"链接"（link）是类图中相应分析类之间关联关系的动态表现形式。用例实现的 VOPC 类图中，分析类之间的关联关系应根据通信图中对象间的"链接"加以归纳，这是一个典型的动态向静态映射的过程，如图 4-33 所示。

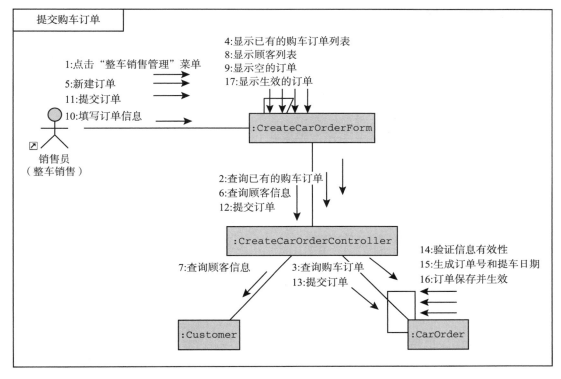

图 4-32　"提交购车订单 UCR"的通信图（局部）

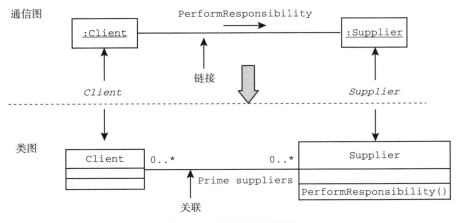

图 4-33　从通信图到类图

　　例如，4S 系统"提交购车订单"用例实现中，根据其通信图（见图 4-32），对图 4-30 的类图进行完善，建立分析类间的关联关系，同时删除了未参与协同的 Car 类，形成

VOPC 类图，如图 4-34 所示。

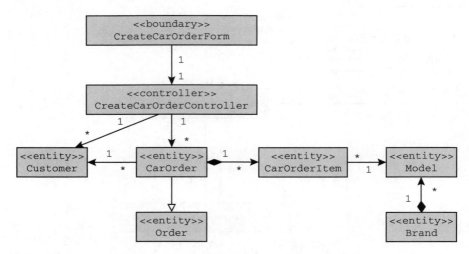

图 4-34　"提交购车订单 UCR"的 VOPC 类图

接下来，我们要确定分析类的职责，在后续的设计活动中，职责将会演化为类中的一个或多个操作。根据交互图中的内容，职责是响应消息的能力，消息被要求者提出，职责由响应者承担。因此，对象之间的消息被映射为分析类的职责。应注意的是，我们并不需要针对每一条消息定义一个新的职责，很多时候，利用已经存在的职责即可满足消息的要求。然后，简要描述职责。为了获得简明的图示，职责的名称应简短，职责的实例将取代消息出现在时序图或通信图中。为了使模型易于理解和沿用，通常建议给职责附加简要的文字说明，最多几个句子，用以表述该职责可能对应的操作逻辑以及职责调用之后将返回何种结果。

最后，要确定分析类的属性，属性的取值使得类的实例具有必要的知识，从而履行其承担的职责。识别属性的基本来源是用例的事件流描述，例如在用名词过滤的方法识别实体类时，那些不是实体类的名词就是属性的候选。识别出来的属性应以一个简短的名词进行命名，说明其保存的信息。属性类型就是属性的简单数据类型，如字符串、整型、数值型等。分析活动是粗颗粒度的，因此，此刻常常没有必要在属性的数据类型和相关细节上耗费过多精力。为了使模型易于理解和沿用，通常建议给含义相对复杂的属性附加必要的上下文说明。

## 4.6　敏捷开发中的需求工程

为了快速适应变化，敏捷过程对需求工程提出了如下要求：采用需求卡片而不是正式的需求文档来刻画需求；需求的粒度不能太大，能在短期迭代内实现与交付；需求应按照对用户的价值和紧迫性进行优先级排序，从而决定在下一次迭代计划中优先实现哪些需求。因此，用户故事（user story）常常被用作敏捷迭代中的基本需求单位 ⊖。用户故事是一种从用户视角出发表述的端到端的细粒度功能，是对客户有价值的功能项的简洁描述。

用户故事典型的描述格式为：

```
作为一个<角色>,我想要<活动>,以便<商业价值>。
As a <Role>,I want to <Activity>,so that <Business Value>.
```

例如，在 4S 系统中可以有如下用户故事：作为一位"销售员"，我想要"根据与客户签订的合同填写和提交购车订单"，以便"销售经理可以审批"。

和用例相比，用户故事的粒度更小。有些用例粒度较大，同时用例的场景之间存在部分重叠和交叉，因此无法在一次迭代中开发完成。敏捷过程提倡在迭代过程中以用户故事作为细粒度的任务单元进行开发，从而快速交付价值并尽快获得反馈。为此，在敏捷开发中需要基于以下的 INVEST 原则将一些较大的用例拆分为多个相对较小且独立可测试、能够体现用户价值的用户故事。

- I（Independent）：独立，能够单独进行实现；
- N（Negotiable）：可协商，要求不能定得太死，开发过程可变通；
- V（Valuable）：有价值，对客户和用户有意义；
- E（Estimable）：可估算工作量及进度；
- S（Small）：足够小，能在一个迭代内完成，不能跨越多个迭代；
- T（Testable）：可测试，能够对应设计测试用例来验证用户故事是否实现。

例如，针对 4S 系统的"提交购车订单"用例，可以根据 INVEST 原则拆分得到多个用户故事，包括：①作为一位"系统管理员"，我想要"销售员在填写购车订单之前通过身份验证"，以便"确保系统安全"；②作为一位"销售员"，我想要"根据与客户签订的合同填写和提交购车订单"，以便"销售经理可以审批"；③作为一位"销售员"，我想要"系统能自动验证我提交的订单，若车型不存在或无库存则立即告知"，以便"我及时修正订单"。

编写用例的目的是让开发团队与客户一起进行讨论并就需求达成一致，而编写用户故事的目的是规划迭代并引导客户提供更多细节。在基于用户故事的敏捷开发实践中，用户故事写在任务卡片上。开发团队会在任务板上根据优先级将用户故事排入迭代计划中，由团队成员认领。团队成员在本次迭代周期内完成用户故事的详细设计、实现和测试，保证按时、高质量交付。需要注意的是，这些用户故事并不一定都是事先一次性定义的，而是可以随着迭代化的开发逐步被提出来，不断完善。

---

⊖　参见彭鑫、游依勇和赵文耘的《现代软件工程基础》。

# 思考题

1. 什么是软件需求？并请列出需求的 FURPS+。

2. 需求文档一般都用自然语言编写，不容易用文字清晰地表达，常常存在二义性问题。应如何解决？

3. 软件需求工程主要包括哪五个阶段？

4. 软件需求应从哪些来源中获取？

5. 软件需求规约主要包括哪些内容？

6. 需求工程中常用的需求验证方法有哪些？

7. 请简述软件需求管理的三个主要活动。

8. 用例模型包括哪些内容？

9. 类之间有哪些关系？这些关系有何区别？

10. 时序图和通信图有哪些联系和区别？

11. 分析类有哪三种？如何识别这三种分析类？

12. 什么是用户故事，它的作用是什么？

CHAPTER5

# 第 **5** 章

# 软件架构设计

软件设计在软件工程中处于技术核心，其目的是把需求分析模型转变为设计模型，以指导软件的实现。它与需求工程不同，需求工程解决"做什么"的问题，而设计则解决"怎么做"的问题。软件设计过程分为软件架构设计和软件详细设计两个阶段，本章将从软件设计过程、模型和基本原则出发，详细阐述软件架构的设计。其中，软件架构风格实现了架构设计的复用，软件架构多视图的设计和软件质量属性的设计是架构设计的两项核心内容。

## 5.1 软件设计概述

### 5.1.1 软件设计过程

软件设计关注问题的解空间，它是建立软件"蓝图"的过程。初始时，蓝图描述了软件的整体视图，也就是说，设计是在高抽象层次上的表述；随着设计的深入，后续的精化将导致更低抽象层次的设计表示。由此，设计被分为两个阶段：架构设计和详细设计 ⊖。

（1）架构设计

架构设计，又称概要设计，它定义了软件的全貌，记录了最重要的设计决策，并成为随后的设计与实现工作的战略指导原则。架构设计侧重于选择软件质量属性的设计策

---

⊖ 参见 http://www.swebok.org。

略，确定合适的架构风格，从逻辑、物理、进程等多个视图建立架构模型，并确定性能、可用性等软件质量属性的设计策略，使得软件系统在架构层面的设计上满足拟建系统功能性和非功能性需求。这项工作通常由架构师负责完成。软件架构是最高层的抽象和战略性的设计，因此是软件设计的核心。

（2）详细设计

详细设计，又称构件级设计，它在软件架构的基础上定义各模块的内部细节，例如内部的数据结构、算法和控制流等，其所做的设计决策常常只影响单个模块的实现。详细设计的结果用以指导编码，它常常和编码一起交叉进行。

## 5.1.2 软件设计模型

软件设计的主要成果是设计模型。设计模型表达的是问题的解决方案，它是一个平台相关模型（PSM），依赖于特定的实现平台和技术。它与分析模型的差异见表 5-1。

表 5-1 分析模型与设计模型的不同侧重点

| 序号 | 分析模型 | 设计模型 |
| --- | --- | --- |
| 1 | 面向问题空间 | 面向解空间 |
| 2 | 平台无关模型（PIM） | 平台相关模型（PSM） |
| 3 | 偏重于软件整体的外向型行为的刻画 | 包含更多的内向型结构细节 |
| 4 | 模型要素是功能性需求的反映 | 模型要素同时顾及非功能性的要求 |
| 5 | 比较简单 | 比较复杂 |

需要强调的是，分析模型和设计模型的建模不是一个简单的自顶向下的单向过程。换言之，并不是分析模型全部完成之后才着手建立设计模型。迭代的方法使这两种模型交错成长，这样才能确保方案有效地反映问题的要求。设计模型是由分析模型逐步演化而成的，如果不强调分析模型的独立存在价值和复用机会，分析模型通常只作为一种短期存在的过渡。

设计模型必须达到三个主要目标：①实现所有明确的和隐含的需求；②易读和易理解的；③提供软件的全貌，从实现的角度说明数据域、功能域和行为域。为了达到这些目标，不同的软件开发方法提出了各自的设计模型。结构化方法采用结构图刻画软件的结构，采用程序流程图记录详细设计的结果；而面向对象方法采用与分析模型相同的表示方法来刻画设计模型，这使得面向对象分析到面向对象设计的过渡更为顺畅。它采用包图、类图、部署图、构件图、用例图等刻画架构的多个视图，采用类图、时序图、通信图和状态机图等进行软件的详细设计。

## 5.1.3 软件设计原则

掌握软件设计方法首先需要深刻理解软件设计的基本原则，包括抽象、分解和模块化、封装和信息隐藏、高内聚和低耦合。

（1）抽象

随着软件规模的不断增大，设计的复杂性也不断增大，抽象（abstraction）便成了控制复杂性的基本策略之一。在软件的抽象层次中，软件架构的抽象程度最高，若需要系统某部分的细节，就移向较低层次的抽象。越是到较低层次，越可看到更多的细节。软件开发过程其实就是对软件抽象层次一次次细化的过程。首先在最高抽象级别上，用面向问题域的语言描述问题，概括问题解的形式；其次不断具体化，降低抽象级别；最后在最低的抽象级别上给出实现问题的解，即源代码。

普遍运用于软件设计中的抽象包括三种：过程抽象（procedural abstraction）、数据抽象（data abstraction）和对象抽象（object abstraction）。过程抽象是把完成一个特定功能的动作序列抽象为一个过程名和参数表，以后通过指定过程名和实际参数调用此过程；数据抽象是把一个数据对象的定义抽象为一个数据类型名，用此类型名可定义多个具有相同性质的数据对象；对象抽象则通过操作和属性，组合了这两种抽象，即在抽象数据类型的定义中加入一组操作的定义，以确定在此类数据对象上可以进行的操作。

（2）分解和模块化

分解（decomposition）是控制复杂性的另一种有效方法，软件设计用分解来实现模块化设计，即将一个复杂的软件系统自顶向下地分解成若干模块，每个模块完成一个软件的特性，所有的模块组装起来，成为一个整体，完成整个系统所要求的特性。

何为模块？在程序中，模块是能够单独命名并独立地完成一定功能的程序语句的集合，例如结构化语言中的子程序和函数、面向对象语言中的类。在软件架构中，模块是可组合、分解和更换的单元。它具有两个基本的特征：外部特征和内部特征。外部特征是指模块跟外部环境联系的接口（即其他模块调用该模块的方式）和模块的功能；内部特征是指模块的内部环境具有的特点，即该模块的局部数据和处理逻辑。

对问题求解的大量实验表明，将一个复杂的问题分解为几个较小的问题，能够减小解题所需的总工作量。用数学式来表示，可以写成：

$$C(P1+P2)>C(P1)+C(P2)$$
$$E(P1+P2)>E(P1)+E(P2)$$

其中 P1、P2 是由问题 P1+P2 分解而得，C 为问题的复杂度，E 为解题需要的工作量。模块的分解也一样。那么，如果不断地进行分解，模块开发的总复杂度和总工作量是否将持续地越变越小，最终变成可以忽略呢？不会。因为在一个软件系统内部，各组成模块之间是相互关联的。模块划分的数量越多，各模块之间的联系也就越多。模块本身的复杂度和工作量虽然随模块的变小而减小，模块的接口工作量却随着模块数的增加而增大。由图 5-1 可见，每个软件都存在一个最小成本区，把模块数控制在这一范围，可以使总的开发工作量保持最小。

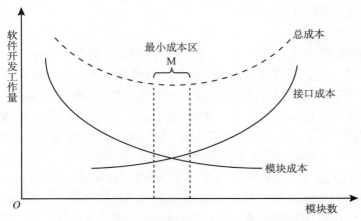

图 5-1 模块数与开发工作量的关系

综上，良好的模块化设计能有效降低软件的复杂性，提高软件的可维护性，并且通过鼓励系统不同部分的并行开发，加快软件的实现。

（3）封装和信息隐藏

在模块化设计时，自然会产生的一个问题是："为了得到最好的一组模块，应该怎样分解软件呢？"封装（encapsulation）和信息隐藏（information hiding）原则指出，应该设计和封装模块，使得一个模块内包含的信息（处理和数据）对于不需要这些信息的模块来说是不能访问的。这一原则的目的，是提高模块的独立性，当修改或维护模块时减少把一个模块的错误扩散到其他模块中去的机会。

实际上，应该封装和隐藏的不是有关模块的一切信息，而是模块的实现细节。模块的接口向外公开，其他模块只能通过接口访问它，并通过接口来交换那些为了完成系统功能而必须交换的信息。模块的接口和实现被有效地分离开来。

（4）高内聚和低耦合

模块独立（module independence）是抽象、模块化和信息隐藏的直接结果。开发具有独立功能而且和其他模块没有过多相互作用的模块，就可以做到模块独立。模块的独立程度可以由两个定性标准度量，这两个标准分别称为内聚（cohesion）和耦合（coupling）。内聚显示了单个模块相关功能的强度；而耦合显示了模块间的相互依赖性。模块独立追求高内聚和低耦合，即，模块内部紧密相关，共同完成所聚集的职责，模块之间松散关联，依赖较少，相互影响较小。

### 5.1.4 软件设计的复用

软件设计具有很强的经验性，软件工程师常常需要经历很多次失败的设计，才能成为合格的设计师。如何才能不需要踩着"失败项目的尸骨"，快速学习设计大师的成功设计经验呢？模式（pattern）是实现设计复用的有效手段！所谓模式，是在一个上下文中针对一种问题的解决方案。设计的模式是从工业界众多成功设计方案中提炼出来的设计经验，它把设计大师脑中的隐性知识显式地表达出来，从而能在以后的设计中进行复用。每个模式描述一个在我们周围不断重复发生的问题，以及该问题的解决方案的核心。

作为模式之父，美国加利福尼亚大学的 Christopher Alexander 博士于 1977 年在其著作 *A Pattern Language：Towns，Buildings，Construction* 中提出了建筑和城市规划领域的253 个设计模式。1995 年，以 Erich Gamma 为首的"四人小组"（Gang of Four，GoF）归纳发表了在软件开发中使用频率较高的 23 种设计模式，这标志着模式被成功引入软件工程领域。

软件设计的模式根据设计层次分为三类：

1）架构风格（architectural style），又称架构模式，是架构设计层面的可复用模式，例如分层架构风格、微服务架构风格等，详见 5.2 节。

2）设计模式（design pattern），是详细设计层面的可复用模式，例如 Facade 模式、工厂模式等，详见 6.2 节。

3）编程惯用（idiom），是程序设计层面的可复用模式，例如 Java 多线程编程模式、安全编程模式等。

## 5.2  软件架构风格

选择合适的架构风格是软件架构设计的首要任务。架构风格是宏观的设计模式，它采用粗粒度的方式描述系统的组织结构，可以被看作一种能够提供软件高层组织结构的元模型。随着软件开发技术的发展，不断地有新的架构风格被定义出来，本节将对表 5-2 中当前常见的架构风格进行阐述。这些架构风格可以结合使用。

表 5-2  常见的架构风格

| 类别 | 架构风格 |
| --- | --- |
| 通用结构 | 分层、管道与过滤器、黑板 |
| 分布式系统 | 客户端 / 服务器、三层架构、微服务架构、服务器无感知、云边端融合架构 |
| 交互式系统 | 模型 – 视图 – 控制器、表示 – 抽象 – 控制 |
| 自适应系统 | 微内核、反馈控制 |
| 其他 | 批处理、解释器、事件驱动、进程控制 |

## 5.2.1  通用结构的架构风格

通用结构的架构风格是指在不同种类的软件系统中都可以应用的风格，主要有分层、管道与过滤器和黑板这三种常见的风格。

### 5.2.1.1  分层架构

分层（layer）架构风格是针对大型系统的，将其抽象为不同的层次，从而提供一种进行系统分解的模式。在分层架构中，每一层都向高层暴露接口提供服务，并对高层屏蔽低层。每一层都提供与其他层有明确区分的功能，高层就像依赖于低层运行的虚拟机，而低层并不依赖于高层，最底层就是硬件系统。

分层架构的优点包括：

● 良好的可修改性：由于每一层都只与其相邻的层进行交互，因此，当需要对某一层进行修改时，其影响会局限在某个范围内，不会造成涟漪效应。同时，由于每一层都是通过接口与其相邻的层进行交互，因此，只要接口保持不变，那么每一层内部对接口的具体实现即使发生修改，也不会影响其他的层。例如，我们要将一个用 Java 语言编写的软件系统从 Windows 操作系统迁移到 Linux 操作系统上，那么只需要替换 Java 虚拟机即可，其他层并不受影响。

● 良好的复用性：由于每一层都是通过接口向其高层暴露服务的，因此，如果设计出标准的接口，那么这一层就可以被当作标准的服务层在其他系统中被复用。例如，JDBC 驱动就可以看作数据库连接层，由于实现了标准的 JDBC SPI 接口，因此它能够在许多应用系统中被复用。

分层架构的缺点包括：

● 有损于性能：层数越多，完成特定功能所需的接口调用开销就越大，对性能的影响也会越大。尤其是为了维持分层结构，有些功能尽管很简单，也需要调用所有的层，这对性能的影响就会显得更大。例如，在分层的 Web 应用中，如果需要将大量数据一次性地读取后以列表形式展现，那么直接通过 JDBC 读取数据库返回结果集，就比通过"对象 – 关系"映射层访问数据库返回实体对象集的性能更高。

● 用户代码的控制力会被削弱：由于每一层都是通过暴露接口提供服务的，用户代码的控制力就受限于用户接口，但是当用户代码需要更多的控制力时，就无法实现了。例如，在银行转账操作中，如果逻辑层暴露的接口中关于这个操作的实现是通过一个方法实现的，那么用户要想在从 A 账户取钱和将钱存入 B 账户这两个动作之间进行细粒度的控制，比如写日志或发通告，就无法实现。

● 分层质量受抽象的影响：抽象是分层的依据，但是抽象本身在很多情况下很容易显得不合理。例如，很多应用系统会使用多种异构的数据库系统（包括关系型数据库和文档型数据库等）来存储同一个实体类中不同的数据，如将用户的结构化基础信息存储在 MySQL 中，而非结构化的头像、短视频和音频存放在 MongoDB 中。如果针对每个数据库系统都设计对应的实体类，那么一个用户实体就会对应两个分别从 MySQL 和 MongoDB 映射而来的实体类。此时，将这两个实体类封装成完整的用户类，从而形成额外的数据传输对象层，才便于上层代码处理。因此，正确合理的抽象是保证分层质量的前提。

在 4S 系统中就采用了分层架构，从底层到高层包括以下四层：

1）系统软件层：提供低层的基础设施，包括操作系统、硬件接口、设备驱动等；

2）中间件层：提供屏蔽平台异构性和满足通用管理功能的服务；

3）业务特定层：实现本领域中可复用的子系统；

4）应用子系统层：实现本应用特定的子系统。

整个 4S 系统的分层架构如图 5-2 所示，这是一个典型的应用分层架构。在操作系统和网络系统中我们也可以看到分层架构。

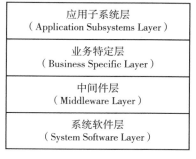

图 5-2　4S 系统的分层架构

### 5.2.1.2　管道与过滤器架构

管道与过滤器（pipe and filter）架构是将软件系统分解成若干个过滤器和管道，过滤器的作用是对其输入数据进行处理，并产生输出数据，而管道的作用是将过滤器连接在一起。当过滤器对输入数据进行处理时，不会保留任何历史信息，即在对不同的数据进行处理时，不会保留任何状态信息。数据经历一系列过滤器的处理过程就是对数据进行增量式转变的过程。管道将过滤器连接在一起，构成了系统的通信链路，数据通过管道在过滤器之间传递。管道本身并不对数据进行任何转换处理。

管道与过滤器架构的优点包括：

● 有利于过程式的系统功能分解：可以将系统功能按照数据处理的过程进行分解，每一个环节被抽象为一个过滤器，而对每个环节的更进一步分解也就对应于对过滤器的进一步分解。

● 系统易于扩展和复用：由于过滤器并不直接交互，而是通过管道连接，因此，增加新的过滤器或移除现有的过滤器会比较容易。而过滤器只要按照标准接口设计，其自身也很容易得到复用，我们只需关注其接口，而无须关注其具体实现。

● 通过并行提高性能：如果多个过滤器可以并行执行，那么就有助于提高系统性能。例如，在 Hadoop 中，多个 Mapper 或 Reducer 并行执行，可以提高数据处理效率。

管道与过滤器架构的缺点包括：

● 交互式程序难以分解：由于过滤器是对输入数据进行批量处理，因此对交互式程序而言，其应用就相对困难，因为让用户在交互过程中输入批量数据，并且在每个过滤器的操作中对这些批量数据做出交互是难以实现或不符合用户使用习惯的。

● 数据流格式有可能会降低系统性能：数据流需要在不同的过滤器中流动，因此其格式必须是所有的过滤器都能够理解和识别的，这样就无法使用自定义的数据流格式，而必须使用公共数据格式，但是这种数据格式的处理可能会比较复杂而低效。例如，在很多应用中通常采用 JSON 格式传递数据，而组装和解析 JSON 虽然在很多语言中都有相应的工具包，使开发变得容易，但是组装和解析 JSON 本身是需要额外开销的。

● 数据管理复杂度高：当多个过滤器并行执行时，属于典型的生产者 – 消费者模式，有可能会产生死锁和队列溢出等情况，因此需要对数据缓冲区进行细致的管理。

Linux 的 Shell 程序可以看作典型的管道与过滤器架构的例子，例如下面的 Shell 脚本：

```
$cat TestResults | sort | grep Good
```

会将 TestResults 文件的文本进行排序，然后找出其中包含单词 Good 的行，并显示在屏幕上。Shell 命令 cat、sort 和 grep 依次执行，就构成了一个管道与过滤器架构，如图 5-3 所示。

图 5-3　管道与过滤器架构示例

### 5.2.1.3　黑板架构

黑板（blackboard）架构为参与问题解决的知识源提供了共享的数据表示，这些数据表示是与应用相关的。在黑板架构中，控制流是由黑板数据的状态决定的，而并非按照某个固定的顺序执行。黑板架构包括如下部分：

1）知识源：是指彼此分离、独立的、与应用相关的知识包，知识源之间的交互都是通过黑板来完成的，它们彼此并不直接进行交互。

2）黑板数据结构：按照应用相关的层次结构组织而成的、问题解决过程中的状态数据。知识源会更新黑板数据，从而增量式地解决问题。

3）控制流：完全由黑板状态驱动，知识源会在黑板数据更新时根据其状态做出相应的响应。

黑板架构专门针对没有确定的解决方法的问题，例如信号处理和模式识别，它通过多个知识源的协作来解决问题，而这种协作完全是状态驱动的，因此各个知识源具有公平的机会来获取并更新黑板中的状态数据。

假设一群来自不同领域的专家聚在一起，试图共同设计出一个针对小行星撞击地球场景的应对方案。由于这个问题是人类以前从未遇到过的，因此属于非结构化问题，并没有固定的方法或算法可以来完成这样的设计。于是，可以设计一个黑板系统，各个领域的专家和这个黑板交互，他们只要认为黑板上的数据可以激励其产生新的数据，就获取这些数据，并将新的数据更新到黑板中，最终，通过大家的共同努力，设计出应对方案。这个系统的黑板架构如图 5-4 所示。

例如，在系统中黑板的初始数据是第一类专

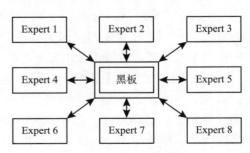

图 5-4　黑板架构的示例

家 Expert 1 根据自己的知识计算的有关小行星的质量、速度和运行轨迹等数据；第二类专家 Expert 2 在看到这些数据后，根据自己的知识计算出了小行星撞击地球后产生的爆炸当量数据；第三类专家 Expert 3 在看到新的数据后，根据自己的知识计算出了爆炸造成的破坏程度的数据，以此类推，最终所有的专家在一起得到了小行星撞击地球的应对方案。在整个过程中，控制流完全由黑板中的数据驱动。

## 5.2.2　分布式系统的架构风格

分布式系统的架构风格关注的是如何将软件系统的计算任务分布到不同的进程中执行，以提高系统处理能力，主要有客户端 / 服务器架构、三层架构、微服务架构、服务器无感知架构、云边端融合架构这五种常见的风格。其中，客户端 / 服务器架构将系统分成两层；三层架构是将系统分成表示层、业务逻辑层和数据访问层；微服务架构由一组独立部署、松散耦合的微服务构成；服务器无感知架构以函数即服务的方式实现和部署；云边端融合架构是在云计算场景下，将计算任务分布到云数据中心、边缘服务器和移动终端这三层计算资源上执行的架构。这五种风格各有自己的特点，下面将逐一介绍。

### 5.2.2.1　客户端 / 服务器架构

客户端 / 服务器（client/server，C/S）架构风格将软件系统分成两层，客户端和服务器端分别运行于独立的进程中，通过远程方法调用来沟通。客户端是为客户提供本地服务的程序，它了解服务器程序标识，并通过网络通信协议以远程方法调用的方式与服务器进行通信。服务器是提供计算服务的软件系统，它响应客户端的服务请求，并进行处理。服务器可以支持客户端程序的并发访问，并提供安全、事务和消息等控制机制。通常服务器端无法预知在运行时访问它的客户端的数量和标识。

根据代码在客户端和服务器的不同分布，客户端 / 服务器架构可以分为以下三类，如图 5-5 所示：

1）胖客户端（fat client）。在胖客户端架构中，系统中所有的代码都安装并运行在客户端，服务器端是共享的数据库或文件服务器。胖客户端的优点是开发简单。典型的胖客户端应用程序有 VSCode、MySQL 等客户端应用。

2）瘦客户端（thin client）。瘦客户端架构就是浏览器 / 服务器（browser/server，B/S）架构，所有的逻辑、处理和数据都在服务器上部署和运行，客户端为 Web 浏览器，只负责解析标准的 HTML 来显示用户交互界面。瘦客户端的优点是开发简单，便于系统部署与更新。早期的 Web 应用都采用瘦客户端架构。

3）智能客户端（smart client）。智能客户端架构是胖客户端架构和瘦客户端架构的折中，软件系统的逻辑和数据被合理地分配在客户端和服务器端。客户端负责界面显示、状态维护、数据验证、简单处理、少量数据存储等，服务器提供共性的服务、复杂的处理和大规模数据的存储，两者间可以使用多种网络通信协议（如 Restful Web Service、RPC、socket 等）进行交互。智能客户端的优点是充分利用客户端和服务器的计算资源，达到最佳的性能。目前智能客户端是 C/S 软件系统的主流架构，例如富客户端应用（Rich Internet Application，RIA）就是典型的智能客户端架构。

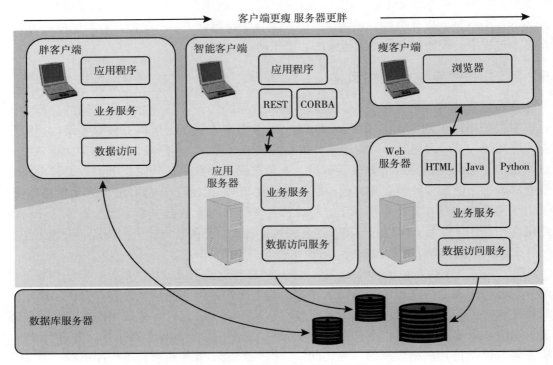

图 5-5　客户端 / 服务器架构示例

在采用智能客户端架构进行软件设计时，应重点关注如何合理地划分客户端和服务器的逻辑、如何检测客户端的安全漏洞等。

#### 5.2.2.2　三层架构

三层（three-tier）架构风格是在客户端和服务器端的数据库之间加入了一个中间层，有关业务逻辑的实现都放入这一层中，客户端程序只负责用户界面的呈现，它通过中间层与数据库进行交互，如图 5-6 所示。三层架构中的三层分别是：

1）表示层：负责向用户呈现界面，并接收用户请求发送给业务逻辑层；

2）业务逻辑层：负责执行业务逻辑以处理用户请求，并调用数据访问层提供的持久性操作；

3）数据访问层：负责执行数据库持久性操作。

三层架构有利于开发人员分工。由于各层逻辑分工明确，所以每一层的开发人员只需要关注自己所负责层的逻辑，有利于充分发挥其特长。例如，表示层开发人员只需要关注表示逻辑而不用关注业务逻辑和数据库访问逻辑。由于各层逻辑严格分离，因此层与层之间的耦合度降低,系统的可修改性就会得到提高,而系统也就便于维护。同时,业务逻辑从客户端剥离集中于业务逻辑层中,使业务逻辑的变更也更加容易。

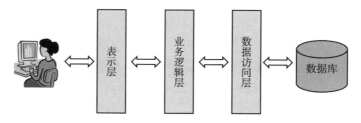

图 5-6 三层架构的示例

但是,业务逻辑层容易成为性能瓶颈。相较于客户端 / 服务器架构,三层架构中的业务逻辑层抽象为单独的层服务于所有的客户端,将原本由客户端承担的部分职责都封装在业务逻辑层中。因此,业务逻辑层容易成为性能瓶颈,需要增加额外的资源来确保其性能。业务逻辑的实现是通过对数据访问层进行访问来完成的,但是有时二者界限并不明确。例如,有些系统会将所有业务逻辑以数据库中的存储过程来实现,业务逻辑层只是在调用这些存储过程,此时业务逻辑层与数据访问层界限就模糊了。

### 5.2.2.3 微服务架构

微服务架构是当前互联网应用的服务器端的主流架构,它是一种面向服务架构(SOA)。采用微服务架构的应用系统由一组服务构成,这些服务可以由不同的团队开发,彼此独立部署、松散耦合,协作完成业务功能 ⊖。微服务架构使得应用系统的代码能够以小型、可管理且彼此独立的片段来发布,这些小规模且彼此隔离的服务使得应用系统更容易维护、更易于提高生产率、更加能够容错、更容易整合业务逻辑。

让我们通过一个基于 Web 的电子书店系统来了解微服务架构。图 5-7a 给出了常见的系统设计和部署方案,其中,完整的系统被分解为若干个模块,例如用户管理、库存管理、订单管理和促销管理等模块。这些模块以单体应用的形式部署在应用服务器中,它们访问的数据统一存储在数据库服务器中,为了提高数据访问效率,系统会在应用服务器中设置统一缓存。这种设计和部署方案拥有自身的优点,例如数据访问性能高,缓存以共享内存方式让各个模块都可以很方便地访问其他模块写入的数据。但是,随着业务规模的扩大与业务规则的扩展,这种单体架构的缺点会逐渐暴露出来,主要包括以下几点:

● 可扩展性差。当业务规模扩大时,需要通过建立服务器端集群来扩展系统处理能力。由于是单体应用,因此必须在集群中的每个节点都部署完整的应用。但是不同模块承载的业务对计算能力的需求存在差异,这种粗粒度的扩展方式并不能高效地利用计算

---

⊖ 参见 Chris Richardson 的 *Pattern*:*Microservice Architecture*,https://microservices.io/。

资源，容易造成资源浪费。例如，当订单管理成为系统瓶颈时，我们希望能够对订单管理模块分配更多的计算资源，而给其他模块分配的资源保持不变，在单体应用中无法实现此目的。

● 可靠性差。由于多个模块共同访问统一数据存储，因此某个模块的数据访问操作发生异常导致数据库故障无法继续工作时，所有模块都会受到影响。即使在集群部署方案中，分布式统一数据存储也无法完全避免这种情况。本质上，单体架构是由逻辑上紧耦合的模块构成的，它们彼此之间的耦合关系使得故障隔离变得困难重重。

● 数据管理复杂度高。由于所有模块通过统一缓存数据方式存储数据，因此数据管理的复杂度很高，要进行细粒度的数据访问权限控制，以防止越界访问和内存溢出。同时，要对事务进行严格管理，以确保在多个模块并发读写数据时数据的一致性和完整性。数据管理功能需要额外的模块来提供，该模块为业务模块提供统一数据访问服务。

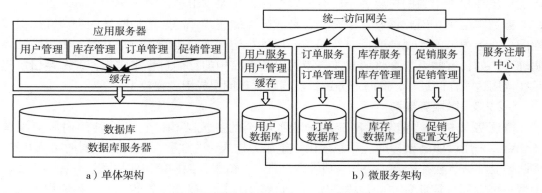

图 5-7    单体架构和微服务架构的示例

针对上述单体应用的问题，图 5-7b 给出了基于微服务架构的技术方案，其中的要点为：

● 应用系统由独立部署的一组服务构成。在微服务架构中，系统原有各个模块被包装成独立的服务，它们还可以根据需要配置自己独立的缓存，并且拥有自己独立的数据库，这些数据库可以异构，例如某个服务使用关系型数据库，而另一个服务使用文件系统。由于不再共享缓存和统一存储数据，服务之间实现了彼此隔离，系统可靠性随之提高，某个服务的故障不会影响其他的服务，同时，数据管理复杂度下降，不再需要对共享机制下的数据完整性和一致性进行复杂的管理和控制。

● 为服务按需分配计算资源。在微服务架构中，可以独立地对每个服务按需分配计算资源，实现动态扩容，例如，在购物节期间对订单服务分配更多的计算资源，部署多个订单服务实例来应对大规模并发访问，同时，分配给库存服务和促销服务的计算资源保持不变。这种方式增加了系统部署的灵活性，提高了资源利用率和系统的可扩展性。

● 服务间松散耦合。所有服务实例在启动后会主动向服务注册中心注册，服务注册中心以键值对形式维护服务名与服务位置的映射关系。所有对服务的调用请求都发送至统一访问网关，并且在请求中提供了需要访问的服务名。统一访问网关在服务注册中心按照服务名查找对应的服务位置，将请求转发至具体的服务。由于服务调用请求与服务位置没有直接绑定，因此当服务因故障而重启导致服务位置发生变化时，可以对服务调用方屏蔽此类变化，从而提高了系统可靠性。并且，当服务有多个实例时，统一访问网关还可以起到负载均衡的作用，将服务调用请求发送给不同的实例处理。

服务注册中心和统一访问网关协作实现了服务总线中的核心功能，它们使得面向服务架构体现出了松散耦合、位置透明和协议独立的特征，克服了单体架构在面对大规模业务需求时所表现出来的可扩展性差、可靠性差和数据管理服务度高的缺陷。

在微服务架构中，需要相应的服务管理功能来确保应用系统正常运行，包括服务状态监控、动态扩容、日志分析、容错处理等。这些服务管理功能是所有应用系统都需要的公共服务，因此，将基于微服务架构实现的应用系统部署到云中，由云提供商来实现所有服务管理功能和云资源管理功能，成了许多应用系统首选的部署方案。

### 5.2.2.4　服务器无感知架构

对于采用微服务架构实现的应用系统而言，服务的状态维护显得非常重要。所谓状态维护是指当用户与应用系统建立会话时，需要在会话过程中为用户维护其特有的状态。例如，当某个用户访问在线购物网站时，其购物车就是需要维护的状态。一方面，每个用户应该有自己独立的购物车，其操作不会影响其他用户的购物车；另一方面，用户在购物过程中向购物车中添加多项商品时不会导致购物车中的商品列表错乱。状态维护增加了系统开发的复杂度和运行的开销，因此，微服务架构提倡将服务设计为无状态服务，即服务本身不维护状态，而是在客户端通过 Cookie、Localstorage 或其他方式来维护状态，从而实现服务的高性能和高可用性。这样实现的服务就像函数一样，它由事件驱动，根据自变量的值产生因变量的值，但是不改变自变量的值，并且在服务调用之间不需要维护任何状态。

服务器无感知（serverless）架构正是针对函数式服务（Function as a Service，FaaS）的软件架构，它让开发者无须处理服务器等云资源管理的复杂性，只需专注于编写云函数来实现应用逻辑。服务器无感知计算平台负责服务器配置和维护等资源管理任务，在应用对服务器无感知的情况下实现云资源的高弹性和高可用性，从而简化云应用的开发、部署和维护。图 5-8 是 Amazon Lambda 的服务器无感知架构。

在服务器无感知计算场景下，云函数体现出来的主要特性包括 ⊖：

1）以事件驱动方式执行。云函数部署在服务器无感知计算平台上，通过触发事件来对其进行调用。

---

⊖　参见 Serverless Computing，https://spring.io/serverless。

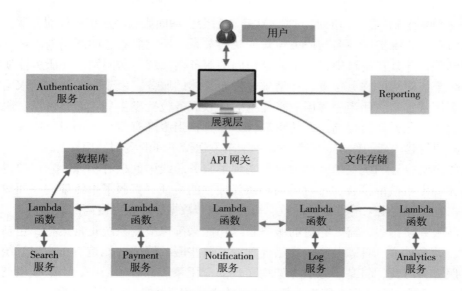

图 5-8 服务器无感知架构的示例

2）服务器相关任务交由服务器无感知计算平台代理。包括服务器的启动、停止、扩缩容等都由平台来完成。

3）无状态。云函数无须为调用者维护状态，因此只需要更少的资源即可满足其运行需求。

由于上述特性，云函数会显得比较轻量级，所需的计算资源也更少，所以，服务器无感知计算平台会使用轻量级虚拟机和容器来进行资源分配与函数间性能隔离，同时实现函数的快速启动并降低系统开销。

### 5.2.2.5 云边端融合架构

随着 5G/6G 通信技术和云计算与边缘计算技术的发展，很多大型分布式系统都采用了云边端融合的架构。在这种架构中，云是指位于核心网中具有高可扩展的强大算力的计算中心；边缘是在移动网络边缘部署的服务器，它们靠近产生数据的移动终端，具备一定的数据存储和处理能力；端通常是指移动终端，它们具有更为受限的存储和计算能力，但是会产生大量的数据和数据处理任务。图 5-9 给出了上述三类资源在边缘计算场景下的示意图，要点如下：

1）移动终端不断地产生数据，并且可以有选择地将数据发送给边缘服务器。移动终端还会产生数据处理任务，在其无法本地处理时，会将计算任务迁移至边缘服务器执行。

2）网络边缘随基站部署的边缘服务器可以收集并存储移动终端产生的数据，并且可以执行移动终端发送的数据处理任务。

3）边缘服务器可以通过网络与云数据中心连接，将其存储的数据上传云数据中心，并释放其有限的存储空间以继续收集和存储移动终端不断发送的数据。

4）边缘服务器如果无法处理大量移动终端提交的数据处理任务，可以沿网络拓扑向上层服务器节点迁移计算任务，直至将计算任务迁移到云数据中心为止。在迁移计算任务的过程中，只要某个节点可以处理该任务，就不再继续迁移。由于数据中心部署在云端，理论上具有充足的计算资源，所以当计算任务迁移到数据中心时，通常会认为它一定可以得到执行。

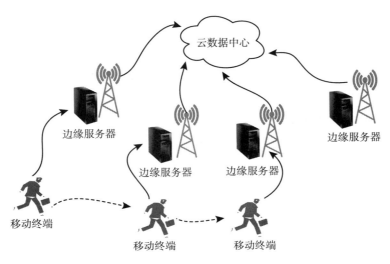

图 5-9　边缘计算场景

云边端融合架构就是要让云数据中心、边缘服务器和移动终端的存储与计算资源融合，使得计算任务能够通过动态迁移的方式执行。这种架构的主要优点包括：

● 实现近数处理。移动终端产生的数据会首先存储在边缘服务器上，边缘服务器与基站部署在一起，所以数据存储靠近数据来源。移动终端产生的数据处理任务大多数都是对实时数据或最近一段时间内的数据进行处理，这些数据都存储在边缘服务器或者移动终端上，它们可以在边缘服务器上就近处理，所以数据处理任务的执行效率会提高。

● 节省网络带宽。当移动终端发送数据给边缘服务器时，边缘服务器会就地存储，并不立刻上传网络中心，因此只需要较少的网络带宽开销。当边缘服务器需要将数据上传云数据中心进行备份存储时，可以将数据压缩以减少带宽开销，并且可以避开网络通信高峰期进行数据上传，平抑数据上传对网络带宽的压力。

● 提高系统可靠性。移动终端与云数据中心直接连接的可靠性比与边缘服务器连接的可靠性要差得多，因此，在边缘服务器上存储和处理数据会更加可靠。尤其是对移动性很强的边缘设备，例如无人机、无人船和无人车，通过边缘服务器进行数据收集、存储和处理是必然选择，很多物联网应用中都通过部署大量的边缘服务器来实现实时数据处理。

云边端融合架构对分布式应用系统的实现也带来了许多挑战，主要包括：

● 元数据管理复杂。移动设备作为数据源不断地移动，使得其产生的数据必然存储在众多边缘服务器上，而边缘服务器又因为存储能力有限，会动态迁移数据至数据中心。因此，针对这种分布式数据存储的元数据管理比较复杂，需要确保用户可以准确而完整地查找到符合要求的数据。

● 任务调度策略复杂。计算任务可以在由边缘服务器和云数据中心构成的网络中进行迁移，而迁移的目标是提高任务完成率。任务迁移需要考虑的因素包括任务完成时间、计算资源利用率、排队队列长度、任务执行时间等，因此任务调度策略会显得比较复杂。

大型物联网分布式系统需要收集、存储和处理由大量传感器产生的数据，而且要求实时或准实时的处理性能，因此，它们通常都会采用云边端融合架构，通过近数处理和计算任务迁移等特性来满足要求。

### 5.2.3　交互式系统的架构风格

交互式系统的架构风格关注于如何设计出交互能力强且更容易维护的系统，主要有模型 – 视图 – 控制器（Model–View–Controller，MVC）和表示 – 抽象 – 控制（Presentation–Abstraction–Control，PAC）这两种常见的风格。

#### 5.2.3.1　MVC 架构

MVC 架构将软件系统分成三个相互作用的部分，即视图、模型和控制器。Apple 公司给出了图 5-10 用于描述 MVC，从中我们可以发现 MVC 的结构特点如下：

1）视图：根据模型生成提供给用户的交互界面，不同的视图可以对相同的数据产生不同的界面。例如，如果 4S 系统支持多种设备的访问，那么对于相同的车辆维保数据，在 PC 上和在手机上生成的用户界面就可以不一样。同时，视图还负责将用户界面上的输入数据发送给控制器。

2）模型：管理系统中存储的数据和业务规则，并执行相应的计算功能。模型在处理用户请求时，产生的返回数据是独立于视图的，不同的视图可以对这些数据产生不同的解释。例如，在 4S 系统中，模型产生的数据可以是用 JSON 格式描述的独立于任何视图的数据，而 PC 视图和手机视图可以使用饼图、直方图、折线图、表格等形式将其转换成适合在其目标设备上显示的样式。在产生返回数据时，模型会向控制器发送通告。

3）控制器：接收用户输入，通过调用模型获得响应，并通知视图进行用户界面的更新。控制器本身并不会执行任何业务逻辑或者产生任何数据，它的角色就是控制业务流程，对用户请求进行转发，确定由哪个模型来进行处理以及用哪个视图来显示模型所

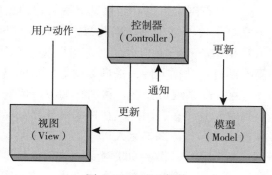

图 5-10　MVC 架构

产生的数据。

　　MVC 架构和三层架构都将系统分成了三个部分，但它们之间存在不同。MVC 架构的目标是将系统的模型、视图和控制器强制性地完全分离，从而使同一个模型可以使用不同的视图来表现，而计算模型也可以独立于用户界面；三层架构的目标是将系统按照任务类型划分成不同的层次，从而将计算任务分布到不同的进程中执行，以提高系统的处理能力。MVC 中的模型包含业务逻辑和数据访问逻辑，而在三层架构中这属于两个层的任务。

　　很多开发框架都支持 MVC 架构，最著名的就是 Spring MVC，很多 Web 应用都是基于 Spring MVC 开发的。实际上，现在主流的 Web 应用开发方式是前后端工程分离，前端采用响应式编程框架来开发，例如 React 或 Vue，后端采用 Spring、Flutter、Flask 等框架开发。前端工程实现了更多的功能，包括对用户动作的响应，因此采用了 MVC 架构来实现；而后端工程再也不需要直接呈现界面给用户，所以只保留了模型和控制器。尽管如此，前后端工程本质上仍旧采用了 MVC 架构。

### 5.2.3.2　PAC 架构

　　表示 – 抽象 – 控制（PAC）架构与模型 – 视图 – 控制器（MVC）架构非常类似，大体可以认为表示与视图对应、抽象与模型对应、控制与控制器对应，如图 5-11⊖ 所示。PAC 是一种由智能体（agent）构成的层次结构，每个智能体都包含表示、抽象和控制三个部分。智能体彼此间只能通过控制部件进行通信。在每个智能体内部，表示与抽象完全隔离，这使得它们可以在彼此隔离的多线程中运行，从而带给用户启动时间短的体验，因为用户界面（表示）可以在抽象完全初始化之前就显示出来。

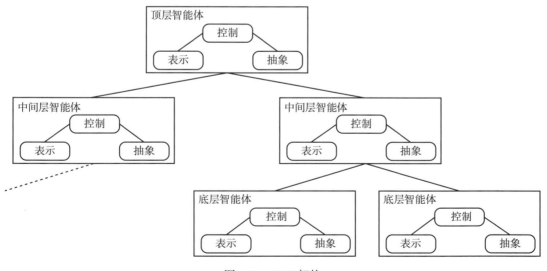

图 5-11　PAC 架构

---

⊖　参见 Presentation-abstraction-control，http://en.wikipedia.org/wiki/Presentation-abstraction-control。

从 MVC 架构和 PAC 架构的结构可以发现，它们之间还是存在着一些差异的。MVC 中的控制器关注用户在视图上执行的输入操作和向用户产生的输出；而 PAC 的控制是抽象与表示，以及智能体之间的通信渠道，它关注智能体之间，以及智能体内部从抽象到表示的通信和协调作用。PAC 把系统分解成具有层次结构、彼此互相协作但是又松散耦合的智能体；而 MVC 专注于模型与视图的隔离，并没有形成层次结构的若干个 MVC 智能体，因此其各个部分之间的关联更紧密。

### 5.2.4  自适应系统的架构风格

自适应系统的架构风格的设计目标是提高系统的自适应能力，即软件系统能够根据所处环境变化智能调节自身特性的能力，微内核和反馈控制都是典型的自适应风格。

#### 5.2.4.1  微内核架构

微内核（micro-kernel）概念来源于操作系统领域。微内核是提供了操作系统核心功能的内核，它只需占用很小的内存空间即可启动，并向用户提供了标准接口，以使用户能够按照模块化的方式扩展其功能。现在许多操作系统都采用了微内核架构。

微内核是一个包含核心功能的内核，它提供了标准接口，通过这些接口可以安装其他的扩展功能，如图 5-12 所示。很多集成开发环境就采用了微内核架构，它们都有一个微内核，并且提供了标准的插件接口，用户可以通过实现插件接口来扩展功能。在微内核架构中，微内核提供了一组最基本的服务，而其他服务都是通过接口连接到微内核上的。

图 5-12　微内核架构

这就要求微内核具有良好的可扩展性，并可以简化对其他服务的开发。很显然，微内核架构允许系统根据环境变化，方便灵活地增加、修改或删减其服务，从而提高系统的自适应性。

微内核架构中各个模块或插件之间的交互必须通过微内核来完成，因此，其交互性能会受到影响。微内核架构中除内核外其他部分都是按需加载的，所以与宏内核相比，其加载管理更复杂。

#### 5.2.4.2  反馈控制架构

反馈控制架构，又称闭环控制架构，把输出量直接或间接地反馈到输入端构成闭环，从而实现自动控制。它根据负反馈原理按照偏差进行控制，即通过比较系统行为（输出）与期望行为之间的偏差，并消除偏差以获得预期的系统性能。

反馈控制架构由控制器、执行器、被控对象和反馈通路组成，如图 5-13 所示。控制器根据目标给定值制定执行策略并计算出控制量，执行器按策略对被控对象进行控制；然后测量被控对象得到被控量，通过反馈通路发送给输入端；比较器根据反馈量和给定值计算出偏差量，让控制器进行下一轮的策略制定。如此，信号正向通路和反馈通路构成闭合回路，不断循环，持续调节输出量以达到目标给定值。

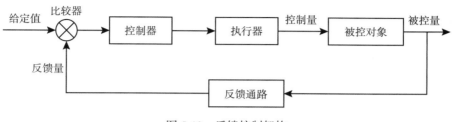

图 5-13　反馈控制架构

反馈控制架构具备自适应调节的能力，可以自动调节输入信号，使系统输出我们想要的目标值，且这一过程不需要人为干预。同时，自适应能力提高了系统稳定性，因为它能对不合理的输入进行"纠正"，防止不合理输入带来的系统崩溃。它是嵌入式控制系统（例如空调温控系统、定速巡航系统等）常用的架构风格。

若删除反馈通路，控制器、执行器和被控对象则构成开环控制架构。在开环控制架构中，控制器与被控对象之间只有正向作用而没有反向作用，故无法进行自适应调节。

## 5.2.5　其他架构风格

其他常见的架构风格包括批处理、解释器、事件驱动及进程控制。

### 5.2.5.1　批处理架构

批处理（batch）架构实际上是管道 – 过滤器架构的一种特殊形式。批处理架构也强调数据流在不同的处理步骤之间流动，但是与管道 – 过滤器架构不同的是，在某个处理步骤处理完批量数据之前，是不会进入下一个处理步骤的，也就是说，数据是以块的方式整体在步骤之间进行传递的，而每个处理步骤都是互相独立的程序。

程序开发就是典型的批处理架构，程序员只有在编写完一个程序之后，才会对其进行编译，因为不完整的程序无法通过编译或者无法完成设计目标，而程序在通过编译之后才能进行调试和运行。程序在开发的各个步骤中都是以整体方式传递的，并且在某个步骤完成其任务之前，是不会进入下一个步骤的。

Hadoop 的 MapReduce 就是典型的批处理架构，在 Map 阶段有多个 Mapper 并行执行，只有所有的 Mapper 全部执行完成后，才会进入到 Reduce 阶段，数据在 Mapper 和 Reducer 之间传递时是以块的方式整体传递的。相比之下，如果使用 Spark Streaming 这样的流式处理工具，就会看到数据是源源不断地进入到处理器中进行处理的，而不是成批进入后批量处理。

### 5.2.5.2　解释器架构

解释器（interpreter）架构用于仿真当前不具备的计算环境，例如在 Windows 操作系统中运行 Linux 程序就需要运行虚拟机来仿真 Linux 环境。在解释器架构中，所有的程序都需要通过解释器的引擎进行解释才能执行，因此这些程序被称为伪码程序。解释器通常包含四个组成部分：用来解释伪码程序的解释引擎、包含待解释程序的内存、解释引擎的控制状态，以及被仿真程序的当前状态，如图 5-14⊖ 所示。

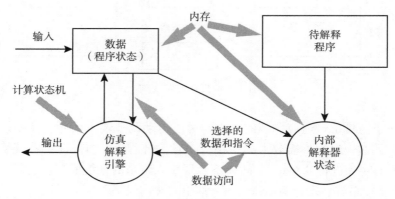

图 5-14 解释器架构

解释器架构的优点包括：

● 可以使编写的程序独立于具体的运行环境。例如，相同的 Java 程序可以在不同的操作系统上运行而无须对代码本身做出修改，只需更换不同的 Java 虚拟机即可。

● 可以仿真当前不具备的运行环境。部署在云上的应用程序对运行环境的要求是不尽相同的，于是云平台会建立统一的物理运行环境，然后使用虚拟机或容器等虚拟化技术在其上为各种应用程序构建不同的逻辑运行环境。

解释器架构的缺点包括：

● 对性能影响较大。由于程序需要解释才能执行，因此对性能影响较大，比运行编译类型的程序要慢。如果使用解释器来仿真当前不具备的硬件环境，那么情况会更严重，毕竟用软件模拟的硬件性能远比不上真正的硬件性能。

● 解释器本身需要经过验证。解释器自身的缺陷会影响程序运行的效果，例如，不同操作系统之上的 Java 虚拟机对于某些特殊程序的解释会产生不同的运行结果，这就会影响"编写一次，到处运行"的设计目标。

解释器架构在很多系统中都得到了应用，例如，Java 虚拟机和 .NET 的 Common Language Runtime 等将中间码程序解释成目标机器码程序的解释器。

### 5.2.5.3 事件驱动架构

事件驱动（event driven）架构，是指系统架构围绕着探测事件并对事件进行实时或近

---

⊖ 参见 David Garlan 与 Mary Shaw 的 *An Introduction to Software Architecture*。

实时处理而展开。事件是指系统或用户状态的改变，例如提交事务、浏览网站、在购物车中添加商品等。事件中可以包含变更的状态，例如购买的商品、价格和收货地址；也可以只是标识事件类型的标志性符号，例如订单已发货的通知⊖。

在事件驱动架构中，控制流由作为事件生产者的客户端或其他服务产生的事件驱动，系统中的服务作为事件消费者，会执行某项操作来响应事件。事件驱动架构经常被认为是"异步通信"模式，即事件的生产者和消费者都不需要等待对方就可以转而执行其下一项任务，这与"同步通信"模式的"请求 / 响应"架构形成了对比，后者在请求处理完成并发回响应之前，是无法执行下一项任务的。事件驱动架构有三个主要组成部分：事件生产者、事件代理和事件消费者，如图 5-15 所示。事件生产者将事件发布至代理，由事件代理对事件进行筛选并推送给事件消费者。事件生产者服务和事件消费者服务将解耦，从而使它们能够独立扩展、更新和部署。

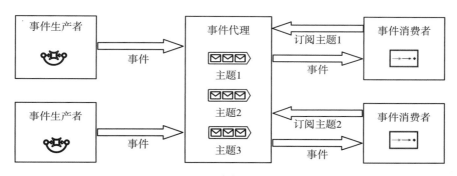

图 5-15　事件驱动架构

事件驱动架构常用在使用微服务构建的应用程序或者其他希望构件间解耦的应用程序中。在使用事件驱动架构时，需要考虑以下因素：

● 性能。由于事件由事件代理统一转发，其性能必然低于事件生产者和事件消费者直接交互的性能，而且事件代理会潜在地成为系统性能瓶颈。并且，事件和事件处理结果还需要组装为适合进程间传递的消息，比能够通过共享内存方式通信的生产者和消费者之间直接交互性能要低。因此，事件代理需要重资源配置，有时还需要构建集群来实现复杂均衡。

● 可靠性。事件代理不但是潜在的性能瓶颈，还是潜在的单一故障节点，它出现故障会导致所有服务都无法正常工作。因此，必须对事件代理进行备份，以提高其容错能力。同时，如果希望每个事件都得到处理，那么事件代理必须确保事件能够被可靠地转发给订阅事件的消费者。

---

⊖　参见"什么是事件驱动型架构？" https://aws.amazon.com/cn/event-driven-architecture/。

● 安全性。使用微服务构建的应用系统中，服务都独立部署在分布式环境中不同的节点上，它们之间传递事件往往采用纯文本表示，通过 HTTP 传递。因此，通常需要使用安全套接字来对事件消息进行加密，以防止事件中的数据在传输过程中泄露。

事件驱动架构往往会采用消息中间件作为事件代理，例如使用 Apache Kafka 来实现。消息中间件可以为事件的存储转发提供支持，但是事件的状态和转发逻辑是需要应用系统来设计确定的。

### 5.2.5.4 进程控制架构

进程控制（process control）架构中，系统被分解成许多独立运行的进程，它们彼此之间通过同步或异步的方式，按照指定的协议通信，通信链路构成了整个系统的拓扑结构，例如环形结构或星型结构。实际上，客户端 - 服务器架构就是一种进程控制架构，其中服务器和每个客户端也都运行于独立的进程中，它们通过远程方法调用进行通信。

进程控制架构的优点包括：

● 有利于问题分解。可以按照系统的功能、可靠性域或安全域等将系统划分成独立运行的进程，这种问题分解方式相对比较直观而且容易。

● 有利于提高性能。多个独立运行的进程可以并行地进行交互，这有助于提高系统的性能。

● 有利于提高可靠性。由于进程间彼此互相独立，它们的运行环境彼此隔离，所以一个进程崩溃不会影响其他进程运行，系统可靠性由此提高。

进程控制架构的缺点包括：

● 进程间调用的时序控制困难。进程会根据自身的状态与其他进程进行通信，而多个进程可以并行地互相通信，因此进程间调用的时序控制就显得比较困难，并容易出错。

● 进程间通信开销较大。进程间的通信开销比线程间的通信开销要大，因此进程以及进程间通信的数量过多会导致系统性能下降。

进程控制架构的拓扑结构和通信机制对系统性能会造成决定性的影响，因此，要根据系统的实际需求做出合适的选择。

前面介绍了许多软件架构风格，然而架构风格的数量远不止这些，而且随着技术的发展，还会有更多的架构风格被设计出来。另外，应该注意的是，对于一个具体的软件系统，并非只能采用一种架构风格，完全可以混合使用多种架构风格。因此，在具体运用过程中，应该根据需求综合运用各种架构风格。

## 5.3 软件架构多视图的设计

不同的人由于视角不同，所认识的软件架构是不同的，从而形成了软件的多个架构视图（view）。每个视图表示软件架构的某个特定方面，这些相对独立和正交的视图组成了软件架构的完整模型。

### 5.3.1 4+1 架构视图

Phillipe Kruchten 提出的 4+1 视图 <sup>⊖</sup> 是经典的软件架构视图，包括逻辑视图（logical view）、进程视图（process view）、物理视图（physical view）、开发视图（development view）和场景视图（scenario view），如图 5-16 所示。逻辑视图和开发视图用来描述系统的静态结构，而进程视图和物理视图用来描述系统的动态结构，场景视图则起到将这四个视图有机地联系起来的作用。

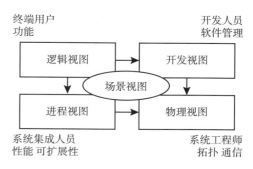

图 5-16　软件架构的 4+1 模型

在图 5-16 中，逻辑视图是面向最终用户的，描述的是系统功能性需求。它向两个方向进行演化，一个方向面向开发人员，将功能性需求按照软件管理的要求，划分成不同的子系统和模块，并将其开发任务分配给不同的开发人员，形成开发视图；另一个方向面向系统集成人员，对诸如性能和可扩展性等非功能性需求进行分析，确定系统中的各项任务，并将其分配到若干个进程中，形成进程视图。物理视图是面向系统工程师的，描述的是各个系统模块和进程是如何映射到具体的物理机器上的。场景视图作为一个"冗余"视图，将其他四个视图有机地联系到了一起。

### 5.3.2 逻辑视图的设计

逻辑视图表示的是软件的逻辑架构，这个架构主要用于支持功能性需求，即系统应该向其用户提供的相关服务。在面向对象方法中，利用抽象、封装和继承原则，可以将系统分解为从问题域中得到的一系列关键抽象，即对象、类和包。这种抽象不仅是为了进行功能分析，也是为了识别贯穿于系统各个部分的公共机制并设计其中的公共元素。软件工程师可以通过构造系统的静态结构图来刻画逻辑架构。例如根据 4S 系统的功能性需求，可以设计出如图 5-17 所示的静态结构图，以此来表示逻辑架构。

在图 5-17 中，系统分成 6 个部分，从右向左依次是 Clients 包，包含在浏览器中运行的脚本和 Applet 等；Webpages 包，包含所有 Web 静态页面及其他静态素材；Servlets 包，包含响应客户端发送的 HTTP 请求的类；Spring Classes 包，包含使用 Spring 框架实现的业务逻辑类；Hibernate Classes 包，包含使用 Hibernate O/R 映射机制实现数据持久性操作的类；Utilities 包，包含若干贯穿系统各个部分的诸如事务服务类 Transaction Service 和数据库连接服务类 Connection Service 这样的公共服务类。当然，图 5-17 实际上还很概括，

⊖　参见 Philippe Kruchten 著 *Architectural Blueprints: The "4+1" View Model of Software Architecture*，http://www.cs.ubc.ca/~gregor/teaching/papers/4+1view-architecture.pdf。

还需要不断地迭代细化各个包中的类和接口，以及它们之间的相互关系，这样才能全面而详细地刻画逻辑架构。以查看用户信息这个功能为例，图 5-18 给出了与这个功能有关的 4S 系统的局部静态结构图。

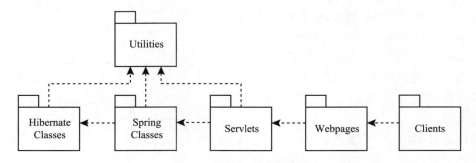

图 5-17 4S 系统的静态结构图

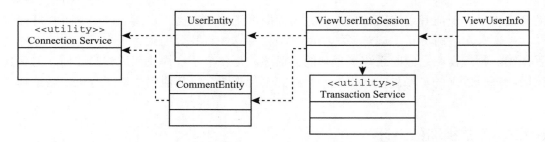

图 5-18 有关查看用户信息功能的局部静态结构图

在图 5-18 中，当用户在页面上点击查看用户信息链接时，名为 ViewUserInfo 的 Controller 类会接收到用户发出的 HTTP 请求，然后调用名为 ViewUserInfoSession 的 Service 类去获取所需的用户信息，后者会调用名为 UserEntity 和 CommentEntity 的 Hibernate 实体类，将指定的用户及其留言组装成 JSON 对象返回给 Controller，而 Controller 最终将生成的 JSON 对象返回给客户端。由于涉及对两个 Hibernate 实体类的访问，因此 Service 类需要通过事务服务来保证数据的完整性，而 Hibernate 类则通过数据库连接服务访问数据库管理系统。

### 5.3.3 进程视图的设计

进程视图表示的是软件的进程架构，这个架构关注的是非功能性需求，例如性能和可用性。它描述的是有关并发与分布、系统完整性以及容错等方面的问题，更重要的是，它还会描述逻辑视图中各个主要的抽象是如何适应进程架构的，即某个对象的某个操作应该在哪个控制线程上执行。

进程视图可以在不同的抽象级别上描述,每个级别的侧重点都不同。在最高层,进程架构被看作一组独立运行的逻辑网络,这些逻辑网络由被抽象为进程的通信程序构成,并且分布于通过局域网或广域网连接起来的一组硬件资源之上。多个逻辑网络可以同时共存并共享相同的物理资源,例如,可以使用多个逻辑网络将在线系统与离线系统分离开,从而支持软件与其测试版本的共存。

进程是群组在一起的一组任务,它们构成了可执行单元。进程表示进程架构可以控制的级别,这种控制包括启动、恢复、重配置和关闭进程等。进程还可以被复制,以提高可用性或者均衡负载从而提高性能。构成进程的任务是彼此互相分隔的控制线程,它们可以在处理节点上被单独调度,而整个软件就被划分成了这样一组彼此独立的任务。这些任务分成主要任务和次要任务。主要任务是可以被单独处理的架构元素,它们通过一组明确定义的任务间通信机制来通信,例如,基于消息的同步和异步通信服务、远程过程调用和事件广播等。次要任务是出于实现的考虑而引入的局部性的附加任务,它们可以通过集结点或共享内存来通信。主要任务不一定会集聚到同一个进程内或同一个处理节点上。

通常只有软件系统具有很高的并行程度时,才需要设计进程视图,以合理地群组各种任务,有效地利用资源。例如图 5-19 是 4S 系统的一种可能的进程视图。

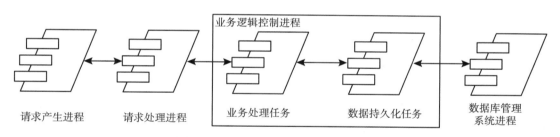

图 5-19 4S 系统的一种可能的进程视图

在图 5-19 中,总共有 4 个进程,其中,请求产生进程中运行的是用户访问系统时所使用的客户端浏览器,它与服务器运行于不同的计算机上,因此需要运行于单独的进程中。请求处理进程中运行的是 Web 层的各种任务,它用于接收来自客户端浏览器的 HTTP 请求,然后转发给业务逻辑控制进程去执行业务逻辑,在接收到业务逻辑控制进程的处理结果后,将其组装成 HTTP 响应发送给客户端浏览器。业务逻辑控制进程执行的是业务逻辑,运行的任务包含两部分:执行业务逻辑的业务处理任务和执行数据库持久性操作的数据持久化任务。在 4S 系统中,Service 类用来实现业务逻辑,而持久性操作是通过 Hibernate 类执行的,Service 类和 Hibernate 类可以运行于不同的进程中,但是考虑到性能,Service 类会通过 Hibernate 类的本地接口与之交互,而这样做的前提是它们必须在同一个进程中,因此,这两部分任务被设计为运行于同一个进程中。最后是运行数据库管理系统的数据库管理系统进程，负责管理存储于数据库中的数据。

实际上，请求处理进程和业务逻辑控制进程中的所有任务都可以运行于同一个进程中，因为绝大多数应用服务器都内嵌着 Web 服务器。这样就可以构成 4S 系统的另一种可能的进程视图。但是 4S 系统的设计目的之一是测试各种应用服务器和 Web 服务器的性能，因此这些任务被设计成运行于两个进程中。

由于 4S 系统并非并行程度高的系统，因此图 5-19 的进程架构相对比较简单，它是按照分层来识别任务和安排进程的。实际上，并非所有的系统都需要设计进程架构，只有并行程度高，有大量的进程并行执行的情况下才需要设计进程架构。

### 5.3.4 开发视图的设计

开发视图表示的是软件的开发架构，这个架构关注于在软件开发环境中软件模块的实际组织方式，即设计方案到底是如何被分解成实现单元的，这些实现单元可以是程序库或子系统，每一个实现单元都可以交付给一个或数个开发者开发。开发架构的结构通常是分层结构，子系统按层组织，每一层都向其上层提供明确定义的接口。

软件系统的开发架构可以使用类图和构件图来表示，它们可以揭示软件模块之间的关系。最关键的是，开发架构要考虑内部需求，包括开发的难易程度、软件管理的难易程度、复用或共用的难易程度，以及对工具集和编程语言的限制等。开发视图不但是需求分配的基础，还是开发组任务分配和组织结构的基础，同时，它还是成本评估与规划和项目进度监控的基础，以及论证软件复用、可移植性和安全性的基础。它更是建立产品线的基础。

对于 4S 系统，在设计开发架构的时候有两种方案，即水平分割方案和垂直分割方案。水平分割方案是指按照图 5-17 的逻辑架构设计，将 6 个包分配给 6 个开发人员（组）。在这种方式中，6 个包处于分层架构的不同层次，而不同的层次对开发人员的技术能力要求不一样，例如，Webpages 包要求开发人员擅长页面制作，并且具有一定的美工能力，而 Spring Classes 包要求开发人员对使用 Spring 框架实现业务逻辑非常熟练。因此，这种方式的优势在于可以使开发人员集中精力于其擅长的领域，很适合开发人员所具备的技能并不全面但是有其专长的情况。但是，其缺点也很明显，即由于是分层架构，每一层无法单独完成业务逻辑，因此给调试带来了困难。克服此缺点的方法是先定义好各个层向其上层提供的接口，然后设计这些接口的"哑实现"，各个层通过调用哑实现而不是接口的实际业务实现类来实现快速调试。

垂直分割方案是指按照业务逻辑在多个开发人员（组）中分配任务。在 4S 系统中，可以将业务大致分为整车销售、配件销售、售后服务、信息反馈、采购、库存管理和系统管理等 7 个子系统（参见图 4-18），然后将其分配给 7 个不同的开发人员（组）。如果开发人员（组）对自己负责的子系统的业务逻辑非常熟悉，那么这种方式会显得很高效，而且调试起来很方便。但是，这种方式的缺点也很明显，对于业务逻辑的子系统来说，每个开发人员（组）必须实现从表示层到数据库层的所有开发，这就对开发人员的综合开发能力要求很高。而且，由不同的开发人员（组）开发出来的 7 个子系统也存在潜在的无法正确集成的风险。

从上面两个方案的设计可以看出，开发架构的设计一定要考虑内部需求，这两个方案各有优缺点，不能说一个方案一定比另外一个方案好，只能说在特定的内部需求的驱动下，一个方案会显得比另一个方案更合适。

## 5.3.5 物理视图的设计

物理视图表示的是软件的物理架构，这个架构主要考虑的是系统的非功能性需求，例如可用性、可靠性、性能和可扩展性等。软件是在计算机或处理节点网络上执行的，因此，其各种元素，包括网络、进程、任务和对象，都需要被映射到不同的节点上。通常，我们都希望有多种不同的物理配置可用，例如，用于开发和测试的配置就有别于生产环境的配置，而系统在不同的站点或为不同的顾客部署时，也会使用不同的配置。因此，软件到节点的映射需要高度灵活，它们对源代码自身所造成的影响要尽量小。

软件系统的物理架构可以使用部署图来表示，下面以 4S 系统为例来说明物理架构。假设有两个公司 A 和 B 都部署了 4S 系统，其中 A 公司是一家咨询公司，它希望将 4S 系统作为培训系统，培训公司成员的推销能力，使员工对汽车销售业务有感性认识，从而更好地为客户提供服务；而 B 公司是一家汽车销售公司，它希望将 4S 系统作为业务支撑系统，将公司的汽车销售业务通过该系统管理起来。由于 A 公司和 B 公司使用 4S 系统的目标和方式不同，因此它们的物理架构将有所区别，如图 5-20 所示。

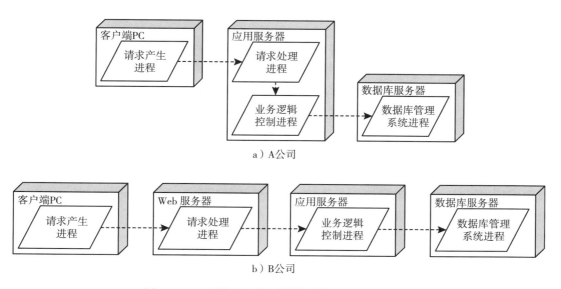

图 5-20 4S 系统在两种不同使用情况下的物理架构

由于 A 公司的 4S 系统的用户就是公司内部的员工，因此其并发访问量并不会很大，所以将请求处理进程和业务逻辑控制进程部署在同一台服务器上，而请求产生进程和数据库管理系统进程各自运行在一台独立的物理机器上，这样，整个系统由 3 台物理机器构成。B 公司面向的是 Web 用户，因此其潜在的并发访问量会很大，当系统中浏览请求增多时，Web 服务器容易成为系统瓶颈，因此，将请求处理进程和业务逻辑控制进程隔离开，让它们各自在独立的物理机器上运行。于是，B 公司的 4S 系统运行于 4 台物理机器上。

从上面的例子可以看出，物理架构可以有多种方案，设计原则应该随需应变。实际上，如果不考虑数据的可靠性和安全性，在像 A 公司的 4S 系统这样并发量有限的系统中，数据库管理系统可以和 Web 层以及应用层共同运行在同一台物理机器上；而另一方面，当 B 公司的 4S 系统的并发访问量过大时，可以创建多个 Web 服务器、应用服务器或数据库服务器的实例，让它们构成集群以提供更强的并发能力。正是由于软件系统可能会部署到不同的环境中，所以在设计时应该尽量保证软件系统具备高度的部署灵活性。例如，保证在将软件系统部署到不同的环境中时，不必修改任何源代码。

### 5.3.6　场景视图的设计

场景是用例的实例，它是对最重要的需求的一种抽象，通过它可以将上述四个视图有机地联系起来。这个视图对其他四个视图来说是冗余的，因此它处于 4+1 视图中的 +1 位置。但是，它仍然有两个十分重要的作用：

1）在架构设计过程中作为一种发现架构元素的驱动力。

2）在架构设计完成之后，无论是在理论上，还是在测试架构原型伊始，都可以担负起验证和说明的角色。

场景通常使用用例图来描述，图 4-21 是对 4S 系统的用例建模之后得到的用例图。

通过场景视图，可以对其他四个视图进行验证，观察它们是否能够在场景视图下集成到一起，形成对软件系统架构的多维度描述。

### 5.3.7　视图的选择

在实际运用中，并非每个系统都必须把 5 个视图全部构建出来，而是应该根据系统的特点有所侧重。例如，对于像 4S 系统这样的 Web 应用系统，逻辑视图和开发视图就显得比进程视图和物理视图重要；而对于并发程度高的实时控制系统，情况正好相反，进程视图和物理视图就显得更重要了；对于单机软件，不需要部署视图，而对于单进程软件，进程视图则为多余。

根据系统的特点，有时还会增加新的视图，例如数据视图、安全视图、页面导航视图、技术视图等。图 5-21 以 E-R 图的方式给出了 4S 系统的数据视图，4S 系统需要把数据永久保存在关系数据库中，因此数据视图的设计是其架构设计的关键内容之一。

总之，软件架构设计是由若干相对独立和正交的视图构成的多刻面制品。

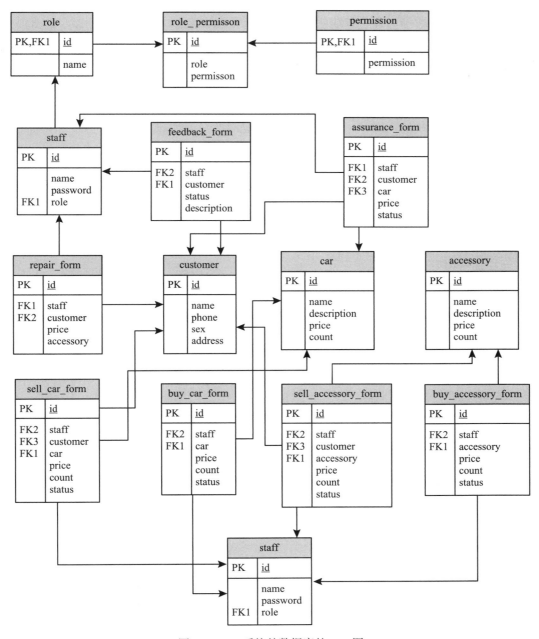

图 5-21 4S 系统的数据库的 E-R 图

## 5.4　软件质量属性的设计策略

软件质量包含多种属性。尽管人们对软件质量属性的划分有不同的方法，但是大家达成的共识是，这些质量属性都与架构关系紧密，因此被称为架构因素，它们是软件设计的重要内容之一。软件质量属性与系统功能正交，即可以为不同的功能项定义不同的质量属性等级，但是，这并非意味着可以为任意的功能项定义任意的质量属性等级，因为功能项之间存在关联关系，而质量属性之间也存在关联关系，它们会对这种正交性产生制约。要保证系统的高质量，设计高质量的架构是必需的。架构因素分析和设计就是分析拟建系统的需求，识别出影响系统的重要质量属性，并针对每个属性分别采用相应的设计策略。

常见的软件质量属性包括可用性、可修改性、性能、安全性、可测试性和易用性。下面各小节将分别分析这些软件质量属性及其设计策略 <sup>⊖</sup>，并采用 4S 系统进行案例说明。

### 5.4.1　可用性设计策略

可用性描述的是系统正常运行的程度，它与系统故障及其后果相关。当系统提供的服务与其规格说明书不符时，就表示出现了系统故障，这种故障是系统用户可以观察到的。在考虑可用性时，设计人员关心的问题是：系统故障怎样才能被探测到？系统故障出现的频率如何？故障发生时会产生什么后果？系统允许停止运行多长时间？系统故障何时发生不会造成安全性问题？可以如何预防故障发生？故障发生时需要发送何种通知？等等。具备高可用性的系统要求系统的各个部件都具有高可用性，包括处理器、通信通道、进程和持久性存储等。

可以使用系统可用的最小时间间隔、系统可用时间的占比、可以在降级模式下运行的时间间隔，以及故障修复时间等作为对系统可用性的度量。

采用各种有关可用性的设计策略的目的就是防止系统中的错误演化成系统故障。如果能够捕获系统错误并进行有效的处理，使其对系统用户透明，那么它就不会演化成系统故障，系统的可用性也就随之提高了。因此，有关可用性的设计策略可以分为错误探测、错误恢复和错误预防这三类。

（1）错误探测

错误探测包括命令/响应、心跳和异常这三种常见的策略。

● 命令/响应策略是双工的，即某个部件向被探测部件发送命令，被探测部件在接收到命令之后需要发送响应消息。如果在规定的时间内接收不到响应消息，就可以认为被探测部件产生了错误。

● 心跳策略是单工的，即被探测部件周期性地向外发送"心跳"消息，其他部件如果

---

⊖　参见 Len Bass、Paul Clements 和 Rick Kazman 著 *Software Architecture in Practice, 4th Edition*。

在规定的时间内接收不到心跳消息，就可以认为被探测部件产生了错误。

● 异常策略是指在被探测部件内设置异常处理器，当该部件因执行某段代码抛出异常时，该异常被异常处理器捕获，并发送相应的通告消息给向该异常处理器注册过的部件。

从上面的描述可以看出，这三种策略发送的消息量依次递减，也就说明它们对系统性能产生的影响依次递减，但是它们在发现错误的实时性上也在依次递减。因此，具体采用哪种策略，需要根据实际需求选择。

假设在 4S 系统中希望增加对数据库管理系统的错误探测功能，以探测数据库服务器的连接错误。考虑到数据库服务器本身在系统中的压力会比较大，因此错误探测应该尽量不影响系统性能；同时，由于数据库服务器连接错误是一个严重错误，因此需要提高错误探测的实时性。综合考虑，可以选择使用心跳策略来实现这项错误探测功能，即在系统中增加一个服务，它周期性地创建到数据库的连接，并且将连接结果以心跳方式发送给其他部件。

（2）错误恢复

错误探测到之后需要进行错误恢复。错误恢复包括系统备份和错误修复这两类策略。

系统备份是为错误修复做准备，常见的系统备份方式有三种。

● 热备份（主动冗余）。系统中主系统和备份系统同时运行，并且同时处理客户端的请求，但是只有主系统的处理结果会返回给客户端，而备份系统的处理结果会被丢弃。这种方式的优点是主系统和备份系统状态实时同步，因此在主系统出现错误后，主系统与备份系统的切换时间很短；其缺点是计算资源被浪费。

● 暖备份（被动冗余）。系统中主系统和备份系统同时运行，但是只有主系统处理客户端的请求，其处理结果会发送给备份系统用于状态同步。这种方式相比热备份来说，计算资源浪费少，但是由于无法在主系统出现故障时在备份系统中恢复正在进行而未结束的会话，因此主系统与备份系统的切换不如热备份那样迅速。

● 闲置备份。系统中只有主系统运行，并且周期性地在持久性介质上创建检查点。当主系统出现错误时，备份系统启动运行，并且从持久性介质上读取检查点来初始化其状态，然后替换主系统。这种方式进一步节省了计算资源，但是由于在最近的检查点之后产生的所有状态都会丢失，因此主系统与备份系统的切换需要更多的时间和操作。

假设在 4S 系统中添加了数据库服务器的连接错误探测功能后，希望进一步增加对数据库的备份，以便在主服务器产生错误之后，能够切换到备份服务器上。考虑到 4S 系统并非关键系统，因此对其可用性要求不是很高，允许适量的用户会话状态丢失；同时，要求一旦用户成功执行购车或购买部件操作，该数据一定要妥善保存，即持久化的数据不能丢失。综合考虑，使用暖备份机制对数据库服务器进行备份。

系统修复是指对那些被替换下来的出错系统进行修正，可以采用的策略包括：

● "影子"操作。让出错的系统在被修复前短暂地运行于影子模式，即并不真正执行操作，而是利用预定义的桩实现返回指定的值，使其模拟仍可运行的状态。

● 检查点。检查点就是周期性地或者事件触发地在持久性介质上保存系统一致性完好的状态。在对出错系统进行修复时，可以让其恢复到某个检查点上，然后根据在此检查点之后的系统日志重新同步系统状态。

对于 4S 系统，考虑到系统性能，采用周期性记录系统检查点的方式。对于替换下来的出错的数据库服务器，将使用最近的检查点对其进行修复，然后使用系统日志将此检查点之后产生的持久性操作同步到待修复的服务器中。在执行这些操作之后，被修复的数据库服务器就可以再次引入系统中了。

（3）错误预防

错误预防是在设计时必须考虑的，它可以有效地检查错误发生的概率。错误预防包括三种常见的策略：

● 服务移除。这是指将某些服务从运行的系统中移除，在执行某些预防错误的操作之后再将其引入系统。例如，对潜在可能内存溢出的服务周期性地重启，就可以防止内存溢出发生。这种移除可以自动或手动完成，但是架构设计必须对其提供支持。

● 事务。事务可以保证一组顺序执行的涉及系统持久性和瞬时性状态变更的操作，可以按照要么全部执行，要么全部不执行的方式执行，从而有效地保证数据的完整性和一致性。事务的使用还可以防范多用户并发访问时的冲突问题。

● 进程监视器。其作用就是在探测到某个进程出现错误时，删除此进程，并创建该进程的新实例，并将该实例初始化为恰当的状态，以继续向系统用户提供服务。它可以有效地向用户屏蔽进程错误。

例如，在 4S 系统中，当出于业务考虑，需要将某个销售区域从数据库中删除时，由于用户表的 region 字段引用了销售区域表的主键，因此，在删除这个销售区域时，应该将与其关联的所有用户的 region 字段置为缺省值，例如 null。显然，删除销售区域和置空用户表中关联记录的 region 字段两个操作应该捆绑执行，因此，需要将这两个动作定义为一个事务，保证其要么都执行，要么都不执行。

## 5.4.2 可修改性设计策略

可修改性描述的是系统变更的难易程度，它与系统变更的成本相关。关于系统变更，设计人员关心的问题是：什么样的变更是允许的？何时能够做出这些变更？谁可以做出这些变更？所有这些问题都是在考虑变更的成本，因为对于系统变更，我们需要重新设计、实现、测试和部署系统，涉及人力和物力的投入，应该采用适当的策略来最小化这种成本。

可以使用系统变更所需的时间和资金等作为对系统可修改性的度量，当对所需时间和资金难以预估时，可以退而求其次，使用变更所影响的范围和程度来度量。

各种有关可修改性的设计策略的目的就是最小化系统变更的成本。有关可修改性的设计策略可以分为局部化修改、防止涟漪效应和推迟绑定时间这三类。

（1）局部化修改

局部化修改的目的是将修改控制在局部范围内，可以采用以下策略来实现：

● 语义内聚。模块内语义应该高内聚，模块间语义应该松耦合，从而有效地限制修改的范围。这要求对每个模块的职责仔细进行划分，实现高内聚与松耦合的统一。

● 预判期望的变更。这个策略是需要和语义内聚结合使用的，因为只有预判了将来可能会出现的各种变更，才能考虑这些变更会影响哪些模块，并由此设计出语义高内聚的模块。

● 泛化模块。泛化的模块能够适应更多的输入类型，因此也就更能适应未来的变更。但是要注意，泛化模块也存在着一些缺点，例如，它对输入类型的检查必须放宽，这有可能使错误的输入不会在编译时刻被检测到。

● 限制可能的选项。对于某些变更，应该限制其变更选项，从而减小这些修改的影响。例如，允许用户将 4S 系统部署在不同的操作系统上，但是限定只能在 Windows 10 版本或以上，以及 Ubuntu 22.04 版本以上的操作系统中选择，这样就可以避免为了适应更多的操作系统而做出额外修改。

● 抽取公共服务。将公共服务抽取出来定义为专门的模块有助于复用，同时也有助于可修改性的提高。当需要修改这些服务时，就只需要将修改集中于一个模块中，从而有效地防止涟漪效应。

在 4S 系统中，可以设计一个 Utilities 包，用于放置所有的公共服务，这样在将来修改这些公共服务时，可以将修改局限在这个包的范围内。

（2）防止涟漪效应

涟漪效应是指在修改一个模块时，会影响依赖于这个模块的其他模块，使这些模块也不得不进行修改，而这种修改又会导致更多的模块被迫进行修改，从而造成像涟漪一样的扩散效应。防止涟漪效应可以使用如下的策略：

● 信息隐藏。对于实体中的各种信息，应该将其细分为可供其他实体访问的公共信息和只在该实体中访问的私有信息。对其他实体屏蔽私有信息可以防止因修改私有信息而造成涟漪效应。这对应于面向对象设计中的接口与实现分离原则。

● 维持现有接口。接口定义了一个模块向其他模块提供的可调用的函数或方法的签名，对其修改必然会造成涟漪效应，因此，应该维持现有接口。但是，这样做存在一些缺点，例如，为了维持现有接口，只能通过增加新接口或适配器来暴露修改后的功能，而这会导致接口或适配器数量的膨胀。这对应于面向对象设计中的开闭原则，即对扩展开放，对修改封闭。

● 限制通信路径。限制与某个模块共享数据的模块数量可以降低涟漪效应的影响，包括使用该模块所产生数据的模块数量和向该模块提供消费数据的模块数量，因为共享数据正是产生涟漪效应的原因之一。

● 使用中介。中介可以有效地降低模块之间的依赖性，因此使用中介可以防止涟漪效应。但是中介的缺点也很明显，例如，中介有可能成为系统瓶颈，对性能造成负面影响。

在4S系统中，我们可以设计一个消息驱动构件，使用户可以通过异步方式提交请求。这个消息驱动构件和客户端之间不直接进行交互，而是通过一个消息队列作为中介来交互。这样当该消息驱动构件处理消息的具体逻辑发生变更时，或者替换了新的消息驱动构件时，客户端代码都不需要进行修改，因为它与消息队列交互的方式并未发生变化，这就有效地防止了涟漪效应。

（3）推迟绑定时间

推迟绑定时间的目的是在系统部署阶段可以做出变更，并允许非开发人员做出这种变更，可以采用以下策略来实现：

● 运行时注册。支持即插即用操作，但是对注册进行管理需要额外的开销。例如，我们在4S系统中设计了许多环境变量和数据源，由它们的名字和值构成的键值对在运行时绑定到命名与目录服务的名字树下，供程序按照键查询获取具体的值。

● 使用配置文件。支持启动时设置变量。例如，上述4S系统的环境变量就是在纯文本的部署描述符中声明的，可以通过文本编辑器修改它的值，使其在系统启动时对参数进行赋值，这使得非系统开发人员也可以做出这种变更。

● 多态。允许对方法调用中的参数类型进行延迟绑定。在运行时，系统将根据调用参数的确切类型而不是声明类型来确定具体调用的函数版本。多态是通过子类对父类函数的覆盖实现的，在设计时要注意区分重载和覆盖的差异。

● 构件替换。允许在加载时绑定具体的构件。例如，在4S系统中，可以设计两个主键生成构件，一个生成UUID主键，一个生成自增主键，然后通过插件模式将其集成到系统中，并根据配置文件来确定具体加载哪一个构件。

● 遵守通信协议。允许在运行时绑定独立进程。由于遵守了预定义的通信协议，使得独立进程可以在运行时与系统进行绑定并正常通信。

上述各种策略都围绕着降低模块之间的相互依赖而展开，因为它们会直接影响系统的可修改性。

### 5.4.3 性能设计策略

性能描述的是系统对各种事件的响应速度，它与时间控制相关。关于系统性能，设计人员关心的问题包括：事件是谁触发的？事件到达的模式如何？应该使用什么指标来度量性能？所有这些都与时间控制相关。

可以使用吞吐量、处理时间、等待时间、响应时间抖动和错失率等作为对系统性能的度量。这些指标适用于不同的场景，例如，当系统中各种事件的处理时间相差较大时，可以使用吞吐量来度量系统性能；如果两个系统的平均处理时间相同，那么响应时间抖动小的系统性能就更稳定一些。因此，要根据实际情况选择恰当的指标进行度量。

度量系统性能最基本的指标是响应时间，而响应时间包含两个部分：等待获取处理事件所需资源的阻塞时间和获取所需资源之后处理事件所需的处理时间。因此，针对这两部分，有关性能的设计策略可以分为资源请求、资源管理和资源仲裁这三类。

（1）资源请求

资源请求策略的目的是降低系统处理所有事件时对资源的需求，包括以下策略：

● 降低处理单个事件的资源需求：这可以通过提高计算效率和减少计算开销来实现，因为这样意味着对各类资源的占用量和占用时间会减少。

● 减少事件数量：这可以通过控制事件产生率和降低采样频率来实现，但是这样做也意味着可能会导致事件丢失和数据准确性下降。

● 控制资源使用：这可以通过限制执行时间和队列长度来实现。当每个事件都只能在受限的时间内执行时，就可以避免资源被某个事件长期占用。而限制队列长度也就限制了处理队列中事件所需的资源数量。

假设在 4S 系统中，当众多用户对同一型号汽车感兴趣，希望出价购买时，将采用先进先出的原则，最先出价的用户请求先被处理，后出价用户的请求将进入队列等待，当队列满时，后续请求将不能进入队列。这样就可以限制队列的长度，降低对资源的占用率，避免大量并发用户同时购车时迅速消耗资源的情况发生，进而保证系统性能。

（2）资源管理

如果资源请求策略仍旧无法满足对资源的需求，那么资源管理策略就可以帮助设计人员通过提高资源使用效率和减少资源竞争来提高性能，具体的策略包括：

● 引入并发：并发的目的是将对事件的处理从串行转变为并行。当多个线程并行处理事件时，资源利用率就会提高，系统性能也就随之提高了。当然，并发会引入额外的复杂性，例如数据的一致性和完整性问题，这需要我们认真对待。

● 创建数据或计算的多个副本：这么做的目的是减少资源竞争。当数据库有多个副本时，就可以降低数据库锁的竞争程度，而当计算有多个副本时，就可以减少对程序中临界资源（例如线程锁）的竞争程度。资源竞争减少后，由于阻塞时间减少，系统性能自然会提高。同样，多个副本会带来额外的复杂度，我们必须注意多个副本的同步问题。

● 增加可用资源：这是一种最直观的策略，可用资源增加之后，资源竞争自然会减少，系统性能也会随之提高。但是，增加可用资源的效果要仔细考虑，如果系统设计中存在瓶颈，那么增加可用资源的效果就会很不明显，这种投入产出比就会显得很低。

在 4S 系统中，某些操作需要采用并发处理，例如，使用事务来保证即便有大量用户对同一型号汽车出价购买时，最终成交的用户数不会超过现车存货数，事务机制可以保证在这种情况下的数据完整性和一致性。

（3）资源仲裁

如果资源管理策略无法解决资源竞争问题，那么就需要使用资源仲裁策略在资源竞争时合理地调度资源。资源仲裁将依据各个事件的优先级来执行，关于优先级分配，包含以下具体策略：

● 先进先出：这是一种最朴素的优先级调度方式，即按照时间顺序，排队等待资源的事件按照进入队列的时间分配优先级，越早进入的优先级越高。这种方式实际上是对等地看待各类事件，因此，进入队列的时间成了唯一区分它们的因素。

● 固定优先级：对各种事件进行归类，不同的类具有不同的优先级，该优先级是预定义并且固定的，而同一类事件仍然按照先进先出排队。这相当于创建了二维队列，一个维度表示事件类的优先级，另一个维度表示同一类事件的优先级。这种调度方式可以保证高优先级的事件尽快得到处理，但是也有可能导致低优先级的事件最终因超时而得不到处理。

● 动态优先级：每个事件的优先级是由其自身以及系统的实时状态决定的，并且会不断地发生变化。例如，当使用截止时间来确定优先级时，随着时间的流逝，所有事件的优先级都在不断地变化。动态优先级可以避免低优先级事件得不到处理的情况，但是其优先级确定方式会带来额外的复杂性。

在 4S 系统中，如果将购车用户分成金牌用户、银牌用户和铜牌用户三种，他们分别享受不同的服务等级，那么当三类用户同时发出购物事件时，我们将按照金牌、银牌和铜牌的顺序处理这些事件，这就是固定优先级的应用。而如果同类型用户并发提交多个购物事件希望购买汽车或部件，那么我们就按照提货时间来分配优先级，即提货时间最急迫的购物事件最先得到处理，这就是动态优先级的应用。

系统性能策略往往与其他策略有冲突，例如为了提高可用性，可以用主系统的结果去同步备份系统的状态，而这对性能就是有损的；为了提高可修改性，可以使用中介来接收和处理用户竞价信息，这对性能也是有损的。实际上，性能与其他几乎所有质量属性都有冲突，这就要求设计人员必须综合考虑各种因素以选择最合理的策略。

### 5.4.4　安全性设计策略

安全性描述的是系统在向合法用户提供服务的同时，抵御非授权使用的能力。关于系统安全性，设计人员关心的问题包括：任何一方是否都不能否认执行过的事务？数据和服务是否可以受保护免遭非授权访问？数据和服务的完整性是否可以得到保护？是否能够确认事务参与方的身份没有被假冒？是否能够抵御拒止攻击？是否能够对系统进行审计？所有这些都与抵御非授权使用的能力相关。

可以使用避开安全防范措施所需的时间／工作量／资源、检测到攻击的可能性、检测到对数据和服务的非法访问的可能性、识别攻击和篡改用户身份行为的可能性、在拒止服务攻击之下仍然可用的服务所占的百分比、恢复数据和服务成本、服务和数据被损坏程度，以及合法访问被拒绝的程度等指标来度量系统安全性。

由于安全性与非法攻击有关，因此，有关安全性的设计策略可以分为抵御攻击、检测攻击和从攻击中恢复这三类。

（1）抵御攻击

抵御攻击策略是要将非法访问隔离在系统之外，让其不能危害系统，具体包括以下策略：

- 用户认证与授权：这是几乎任何系统都采纳的安全措施。用户认证是为了确认用户的身份合法，并将其映射为具体的安全角色；用户授权是为了对用户进行访问控制，基于其安全角色来确定允许用户访问的服务和数据。

- 数据加密：对数据加密包括对数据存储加密（即存储加密之后的数据）和对数据传输加密（即数据加密后在网络上传输）。两种加密都是为了保证数据在存储和传输阶段不会出现明文，从而保证数据的安全。

- 保持数据完整性：通常将消息摘要和签名随数据一同传输，通过检查摘要和签名，就可以知道数据在传输过程中是否出现丢包和被篡改，从而保证数据的完整性。

- 限制暴露和访问途径：如果将服务和数据部署在一台机器上向外暴露，那么一旦该机器被攻击，所有服务和数据都将处于不安全状态。因此，可以将它们部署在多台机器上，并通过防火墙来限制访问途径，也可以有效地限制访问端口，避免非法访问。

在部署 4S 系统时，可以通过防火墙设置只有 8080 端口可访问，通过其他端口访问 4S 系统的请求都会被防火墙拒绝。对于通过合法端口访问的用户，也需要进行认证与授权，而其中用户密码是加密之后存储到数据库中的。当用户提交购物信息时，为了防止数据被网络上的黑客截获而篡改，竞价信息将被签名之后发送到服务器端。

（2）检测攻击

一旦抵御攻击失效，攻击就会进入到系统中，此时，系统需要能够检测到攻击。检测攻击主要是通过专门的入侵检测系统来实现的。例如，可以在部署 4S 系统的服务器上安装入侵检测系统，并将其探测器安装到系统中需要被检测的部件上。

（3）从攻击中恢复

对于进入系统的攻击，只是检测到是不够的，因为攻击有可能会产生不良影响，系统必须能够从攻击中恢复，这包含两部分工作：

- 恢复系统状态：可以使用可用性中的策略来恢复系统状态。对于数据，可以使用检查点将其恢复到某个健康的状态；而对于服务，可以通过对其进行修复来恢复，其中最常用的方式就是系统重启。

- 攻击者身份识别：这可以通过对系统日志进行审计来实现。系统日志会记录下所有用户在系统中的行为，尽管攻击者可能会假冒其他人的身份实施攻击，但是通过日志审计至少可以为进行更进一步的身份识别提供有用的信息。

在 4S 系统中，重要的操作会记录到系统日志中，这就为将来的审计提供了基础。

安全性也是与性能相冲突的属性，无论是数据加密还是入侵检测，都会对系统性能产生负面影响。同时，安全性和可用性考虑问题的角度也完全不同，安全性着重于将威胁拒绝在系统之外，而可用性着重于威胁进入系统之后如何使其损害对用户不造成影响。

从这里可以看出，在进行系统设计时，需要在各种质量属性之间进行平衡。

## 5.4.5　可测试性设计策略

可测试性描述的是系统通过测试发现软件缺陷的难易程度。关于系统可测试性，设计人员关心的问题包括：谁可以对系统进行测试？系统的哪些部分可以进行测试？测试用例集如何得到？测试能够发现多少软件缺陷？所有这些都与发现软件缺陷的难易程度相关。

可以使用测试覆盖率、测试中的最长依赖链、发现额外错误的概率来度量系统可测试性，而测试执行时间、测试执行难度以及测试用例生成方式等也可以辅助说明系统的可测试性。

对软件系统进行测试的目的就是发现错误，而方法是向系统提供一系列的输入，观察其输出是否符合要求。因此，有关可测试性的设计策略可以分为提供输入/捕获输出和内部监视两类。

（1）提供输入/捕获输出

提供输入/捕获输出策略是要管理测试的输入和输出，具体包括以下策略：

● 录制/回放：这是许多测试工具都采用的策略，这些工具可以录制某次测试的情况，将其转化为可以进行参数化设定的脚本，然后用不同的参数值自动回放测试，并记录下测试的结果，从而达到自动化测试的目的。

● 将接口与实现分离：如果需要为软件提供各种不同版本的实现，那么通过接口和实现分离，就可以使用相同的测试用例测试所有不同的版本。测试人员只需针对接口进行测试，并且在不同测试目的的测试中替换不同的实现即可。

● 特化访问路由/接口：当被测试模块对其他模块形成依赖，而其依赖的模块尚未完成开发时，可以通过提供的特化访问路由/接口，让其访问桩模块来完成测试。而桩模块通常并未真正执行业务逻辑，只是返回固定值，并且它与依赖模块具有相同的接口。

在4S系统中，我们进行测试时就采用了和录制/回放策略类似的策略，模拟指定数量的用户对4S系统进行访问，以测试系统性能。其中参数化的部分包括状态迁移的概率和用户思考时间等。

（2）内部监视

内部监视策略是通过内置监视器来实现的，其目的是通过接口向外提供系统内部的状态。例如，很多设备都有开机自检功能，它会在加电时自检系统状态，然后以指示灯或屏幕显示的方式显示测试结果；还有的设备具有周期性自检功能，以及时发现运行中的设备出现的故障。内部监视通常会向系统提供一个标准输入，然后观察其输出是否符合预期值，而这个输入和输出对用户是透明的，并且不会对系统造成任何影响。

## 5.4.6　易用性设计策略

易用性描述的是用户通过系统完成期望任务的难易程度和系统提供的用户支持类型。

关于系统易用性，设计人员关心的问题包括：学习系统使用方式是否容易？对系统的使用是否高效？误操作的影响是否可以最小化？系统是否能够适应用户的需求？用户使用系统是否能够逐渐提高自信度和满意度？所有这些都与系统是否容易使用相关。

可以使用完成操作所花费的时间、错误数量、被解决问题的数量、用户满意度、用户知识的获取、操作成功率和错误产生时的时间/数据损失来度量系统易用性。

有关易用性的设计策略可以分为提供运行时策略和设计时策略：

● 运行时策略：在系统运行时向用户提供支持，例如向用户提供反馈以使其了解系统执行的操作，或者向用户提供撤销和恢复功能以方便用户使用。这需要系统能够建立用户模型、任务模型和系统模型，以便能够正确而充分地了解用户、任务和系统特性，使系统设计更加符合实际需求。

● 设计时策略：由于用户接口/界面经常发生修改，因此必须将用户接口/界面与系统的其余部分分离，使它们的耦合性降低，从而保证在修改用户接口/界面时，不会发生涟漪效应。

4S 系统实际上并未在易用性方面做特别的设计，但是可以考虑另外一个简单的例子，例如 Microsoft Office 软件，就有 undo 和 redo 这样的功能，这就是易用性方面的典型例子。这个功能看起来似乎很琐碎，很难认为其是架构设计层面需要考虑的问题，但其实并非如此。当 undo 和 redo 可以支持很多步时，就会在系统中占用许多内存资源来缓存各个中间版本，这就需要对缓存内容的数据结构和存储方式进行架构层面的设计。因此，易用性有些是关注用户体验的细节，但是有些则是关系到软件架构层面的问题，设计人员需要认真分析，区别对待。

需要注意的是，高质量的软件架构并不能保证最终开发出来的软件也具备高质量，因为架构最终还需要被开发人员实现为最终的软件，详细设计、编码、调试和测试的质量都会对软件质量造成影响。也就是说，高质量的软件架构是保证软件质量的必要条件，但绝非充分条件。

## 思考题

1. 设计模型与分析模型有什么不同？
2. 简述软件设计的四项基本原则。
3. 软件架构的 4+1 视图是指什么？它们是如何联系到一起的？
4. 按照软件架构风格的描述，分析一下你熟悉的软件系统都采用了哪些风格。
5. 软件质量属性中有哪些属性互相之间有冲突？你认为应该如何协调这种冲突？
6. 针对不同的软件质量属性，可以采用哪些设计策略来满足相应的约束？

CHAPTER6

第 **6** 章

# 软件详细设计

**本章主要知识点**

❏ 常见的面向对象设计模式有哪些?

❏ 子系统设计、类设计、持久性设计和人机界面设计的原则与方法是什么?

❏ 如何控制软件设计的质量?

软件详细设计,又称构件级设计,它在软件架构的基础上定义各模块的内部细节,例如内部的数据结构、算法和控制流等,其所做的设计决策常常只影响单个模块的实现。本章将重点关注面向对象的设计模式和设计方法,从 GOF 的 23 个基本设计模式出发,讲述软件详细设计过程,包括包和子系统设计、类设计、持久性设计以及界面设计,最后讨论软件设计的质量控制方法。

## 6.1 软件详细设计概述

软件详细设计通过以下步骤,基于软件架构进行模块的详细设计,将分析模型转换为设计模型:

1)包和子系统设计:对待开发系统的包和子系统进行设计,确定子系统之间的接口,将子系统进一步细分为子模块,详见 6.3 节。

2)类设计:将分析模型中的分析类映射成设计类,并对设计类进行设计细化和优化。这两者并不是完全一一映射的,因为分析类是以问题域的角度设计的,而设计类是以解决域的角度设计的,详见 6.4 节。

3)持久性设计:在设计类中,持久性实体类表示的是将来要存储到持久性介质上的信息,而在持久性介质上的存储形式可以是文本文件、关系型数据库、非关系型数据库等。因此,持久性设计就是要实现持久性实体类到持久性存储上的映射,详见 6.5 节。

4)人机界面设计:人机界面,又称用户界面,是交互式系统的重要设计内容。人机界面设计以用户为中心，设计系统和最终用户间的交互方式、交互信息及其输入输出界面，使得软件具有更好的易用性，详见 6.6 节。

## 6.2 设计模式

设计模式是针对一类设计问题的通用和参考性的设计方案，本节介绍 GoF 的 23 个面向对象设计模式 ⊖。我们将以 4S 系统为背景，举例说明各个设计模式的用处。如表 6-1 所示，这些设计模式按目的分为三类：创建型模式，关注对象创建的过程；结构型模式，处理类和对象的组合；行为型模式，刻画类或对象交互方式和职责分布的特性。按照作用域划分，设计模式可分为两类：类模式，通过继承处理类与子类之间的关系，这种关系是在编译时刻确定的，因此它是静态的；对象模式，处理对象之间的关系，这种关系可以在运行时发生变化，因此它是动态的。

表 6-1 GoF 设计模式

| | | 目的 | | |
|---|---|---|---|---|
| | | 创建型 | 结构型 | 行为型 |
| 作用域 | 类 | 工厂方法 | 适配器 | 解释器<br>模板方法 |
| | 对象 | 抽象工厂<br>构建器<br>原型<br>单例 | 适配器<br>桥接<br>组合<br>装饰器<br>外观<br>享元<br>代理 | 职责链<br>命令<br>迭代器<br>中介器<br>备忘录<br>观察者<br>状态<br>策略<br>访问者 |

### 6.2.1 创建型设计模式

创建型设计模式包括 5 种，它们对实例化过程进行了抽象，可以使系统独立于其对象的创建、构造和表示。这 5 种设计模式分别介绍如下。

#### 6.2.1.1 抽象工厂

抽象工厂（abstract factory）模式提供了一个接口，用于创建一组相关或互相依赖的对

---

⊖ 参见 Erich Gamma、Richard Helm、Ralph Johnson 和 John Vlissides 的 *Design Patterns*：*Elements of Reusable Object-Oriented software*。

象，同时并不要求必须指定它们的具体类。当系统中存在多组相关或互相依赖的对象，而每一组对象都会一同被使用时，就可以使用该模式。抽象工厂模式的结构如图 6-1 所示。

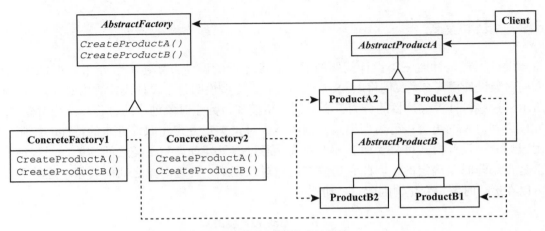

图 6-1　抽象工厂模式的结构

例如，在 4S 系统中，如果我们要将用户类型分成 Gold 和 Silver 两种，而这两种用户适用于不同的竞价规则，Gold 用户的购车请求会被优先处理，Silver 用户的购车请求次之。为了保证系统的可维护性，分别有 GoldUser 和 SilverUser 两个类对应两种用户，而 GoldBid 和 SilverBid 两个类分别对应两种不同的购车规则。在创建一个用户对象时，应该为其创建相关的购车规则对象，这样用户对象和购车规则对象就成了相关对象。如果希望在创建用户对象及其购车规则对象时可以使用统一的方式处理，那么就可以采用抽象工厂模式。

对照图 6-1，在 4S 系统中，GoldUser 和 SilverUser 可以分别对应 ProductA1 和 ProductA2，假设它们实现了公共接口 User，那么 User 对应于 AbstractProductA；GoldBid 和 SilverBid 可以分别对应于 ProductB1 和 ProductB2，假设它们实现了公共接口 Bid，那么 Bid 对应于 AbstractProductB；创建 GoldUser 和 GoldBid 的工厂类对应于 ConcreteFactory1，假设名为 GoldFactory，而创建 SilverUser 和 SilverBid 的工厂类对应于 ConcreteFactory2，假设名为 SilverFactory，两者实现了公共接口 Factory，对应于 AbstractFactory；Client 针对抽象接口编程，然后根据传递的具体工厂参数确定创建何种用户对象和竞价规则对象，其类 Java 代码如下：

```java
public void makeUser(Factory concreteFactory)
{
    User user = concreteFactory.createUser();
    Bid bid = concreteFactory.createBid();
    ......
}
```

可以看到，makeUser 方法中创建的 user 和 bid 对象的具体类型取决于其调用参数 concreteFactory。通过使用抽象工厂模式，就可以很方便地创建一组相关的对象，但是无须指定具体的类，这使得添加一组新的对象或者移除一组现有对象变得十分方便。例如，如果要添加 Bronze 类型的用户，那么对于创建 Bronze 用户的 BronzeUser 和 BronzeBid 对象，可以很容易地通过添加相关的工厂类和产品类来实现。但是，如果需要添加新的 product 类型，例如除了用户对象和购车规则对象外，还希望一同创建促销规则对象外，就会显得十分麻烦，因为此时需要修改抽象工厂接口以及所有的具体工厂代码，使其能够创建新添加的购买规则对象。

### 6.2.1.2 构建器

构建器（builder）将复杂对象的构建与其表示分离，以使得相同的构建过程可以创建不同的对象表示。当创建复杂对象的方式应该独立于创建其各个组成部分的方式和各部分的组装方式时，就可以使用该设计模式。构建器模式的结构如图 6-2 所示。

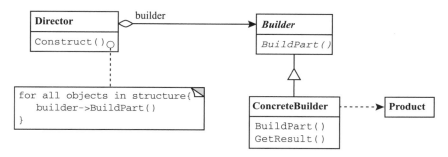

图 6-2 构建器模式的结构

例如，在 4S 系统中，由于 User 和 Bid 类关系紧密，于是设计人员创建新的 UserPack 类，UserPack 对象分别持有一个 User 对象和一个 Bid 对象的引用。当创建 UserPack 对象时，需要创建其持有引用的 User 和 Bid 对象，但是创建 UserPack 对象应该独立于 User 和 Bid 对象的具体创建方式，因为在系统中存在多种类型的用户及其相关联的购车规则。此时，就可以使用构建器模式。

对照图 6-2，在 4S 系统中，UserPack 对应于 Product，它包含两个部分，即 User 和 Bid；GoldBuilder 类持有一个 GoldUserPack 引用，并封装了创建 GoldUser 和 GoldBid 对象的逻辑，而 SilverBuilder 类持有一个 SilverUserPack 引用，并封装了创建 SilverUser 和 SilverBid 对象的逻辑，这两者都对应于 ConcreteBuilder 类，它们都实现了公共接口 Builder；Director 是需要创建 UserPack 对象的类，它的 Construct() 方法会接收一个 Builder 类型的对象为参数，并通过这个 Builder 对象来创建 UserPack 对象，其类 Java 代码如下：

```
public void construct(Builder concreteBuilder)
{
    concreteBuilder.BuildUserPack();
    concreteBuilder.BuildUser();
    concreteBuilder.BuildBid();
    UserPack userPack = concreteBuilder.getResult();
    ......
}
```

在上面的代码中，concreteBuilder 的 BuilderUserPack() 用于创建一个新的 UserPack 对象，而 BuildUser() 和 BuildBid() 方法分别创建 UserPack 对象持有的 User 和 Bid 对象。通过调用 getResult() 方法可以获得组装好的 UserPack 对象。这段代码根据传递进来的 concreteBuilder 对象的具体类型，创建不同类型的 UserPack 对象，并且与 UserPack 对象的具体组装逻辑实现了分离。

### 6.2.1.3 工厂方法

工厂方法（factory method）定义了创建对象的接口，但是让其子类来确定需要实例化的具体类。当一个类无法预知其要创建的对象所属的具体类，从而将指定所需创建对象的具体类的职责交给子类，并由子类来具体实现创建该对象的逻辑时，就可以应用该模式。工厂方法模式的结构如图 6-3 所示。

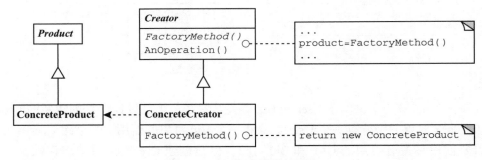

图 6-3　工厂方法模式的结构

例如，在 4S 系统中，回到抽象工厂模式中的例子。通过抽象工厂模式可以创建相关联的用户对象和购车规则对象，但是，对于具体的用户对象和购车规则对象，其创建逻辑又如何实现呢？例如，GoldUser 和 SilverUser 的创建逻辑大部分相同，只存在少量的差异，那么在两个具体工厂中的 CreateUser() 方法应该如何实现呢？是新创建一个对象，还是从现有对象中复制一个副本，然后对部分属性进行修改呢？此时，就可以应用工厂方法模式。

对照图 6-3，在 4S 系统中，抽象工厂和具体工厂对应于 Creator 和 ConcreteCreator，User 对应于 Product，GoldUser 和 SilverUser 对应于 ConcreteProduct；而 FactoryMethod() 就是工厂方法。Creator 可以是接口，这样创建具体 Product 的逻辑就全部交给了

ConcreteCreator 中的 FactoryMethod() 去实现。但是，Creator 也可以是抽象类，它可以提供创建 Product 的模板方法，实现创建 Product 的公共逻辑部分，然后将不同的部分以抽象方法的形式交给 ConcreteCreator 去实现。

从上面的描述可以看到，工厂方法和抽象工厂是联系十分紧密的两种模式，抽象方法关注的是创建一组关联对象，而工厂方法关注的是一个对象创建的具体过程，它可以在对象创建过程中添加额外的控制，例如，通过在实例池中复用现有对象而不总是创建新对象来控制对象的数量，进而防止对象数量过多占用大量内存资源的情况发生。

#### 6.2.1.4　原型

在原型（prototype）模式中，可以用原型实例来指定所要创建对象的类型，并通过复制原型创建新的对象。当不希望因为创建工厂类而导致在代码中产生一个新的层，或者对一个类来说，当其所有对象只有极少数的不同状态组合时，就可以采用原型模式。原型模式的结构如图 6-4 所示。

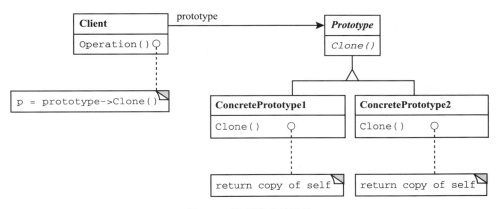

图 6-4　原型模式的结构

例如，在 4S 系统中，为了控制系统并发量，设计了一个 Token 类，其对象有一个布尔类型的 flag 属性，取值为 true 表示该对象未被任何用户占用，取值为 false 表示该对象已经被某个用户占用。用户需要获得一个可用 Token 对象之后才能继续访问系统，否则将等待，直到有其他用户释放 Token 对象，并且该用户可获取被释放 Token 对象为止才能继续访问系统，这样做可以有效地控制系统并发量。为了实现这个目的，Token 对象将通过工厂类 TokenFactory 创建，而 TokenFactory 用一个数组来保存对已创建的 Token 对象的引用。当用户需要获取 Token 对象时，TokenFactory 遍历这个数组，如果数组中还有空位，表示 Token 对象数量未达上限，因此就创建新的 Token 对象，在将其引用返回给用户的同时插入数组，并将 Token 的 flag 属性设置为 false；如果数组中没有空位，表示 Token 对象数量已达上限，这时扫描所有的 Token 对象，将 flag 属性值为 true 的 Token 对象分配给用户，同时将 flag 值设为 false。当有用户释放 Token 对象时，该 Token 对象的

flag 值就被设为 true。在这样的结构中，Token 对象本身很简单，只有极少的属性，而程序关心的也只有 flag 属性，这就表示所有 Token 对象的不同状态组合的数量很有限，此时就可以应用原型模式。

在 4S 系统中，将 Token 设计成原型，对应于 ConcretePrototype；TokenFactory 对应于 Client，它持有一个 Token 对象的原型，并通过调用原型上的 clone() 方法来产生新的 Token 对象。要注意的是，原型模式中新的对象是通过复制原型得到的，因此原型类必须支持 clone() 方法。复制对象比创建对象通常要更快捷，因为复制对象是直接复制对象在内存中的位模式，而创建对象涉及对构造器的调用。

### 6.2.1.5  单例

单例（singleton）模式用于确保一个类只有一个实例，并提供对它的全局访问点。对于本身重量级的对象来说，确保单例对于节约计算资源具有重要的意义。单例模式的结构如图 6-5 所示。

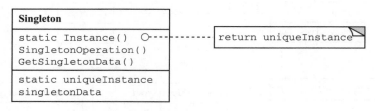

图 6-5  单例模式的结构

例如，在 4S 系统中，当创建了 GoldFactory 这样的工厂对象之后，可能会发现这样一个问题，该对象本身并非轻量级的，对它的创建和移除会产生较大的开销。这种情况并不少见，例如，在对象 – 关系映射框架 Hibernate 中，SessionFactory 就是一个重量级的对象，它是产生 Session 对象的工厂。对于这样的重量级对象，自然是希望能够尽量减少其数量，此时，就可以应用单例模式。

在图 6-5 中，Singleton 类中持有一个静态对象 uniqueInstance，并通过 Instance() 方法向调用程序返回这个对象。由于是静态对象，所以 uniqueInstance 的唯一性得到了保证。在 4S 系统的例子中，GoldFactory 对象对应于 uniqueInstance，然后可以编写 Singleton 类，对 GoldFactory 单例的访问都是通过 Singleton 类实现的，而 Singleton 类也就必须是全局可访问的。

要注意的是，GoldFactory 只是有可能会成为重量级对象，这并不意味着所有的工厂对象都是重量级对象并都应该设计成单例模式。只有真正重量级的对象才应该设计成单例的。

此外，当多个对象会产生资源竞争或导致状态不一致时，也需要使用单例模式。例如，像在原型模式中所举的例子，我们希望通过 Token 工厂来控制 Token 的数量，但是如果 Token 工厂本身有多个实例，那么就无法实现此目的了，所以尽管 Token 工厂并非重量级对象，但是仍需将其设计成单例的。

## 6.2.2  结构型设计模式

结构型设计模式包括 7 种，它们关注如何用类和对象构建更复杂的程序结构。这 7 种设计模式分别介绍如下。

### 6.2.2.1  适配器

适配器（adapter）模式用于将一个类的接口转换成为客户端期望的接口，使得不兼容的接口可以协作。当现有类的接口与期望的接口不匹配，或者希望设计的可复用类能够与当前无法预见的类进行协作时，就可以使用适配器模式。而对象类型的适配器还可以将子类的接口适配成其父类的接口。

例如，在 4S 系统中，如果在开发完系统并经过一段时间的运行之后，设计人员决定使用一个第三方的、更为安全的用户认证与授权服务，但是这个服务与原来开发的安全服务的接口不兼容。如果将原有代码中所有对安全服务的调用都修改为使用新接口，那么不但修改量大，而且容易出错。此时，就可以使用适配器模式。

适配器模式有类适配器和对象适配器两种，它们的结构分别如图 6-6a 和图 6-6b 所示。类适配器使用继承方式将一个接口适配成另一个接口，即适配器 Adapter 同时实现 Target 和 Adaptee 接口，并且把对 Target 接口中方法的调用实现为对 Adaptee 接口中相关方法的调用。对象适配器使用对象组合方式将一个接口适配成另一个接口，即适配器 Adapter 持有一个对 Adaptee 对象的引用，并实现 Target 接口，把对 Target 接口中方法的调用实现为对引用的 Adaptee 对象上的相关方法的调用。

在 4S 系统中，上述两种方式都可以使用。可以将 Adapter 对象传递给调用安全服务的方法中，这些代码调用的仍然是原有安全服务的 Target 接口中的方法，通过 Adapter 的适配，就可以实现对新的第三方安全服务的 Adaptee 接口的调用。通过这种方式，就可以避免修改所有使用到安全服务的代码，从而提高系统的可维护性。

### 6.2.2.2  桥接

桥接（bridge）模式可以将类中的抽象部分与实现部分分离，并在运行时刻将它们连接起来，从而使两部分可以独立地变化。如果希望将一个类的抽象部分与实现部分解耦，而不是在编译时刻绑定，或者希望一个类的抽象部分和实现部分可以各自独立地通过子类化进行扩展，那么就可以使用桥接模式。桥接模式的结构如图 6-7 所示。

例如，在 4S 系统中，假设将用户分成了 Gold 和 Silver 两种，随着时间推移，将来可能还会有 Bronze 和 Diamond 等更多的种类。另外，用户联系方式有 Email，将来可能还会有微信号、手机、邮寄地址和微博号等。这样，User 类就有两个可以独立演化的属性，即用户种类 Type 和联系方式 Contact，此时，就可以应用桥接模式来设计它们。

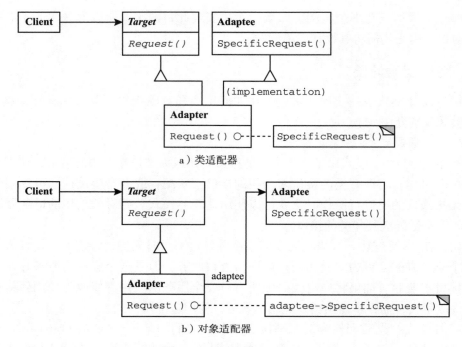

a）类适配器

b）对象适配器

图 6-6　适配器模式的结构

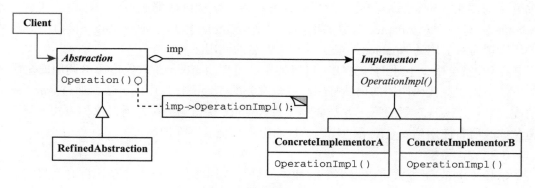

图 6-7　桥接模式的结构

对照图 6-7，在 4S 系统中，User 对应于 Abstraction，RefinedAbstraction 对应于 GoldUser、SilverUser 和其他的用户类型。Contact 对应于 Implementor，表示用户的联系方式，ConcreteImplementorA 和 ConcreteImplementorB 等就对应于 Email、WeChat、Mobilephone 和 Weibo 等具体的联系方式。User 拥有一个对 Contact 对象的引用，该引用可以通过 User 对象的 setContact 方法赋值，对应于 imp 应用，对 User 的联系方式的访问是通过调用这个引用的方法而实现的，即 imp->OperationImpl()。因此，具体的 User 对象和具体的

Contact 对象是在运行时连接起来的。而且，User 种类的扩展和 Contact 类型的扩展彼此间不会造成任何影响。

### 6.2.2.3 组合

组合（composite）模式将对象组织成树形结构，以表示"部分与整体"的层次结构，使用户可以以统一的方式处理单个对象和对象组合。当希望表示对象的"部分与整体"的层次结构，并希望用户能够忽略单个对象与对象组合的差异时，就可以使用该模式。组合模式的结构如图 6-8 所示。

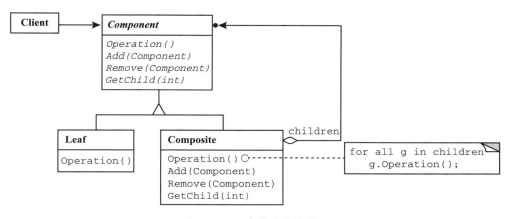

图 6-8　组合模式的结构

例如，在 4S 系统中，关于用户对汽车的评价，就构成了一个树形结构，用户可以发帖对某型号汽车进行评价，也可以对某个帖子发帖进行回复。设计人员希望能够以统一的方式处理某个具体的帖子和某个帖子以及跟帖构成的树或子树，此时，就可以应用组合模式。

对照图 6-8，在 4S 系统中，可以设计一个抽象类 Comment，对应于 Component，其中包含对帖子的处理方法 Operation 以及 Add、Remove 和 GetChild 等处理帖子子树的方法。AtomComment 表示具体的帖子，其 Operation 实现了对单个帖子的处理逻辑，并且其 Add、Remove 和 GetChild 方法都返回 null。CompositeComment 表示帖子子树，它持有一个集合对象，保存其所有子节点的引用。Add 和 Remove 方法接受一个 Comment 类型的参数，分别在该集合对象中添加新元素或移除已有元素，GetChild 方法则返回该集合对象中保存的所有子节点，而对于 Operation 方法，则通过在其所有子节点上调用 Operation 方法来实现。通过这种方式，就可以实现对单个帖子或帖子子树按照统一的方法来处理。

### 6.2.2.4 装饰器

装饰器（decorator）模式可以动态地将额外的职责添加到对象中，它提供了一种替代方案，可替代通过子类化来实现对象功能的扩展。与子类化相比，装饰器可以动态而透明地向单个对象添加额外的功能，而不会影响其他对象，同时这些职责也可以动态地撤销。当子类化不符合我们的要求时，就可以考虑使用该模式。装饰器模式的结构如图 6-9 所示。

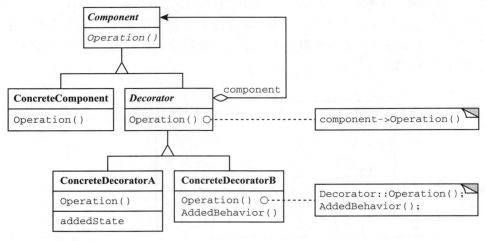

图 6-9  装饰器模式的结构

例如，在 4S 系统中，为了促销，在不同时期将随售出汽车附送一些小礼物，例如在圣诞节期间，附送圣诞树小挂件，在新年期间，附送贺卡红包等。在这种情况下，这些小礼物本身并不属于售出汽车的一部分，它们是在不同时期动态添加到售出汽车上的额外属性，而且由于一年中会有很多次这样的促销，因此，子类化售出汽车，使其适用于各个时期，就会造成类的数量膨胀，系统难以维护。此时，装饰器模式就成了首选。

对照图 6-9，首先定义 Component 接口，它包含可以对拍卖物品进行操作的逻辑，例如 Operation 方法。然后定义售出汽车 SoldCar 类和各个时期的促销装饰器的公共父类 Decorator，它们分别对应于 ConcreteComponent 和 Decorator，并且都扩展自 Component 接口。Decorator 持有一个 SoldCar 对象的引用，对该 SoldCar 进行装饰的方式即调用被装饰的 SoldCar 上的 Operation 方法，并在调用它的代码之前或之后插入额外的逻辑，例如圣诞装饰器就会添加圣诞树挂件作为小礼品。ConcreteDecoratorA 和 ConcreteDecoratorB 对应于各种具体的促销装饰器。用户只需实例化一个 SoldCar 对象，并将其传递给一个 Decorator 对象，然后在 Decorator 对象上调用 Operation 方法，就会发现不但 SoldCar 的 Operation 方法被执行，而且还执行了装饰器上添加的额外逻辑。通过上面的设计，就无须扩展或修改 SoldCar 类，只需使用不同的装饰器类，就可以实现动态地向某个 SoldCar 对象添加额外的逻辑。

### 6.2.2.5  外观

外观（façade）模式为子系统中的一组接口提供了更高层的统一接口，使该子系统更加容易使用。当希望向用户提供一个简单接口用于访问复杂子系统，或者希望对子系统分层时，就可以使用该模式。外观模式的结构如图 6-10 所示。

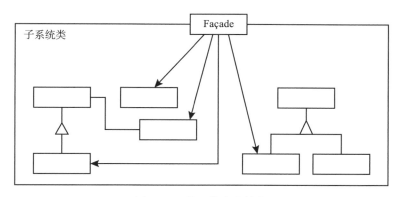

图 6-10　外观模式的结构

例如，在 4S 系统中，假设对用户购车的处理需要调用三个方法：第一个方法需要用户名和密码作为参数，以进行用户验证；第二个方法需要车辆型号为参数，以提交购车信息；第三个方法以车辆型号为参数，以获取该车辆最新的售价和促销信息，用于刷新用户显示。对这三个方法的调用会使代码编写量较多，而且当对用户购车的处理逻辑发生变化时，就需要修改这些代码。为了提高系统的可用性和可维护性，此时，就可以选择使用外观模式。

在 4S 系统中，可以新添加一个外观类 Façade，它包含一个 purchase 方法，一次性接收用户名、密码、竞拍物品与竞拍价等信息作为参数，然后依次调用前面提到的三个方法。现在只需要调用 Façade 类的 purchase 方法就可以完成以前需要调用三个方法才能完成的对购车请求的处理，使购车处理子系统的接口变得简单了。而且，当竞价处理逻辑发生变化时，使用 Façade 的代码并不受影响，只需要修改 Façade 的具体实现即可。

### 6.2.2.6　享元

享元（flyweight）模式可以通过共享有效地支持数量庞大的细粒度对象。有些应用中存在这样的对象，存储它们的高昂开销仅仅是因为数量庞大而产生的。这些对象的状态是由外部程序赋予的，并且其状态的不同取值数量有限，此时，如果应用并不区分对象的标识，而只是区分对象的状态，那么就可以用少数共享对象来替代大量的对象。这就是享元模式的基本原理。享元模式的结构如图 6-11 所示。

例如，在 4S 系统中，回到原型模式中所举的例子，程序需要通过控制 Token 对象的数量来实现对并发访问用户数量的限制。假设通过仔细考察需求，设计人员认为 Token 对象中有效的状态即其中的 flag 属性，而其取值也只有 true 和 false 两种。此时就会发现并不需要创建大量的 Token 对象，而只需要创建两个 Token 对象，其中一个 flag 属性值为 true，另一个 flag 属性值为 false。TokenFactory 中维护的 Token 数组中的元素可以引用这两个对象，当某个元素分配给用户使用时，就指向 flag 属性为 false 的 Token 对象，当该元素被所持有的用户释放时，就指向 flag 属性为 true 的 Token 对象。通过这种方式，即使设计人员将并发访问用户数量的上限设置为数百或上千，也只需要创建两个 Token 对象。

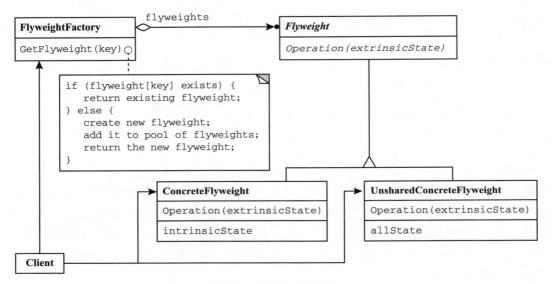

图 6-11　享元模式的结构

对照图 6-11，在 4S 系统中，TokenFactory 对应于 FlyweightFactory，而 Token 对应于 Flyweight。FlyweightFactory 创建对象的逻辑是：维护一个已创建对象的集合，对于创建享元对象的请求，首先按照所需创建对象的状态在该集合中进行查找，如果找到了匹配的对象，则直接返回对该对象的引用，否则创建新的对象，将其插入已创建对象集合，并返回新对象的引用。这样就可以保证享元对象的数量取决于其状态的不同取值的数量，而并非要求创建享元对象的请求数量，从而实现只需创建并共享少量对象就可以满足大量的对享元对象引用的需求。

### 6.2.2.7　代理

代理（proxy）模式提供了一个代理者，用于控制对被代理对象的访问。使用代理存在多种原因，包括提供对远程对象的本地表示，用于随需创建开销高昂的对象，对被代理对象进行保护，以及执行额外的行为等。

代理模式的结构如图 6-12 所示。图 6-12a 是代理模式的静态结构，代理类与被代理类实现了一样的接口，但是它们的实现方式不同，被代理类会实现接口中方法的业务逻辑，而代理类对接口中方法的实现方式是执行其他额外的逻辑，并调用其持有的被代理对象的引用上的对应方法。图 6-12b 是代理模式的动态结构，用户代码只能通过代理对象来访问被代理对象，即用户无法直接访问被代理对象，代理对象对用户完全屏蔽了被代理对象。

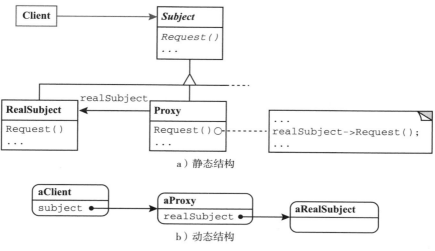

图 6-12　代理模式的结构

例如，4S 系统使用了 Tomcat 作为其应用服务器。其中，Tomcat 作为一个 Web 应用服务器，就大量使用代理模式来实现其功能。例如，Tomcat 使用代理模式为部署在其中的 Web 构件生成容器，而容器是由一系列请求拦截器构成的，它们依次拦截用户的调用请求，以执行 Web 构件实例生命周期管理、安全控制、事务管理和其他一些中间件服务，然后将请求转发给具体的 Web 构件实例以执行业务逻辑。

## 6.2.3　行为型设计模式

行为型设计模式包括 11 种，它们关注算法和对象间的操作，包括对象或类之间的结构与通信模式。下面详细介绍这 11 种设计模式。

### 6.2.3.1　职责链

职责链（chain of responsibility）模式可以避免请求发送者和接收者之间的耦合，使多个对象都有机会处理请求。这些接收对象串成链，请求沿这条链传递下去，直至被某个对象处理为止。除了希望多个对象都有机会处理请求之外，如果希望向一组对象发送请求，同时不希望明确指定接收者，或者需要动态指定处理请求的一组对象，都可以使用职责链模式。

在代理模式中提到，Tomcat 为 Web 构件实现的容器是一组请求拦截器，这些请求拦截器就串成了职责链，链条中的每一个环节都可以处理请求，执行各自的处理逻辑。但是，要注意的是，在 Tomcat 的 Web 容器中，并非只要有一个请求拦截器被处理，整个处理就会终止，而是无论某个请求拦截器是否需要对这个请求进行处理，都会在职责链中继续传递该请求，直到传递给某个 Web 构件实例。因此，Web 容器实际上综合应用了职责链模式和代理模式，其最终需要将请求传递给某个 Web 实例以执行业务逻辑。

职责链模式的结构如图 6-13 所示。图中，职责链中的所有环节，即 ConcreteHandler1 和 ConcreteHandler2，都实现了共同的接口 Handler。Handler 持有一个其自身类型的后继对象 successor，这是因为职责链是有先后顺序的，假设 ConcreteHandler1 的后继对象是 ConcreteHandler2，而 ConcreteHandler2 的后继对象为 null，

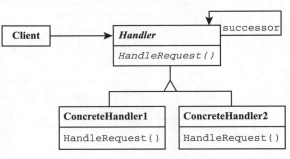

图 6-13　职责链模式的结构

表示它是职责链中的最后一环。当产生用户请求时，ConcreteHandler1 的 HandleRequest 方法先处理请求，当它无法处理请求时，就调用所持有的 ConcreteHandler2 对象的 HandleRequest 方法，并将请求信息作为其参数传递；如果 ConcreteHandler2 对象的 HandleRequest 方法也无法处理该请求，则表示整个职责链上的所有环节都无法处理该请求，此时可以抛出异常。可以看到，用户请求增加了被处理的机会，因为它既可以由 ConcreteHandler1 处理也可以由 ConcreteHandler2 处理，只有两者都不能处理时才会抛出异常。

### 6.2.3.2　命令

命令（command）模式将请求封装成对象，使得程序可以用不同的请求对客户端进行参数化、对请求进行排队或记入日志，以及支持可撤销的操作等。通过使用命令模式，可以将调用操作的对象与执行操作的对象解耦，并且在添加新的命令时，并不会对现有命令产生影响。命令模式的结构如图 6-14 所示。

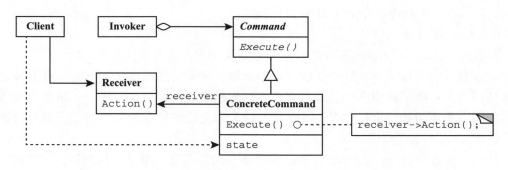

图 6-14　命令模式的结构

　　例如，在 4S 系统中，对于处理购车请求的流程，设计人员希望封装其代码，使其和调用该流程的代码解耦，以提高系统的可维护性。此时，就可以使用命令模式。

　　对照图 6-14，在 4S 系统中，处理购车请求的类对应于 Receiver，它的 Action 等方法就是具体的处理购车请求的逻辑。ConcreteCommand 就是处理购车请求的命令，它实现了所有命令的公共接口 Command。Command 接口中包含 execute 方法，希望处理购车请求的类 Invoker 通过调用该方法来实现其目的。在 ConcreteCommand 中包含 state 属性，这些属性是在调用 Receiver 的 Action 方法时所必需的，例如具体的购车请求。Invoker 在调用 ConcreteCommand 的 execute 方法之前，先对其 state 进行赋值以传递购车请求，而在 execute 方法中将调用 Receiver 的 Action 方法来处理购车请求。通过这种方法，Invoker 和 Receiver，即调用操作的对象和执行操作的对象实现了解耦，因为调用操作的对象是在以统一的接口方法 execute 来调用所有的命令，而无须耦合每种命令对应的内部实现逻辑，这有助于提高系统的可维护性。

### 6.2.3.3　解释器

　　解释器（interpreter）模式针对给定的语言定义其文法表示，并提供针对该表示的解释器，用于解释使用该语言书写的句子。对于文法简单的语言，解释器模式是适用的，而文法复杂的语言需要特殊的工具处理，解释器模式就显得不恰当了。由于解释器会构建语法树来解释句子，因此其效率会比较低，使用时需要考虑这一点。

　　对于某些查询条件，可以构建简单的查询语言来进行描述，这样可以方便用户使用，降低用户查询的门槛。例如，在 4S 系统中，允许用户使用自定义的语言来描述对用户的查询条件，该语言的文法非常简单，为 "ID：[ number ]R：[ string ]F：string L：[ string ]"，其中 ID、R、F 和 L 是关键字，分别表示用户的 ID、所属区域（Region）、名（Firstname）和姓（Lastname），方括号 [ ] 表示内容可选，string 和 number 是对该部分内容的属性描述，分别表示字符串和数字。这个文法说明查询条件可以包含对用户 ID、所属区域、名和姓四个属性的约束，最少应该包含对名的约束，对其他属性的约束是可选的。为了能够解析使用这个简单语言描述的查询条件，就需要编写解释器来解释它。

　　解释器模式的结构如图 6-15 所示。图中，AbstractExpression 是抽象语法树中所有节点的公共接口。TerminalExpression 表示语法树中的叶子节点，即表达式中不可再分割的部分，NonterminalExpression 表示语法树中的非叶子节点，即表达式中的组合部分。

　　在 4S 系统中，可以将查询条件表示为 4 个 TerminalExpression，分别对应查询条件中的 4 个部分，而包含多个部分的查询条件可以用 NonterminalExpression 表示。表达式对象的 interpret 方法会执行把该表达式应用于给定的上下文环境时的处理逻辑，而 Context 就是表达式应用的上下文环境，所有 User 对象就是 4S 系统中的 Context。Client 首先把用户提交的查询条件解析成表达式，并根据表达式构建语法树；然后，在表达式上调用 interpret 方法，并以 Context 为调用参数，该方法会返回表达式作用于 Context 的结果，在 4S 系统中就是找到的符合要求的 User 对象集合。

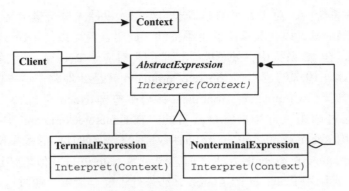

图 6-15    解释器模式的结构

### 6.2.3.4    迭代器

迭代器（iterator）模式提供了一种无须暴露聚合对象底层表示就可以按顺序访问其各个元素的方式，通过这种方式，可以为不同的聚合对象提供统一的访问接口。

例如，在 4S 系统中，经常会查询用户和待售汽车等信息，而出于不同需求的考虑，使用了不同的聚合类型存储查询结果，例如，使用 Set 类型存储用户集合，以剔除重复元素，使用 HashLinkedList（哈希链表）类型存储待售汽车集合，以方便对同型号汽车的检索。如果希望使用统一的方式访问这些聚合类型对象，就可以使用迭代器模式。

迭代器模式的结构如图 6-16 所示。迭代器具有统一接口 Iterator，通过它可以访问聚合对象 Aggregate。对于每个具体的聚合类 ConcreteAggregate，都有对应的具体类型的迭代器 ConcreteIterator 实现 Iterator 接口，以实现对应的访问逻辑。用户在使用某个具体的聚合对象时，通过 CreateIterator 方法可以获得与其对应的迭代器对象，然后通过在该迭代器对象上调用 Iterator 接口中的方法实现对聚合对象的访问。在此过程中，聚合对象的底层结构对用户是透明的，用户是以统一方式访问各种聚合对象的。

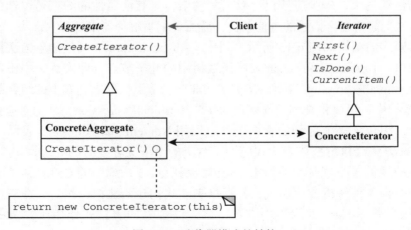

图 6-16    迭代器模式的结构

### 6.2.3.5　中介器

中介器（mediator）模式定义了一个中介对象，封装了一组对象之间的交互逻辑，使得它们不需要显式地互相引用，并且可以互相独立地改变交互方式，从而促进实现松散耦合。当一组对象之间的通信方式过于复杂，或者由于对象间的直接引用通信导致对象难以被复用时，就可以使用中介器模式。中介器模式的结构如图 6-17 所示。

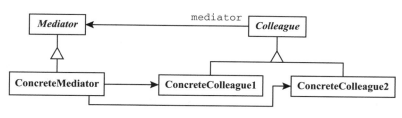

图 6-17　中介器模式的结构

例如，在 4S 系统中，假设将汽车销售的逻辑修改为：所有希望购买某个型号汽车的用户都将购车请求发送给购车子系统中的购车中介，这些请求中包含汽车型号和出价。购车中介根据汽车型号将购车请求转发给具体代理这个型号汽车的经销商，由这些经销商来具体处理这些购车请求。而处理结果也由经销商发送给购车中介，购车中介转发给用户。通过这种方式，消息的发送者和接收者之间就可以实现解耦，并且修改路由逻辑并不会影响任何一方的代码。这种交互方式就可以用中介器模式来实现。

对照图 6-17，在 4S 系统中，所有用户和经销商对象分别是 ConcreteColleague1 和 ConcreteColleague2，它们互相之间并不直接产生引用，而是持有一个指向购车中介的引用，购车中介对应于中介器 ConcreteMediator，所有消息均发送到购车中介；同时，它们也可以向该购车中介注册自己，使得购车中介也可以持有已注册用户或经销商对象的引用，并通过这些引用向用户和经销商对象发送消息，从而使通信成为双向的。

中介器必须维护预定义的路由逻辑，例如用 XML 格式表示的"黄页"，这样就可以使路由逻辑独立于客户端代码。由于所有消息都通过中介器转发，因此中介器模式的效率相对较低，而且中介器自身容易成为系统瓶颈。

### 6.2.3.6　备忘录

备忘录（memento）模式无须破坏封装就可以捕获对象的内部状态，并将其保存在对象外部，使得该对象将来可以恢复到此状态。备忘录实际上是对象状态的快照，相对于直接提供获取对象状态的接口，它可以避免有可能产生的暴露实现细节和破坏封装等潜在危险。

例如，在 4S 系统中，假设做出这样一个设计，在待售汽车中增加一个属性表示当前的最新售价，每当某个经销商对售价进行调整时，就会更新该属性。但是，出于安全性的考虑，希望定期对某些经销商的不规范调价进行过滤，当发现某个经销商对某型号汽车的定价存在恶意竞争意图时，就将该型号汽车的最新出价属性恢复到此次调价之前最后一次过滤时的正常值。此时，就可以使用备忘录模式，在每次过滤恶意调价后，就为待售汽车创建备忘录，作为下次过滤时恢复被恶意调价汽车的依据。

备忘录模式的结构如图 6-18 所示。备忘录（Memento）与备忘目标 Originator 具有相同的属性集。在 Originator 中有 CreateMemento 方法，用于创建一个备忘录（Memento）对象，并将 Originator 的属性集通过调用 Memento 对象的 SetState 方法赋值给该备忘录对象；而 SetMemento 方法则接收一个备忘录（Memento）对象为参数，并将所属 Originator 的属性集赋值为调用该 Memento 对象的 GetState 方法所获得的状态信息。Caretaker 负责管理所有 Memento 对象，例如保存指向所有 Memento 对象的引用，并提供相应的查找方法。在使用备忘录模式时，Memento 通常会作为 Originator 的内部类来实现，因此，无须在 Originator 中向外暴露获取其属性的方法，Memento 就可以获取 Originator 的属性，这可以有效地保护 Originator 内部的实现逻辑，并维护封装性。

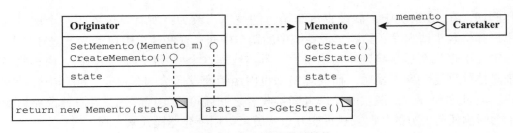

图 6-18　备忘录模式的结构

### 6.2.3.7　观察者

观察者（observer）模式定义了对象间的一对多依赖，当一个对象发生变化时，所有依赖于它的对象都会得到通知并自动更新。如果当一个对象发生变化时，需要通知其他对象随之发生变化，但是却无法预知到底需要通知哪些对象，那么就可以使用观察者模式。

例如，在 4S 系统中，希望对各类型号汽车的售价形成按价格区域划分的条状图，当有新型号汽车销售时，该条状图就会自动随之发生变化，以反映最新的价格分布状态。此时，条状图就是一个观察者，它需要观察汽车的售价，并及时做出调整。

观察者模式的结构如图 6-19 所示。图中，观察者 Observer 通过调用被观察者 Subject 的 Attach 方法进行注册，当 Subject 发生变化时，它会通知所有注册过的观察者，并调用它们的 Update 方法，让它们随着进行变化。Observer 的 Update 方法会调用 Subject 的 GetState 方法获取其最新状态，用来更新自身。在 4S 系统中，条状图就是 Observer，而待售汽车就是 Subject，通过上面的协作，条状图可以随待售汽车的变化而变化。

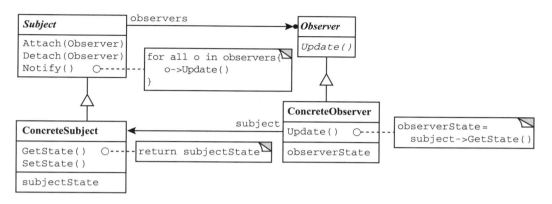

图 6-19 观察者模式的结构

### 6.2.3.8 状态

状态（state）模式允许一个对象在其内部状态发生变化时改变其行为，就好像它所属的类发生了变化一样。当一个对象的行为依赖于其状态，而且在运行时必须依据不同的状态而改变其行为时，就可以使用状态模式。状态模式的结构如图 6-20 所示。

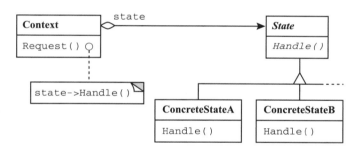

图 6-20 状态模式的结构

例如，回到中介器模式的例子，在 4S 系统中，将用户和经销商之间的通信设计成通过中介器进行交互。假设更进一步，为了避免中介器成为瓶颈，设计人员为每个用户设置一个队列，队列只能存放有限数量的消息。当用户发送消息时，中介器会检查该用户的队列，当队列不满时，就把消息放入队列的末尾，否则就丢弃该消息，并通知用户发送消息失败，如果放入一条消息后队列满了，则将该队列的状态更新为满。中介器会周期性地处理所有队列中的消息，对于处理前已经放满消息的队列，只要有消息被处理，中介器会将其状态更新为不满，于是对应的用户就可以继续发送消息了。通过这种方式，可以有效地限制消息的数量，降低中介器的压力。用户发送消息到队列时，队列所采取的行为就取决于队列的状态，不同的状态会有不同的行为，这就可以使用状态模式来实现。

对照图 6-20，在 4S 系统中，队列对象对应于 Context，其接收消息的方法对应于 Request，它根据状态的不同而表现出不同的行为。队列有两种状态，满与不满，分别对应于 ConcreteStateA 和 ConcreteStateB，它们实现了公共接口 State，其 Handle 方法就是两种状态下对接收消息行为的不同处理逻辑。Context 持有一个 State 对象的引用，即队列包含一个指示其是否满的属性，每当有消息进入队列后，就会在 Request 方法中调用所持有的 State 对象上的 Handle 方法。当队列满时，Context 所持有的 State 引用就指向一个表示满的 State 对象，否则就指向一个表示不满的 State 对象。正如前面所述，队列状态会在满与不满之间互相切换，而只要发生状态切换，则 State 引用所指向的对象都会进行更新。

状态模式使得对象在不同状态下会表现出完全不同的行为，就好像它所属的类在不断发生变化一样。当然，也可以在代码中编写大量的 if-else 或 case 语句来实现相同的目的，但是状态模式的可维护性更高，因为 Context 无须因状态的添加或删除而进行修改。

#### 6.2.3.9 策略

策略（strategy）模式定义了一个算法族，对每一个算法都进行了封装，并使它们可互相替换，这使得这些算法可以独立于使用它们的客户端而独立地进行改变。当某个算法存在许多不同的变体，并且这些变体会根据不同的条件被使用时，就可以使用策略模式。策略模式的结构如图 6-21 所示。

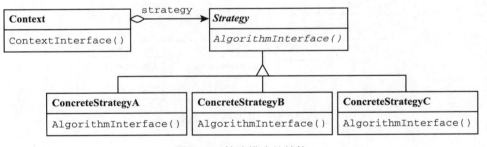

图 6-21 策略模式的结构

例如，在 4S 系统中，将用户分成了 Gold、Silver 和 Bronze 等不同的级别，针对不同级别的用户，对其购车请求的处理方式也不尽相同，即处理购车请求的算法会存在不同的变体。为了实现这个目的，可以使用策略模式，让处理购车请求的类可以根据不同用户选择不同的策略进行处理。

对照图 6-21，在 4S 系统中，处理购车请求的类对应于 Context，它持有一个对 Strategy 策略对象的引用。针对 Gold、Silver 和 Bronze 用户的购车请求处理策略对应于 ConcreteStrategyA、ConcreteStrategyB 和 ConcreteStrategyC，它们实现了公共接口 Strategy。当产生新的购车请求时，会创建一个 Context 对象对其进行处理，而该 Context 对象会根据用户类型确定所持有的 Strategy 引用指向哪一个具体的策略对象，然后将购车请求转发给该策略对象处理。通过使用策略模式，可以方便地增减不同的策略，而使用这些策略的逻辑封装在 Context 中，对该逻辑的修改不会影响各种策略的实现。

#### 6.2.3.10　模板方法

模板方法（template method）模式允许程序员对一个操作定义其算法框架，并将某些步骤延迟到子类中去实现，使得子类可以在不改变算法结构的情况下重新定义某些步骤。当某个算法具有多种变体，但是它们具有某些公共部分时，通过使用模板方法可以避免重复编码，并对扩展的子类进行控制。模板方法模式的结构如图 6-22 所示。

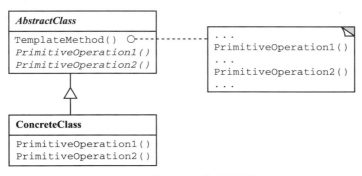

图 6-22　模板方法模式的结构

例如，回到策略模式中所举的例子中，在 4S 系统中使用策略模式对不同等级用户的购车请求采用不同的策略进行处理。如果这些不同的策略只是在整个处理过程中的几个关键步骤上有所区分，而其他步骤以及整体处理流程是相同的，那么就可以使用模板方法将所有策略的公共部分抽象成模板方法，让每个具体的策略去重新定义其中具有差异性的部分，从而避免大量重复性的代码。

在 4S 系统中，图 6-21 中的 Strategy 是所有策略的公共父类，它可以实现为图 6-22 中的 AbstractClass，在其 TemplateMethod 方法定义了整个处理方法的框架，其中有两个部分在不同的策略中的实现是不一样的，于是，将其抽象为 PrimitiveOperation1 和 PrimitiveOperation2 方法，让具体的策略类去重新定义它们。图 6-21 中的三个 ConcreteStrategy 类对应于图 6-22 中的 ConcreteClass 类，它们继承自 AbstractClass，并按照自己的逻辑重新定义了 PrimitiveOperation1 和 PrimitiveOperation2 方法。通过这种方式，各个 ConcreteClass 中不必再重复 TemplateMethod 方法中的代码，只需要编写具有差异性的部分即可。同时，TemplateMethod 也对各个 ConcreteClass 做出了限制，它们不能更改整个算法的框架，而只能实现其中具有个性化的部分。

#### 6.2.3.11　访问者

访问者（visitor）模式允许在不改变对象结构中各个元素的情况下，定义作用于这些元素的不同操作。如果构成对象结构的类不会经常发生变化，但是希望能够在整个对象结构上定义新的操作，就可以使用访问者模式。访问者模式的结构如图 6-23 所示。

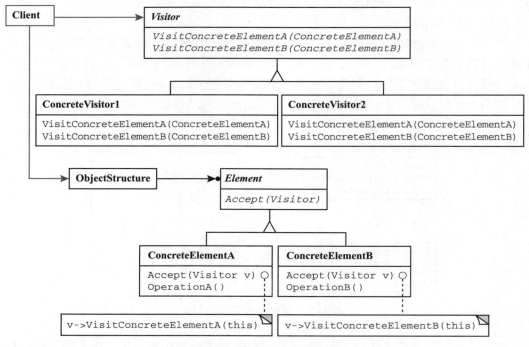

图 6-23　访问者模式的结构

　　例如，在 4S 系统中，由于用户分成了 Gold、Silver 和 Bronze 三种等级，因此，当不同的用户访问待售汽车和其他用户信息时能够产生不同的效果，例如 Gold 用户可以看到汽车的三视图，Silver 用户可以看到汽车的正视图，而 Bronze 用户只能看到汽车的缩略图；Gold 用户可以看到其他用户的全部个人联系信息，Silver 用户可以看到其他用户的 Email 和电话信息，而 Bronze 用户只能看到其他用户的 Email 信息。对于待售汽车和用户类来说，它们本身很少会发生变化，但是设计人员希望能够定义三种不同的访问操作以支持上述需求。此时，就可以使用访问者模式。

　　对照图 6-23，在 4S 系统中，为不同等级的用户定义了不同的访问者，对应于 ConcreteVisitor1 和 ConcreteVisitor2，它们按照各自不同的逻辑实现了公共接口 Visitor。Visitor 接口包含访问不同的元素（即待售汽车和其他用户）的方法，即 VisitConcreteElementA 和 VisitConcreteElementB。这两个方法分别对当作参数传递的 ConcreteElementA 和 ConcreteElementB 进行访问。待售汽车和用户分别对应于 ConcreteElementA 和 ConcreteElementB，它们实现了公共接口 Element，该接口包含一个 Accept 方法。当某个具体的 Element 对象上的 Accept 方法被调用时，它会接受一个 visitor 对象作为参数，将其与该 Element 对象关联起来，例如，在一个待售汽车对象上调用 Accept 方法将其与一个 Gold 用户的访问者对象关联起来。ObjectStructure 可以是访问待售汽车和用户的程序，它调用 Element 上的 Accept 方法，并将 Visitor 对象作为参数传递给它。无论 ObjectStructure 还是 Element 上的 Accept 方法调用与之关联的 Visitor 对象上的 VisitConcreteElement 方法，它都会以自己的逻辑去访问该 Element 对象。通过这种方式，可以在不改变待售汽车和用户元素的结构的情况下，添加对这些元素的新的操作。

　　上面通过举例的形式介绍了 23 种设计模式，在具体应用过程中，还需要根据具体情况灵活应用。

## 6.3　包和子系统设计

### 6.3.1　包设计的原则

　　包在进行架构设计和子系统设计时经常被用来描述设计方案，Robert C. Martin 给出了面向对象设计中包设计的 6 项原则 ⊖，下面将结合 4S 系统进行介绍。

　　（1）复用 – 发布等价原则

　　复用 – 发布等价原则（Release-Reuse Equivalency Principle，REP）是指复用粒度等价于发布粒度，这种粒度就是包。在一个包中的所有元素（即类和接口）会被当作单一的可复用单元看待，即它们要么都可以被复用，要么都不可以被复用。以客户端的角度来看，当可复用的软件实体被其作者修改后，应该发布其新版本，而客户端会迁移到新版本上。因此，复用粒度就应该等价于发布粒度，这也就确定了包的粒度。这项原则明确了包的粒度应该以复用的目标而设计，包的内部应该是高内聚的。

　　例如，在 4S 系统中，图 5-17 和图 4-18 是两种包设计方式。图 5-17 是按照多层应用水平分割的，在这种设计中，考虑的是将来有可能将其中的 Spring 框架替换成其他框架时，可以将其中的 Spring Classes 包替换成其他的包，因此，这种设计符合复用 – 发布等价原则。图 4-18 是按照功能垂直分割的，在这种设计中，考虑的是将来其中的某些子系统，例如系统管理子系统会不断升级，并且有可能会在其他系统中复用，因此，这种设计也符合复用 – 发布等价原则。从这个例子可以看出，是否符合复用 – 发布等价原则，取决于系统复用的目标和对象，因此这是一个与业务相关的问题。

　　（2）共同复用原则

　　共同复用原则（Common Reuse Principle，CRP）是指在同一个包中的所有类应该被一起复用，即只要复用了包中的任意一个类，就应该复用剩余的所有类。这项原则明确了哪些类应该被放置到同一个包中，答案就是需要被一起复用的类应该放置到同一个包中，而不会一起被复用的类自然就不应该放置到同一个包中。这项规则实际上是类设计规则

⊖　参见 Robert C. Martin 的 *The Principles of OOD*，http://www.butunclebob.com/ArticleS.UncleBob.PrinciplesOfOod。

中"接口隔离原则"（参见 6.4.1 节）在包上的扩展，即不要把用户不会用到的类和需要用到的类放置到同一个包中。

例如，在 4S 系统中，图 5-17 中划分了 6 个包，这样设计的原因是这 6 个包对应的软件实体在功能上相对独立，而每个包内部已经是高内聚的了。如果将其中任意两个包组合到一起，都会破坏其内部的内聚性，这就不符合共同复用原则了。共同复用原则也是以复用为导向的，复用的粒度决定了包的粒度。如果存在不同层次的复用粒度，那么在包的内部就需要细分更多的包。例如，在 Spring Classes 包中，还可以按照图 4-18 中列举的 7 个子系统进行细分，将实现不同子系统功能的 Spring Classes 整合到 7 个子包中。这样设计既可以满足 Spring Classes 包整体复用的目标，也可以满足针对其中某个子包复用的目标。

（3）共同封闭原则

比可复用性更重要的是可维护性，共同封闭原则（Common Closure Principle，CCP）正是为了提高可维护性而设计的，它是指在同一个包中的所有类应该对同类型的变更封闭。也就是说，当软件的变更影响某个包时，该变更会影响这个包中的所有类，但是不会影响这个包之外的任何类，即该变更在这个包中是封闭的。这项规则明确了放置在同一个包中的类的范围，即它们应该将变更局限在包内部。

例如，在 4S 系统中，图 5-17 中将可能被频繁复用的类放置到了 Utilities 包中，例如记录日志的 Logger 类。当记录日志的方式发生变化时，例如从将日志记录到文本文件中变更为将日志记录到数据库中，对 Logger 类的修改就被局限到了 Utilities 包中，对其他的包不会产生影响，这样就符合共同封闭原则。

上述第 1~3 项原则都是有关包的粒度（即包的内聚性）的原则，它们明确了哪些类应该放置到同一个包中，哪些类应该放置到不同的包中。

（4）无环依赖原则

无环依赖原则（Acyclic Dependencies Principle，ADP）是指包之间的依赖结构必须是有向无环图，即在依赖结构中必须没有任何环。包之间的依赖结构中一旦出现环，就会导致在发生变更时，对包做出的修改有可能会无法达到稳定状态，最后导致无法修改；即便最终能够达到稳定状态，也要以付出高昂的修改成本为代价。这项原则的道理是很浅显的，关键问题是如何在出现循环依赖的情况下打破循环，从而遵循无环依赖原则。解决该问题有以下两种解决方案。

第一种是将循环中的部分类独立出来创建一个新的包，从而打破循环。图 6-24 展示了这种方案，在左边的 A 和 B 两个包形成了循环依赖，在右边将 B 包依赖 A 包的部分从A 包中挪出来构成新的 C 包，A 包中剩下的类构成 A' 包，B 包和 A' 包同时依赖于 C 包，

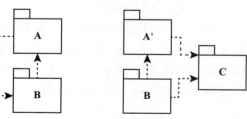

图 6-24   打破循环的方案一

这样，右边的图中不存在环了，所以满足了无环依赖原则。

第二种是应用"依赖倒置原则"（参见 6.4.1 节），将依赖关系逆转，从而打破循环。

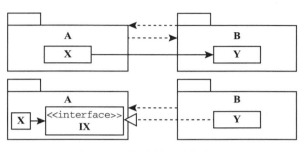

图 6-25 展示了这种方案，在上面的图中 A 和 B 两个包形成了循环依赖，其中 A 依赖于 B 是因为 A 中的 X 构件（或类）对 B 中的 Y 构件（或类）形成了依赖；在下面的图中设计了 Y 向 X 提供的接口 IX，Y 实现该接口，而 X 依赖于该接口，这样，从 A 到 B 的依赖就被消除了，图中不再有环，所以也满足了无环依赖原则。

图 6-25　打破循环的方案二

（5）稳定依赖原则

稳定依赖原则（Stable Dependencies Principle，SDP）是指在设计方案中，包之间应该朝着稳定的方向依赖，每个包都应该只依赖于比它更加稳定的包。所谓稳定的包，是指不需要变更的包。如果设计方案能够对各种变更不做调整就自适应，那么它就是稳定的。但是，软件设计并非总是一成不变的，因为软件生命周期内变更总是会发生的，所以软件设计中总有一部分是会发生变更的。在这种情况下，如果稳定的包依赖于易变的包，那么由于稳定的包是不需要变更的，或者是难以变更的，因此易变的包也会变得不可变更或很难变更，整个设计就失去了弹性。反之，如果易变的包依赖于稳定的包，那么不但不会影响稳定包的稳定性，而且易变包的变更也会满足共同封闭原则。

这项原则的道理同样很浅显，关键问题仍旧是在出现了违反稳定依赖的情况下如何解决问题，而方法也和解决违反无环依赖原则问题类似。图 6-26 给出了解决方案：在上面的图中稳定包 Stable 的 X 构件（或类）依赖于易变包 Volatile 的 Y 构件（或类），这违反了稳定依赖原则。为了解决这个问题，在下面的图中将 Y 向 X 提供的接口 IX 抽取出来放到 UInterface 包中，显然 UInterface 也是一个稳定包，Y 实现该接口，而 X 依赖于该接口，这样，Stable 包对 Volatile 包的依赖就被消除了，而 Stable 包对 UInterface 包的依赖属于稳定包对稳定包的依赖，Volatile 包对 UInterface 包的依赖属于易变包对稳定包的依赖，因此，这个方案符合稳定依赖原则。

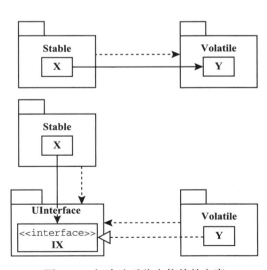

图 6-26　解决违反稳定依赖的方案

（6）稳定抽象原则

稳定抽象原则（Stable Abstractions Principle，SAP）是指最稳定的包应该是最抽象的包，不稳定的包应该是具体的包，包的抽象程度和它的稳定性成正比。这项原则建立了抽象性与稳定性之间的关系，稳定的包之所以应该是抽象的，是因为这样其稳定性才不会妨碍它的可扩展性；同时，不稳定的包之所以应该是具体的，是因为这样其不稳定性才允许其内部的具体实现代码更加容易被变更。

例如，在 4S 系统中，考虑到用户类型会不断增加，因此设计了 User 抽象类，它提供了 login 和 setPassword 等通用方法的实现，同时定义了 work 等抽象方法，留待具体的类实现；Mechanic 和 Accountant 类扩展自 User 类，在继承了 login 和 setPassword 等方法的同时，实现了其具体的 work 逻辑。User 是抽象类，Mechanic 和 Accountant 类是具体类，由于 User 的抽象级别比另外两个类高，因此 User 更加稳定，而 Mechanic 和 Accountant 就显得相对易变。这其中的道理显而易见，User 因为不涉及 work 的具体实现，因此显得稳定，而另外两个类需要提供 work 的具体实现，这个实现有可能会发生变更，因此显得易变。从这个实例可以看出，抽象类或接口比其子类或实现类抽象程度更高，因此其稳定性更好。这也是针对接口编程的代码会显得更加稳定的原因。

上述第 4~6 项原则都与包的稳定性有关，即包的耦合性的原则，它们明确了包和包之间的依赖关系应该如何设计。

包的设计原则能够帮助设计人员确定代码的组织方式，它的基本原则是在保证设计方案具有良好可扩展性的同时保持稳定。

## 6.3.2 子系统设计

子系统是对系统的高层分解，子系统的设计定义了子系统的行为和接口。其中，子系统的行为通过子系统向其客户端提供的接口来定义，该接口对子系统的内部结构和实现进行了封装。子系统的内部结构和实现也需要在设计时通过文档进行描述，该文档定义了子系统接口及其内部结构和实现之间的对应关系。由于子系统不能孤立地存在，它需要和其他子系统进行交互，因此这种交互依赖关系也需要在子系统设计阶段确定下来。

子系统设计同样要遵循高内聚松耦合的基本原则，这样有助于系统的可维护性。例如，在 4S 系统中，所有的子系统都可以以微服务的形式实现，并且通过统一访问网关和服务注册中心进行访问，从而实现子系统之间的松耦合。当系统需要进行子系统更新时，对其他子系统的影响将最小化。如果对子系统的划分能够满足高内聚的条件，那么当对子系统进行更新时，可以保证只需要做最小更新。同时，由于子系统通过统一访问网关和注册中心进行访问控制，因此子系统可以实现即插即用，保证了系统具有良好的可扩展性，同时保证了各个子系统可以独立地演化。

子系统的接口设计也要遵循类设计的原则，接口的数量、粒度和范围都应该严格遵守这些原则来设计。唯一可能的问题是接口的粒度有可能会显得过细，对于远程调用显得效率低下。此时，可以使用设计模式中的"外观模式"将多个细粒度的接口组装成粗粒度的接口，以牺牲部分系统可维护性为代价，提高系统的运行效率。

子系统设计的过程大致可以分为 4 个阶段：

1）首先，对子系统的职责进行定义。由于子系统的职责是通过接口定义的，因此这个阶段的任务就是设计子系统的接口。接口中的操作将由子系统内部的类来实现。

2）其次，通过对子系统职责的分配确定子系统中的元素。子系统的职责需要由子系统内部的模块或构件等元素来实现，这些元素可以是对现有元素的复用，也可以是新开发的元素。因此，这个阶段的任务就是识别子系统中的元素，确定这些元素的来源，并将职责分配到这些元素中。

3）再次，对子系统的各个元素进行设计。在子系统的元素被识别出来之后，需要对其实现进行设计，包括静态结构和动态结构，可以使用包图、构件图、活动图和交互图等对这些元素进行说明，作为进行类设计的依据。

4）最后，确定子系统之间的依赖关系。每个子系统都需要和其他子系统进行交互，从而形成依赖关系。这种依赖关系也需要遵循包设计中的相关原则，例如无环依赖原则和稳定依赖原则等。

对子系统的设计是进行更进一步类设计的基础，合理的子系统设计能够保证子系统内部高内聚、子系统之间松耦合。

## 6.4　类设计

### 6.4.1　类设计的原则

Robert C. Martin 给出了面向对象设计中类设计的 5 项原则，下面将结合 4S 系统进行介绍。

（1）单一职责原则

单一职责原则（Single Responsibility Principle，SRP）要求每个类都只有一个职责，这是因为如果一个类的职责超过一个，那么它们就会紧耦合在一起，导致一个职责的变更有可能会影响其他职责无法履行。也就是说，在类的内部是高内聚的，如果将应该解耦的职责封装在一个类中，就会使它们耦合在一起，导致设计方案在面对变更时显得很脆弱。

在单一职责原则中，职责对应变更原因。如果变更一个类的原因有多个，那么这个类就包含了多项职责。例如，在 4S 系统中，需要实现销售统计报表功能。在图 6-27a 中，设计了一个 SalesReport 类，它包含两个方法，一个是用于报表显示的 render()，另一个是用于统计的 count()。这种设计就违反了单一职责原则，因为报表的显示和统计属于相对独立的职责，不应该耦合在一起。

图 6-27b 是一种改进设计方案，报表的显示和统计职责分别在 Report 和 Statistics 类中实现，Sales_Report 继承自 Report 和 Statistics。这种方案在不支持多重继承的语言中可以用实现多个接口的方式来实现。这个方案虽然在 Report 和 Statistics 中将职责进行了分离，但是在 Sales_Report 中仍旧将两个职责耦合在了一起。在很多系统中，这种情况无法避免，而且，虽然报表的显示和统计职责在 Sales_Report 中耦合在一起，但是通过接口分离，使得这两项职责和系统中其他部分实现了解耦。

图 6-27c 是另一种改进设计方案，报表的显示和统计职责分别在 Report 和 Statistics 类中实现，并且 Report 依赖于 Statistics 获取要显示的数据。这样就可以避免图 6-27b 中存在的在 Sales_Report 中再次将两个职责耦合在一起的问题。

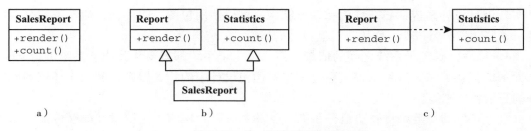

图 6-27　单一职责原则实例

单一职责原则是类的粒度设计的依据。它是最简单的原则，但是由于对职责的划分是依据实际情况而定的，因此它也是最难遵循的原则。除了类之外，接口和方法的设计也都应该遵循这项原则。

（2）里氏替换原则

里氏替换原则（Liskov Substitution Principle，LSP）是 Barbaba Liskov 提出的，它的含义是：子类必须能够替换其父类。更确切的定义是：如果对于 S 类型的任意对象 $O_1$，都有 T 类型的一个对象 $O_2$，使得对于任意针对 T 编程的程序 P，在将 $O_1$ 替换成 $O_2$ 时，P 的行为不变，那么 S 就是 T 的子类型。从这个定义可以看出，子类必须具有父类方法的所有实现。例如，Bird 类包含 fly() 方法，如果将鸵鸟实现为 Bird 类的子类 Ostrich，那么就会违反里氏替换原则，因为鸵鸟并不能飞，它没有实现 fly() 方法，所以在针对 Bird 类编程的程序中，使用 Ostrich 类的对象替换 Bird 对象时，凡是遇到对 fly() 方法的调用就会出错。

里氏原则规定了子类和父类之间至少应该满足两方面的要求：子类覆盖或实现父类的方法时，其输入参数的类型不比父类的方法实现中输入参数的类型更具体，而其输出参数的类型不比父类的方法实现中输出参数的类型更抽象。

例如，在 4S 系统中，如图 6-28 所示，Statistics 类表示报表统计，SalesStatistics 类和 ServiceStatistics 类分别表示销售报表统计和服务质量报表统计；Product 类表示销售的产品，

Car 类和 Accessory 类分别表示整车和配件，它们都是 Product 的子类；User 类表示所有的系统用户，Mechanic 类和 Accountant 类分别表示维修技师和会计，它们都是 User 的子类。

图 6-28　里氏替换原则实例

如果在 Statistics 类的接口中有下面的方法：

```
vector<Product> getStatistics(Mechanic m);
```

该方法返回指定的 Mechanic 对象维修过的 Product 列表。如果在 ServiceStatistics 类中对这个方法的实现为：

```
vector<Accessory> getStatistics(User u);
```

那么 ServiceStatistics 类就是 Statistics 类的符合里氏替换原则的子类。因为凡是能够作为输入参数传递给父类的对象，都可以作为输入参数传递给子类，因为所有的 Mechanic 对象都是 User 对象，即 ServiceStatistics 类的 getStatistics 方法的输入参数的类型比 Statistics 类的 getStatistics 方法的输入参数的类型更泛化。同时，凡是子类返回的对象，都可以作为父类的返回对象看待，即 ServiceStatistics 类的 getStatistics 方法的返回对象类型比 Statistics 类的 getStatistics 方法的返回对象类型更加具体。

如果将上述两个方法在两个接口中对调，那么就会违反里氏替换原则。在对调之后，Statistic 类的 getStatistics 方法可以接受一个 User 类型的对象作为输入参数，而 ServiceStatistics 类的 getStatistics 方法只能接受一个 Mechanic 类型的对象作为输入参数。当用 ServiceStatistics 对象替换 Statistic 对象时，如果在调用 getStatistics 方法时传递一个 Accountant 对象，那么 ServiceStatistics 对象就不会接受该对象，而 Statistics 对象却可以接受该对象。因此，ServiceStatistics 对象就无法在不改变程序行为的前提下替换 Statistics 对象，因此它作为 Statistics 的子类违反了里氏替换原则。

里氏替换原则是类的继承关系设计的依据，凡是违反里氏替换原则的设计都会导致子类不能完全替换父类的情况，这会使得程序中存在潜在风险。但是，对于是否遵循里氏替换规则，在绝大多数面向对象编程语言中是无法自动探测到的，即使违反了里氏替换原则，很多程序一样能够正常通过编译，只有在运行时才会抛出异常。因此，对里氏替换原则的遵循不能依赖于编译系统，而是需要设计人员自己来检查。

（3）依赖倒置原则

依赖倒置原则（Dependence Inversion Principle，DIP）有两方面的含义：在类的层次

架构中，高层模块不应该依赖于低层模块，它们都应该依赖于抽象；抽象不应该依赖于细节，细节应该依赖于抽象。这里倒置是相对于结构化分析与设计而言的。在结构化分析与设计中，软件被设计成层次关系，高层模块依赖于低层模块，而在面向对象设计中，这个依赖关系被倒置了。

遵循依赖倒置原则要求在设计时针对接口编程，即所谓"契约式设计"（design by contract），而不直接针对实现编程。例如，在 4S 系统中，如图 6-29 所示，负责显示报表的 Report 类将针对统计报表类的统一接口 Statistics 编程，而 Statistics 有两个实现类 SalesStatistics 和 ServiceStatistics，Report

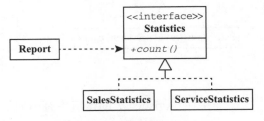

图 6-29  依赖倒置原则实例

类没有和这两个具体的实现类绑定，因此，将来无论是这两个类对 Statistics 中的 count 方法实现做出变更，还是添加新的 Statistics 接口的实现类，Report 类都不需要进行变更。在这个实例中，Report 类依赖的 Statistics 接口是一个高层抽象，SalesStatistics 和 ServiceStatistics 两个具体实现类实现了抽象的 Statistics 接口，但是 Report 类并没有直接依赖于它们。因此，这个设计符合依赖倒置原则，即细节依赖于抽象，高层模块和低层模块都依赖于抽象。

依赖倒置原则是接口设计的依据。为了满足依赖倒置原则，需要为具体实现类设计抽象接口，其他依赖于这个类的类都针对其接口编程，这样可以保证与具体实现细节的解耦。在编写诸如独立于操作系统、平台、编程语言的程序时，经常会采用这种方式来进行设计。

（4）接口隔离原则

在依赖倒置原则中规定，类与类之间的依赖是通过接口来实现的，而接口的粒度应该如何控制呢？接口隔离原则（The Interface Segregation Principle，ISP）就是针对这个问题而提出的。接口隔离原则是指客户端不应该被迫依赖它们并不需要使用的接口，类与类的依赖关系应该建立在最小的接口上。也就是说，接口的职责应该尽量单一细化，不能设计出包含很多职责的臃肿接口，否则当该接口发生变更时，即使依赖于它的客户端并未使用被变更的职责，也需要对接口变更做出响应。

例如，在前面"单一职责原则"中提到的 4S 系统的报表功能，由于统计和显示报表属于相对独立的两项职责，因此它们不能通过同一个接口暴露给客户端，否则无论是只需要统计的客户端还是只需要显示报表的客户端，都会因为依赖这个职责耦合在一起的接口而导致对部分不需要的职责产生依赖。图 6-27 给出了满足单一职责原则的实现，如果将其中的 Report 和 Statistics 设计成接口，那么为了满足接口隔离原则，可以使用图 6-30 中的两种方式来设计。在图 6-30a 中，SalesReport 类同时实现 Report 和 Statistics 接口；而在图 6-30b 中，SalesReport 实现了 Report 接口，SalesStatAdaptor 实现了 Statistics

接口，同时，SalesReport 对象通过调用 SalesStatAdaptor 对象来实现统计功能。这两种方式都可以保持 Report 和 Statistics 接口隔离，保证只需要使用其中一个接口的程序对另外一个接口不会形成依赖。同时，又可以支持像 SalesReport 这样同时使用两个接口。实际上，这里用到的两种方式是适配器模式的两种实现，即类适配器和对象适配器。

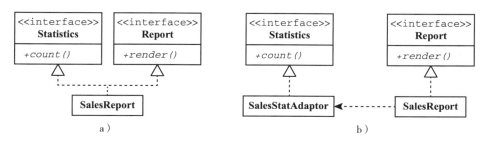

图 6-30　接口隔离原则实例

接口隔离原则是接口粒度设计的依据。在面向对象设计中，接口应该针对单一客户端设计，接口过于臃肿会导致本应该隔离的客户端之间形成耦合，从而破坏了高内聚低耦合特性。当需要组合使用彼此隔离的接口时，使用适配器方式可以有效地实现这个目的。

（5）开放 – 关闭原则

开放 – 关闭原则（Open-Closed Principle, OCP）是指软件实体，即类、模块、函数等，应该对扩展开放，对修改关闭。对扩展开放意味着软件实体的行为可以被扩展，而对修改关闭则意味着软件实体的源代码不允许被修改。这项原则既允许软件实体在其生命周期内变更，又保证了这种变更不会对软件实体的现有代码和依赖于它的其他软件实体进行变更。

例如，在图 6-29 中，Report 类针对 Statistics 接口编程，而 Statistics 接口中定义了 count 方法，这样将来添加 Statistics 接口新的实现类以扩展统计功能时，一方面可以强制要求新的实现类必须实现 count 方法，另一方面可以保证 Report 类保持不变，至少可以保证它使用现有 SalesStatistics 类和 ServiceStatistics 类的方式不发生变化。也可以像图 6-31 一样，将 Statistics 设计成抽象类，其中 count 方法设计成抽象方法，这样可以使 Statistics 成为模板，将所有统计功能中共同的职责实现并封装，同时允许每种具体统计功能在 count 中实现其特定的逻辑。

开放 – 关闭原则指明了如何在软件系统中实现增量式设计与开发。遵循开放 – 关闭原则需要通过合理的抽象和封装来实现，这同样是与具体需求相关的。因此，遵循这项

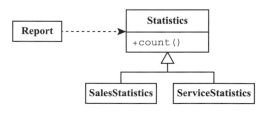

图 6-31　开放 – 关闭原则实例

原则显得很困难，一方面需要对业务有深入的了解，另一方面需要具有良好的抽象能力。

## 6.4.2  类设计的过程

在进行面向对象设计时，需要产生设计类，确定每个设计类的属性和方法，以及类与类之间的依赖与关联等。具体说来，应该包括以下步骤：

（1）创建设计类

在面向对象分析中，已经创建了实体类、边界类和控制类三种分析类。创建设计类就是要将分析类映射为设计类，产生可供编程语言实现的类规格说明书。按照类设计的单一职责原则，设计类应该尽量职责单一，这就意味着设计类都应该是简单类，不应该是封装了很多内容的复杂类。除了遵循类设计的 5 项原则外，对实体类、边界类和控制类的设计还应该分别注意以下内容：

- 实体类通常都需要持久性存储，有关实体类的详细设计将在 6.5 节中介绍。
- 边界类包含两种：用户界面边界类和外部系统边界类。对于用户界面边界类，与所使用的编程语言和工具相关，例如，使用 Java 的 AWT 或 Swing 来设计用户界面与使用 JavaScript 的 React 框架来设计用户界面，其设计类就完全不同。对于外部系统边界类，与所使用的通信协议相关，例如，使用 Java 的 RMI 或 Web Service 来设计外部系统接口，其设计类也完全不同。
- 控制类重在实现业务逻辑，它接受来自边界类的请求，通过访问实体类来完成对请求的处理。对控制类的设计要考虑系统中有关安全控制、消息处理和事务管理等非业务逻辑的功能，以及像日志记录这样横切的关注点。同时，还需要考虑采用哪些设计模式，因为设计模式提供了类和接口设计模板。

创建设计类就是要根据类设计的 5 项基本原则，针对实体类、边界类和控制类设计从分析类到设计类的映射，并对"用例实现"中的类图、时序图和通信图进行相应的修改。完成这个步骤后，各个设计类就被识别了出来，它们的粒度和范围都被确定了。

（2）定义操作

类是数据与行为的封装，其中行为就是通过执行操作而实现的。因此，在设计类被识别出来后，设计其行为就是要对其定义操作。由于每个类的职责都是单一的，因此其操作全部都是为了实现这个单一职责而设计的。操作封装了执行特定动作的代码，而这段代码可以通过对操作的调用被复用。因此，在设计过程中，操作的数量取决于对代码复用的考虑。操作都具有类似下面的签名：

```
returnType operationName(Type parameter,...)
```

其中 returnType 指定了操作的返回类型，operationName 是操作的名字，圆括号内是操作的参数列表，其中 Type 指定参数的类型，parameter 是形式参数名。不同的编程语言在具体定义的格式上会有所区别，但是都包含上述各项要素。其中，操作名和参数列表唯一地标识了操作，因此操作名和参数名就显得很重要。操作名必须容易记忆，并能够直观地描述操作的行为，而参数名必须简短，并能够体现参数的含义，这样操作才能更容易被使用。

操作具有可视性，它定义了操作的封装类型。操作的可视性通常分为三种：public、protected 和 private，其中，public 是指该操作可以被任意的类访问，protected 是指该操作可以被拥有它的类及其子类型访问，private 是指该操作只能被拥有它的类访问。在 UML 建模时，可以在方法名前面加上 +、#、- 号依次表示 public、protected 和 private 可视性。例如，在图 6-32 中，Statistics 的 count、getConnection 和 validate 方法的可视性就分别是 public、private 和 protected。可视性定义了操作可以被访问的范围，这个范围应该在允许的前提下尽量小，这样一方面可以保护操作不被非法调用，另一方面可以确保操作变更对其他软件实体的影响最小。

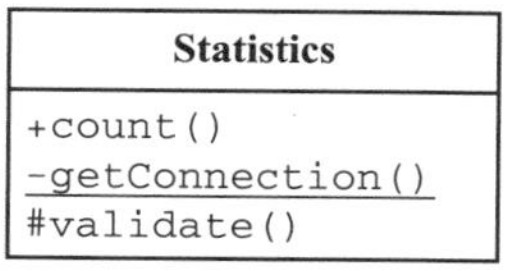

图 6-32  细化的 Statistics 类

操作还分为实例操作和类操作两种作用域。实例操作是指需要在类的某个实例上调用的操作，例如，在 Statistics 的某个对象上调用 count 方法，该方法会访问这个对象的属性来执行统计操作，多个对象在进行统计时彼此之间不会产生干扰。类操作是指某个类的所有实例都共享该操作的同一个实例，在 UML 中，通过在操作名上加下划线来表示。类方法可以在不创建任何对象的情况下，直接通过类名和操作名调用。例如，Statistics 的 getConnection 方法就是一个类操作，它的行为是获取数据库连接。由于数据库连接获取后，可以进行复用，因此该方法可以在不创建任何 Statistics 对象时就被调用，并且只需要调用一次，所以将其定义为类操作。对该方法的调用代码如下：

```
conn = Statistics.getConnection();
```

定义操作确定了类中包含的操作数量、名称、可视性和作用域等，也就是说，操作被正确识别了出来。在这一步骤中，可以使用时序图、状态机图和类图等描述定义出来的操作，而这些操作还是被当作黑盒处理，也就是操作内部的实现逻辑还没有定义。

（3）定义方法

当操作被识别出来后，需要对其内部实现进行描述，这就是定义方法。方法以白盒形式定义了类的操作的实现机制，包括内部使用的数据结构和算法、对同一个类或对象内部其他操作的调用、对其他类和对象的操作的调用，以及对参数和返回值所做的处理等。定义方法就是要把操作需要实现的业务逻辑映射成具体的实现。

定义方法实际上给出了最终代码实现的蓝本，它可以以独立于编程语言的方式进行描述，然后由程序员将其映射到具体的编程语言上。但是考虑到各种编程语言支持的特性各不相同，例如不同的语言提供的集合类型存在差异，针对具体的编程语言来定义方法会显得更加高效。

（4）定义状态

对象的状态是指对象满足一组不变式条件的形态。通过对状态进行定义，可以描述对象的状态是如何影响其行为的。在定义状态时，可以使用状态机图来进行描述，要定义出对象状态以及它们之间转移的途径和条件。

定义状态可以有效地将对象的属性和操作关联起来。当对象的属性值符合某个特定状态的定义时，就会进入这个状态，从而触发相关的操作，在操作中又会改变对象的属性值，有可能使对象在操作结束后转移到另外一个状态。状态定义针对的是具有大量状态，或者状态相对复杂的类，对于状态数量有限，或者相对简单的对象，就没有必要定义其状态了。

（5）定义属性

类是数据与行为的封装，其中数据就是用属性表示的。在定义类的属性时，首先应该检查方法定义，在方法定义中包含参数、局部变量和全局变量等，其中参数和全局变量都有可能是类的属性；其次应该检查状态定义，由于状态是指对象在给定条件下的特定形态，该形态实际上就是用各个属性的特定取值来表示的，因此状态中包含了对属性的描述；最后还需要根据类的职责，从类的维护角度抽象其属性。

属性具有名称和类型，其命名方式和操作类似，要以方便使用为原则设计，其类型应该根据需求设计，可以是基本类型，也可以是用户自定义的类。属性和操作一样具有可视性，其含义也相同。

（6）定义依赖

类与类之间的依赖关系表示它们之间存在着关系，但是这种关系不是结构型关系，这是相对于关联关系而言的。依赖与关联的根本区别在于依赖描述的是类之间的非结构型关系，而关联描述的是类之间的结构型关系。

例如，在4S系统中，Report对象通过调用作为参数传递给它的render方法的Statistics对象上的count方法来获取统计数据。在Report中，只有在需要抓取报表数据时才需要Statistics对象的支持，在进行其他操作时并不需要持有Statistics对象的引用。而且，每次调用count方法时，可以传递不同的Statistics对象。Report对象和Statistics对象之间的关系是瞬时的，而且是上下文无关的，因此它们之间是依赖关系，正如图6-31所示。如果Report的所有功能或者大多数都需要通过所持有的Statistics对象来完成，而且这些功能必须通过同一个Statistics对象来完成，那它们之间的关系就是持久的，而且是上下文相关的，因此它们之间是关联关系。简言之，依赖关系是一种瞬时性的且上下文无关的关系，而关联关系是一种持久性的且上下文相关的关系。

依赖关系可以通过多种途径体现，在Java语言中，A和B之间的依赖关系可以体现为B是A的局部变量或方法参数，或者A对B的静态方法（类操作）的调用等。依赖关系总是单向的，从依赖方指向被依赖方。

（7）定义关联

在定义依赖时，实际上已经可以将类与类的关系定义成依赖或关联，这里的定义关联是对关联关系的细化，可定义出更多的细节。这些细节包括：

● 聚合与组合：它们是关联关系的特例。在普通的关联关系中，关联的双方没有明确的层次关系，它们往往被当作同一层次的类看待。而在聚合与组合关系中，关联的双方体现出了整体与部分的关系，因此存在明显的层次关系。其中，聚合属于弱关联，部分不依赖于整体而存在，而组合属于强关联，部分依赖于整体而存在。图 6-33 中的 Order 和 OrderItem 之间就是组合关系。

● 导向性：关联关系不像依赖关系总是单向的，它可以是双向的，也可以是单向的。关联关系的方向性可以从 UML 的动态图中寻找依据，无论是交互图还是时序图，都可以看出类关联关系的方向性。

● 多重性：关联关系的双方可以是一对多、多对多和一对一的关系。例如，在图 6-33 中，Order 和 OrderItem 之间是一对多关系，其中每个 Order 对象和一个或多个 OrderItem 对象关联，而每个 OrderItem 对象总是和一个 Order 对象关联；OrderItem 和 Product 之间也是一对多关系，其中每个 OrderItem 对象总是和一个 Product 对象关联，而每个 Product 对象可以和零个或多个 OrderItem 关联。

● 关联类：有时候为了更加方便地表示关联，可以设计专门的关联类来表示关联的属性。每个关联类都可以描述一个关联，往往只会在关联描述的信息很复杂的情况下才使用关联类，因为关联类的使用会增加系统维护的成本。

经过上述步骤，就可以完成分析类到设计类的映射，形成设计类的规格说明书。

## 6.5　持久性设计

### 6.5.1　实体对象模型与数据库设计

#### 6.5.1.1　实体对象及其存储

实体对象分成两类：瞬时性实体对象和持久性实体对象。瞬时性实体对象只存在于内存中，其生命周期由用户会话的周期决定，当用户会话结束时，它们就会被销毁，而其中记录的状态也将丢失。这类对象的典型实例是电子商务网站中的购物车。当用户登录电子商务网站购物时，系统都会为其分配一个购物车对象，它记录用户在购物过程中选中的商品，一旦用户登出，该对象就会被销毁，而它记录的状态也不会被存储。由于不需要存储在持久性介质上，因此，这类对象通常会以某种有状态对象的形式实现，例如，在每个用户的会话状态 HttpSession 对象中存储其购物车的引用。

持久性实体对象表示的状态需要保存在持久化存储介质中，例如，以数据库的形式存储在硬盘上，它们的生命周期不受用户会话的影响，并且能够在应用系统重启后，从持久性存储介质中重建。这类对象的典型实例是电子商务网站中的商品，商品的说明、单价、库存量等各种信息都存储在数据库中，即使电子商务网站的应用程序崩溃，这类对象也可以通过从数据库中重新加载而重建。这类对象通常会以某种持久性对象的形式实现，例如在 Spring Data JPA 中，这类对象被实现为实体类。

对持久性对象的存储有多种机制，首选是关系型数据库，例如，将持久性对象表示的数据存储在 MySQL 数据库中。但是，关系型数据库并不是唯一的选择，持久性对象存储有多种多样的机制可供选择，其中最主要的几种如下。

● 关系型数据库：大体上，通过将类映射为表，而将对象映射为记录，可以实现用关系型数据库来存储持久性对象。但是这种映射关系并非这么直接，因为对象和关系之间存在不匹配的情况，所以其映射机制会有很多变化。后续内容将着重讨论这种映射机制。关系型数据库可以满足结构化数据的存储需求，而且由于它已经被广泛应用，因此无论是建模理论还是工具支持，都比其他类型的存储机制有明显的优势。

● 普通文本文件：使用普通文本文件来存储持久性对象的好处是简单方便。由于所有数据都是普通文本，因此对其进行修改和浏览不需要额外的复杂工具，简单的文本编辑器即可实现这些操作。同时，由于使用了普通文本，因此不存在跨平台问题，使得数据存储具有良好的平台可移植性。但是，由于文本文件的格式过于自由，使得结构化数据的表示不方便，而且容易出错。此外，对数据的处理需要额外的数据解析工具来支持，有可能会导致数据访问效率低下。

● XML 数据库：利用 XML 的层次性结构来存储持久性对象可以解决结构化数据的表示问题，有利于数据的良构表示。同时，由于 XML 在很多协议中被广泛使用，因此各类工具对它的支持都较好。但是，由于 XML 使用标签（tag）来表示层次关系，因此使用它来存储持久性对象会带来很多冗余数据，占据额外的存储空间。同时，XML 和对象之间存在着不匹配的情况，在设计数据库模式（schema）时必须注意这个问题。XML 的解析也一样会有开销，从而导致数据访问效率低下。

● NoSQL 数据库：这类数据库有很多，例如 MongoDB、Dynamo 等，它们并不要求数据库具有严格的 Schema，存储在同一个库中的数据不需要具有相同的结构，而只需要具有各自唯一的键（key）即可。并且，它们不存在关系型数据库中表与表之间的关联关系，数据在文件中按照线性存储，因此特别适合在存储海量数据时，对数据分区以实现分布式存储。随着大数据处理需求的不断增加，这种类型的数据库的应用不断增多，很多应用系统都迁移到了这类数据库上，因为 NoSQL 的含义并非 No SQL，而是 Not Only SQL，即理论上，可以用 NoSQL 数据库替换关系型数据库实现所有功能，同时它还具备存储和管理非结构化数据的能力。

由于关系型数据库仍旧是持久性对象存储最主要的选择，因此后续内容将围绕着这种机制展开。

#### 6.5.1.2　对象模型与关系数据模型

存储在对象中的数据需要被持久化到关系型数据库中，但是对象模型和关系数据模型对数据表示和存储的方式不同，因此它们之间会存在不匹配的情况。要理解这一点，先必须了解两者的基本原理。

对象模型由类构成，包括抽象类、接口类和实现类等。这些类定义了其所有实例都具有的结构和行为，其中结构使用属性和关联表示，行为使用操作表示。例如，在图 6-33 中，给出了 4S 系统中有关订单部分的对象模型，其中 Order 类表示订单，OrderItem 类表示订单中的订单项，Product 类表示可供销售的各种产品。Order 与 OrderItem 之间是组合关系，即 Order 持有一个或多个 OrderItem，每个 OrderItem 对象都依附于某个 Order 对象，不存在不包含任何 OrderItem 对象的 Order 对象，也不存在不依附于任何 Order 对象的 OrderItem 对象。OrderItem 与 Product 之间是关联关系，每个 OrderItem 对象都和一个 Product 对象关联，而每个 Product 对象都可以和零个或多个 OrderItem 对象关联。这些关联关系都是通过对象引用来实现的，例如每个 Order 对象中都有一个集合类型的数据成员，其中存储了一组与其相关的 OrderItem 对象的引用。

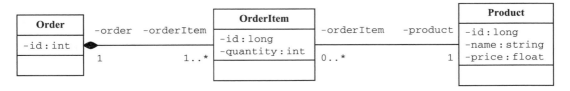

图 6-33　对象模型示例

关系型数据库采用关系数据模型来存储数据。关系数据模型是由实体和关系构成的，其中实体是物理表或表的逻辑视图，而关系是通过表与表之间的外键来定义的。例如，在图 6-34 中，给出了 4S 系统中有关订单部分的关系数据模型，其中 Order 存储着订单，Order_Item 存储着订单中的每个订单项，Product 存储着可供销售的各种产品。Order 与 Order_Item 之间是一对多的关系，通过 Order_Item 中的外键 order_id 来体现；Order_Item 与 Product 之间是多对一的关系，通过 Order_Item 中的外键 product_id 来体现。

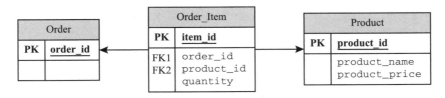

图 6-34　关系数据模型示例

从上面的描述可以看到，对象模型和关系数据模型在表示持久性实体之间的关联关系时采用的是不同的策略。例如，在对象模型中，对象之间的关联是通过持有对象引用来实现的，而在关系型数据模型中，实体之间的关联是通过持有外键来实现的；类之间的多对多关联可以通过两个类的对象中彼此持有对方类型的一组对象引用来实现，而表与表之间的多对多关系必须通过引入附加的关联表来实现；对象之间的差异是通过对象引用来判断的，持有相同数据的两个对象会当作不同的对象来处理，而记录之间的差异是通过主键来判断的，只有持有不同主键的记录才会被认为是不同的记录。因此，将持久性对象存储到关系型数据库中，会出现表示形式不匹配的情况。

### 6.5.1.3　对象 – 关系映射机制

为了解决对象模型与关系数据模型之间的不匹配问题，需要引入对象 – 关系映射机制，以实现对象和记录之间的双向转换，即将对象转换成记录以存储到数据库中，和从数据库中读取记录并转换成对象。例如，在图 6-35 中，Product 类的一个匿名对象就被映射成了 Product 表中的一条记录，在应用系统中对这个匿名对象的所有持久化操作，包括插入、查询、更新和删除，都会反映到对这条记录的操作上。

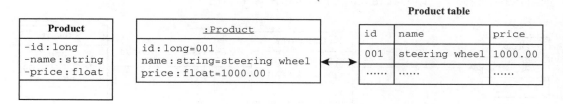

图 6-35　关系数据模型示例

对象 – 关系映射机制通常都是通过使用第三方持久性框架来引入的，它的应用为应用系统的开发带来了很多积极的影响，其中最主要的包括：

● 摒弃了在应用系统中掺杂的非面向对象的对持久性数据进行操作的代码，从而简化了系统的开发。如果不使用对象 – 关系映射机制，应用系统中不可避免地需要将对实体对象的操作转译成对数据库操作的 SQL 语句，而这种方式本身并非面向对象的，这就破坏了程序的面向对象特性。同时，这种方式还要求程序员除了要关注业务逻辑之外，还需要对 SQL 非常精通。对象 – 关系映射机制不但可以让程序员从复杂的 SQL 中抽身，从而聚焦于业务逻辑，还使业务逻辑代码完全是面向对象的，将所有非面向对象的部分和复杂的对 SQL 的转译工作交由第三方持久性框架来处理。

● 使得应用系统可以与数据库实现最大程度的解耦。由于在业务逻辑代码中只有对持久性实体对象的操作，而这些操作转译成 SQL 的逻辑全部由持久性框架来处理，因此在业务逻辑代码中没有出现任何与数据库相关的部分，这使得应用系统与数据库之间实现了解耦。这种解耦体现在持久性实体对象与数据库类型、支持的 SQL 方言、数据库结构、表结构、表与表之间都不存在必需的绑定关系，这就提高了应用系统将来在不同的数据库之间进行迁移的能力。之所以能够实现这种解耦，是因为持久性框架会在运行时根据配置文件来动态地实现实体对象与数据库之间的绑定。

对象－关系映射机制也会带来一些编程复杂性等方面的缺点，这也是应用系统开发者必须注意的，其中最主要的包括：

● 由于采用了离线方式操作持久性数据，因此存在数据不同步的问题。对象－关系映射机制会将从数据库中读取的记录在应用系统的内存中抽象成对象进行操作，在满足一定条件时，使用数据库中的记录刷新内存中的对象状态，或者用内存中的对象状态来刷新数据库中的记录。这种方式本质上是一种离线方式，即在应用系统中对数据的操作都发生在其内存中，在不进行刷新时，就会造成其持有的数据和数据库中的数据不同步的问题。数据不同步在很多系统中会带来很严重的后果，因此在进行编程时，凡是在重要操作之前，都必须先执行数据刷新操作，以保证这些操作是基于同步的数据的。

● 对系统性能会造成一定程度的影响。由于需要在实体对象和数据库记录之间进行双向转译，因此对象－关系映射必然会带来额外的开销。但是这个开销也并非想象中的那么大，这是因为对象－关系映射工具都会采用各种各样的方法来解决这个问题。例如，在加载数据库中的记录时，只读取其中所有不能为空的字段，而可以为空的字段只有在被操作时再加载。这就是所谓的惰性加载（lazy load），通过减少加载数据量而加快加载速度。再例如，通过增加缓存，来减少对数据库的访问次数，提高数据访问效率。这些在一定程度上可以补偿对象－关系映射所造成的额外开销，但是并不能完全抵消。

对象－关系映射机制是将持久性对象存储到关系型数据库中所必需的机制，它的实现方式相对比较复杂，所以通常都是通过第三方持久性框架来实现。但是，无论采用哪种第三方持久性框架，它们都会对应用系统的开发带来正负两方面的影响。

## 6.5.2　数据库设计

持久性实体对象所表示的数据最终是需要存储到数据库中的，因此，数据库设计的目的就是设计良好的数据库结构，将持久性数据高效并准确地存储到数据库中，并设计必要的存储过程和触发器等，从而对数据库必须执行的行为给出定义。设计的结果就是持久性实体对象到关系型数据库模型之间的映射，包括对持久性类到表的映射、关联的映射、继承关系的映射和持久性对象行为的映射等。

### 6.5.2.1　持久性类到表的映射

持久性类被映射成表时，最直接的方式是将一个类映射成一张表，将类的每个对象映射成表中的一行记录，将类的每个属性映射成表中的一个字段。就像图 6-35 中 Product 类和 Product 表之间的映射方式一样。但是，这只是最基本的情况。实际上，由于对象模型与关系数据模型之间可以通过对象－关系映射机制实现解耦，因此持久性类到表的映射可以有更多的变化，例如，将多个类映射成一张表；将一个类的一部分属性映射成一张表；将一个类的属性分成不同的几个组，每个组映射成一张表；等等。下面用一个实例来说明。

在 4S 系统中，Car 类表示汽车，存储了汽车的具体参数信息，包括发动机、底盘、转向系统、驱动系统、空调和内饰等，Car 的每个对象都表示一种型号的汽车。Salesman 类表示销售代表，存储了销售代表的工号、年龄、性别、岗位等级等信息，Salesman 的每个对象都表示一位销售代表。在 4S 店中规定，每个型号汽车的业务都由若干位销售代表负责，而每位销售代表都可以负责多种型号汽车的业务，即 Car 类与 Salesman 类之间是多对多的引用关系。在映射成关系型数据库时，必须增加一张关联表 Car_Salesman，如图 6-36 所示。这两个类被映射成三张表的情况，说明了类和表之间并非总是一一对应的。

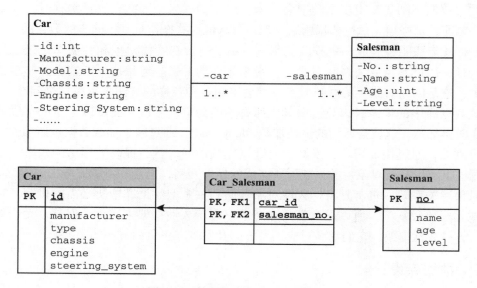

图 6-36　持久性类到表的映射实例

持久性类和表的映射并非总是简单的一一对应关系，一方面这是由于关系数据模型和对象模型之间的不匹配造成的，例如多对多关系在关系数据模型中必须通过一张关联表来存储，而在对象模型中可以直接通过持有一组对方类型对象的引用来实现；另一方面也有出自业务需求的考虑，例如考虑到对象粒度不宜过大，因此将大对象拆分成若干个小对象，而这些小对象将映射到同一张表中。

持久性类和表的映射还可以使持久性类和表结构解耦。例如，在图 6-36 中，Car 类的属性 Steering System 被映射成了 Car 表中的 steering_system 字段。

#### 6.5.2.2　关联的映射

持久性类之间的关联是通过持有对方类型的一个或一组对象引用来表示的，在映射成数据库时，需要使用表中的外键来表示。外键即关系型数据库表中的一列，它的值引用的是相关联的表中的主键列的值。例如，在图 6-33 和图 6-34 中，给出了 Order 类、OrderItem 类和 Product 类之间的关联映射成数据库表之间关系的结果。

需要注意的是，类之间关联的方向和表之间关系的方向可以是不一样的。例如，Order 类和 OrderItem 类之间的关联是通过一个 Order 对象持有一组 OrderItem 对象的引用来定义的，而 OrderItem 对象并没有持有它所归属的 Order 对象的引用，即 Order 类和 OrderItem 类之间的关联方向是 Order 指向 OrderItem；但是在数据库中，由于表之间的一对多关系，总是"多"的一方通过外键引用"一"的一方的主键，所以 Order 表和 Order_Item 表的关系总是由 Order_Item 指向 Order。因此，在这个例子中，类之间关联的方向和表之间关系的方向是相反的。

综上，大体上可以总结类之间的关联在映射成表之间的关系的基本原则为：

● 一对一关联：当类之间存在一对一关联时，这种关联的方向可以是从任意一方到另一方的单向关联，也可以是双方彼此之间的双向关联。在映射成表之间的关系时，可以让关系的双方彼此持有对方的主键作为外键，形成双向关系，也可以让任意一方持有对方的主键作为外键，形成单向关系。无论怎样映射，类之间关联的方向和表之间关系的方向是完全解耦的，映射时完全可以是相反方向，或者将单向变成双向，或者将双向变成单向。

● 一对多关联：当类之间存在一对多关联时，这种关联的方向也可以是从任意一方到另一方的单向关联，也可以是双方彼此之间的双向关联。其中，"一"的一方通过持有"多"的一方的一组对象引用建立从"一"到"多"的关联，而"多"的一方通过持有"一"的一方的一个对象引用建立从"多"到"一"的关联。在映射成表之间的关系时，只能由"多"的一方持有"一"的一方的主键作为外键，即关系的方向只能是从"多"的一方指向"一"的一方，如图 6-33 和图 6-34 所示的 Order 与 OrderItem 就属于这种情况。类之间关联的方向和表之间关系的方向也是完全解耦的，映射时完全可以是相反方向。

● 多对多关联：当类之间存在多对多关联时，这种关联的方向也可以是从任意一方到另一方的单向关联，也可以是双方彼此之间的双向关联。其中，一方都通过持有对方类型的一组对象引用建立指向对方的方向。在映射成表之间的关系时，由于关系型数据库无法直接表示两个表之间的多对多关系，所以需要插入一个关联表。此时，表之间的关系总是由关联表指向另外两张表。如图 6-36 所示的 Car 与 Salesman 就属于这种情况。在这种情况下，表的数量与类的数量都不一致了，因此，类之间关联的方向和表之间关系的方向也是完全解耦的。

上述原则在实现时可以有各种变化，例如，对于多对多关联，可以增加一个关联类，然后直接映射这三个类为三张表，也可以在某一张表中添加额外的与其关联的表的字段，从而消除关联表。无论怎样变化，都是在上述原则的基础上，以提高系统访问效率或减少数据冗余为目标而设计的。

#### 6.5.2.3 继承关系的映射

在对象模型中，类与类之间存在继承关系，而这个概念在关系数据模型中是没有的，

因此需要采用间接的方式在关系数据模型中定义这种关系。例如，在 4S 系统中，用户有

很多种，包括会计（Accountant）和维
修技师（Mechanic）等，他们除了有
各自特有的属性外，都包括用户名和
密码。因此，在设计时，将其中的公
共部分抽象成父类 User，其他类都是
User 的子类，如图 6-37 所示。

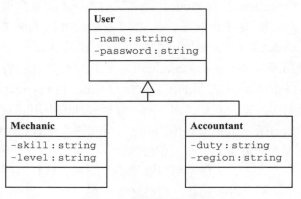

图 6-37    类的继承关系实例

对于这些持久性实体类的存储，
有三种不同的策略：每个子类映射成
一张表、每个具体类映射成一张表和
整个继承结构映射成一张表。下面介
绍这三种映射方式。

每个子类映射成一张表，即类继承结构中的每个子类都映射成一张表，如图 6-38 所
示。这种方式非常直观，因为每张表都只包含在子类中定义的特殊属性，而不包含从父
类中继承来的任何属性。这种方式的优点是映射简单直观，其范式化程度高，数据存储
的冗余少；缺点是在需要获取子类的所有属性，包括从父类继承而来的属性时，需要做
连接操作，从而导致性能可能较低。

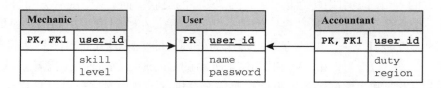

图 6-38    每个子类映射成一张表的实例

每个具体类映射成一张表，即类继承结构中的每个子类将从父类继承来的属性和其
自身扩展出来的属性共同映射成一张表，如图 6-39 所示。这种方式的优点是对子类的属
性访问不需要通过子类表与父类表的关联来实现，因此提高了访问效率，并且减少了访
问冲突的概率；缺点是当父类需要添加或移除属性时，需要对所有的表都做出修改，并
且由于要维护库唯一的主键而不是表唯一的主键，给主键维护带来了额外的复杂性。

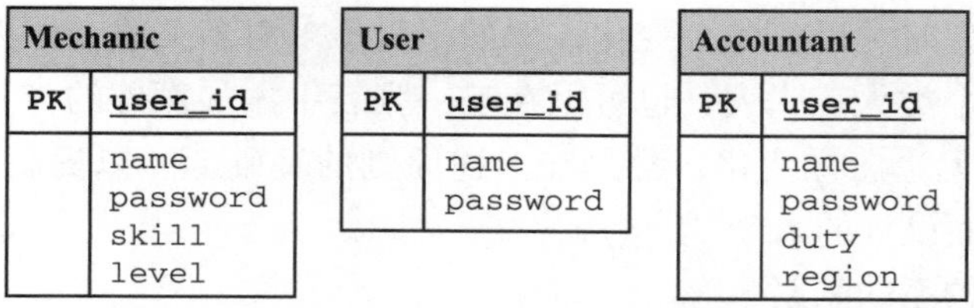

图 6-39    每个具体类映射成一张表的实例

整个继承结构映射成一张表，即将整个类继承结构中的父类以及所有子类扩展的属性共同映射成一张表，如图 6-40 所示。这种方式的优点是映射方式最简单，不需要对表做任何连接操作，因此访问效率很高；缺点是由于表中包含所有属性，对每条记录来说，总有一些字段是没有定义的，因此必须让所有子类的属性都可以为空，这有可能会违反数据的语义。例如，如果任何 Accountant 的 duty 都不能为空，那么在这种映射方式中，由于 duty 可以为空，导致数据语义发生了变化。为了解决这个问题，在这种方式中必须增加一列识别符，用以区分每条记录所属的类型。在本例中识别符是 type 字段，可以用它来区分每条记录对应的是 User、Mechanic 还是 Accountant。

图 6-40 整个继承结构映射成一张表的实例

继承关系的这三种映射方式各有优缺点，无论采用哪种方式都可以存储持久性对象中表示的数据。在应用时，可以根据具体需求来确定哪一种方式更适合。

#### 6.5.2.4 持久性对象行为的映射

持久性对象除了包含需要被持久化存储的数据成员外，还包含对这些数据成员进行操作的方法成员。例如，前面提到的 User 类，它除了包含 name 和 password 两个数据成员外，还包含对这两个数据成员进行读写的 getter 和 setter 方法，如图 6-41 所示。

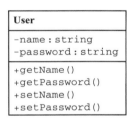

图 6-41 带有方法成员的 User 类

很显然，getter 和 setter 方法需要通过对数据库的访问来实现其逻辑。那么，这些访问数据库的操作应该如何实现呢？有两种方法来实现这种逻辑，第一种是在 getter 和 setter 方法中编写 SQL 语句，并通过数据库驱动将其发送到数据库去处理；第二种是将数据访问逻辑编写成数据库中的存储过程，在 getter 和 setter 方法中调用这些存储过程。对于第一种方法，其优点是将访问数据库所需逻辑全部封装到 getter 和 setter 方法的代码中，有利于业务逻辑的维护；其缺点是需要在代码中组装 SQL 语句。对于第二种方法，其优点是将访问数据库所需逻辑写入存储过程中，使数据处理显得更加高效，而且 getter 和 setter 方法不需要自己组装 SQL 语句；其缺点是增加了对数据库的耦合度，并且破坏了业务逻辑的封装。

两种方式各有优势和劣势，在应用时，应该针对具体需求，在业务逻辑封装、对数据库的依赖，以及访问性能等因素的共同作用下进行决策。

### 6.5.3 持久性框架

从对象 – 关系映射机制的介绍可以看出，对持久性对象的存储和管理非常复杂，其复杂程度甚至高于一般的业务系统。但是，这种机制的实现又是独立于业务系统的，没有和任何业务逻辑进行绑定。因此，很多独立的第三方持久性框架被开发出来，例如

Spring Data JPA、Hibernate 和 iBatis，它们提供了通用且可扩展的对持久性对象的支持，可以在持久性存储介质上存储和读取对象。在持久性框架中，对象–关系映射框架是最常见的，它们除了能够实现 6.4.2 节中介绍的各种映射功能之外，还提供了很多额外的功能，主要包括：

● 缓存：在对象–关系映射中，数据被读取到应用系统的内存中并抽象成对象。因此，减少对数据库访问的次数可以有效地提高数据处理的效率。缓存机制通过对象注册表对加载过的持久性对象进行引用，并且保证查询缓存优先于查询数据库，这样就可以避免对相同数据的重复加载，进而提高数据访问的效率。缓存可以有效地减少对象–关系映射对性能的影响，但是缓存和数据库数据之间的一致性必须得到妥善管理。

● 事务管理：由于对象–关系映射是一种离线操作数据的方式，因此多用户操作数据时，潜在地会产生数据写入冲突问题。为了解决这个问题，对象–关系映射框架提供了声明式或编程式的事务管理。在声明式事务管理中，程序员通过对代码中的方法或函数定义事务属性来定义事务语义，持久性框架会根据这些事务属性在运行时划分事务边界，并且控制事务的提交或回滚。这种方式简单易行，但是程序员对事务控制的能力受到了限制。在编程式事务管理中，程序员通过事务 API 划分事务边界和控制事务的提交与回滚。这种方式对程序员要求较高，但是程序员对事务控制的能力变得更强了，可以定义更加灵活的事务。

无论选择何种持久性框架，都需要注意其支持的特性，例如支持的数据库类型、支持的 SQL 方言类型、支持的事务控制机制等，以选择适合的框架应用到业务系统中。

## 6.6 人机界面设计

人机界面设计是软件设计的另一个重要内容。对于交互式系统来说，人机界面设计和数据设计、模块划分及并发设计等一样重要。人机界面的实际质量直接影响用户体验，从而影响软件产品的竞争力和寿命，因此，必须对人机界面设计给予足够的重视。人机界面设计是一种以用户为中心的设计，其重点在于让产品的设计能够符合用户的习惯与需求。

### 6.6.1 界面设计原则

Jakob Nielsen 在其 *Usability Engineering* 一书中提出了人机界面设计的七条原则，为提高人机界面的易用性提供了良好的指导：

1）易学性（learnability）。系统应容易学习和掌握，不应对用户有额外的知识和技能要求。用户可以通过两种途径来学习系统，即系统的联机手册和系统功能的操作演示及例子。

2）用户熟悉性（user familiarity）。界面应以用户导向的名称和观念为主，而不是以计算机的概念为主。这能让用户更快地熟悉系统，使用系统。

3）一致性（consistency）。系统的各个界面之间，甚至不同系统之间，应具有相似的界面外观、布局，相似的人机交互方式以及相似的信息显示格式等。例如，凡是下拉式菜单或弹出式菜单都有同样的结构和操作方法；快捷键有相同的功能；各种类型信息都在确定的屏幕位置，以相似的格式显示，采用相同的术语等。一致性原则有助于用户学习，减少用户的学习量和记忆量。

4）减少意外（minimal surprise）。系统功能和行为对用户应是明确、清楚的。这意味着不管系统本身多么复杂，但用户心目中的系统应具有清晰的、一致性的模型，用户可清楚地了解系统的功能，随时预测系统的行为，例如，系统有标准的界面；系统不会产生异常的结果，在相同情况下总会有相同的行为；系统有预定的响应时间等。

5）易恢复性（recoverability）。系统设计应该能够对可能出现的错误进行检测和处理，提供机制允许用户从错误中恢复过来。而且，良好的设计应能预防错误的发生，例如，应该具备保护功能，防止因用户的误操作而破坏系统的运行状态和信息存储。

6）提供用户指南（user guidance）。系统应提供及时的用户反馈和帮助功能。没有反馈的交互就不是真正的交互。尤其是当系统发生错误时，反馈信息一定要清楚明确。同时，系统应提供帮助功能，帮助用户学习使用系统。帮助信息可以是综述性的内容介绍，也可以是与系统当前状态上下文相关的针对性信息。

7）用户多样性（user diversity）。系统应适应各类用户（从偶然型用户、生疏型用户到熟练型用户，直至专家型用户）的使用需要，提供满足其要求的界面形式。

## 6.6.2　界面设计过程

界面设计是一个迭代的过程，包括以下四个核心活动。

1）用户分析。判断一个系统的优劣在很大的程度上取决于未来用户的使用评价。因此，在系统开发的最初阶段，尤其要重视系统人机界面部分的用户需求，必须尽可能广泛地向系统未来的各类用户进行调查和分析，包括分析用户的任务、特性（技能、经验和习惯）、工作环境、所使用的其他系统、他们如何在工作中和其他人进行交互等。

2）界面设计。根据用户分析得到的界面规约文档或界面分析模型，进行任务设计、环境设计、界面类型设计、交互设计、屏幕显示和布局设计，以及帮助和出错信息设计，形成界面设计文档。

3）界面原型开发。使用原型工具和技术快速开发人机界面原型。虽然用户能提出他们的界面需求，但常常很难将之具体化，除非他们看到了界面。因此，开发界面原型并将它展现给用户，能有效地帮助界面设计的演化。

4）界面评估与反馈。开发完成的界面原型必须经过评估。评估可以使用分析方法、实验方法、用户反馈以及专家分析等方法，目的是尽早发现错误，改进和完善设计。

### 6.6.3 人机交互方式

人机交互方式的选择是界面设计的最重要决策，设计者应根据软件的需求，选择一种以上的交互方式，进行人机界面设计。所谓人机交互方式，是指人机之间交换信息的组织形式或语言方式，又称对话方式、交互技术等。人们通过不同的人机交互方式，实际完成人向计算机输入信息及计算机向人输出信息。目前常用的人机交互方式有以下几种 ⊖。

1）命令行。命令行界面是最常用的交互形式，它提供了一种使用功能键、单个字符、缩写或全字命令直接向计算机表达指令的方式。它为有经验的用户提供了对系统功能的更加快速的访问。命令行界面非常灵活：命令通常有许多选项或参数，并且可以同时应用于许多对象，使其对重复性任务有用。然而，命令的学习和使用成本比较高，需要培训，使用时容易出错。

2）菜单。在菜单驱动的界面中，用户可用的选项集显示在屏幕上，并使用鼠标或数字/字母键进行选择。因为这些选项是可见的，所以它们对用户的要求较低，依赖于识别而不是回忆。然而，菜单选项仍然需要有意义并且逻辑上分组以帮助识别。

3）表单。表单主要用于数据输入，也可用于数据检索应用。表单显示通常基于用户熟悉的实际表单，用户在表单中工作，填写适当的值。在填表时，用户必须理解字段的标题，知道值的允许范围和数据输入方法，能够对出错信息做出反应。这种交互方式对新用户或专家用户来说都是合适的。

4）WIMP界面。WIMP指的是带窗口、图标、菜单和指针的界面，是当今大多数交互式计算机系统的默认界面样式，尤其是在PC和桌面工作站领域。它使用鼠标等光标移动设备，通过指向可视对象与动作，用户可以迅速执行任务和立即观察结果。其优点为任务概念可视化，容易学习，可对用户操作快速做出反馈，但不适合小屏幕设备，不具有自解释性。

5）自然语言交互。使用各种自然语言（如中文、英语）在人与人之间进行交流时是寻常之举。如果在人与计算机之间也能使用自然语言进行通信、交互，应该说是最理想和最方便的。在这种交互中，计算机采用自然语言处理和人工智能技术理解用户用自然语言（包括键盘输入文本、手写文字、语音输入等）表达的请求，并把系统的理解转换成系统语言，然后执行相应的应用功能。很显然，自然语言界面具有用户无须学习训练就能以自然交流方式使用计算机的优点，但是它具有输入冗长文字、自然语言语义有二义性、需要具有应用领域的知识基础等方面的缺点。

6）问答和对话。这是最简单的人机交互方式。它可以分为两种，一种是用户回答问题，即由系统启动对话，提示用户进行回答，然后再根据用户的回答去执行相应的功能或进行信息保存。另一种是用户提出问题，由系统进行回答，解答用户的疑惑。随着

---

⊖ 参见 IEEE-CS Software Engineering Body of Knowledge（SWEBOK）V4，http://www.swebok.org。

AI 技术的快速发展，这种问答和对话式交互已成为非常有前途的发展方向，例如基于大模型 ChatGPT 的全领域知识问答。在此，用户的提问与回答可以通过键盘输入、手写输入或语音输入。其优点是记忆要求低，具有自解释性，可将任务流程以简单的线性来表示。

7）虚拟现实与增强现实。这是一种新兴的交互方式，通过视、听、触、嗅觉等作用于用户，为用户产生身临其境的交互式视景仿真。它为用户与虚拟环境之间的双向感知建立起一个更为自然、和谐的人机交互，包括三维交互、手势交互、手持交互、语音交互、触觉交互和多通道交互等。这是一种极有发展潜力的交互方式，随着可穿戴设备的发展，将来必然会成为主流方式之一。

不同的系统应根据其特点综合选择交互方式，多种交互方式可以混合使用。例如，4S 系统是一个典型的基于 Web 的管理信息系统，是很典型的 WIMP 应用，同时我们还选用了另外两种人机交互方式，在顾客信息录入时采用表单方式；在售后服务时采用对话方式。

## 6.6.4　界面设计因素

在设计人机界面的过程中，需要考虑的常见设计因素为：响应时间、帮助设施、出错处理、菜单和命令交互、应用系统的可访问性和国际化。我们在界面设计的初期就应考虑这些因素，从而避免后期返工。

（1）响应时间

系统响应时间是指从用户开始执行某个控制动作（例如，按回车键或单击鼠标左键）到软件给出预期的响应（输出信息或做动作）之间的这段时间。系统响应时间包括两方面的属性：时间长度和可变性。如果系统响应时间过长，用户就会感到焦虑和沮丧。系统时间的可变性指相对于平均响应时间的偏差。即使系统响应时间较长，响应时间的低可变性也有助于用户建立起稳定的交互节奏。例如，稳定在 1 s 的响应时间比从 0.1 s 到 2.5 s 不定的响应时间要好。在可变性到达一定值时，用户往往比较敏感，他们总是担心系统是否发生了异常。例如在 4S 系统中，系统响应时间设计在 3 s 以内，大多数操作的响应时间稳定在 1 s 左右，让用户能及时得到反馈。

（2）帮助设施

几乎所有交互式系统的用户都需要帮助，当遇到复杂问题时甚至需要查看用户手册以寻找答案。在大多数情况下，软件都会提供联机帮助，这使用户无须离开用户界面就能解决问题。在设计帮助设施时，应考虑下述问题：

- 在用户与系统交互期间，是否在任何时候都能获得关于系统任何功能的帮助信息？
- 用户如何请求帮助？是通过帮助菜单、功能键，还是 HELP 命令？
- 怎样显示帮助信息？是提供单独的帮助窗口、指示参考纸质文档，还是在屏幕特定位置给出简单提示？

- 用户如何返回正常的交互方式？是通过屏幕上的返回按钮，还是按功能键？
- 如何构造帮助信息？是采用平面结构、分层结构，还是超文本结构？

例如在 4S 系统中，我们设计了上下文敏感的联机帮助，用户点击帮助菜单，就能得到和当前状态相关的帮助信息，在单独的帮助窗口以 HTML 超文本方式显示。

（3）出错处理

出错信息和警告信息，是指出现问题时系统反馈给用户的"坏消息"。如果设计得不好，这些反馈将向用户提供无用的甚至误导的信息，反而会加重用户的沮丧感。几乎所有用户都遇到过以下错误："Application *** has been forced to quit because an error of type 1023 has been encountered"。这个错误信息并没有指出是什么出错了或者在何处可以找到进一步的信息。这类信息既不能减轻用户的焦虑，也不能解决任何问题。

通常，交互式系统给出的出错信息或警告信息应具备以下特征：以用户可以理解的语言描述问题；提供如何从错误中恢复的建设性意见；指出错误可能导致哪些负面后果（例如，破坏数据文件），以便用户检查是否出现了这些情况，或者在已经出现的情况下及时进行解决；伴随着听觉上或视觉上的提示，例如，在显示信息的同时发出警告铃声，或者信息用闪烁方式显示，或者信息用明显表示出错的颜色显示；不能带有指责色彩，不能责怪用户。

（4）菜单和命令交互

命令行曾经是用户和系统交互的主要方式。现在，面向窗口的界面采用单击和选取方式，减少了用户对键入命令的依赖，但是，不少专家用户仍偏爱命令行的交互方式。在提供命令或菜单交互方式时，必须考虑以下设计问题：是否每个菜单选项都有对应的命令？采用何种命令形式，快捷键、功能键还是输入命令？学习和记忆命令的难度有多大，忘记了命令怎么办？用户是否可以定制或缩写命令？在界面环境中菜单标签是不是自解释的？子菜单是否与主菜单项所指功能相一致？

例如在 4S 系统中，主要采用菜单、按钮和超文本等常用的 Web 应用的命令交互方式，其中菜单和按钮的名称也都符合用户的习惯和常规。

（5）应用系统的可访问性

随着应用系统变得无处不在，应确保系统界面能让那些身体上面临挑战的用户也易于访问，即，为视觉、听觉、活动性、语音和学习等方面有障碍的用户提供系统的访问机制。由于道义、法律和业务等方面的原因，广泛的可访问性常常是需要的。

（6）国际化

我们面临的挑战是设计出"全球化"的软件。也就是说，用户界面应该被设计成能够容纳需要交付给所有软件用户的核心功能，同时能够针对特定的市场进行界面定制以反映其本地化特征。Unicode 标准便是用来管理国际化软件中各种自然语言的一项有效技术。

## 6.7 软件设计的质量控制

软件设计的质量极大程度上决定了最终软件产品的质量，一个好的软件设计应是灵活的、简单的、可行的、关注点分离的、模块职责均衡分配的，能够平衡成本和技术的约束。为了保证软件设计的质量，我们应在设计早期而不是等到软件测试时去发现和修复软件设计上的问题，这样不仅能极大地减少返工的成本，而且更能揭示潜在的涉及软件结构的大问题。软件设计的问题主要分为两类：

1）设计缺陷（bug），即设计错误，使软件无法满足预期的功能需求或非功能需求。例如无法支持某项功能，不恰当的分层，错误的并发机制，信息安全设计缺失等。

2）设计坏味道，是设计腐化现象，即设计级别的技术债，虽然不是设计的错误，但极大地影响了软件的可维护性，是待重构的问题点。例如软件僵化和脆弱，很难对软件进行改动，一个模块的改动会引起系统其他模块的许多改动，或导致在概念上无关的许多模块出现问题；软件高耦合，很难解开系统中某模块与其他模块之间的复杂关系，从而使其中的任何模块难以被分离出来被其他系统复用等。

为了及时发现设计中的潜在问题，常用的软件设计的质量分析与评估方法包括设计评审、设计质量度量、设计的静态分析、设计的形式化验证、设计的模拟仿真和原型等。

### 6.7.1 设计评审

选择合适的评审人员对软件设计模型或文档进行人工评审，发现软件设计中的缺陷与坏味道。评审人员一般包括软件设计专家、软件架构师、开发人员、软件需求人员等。软件设计评审按相应的检查单（checklist）实施，检查单由检查项组成。主要检查项包括（但不限于）：软件设计是否符合软件需求，软件设计的准确性、一致性和模块独立性，算法的准确性，软件设计与目标运行环境的兼容性，软件设计是否可验证，软件设计与设计标准的符合性，是否建立了软件设计与软件需求间的追踪关系等。

软件设计的评审方法为同行评审（peer review），包括非正式同行评审和正式同行评审。根据项目特点、时间与人员资源情况，可选择其中一种进行软件设计评审；也可以在设计过程中持续地进行多次非正式设计评审，在设计模型和文档全部完成后，再进行正式的设计评审。设计模型和文档一般是一份很大的文档，通常无法一次完成评审，建议把设计分成几个部分，安排多次进行讨论。

正式的同行评审，又称为审查，由多人按设计检查单进行实施。为了使评审更有效率，应安排合适的评审者；评审小组的规模不能太大，在大多数情况下应保持 3~7 位评审者，同时确保所有的评审人员都掌握评审技术。正式的同行评审流程由 8 个步骤组成：进入准则、制订计划、总体会议、准备、评审会议、返工、跟踪、退出准则。非正式的同行评审可由 1 人或多人实施，参照设计评审检查单进行评审，例如小组评审、走查、结队编程、同级桌查和轮查等。可以采用小组会议或单个专家独立评审后汇总方式，评审结束后要递交相关的评审报告。关于软件评审的更多细节请参见第 11 章。

## 6.7.2   设计质量度量

通过对软件设计的量化分析，可以更好地理解设计，发现其中的问题。软件设计质量的度量可分为内部和外部质量特征的度量。

内部质量的度量通常通过分析软件结构来测量模块的独立性，包括复杂度、耦合度、内聚度、扇入扇出数、接口数等。以面向对象软件为例，著名的 CK 度量指标包括类的加权方法数 WMC、继承树深度 DIT、类的孩子数 NOC、对象间耦合度 CBO、类响应 RFC、方法内聚缺乏度 LCOM 等六个度量指标。

外部质量的度量通常利用预测模型评估可维护性和可靠性等软件的外部特征。例如，根据模块的内部质量度量指标来预测软件维护时的难易程度，根据设计时发现的缺陷数来预测软件运行时的故障发生率等。关于软件度量更多的细节请参见第 13 章。

## 6.7.3   设计的静态分析

设计的静态分析不需要运行软件进行人工或自动的分析。如果软件关注可靠性，则可采用故障树分析方法进行分析。如果软件关注信息安全，则建议进行设计漏洞分析。软件设计建模工具也都自带模型的静态检验功能，采用基于规则的检查技术来自动检验模型的语法和语义的正确性。以 SCADE 工具为例，它的设计模型以状态图为核心，检验规则包括：所有的数据、类型和接口都必须精确地定义；所有的变量必须有且只有一次赋值；所有的状态在任何一个循环，必须是活动的或者不活动的；所有的状态迁移都必须只有一个确定的迁出状态和一个确定的迁入状态；从同一个状态出发的迁移排列优先级，严格按照优先级的顺序来确定迁移的动作；必须定义初始状态和最终状态；所有的状态和迁移都是并发的，层次性的状态机应简化设计，并在最大程度上增加确定性。

## 6.7.4   设计的形式化验证

形式化验证通过模型检验或者推理验证的方式检查设计中是否存在安全性、活性、公平性以及一致性等方面的问题。其中安全性（safety）指系统不应该达到的危险状态，即坏的事情是从来不会发生的，例如无死锁就是系统的一种安全属性。活性（liveness）是指系统应该达到的正确状态，即好事最终是会发生的，例如系统中某进程发起了一个请求，该请求总是能够得到回应。公平性（fairness）是指系统的资源能够公平地被各个任务所使用，不会导致某些任务长期不能得到响应，即好事能否无限重复地发生。对于同一个设计，不同的人有着不同的看法，就会产生不同的软件设计视图。一致性（consistency）是指不同设计视图之间的一致。

形式化方法在工具的支持下进行形式化验证，不需要动态地进行模拟仿真和测试。

以 SCADE 为例，它基于形式化语言 Lustre 与形式化验证工具 Design Verifier，完成对模型的形式化验证工作。如果模型是安全的，它能给出一个安全的证明；如果模型是不安全的，它能给出一个反例，而这个反例又可以在仿真器中调出来进行仿真，以详细观察系统是怎样一步步进入不安全状态的。

## 6.7.5　设计的模拟仿真和原型

模拟仿真和原型是采用动态的方法来评估软件设计的质量，能发现静态方法很难发现的问题。

设计模型的模拟仿真用于分析和评估软件的性能与可靠性等。这需要模拟仿真工具的支持，例如 MATLAB/Simulink，另外 SCADE、Rhapsody、STOOD 等设计建模工具也自带模拟仿真功能。以 Simulink 为例，这是一个动态系统建模、仿真和综合分析的集成环境。用户可以直接用其进行建模与仿真，其他工具所建的设计模型也可自动转换成 Simulink 模型，通过在 Simulink 平台上运行仿真模型来发现潜在的实时性问题。通过故障注入模拟应用软件执行过程中平台所出现的相应故障，可以分析故障处理对实时性的影响。

可行性原型的开发与测试可以在开发早期用来评估设计的性能、可靠性、可扩展性、正确性等。例如，为了验证软件架构或核心算法的设计合理性，可以构建可行性原型，然后通过原理的测试来评估设计是否达到了预期的目标。

## 思考题

1. 5 种创建型设计模式分别用于解决对象创建中的什么问题？
2. 请举例说明应用比较适配器和代理模式的异同之处。结构型设计模式可以给类的结构带来哪些优化效果。
3. 迭代器和备忘录为什么属于行为型设计模式？行为型设计模式与结构型行为模式有何区别？
4. 包设计的原则有哪几项？与包的内聚性相关的原则是哪些？与包的耦合性相关的原则是哪些？
5. 画图说明包之间循环依赖的解决方法。
6. 类设计的原则有哪几项？分别有什么作用？
7. 请说明类之间的依赖关系与关联关系的区别。
8. 总结类之间的关联映射成表之间的关系的基本原则。
9. 总结类的继承结构映射成表的三种策略的优缺点。
10. 请采用本章学习的知识对你正在开发或已开发的软件的界面进行改进。
11. 请列出软件设计的质量控制的常用方法。

CHAPTER7

第 **7** 章

# 编码和版本管理

本章主要知识点

❑ 代码质量要求有哪些？如何进行防御式编程、契约式设计和异常处理？
❑ 常见的代码质量控制技术有哪些？
❑ 什么是软件版本管理？如何进行并行开发和分支管理？

代码是软件最重要的资产，编码是根据软件详细设计来生产软件代码的活动。尽管软件架构设计更为重要，但对一个软件工程师而言，有能力进行高质量的编码是成为架构师的基础。本章将详细介绍软件编码以及代码版本与分支管理，以帮助大家开发出高质量的代码。

## 7.1 软件编码的准则

进行高质量的软件编码应遵循以下五条准则 [一]：

1）降低复杂性。好的代码应是简单、整洁（clean）的代码，容易理解、测试和维护。圈复杂度（cyclomatic complexity）可以用于衡量代码的复杂性，它是一种静态的代码度量指标，用于计算代码中独立路径的数量。独立路径越多，代码就越复杂，测试时至少应该有该数量的测试用例。编码时过于追求"聪明"和"技巧"，常常会牺牲代码的简洁性，因此应提倡"简明"和"直接"。降低代码复杂性的方法有多种，包括遵循编码规范、模块化设计、代码评审和静态检查等。

2）预测并拥抱变化。大多数软件会随着时间的推移而变化，软件的需求和技术等的改变都会导致代码要进行修改。因此开发人员应预测变化，将灵活性和适应性构建到软件中，实现可维护的、可扩展的软件，从而能在不破坏架构的情况下修改软件。此外，

---

[一] 参见 http://www.swebok.org。

当今的业务环境要求更频繁、更快、更可靠地交付和部署软件，因此软件团队应该通过采用敏捷开发、DevOps 以及持续交付和部署实践来拥抱变化，使得软件开发过程和管理与演化环境保持一致。

3）为验证而编码。这使编程人员、测试人员和用户更容易发现软件中的错误。支持这一原则的特定技术包括：遵循编码标准以支持代码评审和单元测试，组织代码以支持自动化测试，以及限制使用复杂或难以理解的语言结构等。

4）代码复用。在软件编码时，可复用的典型资产包括框架、库、模块、构件、源代码和商业现货（COTS）资产。复用包括生产者复用和消费者复用。生产者复用创建可复用的软件资产，而消费者复用则是复用软件资产来构建新的解决方案。复用通常超越项目边界，这意味着可以复用在其他项目或组织中所构建的可复用资产。

5）采用开发标准。在编码时采用外部或内部的开发标准有助于实现项目的效率、质量和成本目标。这些标准包括文档模板、编码规范、接口标准、模型标准等，可以是国际、国家或甲方标准，也可以是组织内部标准或项目标准。遵循这些标准能有效支持团队协同开发，降低复杂性，预测并拥抱变化，以及为验证而编码。

## 7.2　代码质量

从外部质量角度，即面向软件的运行和使用，软件代码应当杜绝缺陷和漏洞，同时具有良好的高效性、可靠性和安全性；从内部质量角度，即面向软件演化和维护，软件代码应具有可理解性、可维护性和可移植性。这些质量特性取决于软件设计（参见第 5 章），也和代码质量密切相关，下面将从编码角度来具体介绍 ⊖。

（1）高效性

软件的高效性是指软件的运行效率和性能，主要体现为代码运行过程中所花费的计算时间以及所占用的系统资源（CPU、内存和网络等）。代码的性能主要取决于两个方面，即算法和资源使用策略的选择。实现同一功能的不同算法往往在性能上存在差异。例如不同的排序算法（例如冒泡排序、快速排序）的时间和空间复杂度各不相同，性能表现上也不同。资源使用策略同样也能优化性能，例如，安卓应用中的长时间操作（例如后台下载）应放在次线程而非界面主线程，这样就不会造成界面卡顿的问题。

开发人员在编写代码时要对性能问题保持敏感，特别是涉及大量磁盘读写、数据库访问、网络传输等耗时的操作。与此同时，要注意不同特性间的权衡。例如，代码时间和空间性能的权衡，代码的性能与代码的可理解性和可维护性的权衡等。

（2）可靠性和保密安全性

软件的可靠性是指软件系统在预防错误、容错、故障恢复方面的能力，以应对系统

---

⊖　参见彭鑫、游依勇、赵文耘的《现代软件工程基础》。

内部和外部的一些异常情况（例如偶然的硬件失效、用户错误输入等）。代码的保密安全性是指软件对恶意威胁（如未授权访问/使用、泄露、破坏、篡改、毁灭）的防护能力，从而保证系统信息的机密性、完整性和可用性，这主要应对外部的安全威胁（例如黑客的恶意攻击）。

软件的可靠性和保密安全性对高质量编码的要求包括两个方面。一方面，代码运行本身不容易出错。高质量的代码应准确地表达预期的逻辑，使软件有更大的概率能按期望运行。开发人员在编写代码时，需要以一种负责任的态度，认真思考所需解决问题的逻辑，并在代码中将这种逻辑完整地表达出来，确保代码不容易出错。另一方面，代码的正常运行不容易被外部影响或破坏。高质量的代码必须通过一些额外的检查逻辑或者采用特定的写法，确保在出现异常的输入或恶意的访问时，软件仍然正常运行或不产生错误。

（3）可理解性和可维护性

代码的可理解性，又称代码的可读性，是指代码易于阅读和理解的程度。具有良好的可理解性的代码更容易被开发人员理解，使他们能够快速阅读并正确理解代码的逻辑。代码理解的范围并不局限于某个局部（例如某个程序或方法），而是可能涉及整个软件系统。代码的可维护性是指软件代码易于修改、扩展和复用的程度。代码的可理解性是可维护性的基础，只有理解了代码才有可能正确做出并实施修改决策。

代码的可理解性和可维护性通常通过代码逻辑和代码规范来提升，例如采用统一的命名规范、符合逻辑结构的排版以及适当的注释提高代码的规范程度，降低代码的复杂度，对代码的复杂性进行封装，优化代码的设计结构等。

（4）可移植性

代码的可移植性用来衡量代码能在多大程度上适应不同的运行环境，需要多少修改代价才能迁移到新的运行环境。编码时，应尽量避免代码对特定平台的技术依赖，包括编程语言、API、指令集或其他特性等。例如，C++程序如果只使用其标准库中提供的API，那么可移植性挺好；但如果使用了微软基础类库（MFC），那么可移植性就要下降。可移植性也需要与其他代码质量特性一起进行综合权衡。例如，为了提高性能或者实现功能，一个Java程序使用了本地化（native）API，由此损失了可移植性。

## 7.3　编码规范

编程规范（code convention），又称为代码风格，是指开发人员在编码过程中需要遵守的一系列规范，涉及命名与布局、常量、表达式、接口、函数、错误处理、并发与并行、资源管理与性能、文件组织等。遵循良好的编程规范可以提高代码的可读性、可维护性和可复用性。

编程规范一般使用文档来记录和参考，通常由语言开发者、开源组织或软件公司来制定，例如 4S 系统采用了 Google 的编码规范 ⊖，Google 为 Java、C/C++、Python 等 10 多种最常用的程序设计语言制定了参考的编码规范。编程规范可以作为建议，也可能会作为标准强制执行。编码规范中最常见的内容包括：命名、布局格式和注释。除此之外，还会包括编程的最佳实践和编程惯用，例如错误处理、并发与并行、错误处理等。本节主要从命名、布局格式和注释三个方面介绍需注意的编程规范问题。

### 7.3.1　命名

代码中的标识符命名并不会影响程序的执行但会很大程度上影响代码的理解。标识符命名应准确地表达它所代表的语义，同时符合所约定的统一格式。

标识符的命名应当有意义，能准确表达它所代表的业务和逻辑含义，不会引起误解。避免不必要的硬编码，不要使用无法理解的魔法数字。标识符命名应当尽量做到自解释，这样就不必再写注释对标识符进行说明。另外，建议针对特定业务领域建立规范化的术语表，从而便于采用统一、规范的标识符命名。

常用的标识符命名方式是驼峰命名法，其中大驼峰主要用于类名、接口名、注解、枚举类型等，例如 OrderApproved；小驼峰主要用于局部变量名、方法名、属性名等，例如 selectedCar。枚举值和静态常量则常常用全大写，例如 IN_PROGRESS。布尔型变量建议用那些隐含了"真 / 假"含义的词，例如 fileFound。

### 7.3.2　布局格式

对代码格式的最基本要求是代码的布局能够清晰地体现程序的逻辑结构，具体包括：

1）使用缩进与对齐表达逻辑结构。相邻行的程序代码有两种基本的结构关系：顺序与嵌套。顺序代码应该相互对齐以表明处于同样的层级，嵌套代码应该缩进以表明被缩进行是另一行的子部分，这样可以清晰地体现程序的逻辑结构。

2）将相关逻辑组织在一起，不同的逻辑块间使用空行进行分割，让程序的逻辑更清晰。

3）语句分行。不要把多个语句放在同一行里，那样既不利于理解，又会导致代码太长无法在屏幕或打印纸上清楚地显现。

例如针对 Java 语言，常用的布局格式为：使用空格缩进，每层次缩进 4 个半角空格，每行不超过一个语句，一行代码不超过 120 个字符，块注释的缩进应该与该注释的上下文相同。

### 7.3.3　注释

代码中的注释不会被机器执行而纯粹是为了让人阅读，其目的是给代码提供额外

---

⊖　参见 https://github.com/google/styleguide。

的说明，例如补充解释代码的意图、给出必要的警示或预告、给出代码无法描述的版权或许可证等附加信息。注意，不要加作者、变更时间等信息，这些由版本管理系统记录。

我们并不推荐用大量的注释来说明程序的逻辑，而是建议通过提升代码本身的自解释能力，尽量减少无谓的注释。有意义的注释需要能够表达代码本身无法表达的内容，而不仅仅是对代码逻辑的简单翻译。例如，在一条变量赋值语句后增加一条"将变量 x 初始化为 0"这样的注释就有些多余。修改代码后需要检查注释是否仍然是有效的，过时且错误的注释会影响对代码的理解，甚至误导开发人员。

## 7.4   编写可靠的代码

可靠性是代码最重要的质量特性之一，是安全攸关系统的核心。可靠性编码有一系列实践准则，其中最重要的有防御式编程（defensive programming）、契约式设计（design by contract）、异常处理等。提高代码可靠性的这些实践往往会降低代码的易读性和性能，也可能牺牲易维护性，所以只有针对可靠性比较重要的代码，才会使用这些实践。

### 7.4.1   防御式编程

防御式编程的基本思想是：在一个子程序与其他子程序、操作系统、硬件等外界环境交互时，不能确保外界都是正确的，所以要在外界发生错误时，保护子程序内部不受损害。防御式编程将所有与外界的交互都纳入防御范围，进行必要的验证，这些交互包括用户输入、传感器采集的数据、外部交换的文件、调用其他子程序的返回值、数据库的连接、网络请求和反馈等。

为了确定数据验证的方式和严格程度，需要首先明确程序的可信区域和不可信区域。那些不在开发人员的控制范围内的外界数据，可能会违背我们对于"合法输入"的假设，甚至可能包含恶意的攻击（如 SQL 注入），属于程序的不可信区域。与之相对的是，开发人员自己可以掌控的数据则属于可信区域，例如自己所编写的模块间的数据传递。

程序对所有输入的数据都需要进行验证，但不可信区域的数据不确定性更高并且可能存在恶意，因此相应的数据验证需要考虑的情况更多，验证要求也更高，例如要检查所有获得的数据值是否满足约定的格式、是否在可接受的范围内、是否合理，以及是否恶意等。而可信区域的数据一般不会存在恶意，出现问题要么属于可预期的异常情况，要么源于程序中的缺陷，故只需要按子程序间调用的契约来检查所传递的参数值是否正常。通常采用隔栏（barricade）来实现可信区域和不可信区域间的隔离。隔栏通过各种数据验证手段对来自外部的不可靠和"不干净"的数据进行处理，然后将符合要求的数据交给系统内部使用。这样处于可信区域内的程序无须再考虑外部数据的不确定性和恶意性。

## 7.4.2　契约式设计

契约式设计又称为断言（assertion）式设计，它的基本思想是：如果一个子程序在前置条件满足的情况下开始执行，完成后能够满足后置条件，那么这个子程序就是正确、可靠的。其中前置条件是可选的，后置条件是必需的，两者都被称为断言。一条断言是一个可以在运行时自动检查的条件表达式。断言不仅可以放置在子程序的前后，也可以放在程序的任何检查点，用于对子程序输入值的合法性判断、输出结果的预期检测、子程序执行时关键点的状态检测等。

许多编程语言都提供了内置的断言语法。例如 Java 提供了断言语句："assert Expression1（：Expression2）;"。其中 Expression1 是一个断言，Expression2 是一个值。如果 Expression1 为真，不影响程序执行；如果为假，则抛出 AssertionError 异常，如果存在 Expression2 就使用它作为参数构造 AssertionError。例如，assert payment > 0："支付金额应大于 0"，如果 payment 的值小于或等于 0，那么断言失败，抛出 AssertionError（"支付金额应大于 0"）异常，程序终止运行。

断言会终止程序运行，因此，一般在开发和测试期间使用，不会用于正式发布的软件版本中。Java 程序中的断言一般仅用于测试代码中，C++ 程序可能会在功能实现代码中使用断言，但仅用于调试。

## 7.4.3　异常处理

程序运行过程中难免会发生各种异常（exception）情况，例如空指针、文件读写失败、网络通信故障等，这些异常情况难以通过断言来处理。因为这些异常并不都是可以预期的，无法通过预设条件进行检查，而且断言通常并不会在正式发布的软件版本中使用。因此，需要有一种机制能够在软件运行时通知程序发生了异常情况并请求处理。

许多编程语言都提供异常处理机制，将错误或异常情况包装成一种事件并传递给调用方，通知它们发生了不可忽略的错误并要求它们进行处理。调用方发现异常后可以进行针对性的处理，如果不知如何处理也可以继续向上抛出（throw）给更上层的调用方。异常会中断子程序的正常执行，以无法被忽略的方式逐层传递。每个异常最终都会在某个层次上进行处理。在一般的应用程序中，最高层次的用户界面如果收到异常并且没有进行处理，那么用户将从界面上看到异常报告。例如 4S 系统就采用了 Java 的异常处理机制，包括 try-catch 语句、try-catch-finally 语句、throw 语句和 throws 语句。

异常的抛出、捕获和处理需要遵循以下规范性要求：

1）只在真正例外的情况下抛出异常，不能用异常来推卸责任。抛出的异常类型应与所处的抽象层次相符。所抛出的异常消息中应当包含理解异常抛出的原因所需要的全部信息。

2）捕获受检异常时，需要声明具体的异常类，不要直接捕获异常基类 Exception，这样可以有针对性地实现相应的异常处理逻辑。捕获运行时异常时，不要直接捕获可通过预先的检查消除的异常，例如空指针和数组越界等。避免使用空的 catch 语句。

3）异常处理策略是一个总体设计问题，要考虑不同层次的处理职责和协作。不能处理的异常要继续向上抛出，抛出时可以选择原样抛出还是重新包装后再抛出。同时还应防止通过异常信息泄露系统内部敏感细节的问题发生，对外提供的异常信息需要对敏感信息进行过滤。

## 7.5　代码质量控制

开发者测试、代码静态检查、代码度量和代码评审是代码质量控制的重要技术，和编码并行进行，能及时地发现代码中存在的潜在错误，为产生高质量的代码提供保障。它们可以在以下多种场景中使用：在编码现场，开发人员利用 IDE 中的插件实时进行代码质量检测发现可能存在的质量问题并及时进行改进；作为持续集成流水线的一部分，自动执行检测，进行质量反馈；作为代码提交或合并之前的质量门禁，例如要求提交或合并的代码中不允许存在严重的代码质量问题。

本节将从代码质量问题分类开始，概要介绍这四项技术，其中开发者测试隶属于软件测试（见第 8 章），代码静态检查和代码评审隶属于软件质量管理（见第 11 章）、代码质量度量隶属于软件度量（见第 13 章），更详细的内容请参见相关章节。

### 7.5.1　代码的质量问题

通过开发者测试、代码静态检查、代码质量度量和代码评审，可以及时地发现代码中潜在的质量问题，这些问题可分为以下三类：

1）代码缺陷（bug），是代码的错误，它会引起程序对预期属性的偏离。例如计算的或测量的值与实际的、规定的或理论上的值的差别，不正确的处理逻辑、过程或数据定义等。

2）代码漏洞（vulnerability），一种代码安全缺陷，可以被不法者或者黑客利用，通过植入木马、病毒等方式来访问、控制或破坏软件。

3）代码坏味道（code smell），是代码腐化现象，即代码级别的技术债，虽然不是代码的错误，但影响代码的可理解性和可维护性，是待重构的问题点。例如克隆代码、特征依恋、发散式变化、霰弹式修改、并行继承等。

针对所发现的质量问题，开发人员需要进行缺陷修复和坏味道的重构，然后重复进行质量检测，以验证问题已被成功解决。

### 7.5.2　开发者测试

开发人员完成初步的编码之后，需要通过单元测试和集成测试验证程序设计的正确性。这由开发人员而非专门的测试人员来进行，因此又被称为开发者测试。其中单元测试用以验证所开发的代码单元（例如一个模块、程序文件或者类）是否符合开发任务要求，集成测试一般在单元测试之后用来测试多个单元之间的接口是否正确。在当前流行的测试驱动的开发过程中，开发人员需要在编码之前先编写好测试用例，并将通过这些测试用例作为完成编码任务的检验标准。通过测试发现缺陷之后，开发人员需要通过调试（debug）进行缺陷定位，找到错误的程序代码并加以修复。

例如在 4S 系统的开发中，采用了测试驱动方法，在每次开发或修改一个类的方法时就完成对该方法的单元测试，并使用持续集成方法，在每次开发或修改类结构、模块结构时，就进行一次集成测试。

## 7.5.3 代码静态检查

开发人员在完成本地的开发工作之后可以提交代码并将其合并到主干分支。虽然这些代码可能已经通过本地的开发者测试，但仍然可能存在多种潜在的问题，包括逻辑错误、代码坏味道、不好的代码风格等。这些问题很难通过测试发现，因此我们普遍采用代码静态检查工具来自动化分析与检测代码。

所谓代码静态检查，是指不运行代码，仅通过静态扫描与分析源程序的语法、结构、过程、接口等来检查代码，找出代码中隐藏的缺陷和坏味道，例如代码不规范、参数不匹配、有歧义的嵌套语句、错误的递归、非法计算、可能出现的空指针引用等。最常用的检查方法是基于规则的，例如判定是否符合编码规范，是否匹配缺陷模式，代码度量指标是否在合理范围内等。针对复杂的质量问题，则采用模型检验和人工智能等技术，例如通过预训练语言模型生成代码的向量表征，比较两段代码向量的余弦相似度来判定是否克隆代码。

当前有不少代码静态检查工具，例如 SonarQube、SpotBugs、CheckStyle 等，它们能和 IDE 以及持续集成工具进行很好的集成，支持代码现场检查和 DevOps 过程。对于每一个所发现的问题，工具提供了问题的类型、严重度、所在位置和相应的解释。例如 4S 系统采用 CheckStyle 工具来自动检查 Java 代码是否符合约定的编程规范。

## 7.5.4 代码质量度量

编码阶段的产品度量主要围绕源代码展开，通过代码量化分析来发现代码质量问题。常见的度量包括代码规模、复杂度和重复度，SonarQube 等代码静态检查工具提供了一些常用的代码度量功能。

代码规模的度量指标通常为代码行数、方法数、文件数、类数、编译后的二进制码字节数等。根据不同的度量需求，代码行数可以有不同的计算方法。其中被普遍接受的是代码逻辑行数，即去除注释及空行后语句的数量。单一职责原则要求每个模块只实现一个职责，规模过于庞大的模块可能对应的代码职责过多了，需要进行重构。

代码复杂度度量体现代码中逻辑组合带来的复杂性。最常用的指标为圈复杂度，计算代码的程序流图表示中圈（即区域）的数量。在程序流图中，箭头表示执行流程，菱形表示简单条件判断（包含 AND、OR 操作的复合条件需要分解），方框表示执行的语句块。以图 7-1 为例，一共有 4 个区域，包括 3 个封闭区域和 1 个开放区域，故圈复杂度为 4。我们应关注那些过于复杂的代码，例如圈复杂度超过 10 的代码，它们的可维护性和可复用性可能存在问题。

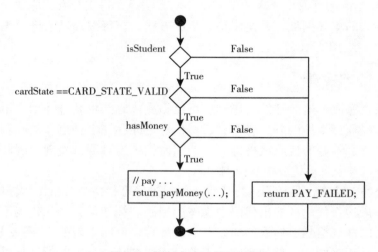

图 7-1   圈复杂度计算的示例

代码重复度度量用于衡量代码中克隆代码的比例，从中我们可以发现代码重构和改进的机会，发现可复用的公共模块，以及衡量开发团队和开发人员的有效工作量。

### 7.5.5   代码评审

有些代码质量问题很难通过测试或静态检查来发现，但有经验的开发人员很容易看出来，因此，在软件开发实践中人工进行的代码评审也被广泛应用为一种代码质量控制手段。代码评审通过代码阅读的形式来判断源代码是否符合指定的代码质量标准，同时发现潜在的代码质量问题。代码评审的内容包括编码规范、实现逻辑、异常处理等，评审的方法有多种，例如走查、同级桌查、结对编程等，详见第 11 章。

代码评审可以由评审者直接阅读代码并记录评审意见。为了提高代码评审的效率和质量，也可以使用代码评审工具，例如 Phabricator、Collaborator、Gerrit 等。代码评审工具为评审者阅读代码、理解代码修改以及添加评审反馈提供了很好的支持，可与 IDE、版本管理工具、问题跟踪工具等进行无缝集成。

## 7.6 版本管理

在编码过程中，伴随着开发的进展会产生许多程序文件，这些程序文件常常会进行修改。如何有效有序地对这些代码及其变更进行控制和管理成为软件开发中十分突出的问题，当开发小组多个成员跨地域分布式协同开发、多个版本并行开发时，面临的挑战更大。版本管理正是为解决这个问题而提出的，它为软件开发提供了一套软件版本及其分支的管理方法、技术和工具，以提高代码质量和开发效率。

### 7.6.1 基本概念

软件版本管理的对象是软件产品在开发过程中的各种制品，包括源代码、可执行代码、配置文件、模型、需求、设计、测试文档、数据、软件工具等，称为软件配置项（Software Configuration Item，SCI）。软件版本管理需要将这些软件配置项置于系统性管理中，进行版本标识，追踪演化历史，确保开发人员在并行协作开发过程中不会相互影响。

软件配置项在软件开发过程中会不断变更，形成多个版本（version）。每个软件配置项的版本演化历史可以形象地表示为图形化的版本树。版本树由版本依次连接形成，版本树的每个节点代表一个版本，根节点是初始版本，叶节点代表最新的版本，如图 7-2 所示。最简单的版本树只有一个分支，也就是版本树的主干，其结构是线形的；复杂的版本树（如并行开发下的版本树）除了主干外，还可以包含很多分支，分支可以进一步包含子分支，形成树形；如果分支后又合并，版本树就是一个无环有向图，即 DAG 型。

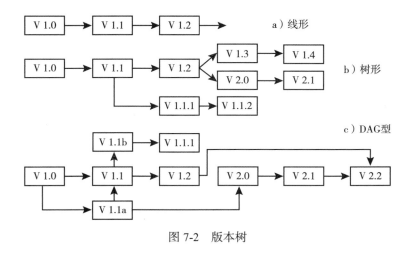

图 7-2　版本树

软件产品中的每个软件配置项都有自己的版本树，多个软件配置项的版本需要相互匹配才可以协同工作，共同构成软件产品的发布，这就需要引入"基线"（baseline）的概念。基线是软件产品在开发过程中被核准的一个正式版本，是软件各配置项在特定时期的一个"快照"，可以作为发布和后续开发的依据。如果将这些软件配置项的版本树看作一个森林，基线则是该森林的一个横截面。该横截面往往不是水平的，而是上下起伏的折面。一个软件产品可以有多个基线，建立基线后的软件配置项只有经变更控制流程同意后才能进行变更，变更后经核准就能建立新的基线。配置项、版本和基线的关系如图 7-3 所示。

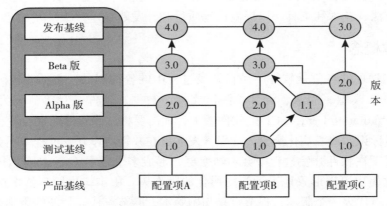

图 7-3　配置项、版本和基线的关系示例

## 7.6.2　版本控制系统

版本管理存储和追踪每个配置项的版本和变更历史，协同团队并行开发，管理版本的分支和合并，并控制基线的生成。这些活动得到版本控制系统的有效支持，例如 Git、Mercurial、SVN、ClearCase、CVS 等。版本控制系统主要分为两类：集中式版本控制系统和分布式版本控制系统。

集中式版本控制系统将配置项信息集中存放在中央服务器的一个统一的版本库中，如图 7-4 所示。开发人员通过检入（check in）和检出（check out）的方式访问服务器上的配置项，未经授权的用户无法访问服务器上的配置项。检入就是将软件配置项从用户的工作环境存入版本库的过程，检出就是将软件配置项从版本库中取出的过程。检入是检出的逆过程。每次检入时，在服务器上都会生成新的版本，任何版本都可以随时检出编辑。检入和检出的同步控制可用来确保由不同的人并发执行的修改不会产生混乱。当需要修改程序的开发人员从版本库检出一个配置项时，对该配置项加锁；当修改完成并检入到库之后，解锁。其他开发人员只有当第一个开发人员修改完成检入后，才能检出修改。集中式版本控制系统使用很方便，但必须经常联网，所能支持的团队规模较小，服务器单点故障会影响整个团队，因此适合局域网小团队开发。SVN 和 CVS 等都是集中式版本控制系统。

在分布式版本控制系统中，每个开发人员都在本地存储着完整的版本库，如图 7-5 所示。任何一处协同工作用的服务器发生故障，事后都可以用任何一个镜像出来的本地仓库恢复。每一次的提取操作实际上都是一次对服务器上的版本库的完整备份。分布式版本控制系统支持离线工作，能支持大规模团队的协同开发，分支管理灵活，系统可靠性高，因此适合任何规模的团队开发，成为当前主流的版本控制系统。常用的分布式版本控制系统有 Git 和 Mercurial。

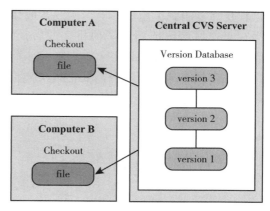

图 7-4 集中式版本控制系统

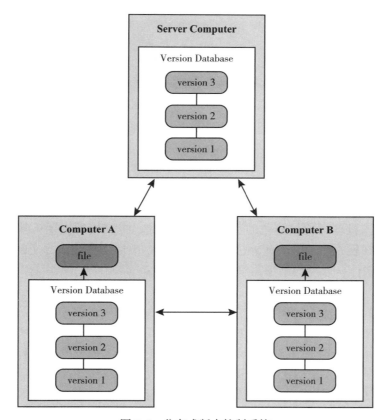

图 7-5 分布式版本控制系统

现以 Git 为例来阐述分布式版本控制系统的工作流程。Git 的基本工作流程如图 7-6

所示。在加入一个软件项目的开发中时，可以通过 clone 命令将中央服务器上该项目的远程仓库复制到本地机器上，构成本地仓库，而机器上项目文件所在的目标就是工作区。当在工作区修改或新建了项目文件后，可以通过 add 命令将指定的文件保存到暂存区。当完成一件原子性的任务（如修复了一个缺陷）后，可以通过 commit 命令将暂存区中的文件提交到本地仓库。当需要把提交集成到项目并推送给其他开发人员时，则通过 push 命令将本地仓库中的本地提交推送到中央服务器的远程仓库中。

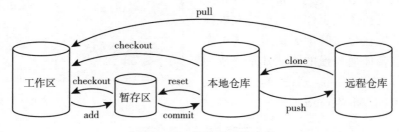

图 7-6　Git 的基本工作流程

当发现一次提交的内容有错误并想撤销这次提交时，可以通过 reset 命令将暂存区和工作区重置到这次提交之前的状态。当工作区改乱了某个文件并想丢弃这次修改时，可以通过 checkout 命令将文件重置为暂存区或者本地仓库中的文件内容。如果在工作区改乱了某个文件并已添加到了暂存区，可以通过 reset 命令将暂存区中的文件重置为本地仓库中的文件内容。

当需要在其他开发人员的开发基础上继续协同开发时，可以通过 pull 命令将中央服务器上远程仓库的所有最新提交全部拉取到本地仓库，并与本地仓库进行合并。

在上述基本流程中，提交（commit）是记录项目文件历史并实施版本管理的最小单位，也是开发人员理解项目演化的基本单位，因此，提交的粒度要确保每次提交只做一件事情，例如修复一个缺陷。此外，在 commit 命令中还应指定该提交的描述消息，包括类型、主题、主体，以及与某项需求或缺陷等的关系。

### 7.6.3　并行开发和分支管理

版本管理中的分支允许开发人员创建独立的开发路径，支持多版本的并行开发。在版本树上派生出多个分支，各分支负责实现一些不同于其他分支的新特性和新任务。例如，并行开发一个软件产品的多个国家的版本，或者在软件产品发布后进行缺陷的修复同时并行进行新功能的开发，或者单独实验一些新技术等。

软件开发实践中经常使用的分支类型有主分支（master）、开发分支（develop）、特性分支（feature）、发布分支（release），以及补丁分支（hotfix）。图 7-7 是 Gitflow Workflow 的分支管理示例。主分支保存官方的产品发布历史，开发分支用于集成各种功能开发的分支，对应开发环境中的代码。这样，开发分支上的代码即使有问题也不会影响主分支，即不会影响生产环境的稳定性。特性分支、发布分支和补丁分支是三种辅助分支，分别用于新功能的开发、版本发布的准备，以及缺陷的修复。其中在创建新的特性分支时，父分支应该选择开发分支。

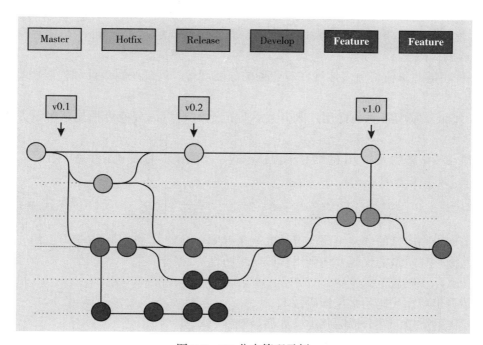

图 7-7　Git 分支管理示例

以上分支上的任务完成后，需要进行合并，并且最终要合并至主分支。例如在图 7-7 中，特性分支先合并至开发分支，然后开发分支再通过发布分支合并至主分支。文件的两个版本进行合并时，可能会产生冲突。Git 会在文件中标记出不同分支的内容，让开发人员之间对合并冲突进行协商解决。

## 7.7　展望：AI 时代的编程

Codex、ChatGPT 和 GPT-4 等 AI 超大型预训练语言模型的问世，使软件工程正式进入智能时代。AI 技术融入软件开发和运维的全过程中，成为软件工程师的各种智能助手。其中智能编程助手的能力尤为突出，它已具备理解和生成代码的能力，能利用编程语言知识和上下文进行推理，其应用场景包括代码搜索、代码生成、注释生成、变量名推荐、代码翻译、缺陷检测与修复、代码理解和问答等。例如，DeepMind 开发的 AlphaCode 于 2021 年底参加了 Codeforces 竞赛平台组织的 10 场实时编程比赛，总体排名位于前

54.3%，击败了接近 46% 的人类参赛者。

预训练语言模型在智能编程上的表现如此惊艳，这不得不让人担心：程序员是否会被 AI 取代。Google 工程主管称，程序员的职业生涯将在 3 年内被 AIGC（AI Generation Content）终结。虽然我们尚不敢有如此大胆的猜测，但 AI 确实已经开始逐渐接手一些软件开发工作，初级程序员的岗位极有可能不复存在，编程的工作方式将发生巨大变化：

1）程序员的主要任务不再是编写代码，而是设计提示词（prompt）以及评审和优化 AI 所生成的代码。

2）程序员的价值将更多体现在对业务的深度理解、处理逻辑设计和代码质量内审等方面。

3）大部分应用将由最终用户来开发，他们通过自然语言或可视化建模等方式进行编程。

这是一种全新的人和 AI 的结对编程新范式。智能编程的细节请参见 15.1.3 节。

## 思考题

1. 请列出高质量的软件编码应遵循的五条准则。
2. 什么是高质量的代码？请列出代码质量特性。
3. 什么是编码规范？
4. 请列出可靠代码的常见编码技术。
5. 代码的质量问题分成哪几类？如何控制代码质量？
6. 请简要解释配置项、版本和基线，并说明它们之间的关系。
7. 什么是版本管理？集中式和分布式版本控制系统有什么不同？
8. 什么是分支？常见的分支有哪些？

第 **8** 章

# 软件测试

❑ 按层次，软件测试分为哪几类，分别关注哪些测试内容？

❑ 常用的白盒测试和黑盒测试方法有什么？

❑ 在系统测试时，如何测试软件质量属性？

❑ 软件测试过程的步骤是什么？如何进行软件测试的质量控制？

软件开发的各个阶段都需要人的参与。人的工作不可能完美无缺，出现错误是难免的。随着软件复杂性和规模的不断提高，错误发生的可能性越来越大。软件测试（testing）就是发现这些隐藏在软件中的错误的一种有效技术，它是软件开发过程中的关键活动。软件开发组织常常把研发力量的 40% 以上投入到软件测试中；对于某些安全攸关的软件，其测试费用甚至高达所有其他软件开发活动费用总和的 3~5 倍。尽管人们在软件开发过程中也采用软件评审、静态分析和形式化验证等技术进行质量保证和控制，但是这些技术都不能替代测试。软件测试一直是保证软件质量的最重要手段。本章将详细介绍软件测试概念、软件测试层次、白盒和黑盒测试方法、系统测试技术，以及软件测试过程。

## 8.1 软件测试概述

在软件生存期的各个阶段都可能引入错误，而软件需求、设计和编码阶段是软件的主要错误来源，软件缺陷的解决过程也可能引入新的软件错误。因此，软件测试是在软件发布前进行软件验证与确认的关键技术。当软件开发采用迭代过程时，软件测试将在每个迭代中执行，以确保每个迭代的小型发布的质量。

### 8.1.1 软件测试概念

Glenford J. Myers 和 Tom Badgett 在经典著作《软件测试的艺术》[注] 中，给出了软件测试的定义："测试是为了发现错误而执行程序的过程"。这个定义被业界广泛认可，经常被引用。由此可见，测试的目的是发现程序的错误，其方法是通过在计算机上动态执行程序来暴露程序中潜在的错误。其执行过程可以是人工（人工测试）或自动（自动化测试）。另一个与测试容易混淆的术语是调试（debugging）。调试是重现软件错误，定位和查找错误根源，最终纠正错误的过程。由此可见，测试和调试是完全不同的两个概念。当测试发现软件的错误后，这些错误会通过调试进行纠正。

IEEE SWEBOK 给出的定义为：软件测试是一个动态的过程，它基于一组有限的测试用例执行待测程序，目的是验证程序是否提供了预期的行为。软件测试是依据预期的软件行为进行的，通常来自规约（spec），例如需求规约和设计规约。如图 8-1 所示，测试人员根据规约设计一组测试用例（test case），包括测试输入和预期结果两个基本部分。然后根据测试用例对被测软件进行测试，比较软件的实际运行结果与预期结果之间的差异。如果二者存在偏差，那就可以认为被测软件中存在缺陷。被测软件可以是完整的软件系统，也可以是某个软件模块。

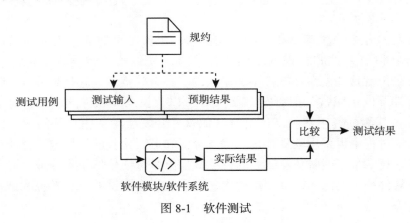

图 8-1 软件测试

### 8.1.2 软件测试原则

软件测试是为发现软件中的错误与缺陷、为提高软件质量而提供的一种服务。我们应该对测试理念、测试立场和测试时机有一个清晰的认识。为此，软件测试人员需要充分理解以下测试原则：

1）所有的软件测试应追溯到用户的需求。评价软件质量是否合格的标准是，软件若

———————————
⊖ 此书中文版已由机械工业出版社引进出版，书号为 978-7-111-37660-6。——编辑注

满足用户的需求就是一个合格的软件，反之是一个有缺陷的软件。软件的作用是使特定的用户在特定的用户环境下能够高质量地、有效地使用软件，从而达到用户使用的目标；而软件测试用来揭示不能满足用户需求和达不到用户目标的软件存在的错误和缺陷。

2）穷举测试是不可能的。在有限的时间、成本和资源的约束下，期望通过穷举测试找出软件中存在的所有缺陷，使软件"零缺陷"是不可能的。测试的输入和输出的空间很大，即使是简单的数学运算，都很难进行穷尽，更不用说更加复杂的软件系统。穷举测试需要消耗大量的时间和资源，很多时候是不可能实现的。因此，测试不能证明软件没有错误，如何设计和选择有限的测试用例从而能更多地发现软件中的错误成为测试的关键。

3）缺陷经常是聚集分布的。软件错误的分布符合 Pareto 原则（即 80/20 原则），80%的软件错误存在于 20% 的代码行中。一个典型的例子是，在对美国 IBM 公司的 OS/370操作系统进行测试时发现，47% 的错误仅与 4% 的程序模块有关。这是因为，一个特定的项目团队对一个特定的软件项目进行研发时，可能是因为对软件的需求理解产生偏差，可能是因为团队中有些人对某项技术掌握的成熟度不够，可能是因为加入的新人对编码规则没有掌握等，使软件中埋下了许多错误和缺陷，这就造成了软件错误的聚集性。因此，我们应进行有重点的测试，而不要将测试的精力放在经过测试而没有发现缺陷的模块上，而应集中在已发现错误的易错模块上，以提高测试的有效性并节省测试的成本。

4）尽早地和不断地进行软件测试。软件错误发现得越晚，修复的成本越高。例如，一个软件需求的错误，在需求阶段被发现可能只要很小的改正成本，而到了软件发布阶段再发现可能需要 50~100 倍的成本。因此，尽早开始进行软件测试会早一些发现软件的错误，大大降低软件的修复成本。这里存在一个误解，即认为测试只能在有了程序代码以后才开始。其实，测试可以而且应该与软件开发同步，在软件需求和设计阶段就可以开始测试活动，如编写测试计划、设计测试用例等。因为在编写测试计划、设计测试用例时，需要认真研读软件需求和设计。而研读的过程就是测试需求和设计的准确性，就会发现其中的错误。不能将软件测试仅看作软件开发过程中的一个独立阶段。软件的开发过程是一个不断迭代的过程，因此测试也应该不断地进行，以随时发现新的错误。

5）测试中的杀虫剂悖论。杀虫剂悖论是指软件经受的测试越多，对于测试人员的测试就具有越高的免疫力。这主要是因为同样的测试人员和测试用例按照同样的思维方式进行测试，很难发现新的缺陷。为了克服这一问题，应该引入新的测试人员或新的测试技术来提高测试效率，例如测试人员轮换或加入第三方测试人员等。

6）测试应该从小到大。测试应从小到大进行，先着眼于单个模块的测试，再进行模块集成的测试，最后在整个系统中寻找错误，这样做有助于软件缺陷的发现和定位，从而降低软件开发的成本。

7）制订测试计划，避免测试的随意性。执行一项测试任务，应事先有一个安排。因为，测试应该是一项有组织、有计划、有步骤的活动。在测试前，应针对待测软件的特点，制订一个测试计划，对测试的目标、环境、技术和方法、进度、工具和资源等有一个具体的规划。测试时，测试人员根据测试计划的安排，进行测试用例的设计，准备测试数据，搭建测试环境，然后再进行测试的执行。测试完成后，还应该进行缺陷的统计和分析，为提高软件产品的质量评估和软件过程的持续改进提供准确的数据。

### 8.1.3　软件可测试性

软件的可测试性是指在一定的时间和成本前提下，进行测试设计与测试执行，以此来发现软件的问题和故障，并隔离及定位其故障的能力特性。简单地说，软件可测试性就是指软件能够被测试的容易程度。软件的可测试性通常包含以下特性：

- 可操作性。如果软件操作容易，运行很好，在进行测试时的效率就会很高。
- 可观察性。对于可观察性好的软件产品，所测试的结果可以很容易地观察到。
- 可控制性。能够从软件产品的输入来控制它的各种输出，软件的状态和变量能够直接由测试工程师控制，从而使软件的自动测试工作变得更容易。
- 可分解性。软件可以分解为独立的模块，能够被独立地测试。
- 简单性。软件在满足需求的基础上要尽量简单。
- 稳定性。软件的变化很少，保持稳定的状态。
- 易理解性。软件的设计易于理解。

在测试的实施过程中，常常由于软件的可测试性太差，导致测试的难度相当大，甚至出现无法测试的情形。如何增强软件的可测试性？同可靠性一样，可测试性也是软件产品的质量特性之一。要提高软件的可测试性，就必须在软件设计和编码阶段考虑测试问题，即软件可测试性设计。

软件可测试性设计的目的是在不增加或者少增加软件复杂性的基础上，将易于测试的原则融合到设计和编码中。常用的方法包括契约式设计、内建式测试和内建式自测试等。

在契约式设计方法中，接口或服务的提供者与请求者彼此之间需要遵循契约的规定：如果发出请求的客户所提供的数据满足前置条件的要求，那么服务提供者也要保证返回的结果符合后置条件的要求。契约双方都不能依赖于除显式声明的契约之外的额外约束。契约式设计通过将契约检查与常规的应用逻辑分离，提高了软件的可测试性，减少了测试的开销。

软件的内建式测试借鉴了集成电路的测试方法。为了减少测试集成电路的开销，在集成电路上增加额外的测试电路和引脚，通过这些引脚能够在测试时传输测试输入，探测集成电路的内部，捕获输出，从而提高了可控制性和可观察性。这种方法的进一步扩展就是再增加测试输入生成电路，从而避免外界的输入，这就是内建式自测试。同样地，软件的内建式测试是在程序中添加额外的测试机制，使软件能够工作在测试模式下。软件的内建式自测试方法则在此基础上再增加测试用例生成机制。

　　除了以上方法之外，进行良好的架构设计、降低模块间的耦合度、提供良好的需求规约和设计文档、提高源代码的可理解性等，都能改进软件的可测试性。

　　软件可测试性设计符合软件测试的一个原则：尽早地、不断地进行软件测试。软件可测试性设计体现了软件测试的如下观点：软件产品的质量是生产（包括分析、设计、编码、测试）出来的，而不是仅仅依靠软件测试来保障。软件可测试性设计也体现了软件测试的一个发展趋势：向软件开发的前期发展，与软件开发的设计和编码相融合。易于测试的软件本身所包含的缺陷也会减少。软件可测试性设计能有效地提高软件测试的效率和质量，进而提高软件产品的质量。

## 8.2　软件测试层次

　　随着软件开发的不断发展，软件测试通常在不同的层次上进行，即测试的对象将发生改变，从底向上，依次为单元测试、集成测试和系统测试，如图 8-2 所示，和开发活动形成一个"V"字。其中，单元测试用以验证软件设计的最小单元的正确性，即单个模块的测试；集成测试将多个通过单元测试的模块按照设计要求进行集成和测试，即一组模块的测试；通过集成测试后的软件和相应的硬件、网络与人员等组成一个系统后所进行的测试，称为系统测试，即对整个系统的测试。

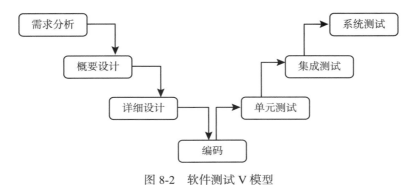

图 8-2　软件测试 V 模型

### 8.2.1　单元测试

　　单元测试（unit testing）又称为模块测试，是针对软件结构中独立的基本单元进行的测试。在结构化编程语言中，基本单元是函数或子过程；在面向对象编程语言中，基本单元是类。我们编写代码时，一定要反复调试保证它能够编译通过。如果是编译没有通过的代码，任何人都不会交付给客户。但代码通过编译，只是说明它的语法正确，却无法保证它的语义也一定正确，没有人会轻易承诺这段代码的行为一定是正确的。幸运的是，单元测试会为我们的承诺做保证，它能够验证这段代码的行为是否与我们的期望（即详细设计文档）一致。

测试什么？单元测试重点关注基本单元的接口、局部数据结构、边界条件、独立的路径和错误处理路径。接口测试是为了保证被测基本单元的信息能够正常地流入和流出；检查局部数据结构以确保临时存储的数据在算法的整个执行过程中能够维持完整性；执行控制结构中的所有独立路径以确保基本单元中的所有语句至少执行一次；测试边界条件确保基本单元在到达边界值的极限或受限处理的情形下仍能正确执行；最后要对所有的错误处理路径进行测试。

什么时候测试？一般地，基本单元的编码完成后就可以对其进行单元测试。单元测试也可以提前，敏捷开发方法强烈推荐测试驱动开发（Test Driven Development，TDD），先编写测试用例和测试代码，再进行编码，编码完成后再执行测试，不断改进代码直至通过测试。这是一种很好的测试实践，能有效地提高软件的质量。

由谁测试？单元测试是一种开发者测试，由开发人员负责，也就是说，经过了单元测试才是编码完成的标志，提交模块代码时要同时提交它的测试代码。测试小组可以对此进行一定程度的审核。

如何测试？为了提高测试效率，单元测试应当尽可能地自动化，基于单元测试框架编写测试程序（即驱动模块）进行自动化测试。单元测试时的驱动模块和桩模块如图 8-3 所示。被测模块经常依赖于其他模块，此时需要将被测模块与所依赖的模块进行隔离，以保证测试结果不受所依赖的部分的影响。我们采用桩模块来代替被测模块依赖的模块，它是测试替身，来模拟被依赖模块，例如一个直接返回预设结果的空方法。

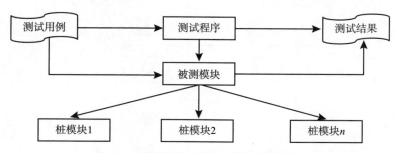

图 8-3　单元测试时的驱动模块和桩模块

使用最广泛的单元测试框架是 xUnit 系列，例如 JUnit（Java）、CppUnit（C++）、PyUnit（Python）、Jest（JavaScript）等。以 JUnit5 为例，它通过 @Test、@ParameterizedTest、@BeforeAll、@AfterAll 等标注定义测试的行为，通过 Assertions 类下的各类断言（包含 assertEquals、assertTrue、assertSame 等）对测试结果进行判定。测试的桩模块采用 Mock 工具来实现，例如 JMockit 是一款针对 Java 类、接口、对象的 Mock 工具，被广泛应用于 Java 单元测试。其他常见的开源 Mock 工具有 JMock、EasyMock、Mockito 等。

**代码示例 8.1 单元测试用例代码示例**

```
1  public class testCalFee {
2      @Test
3          public void testCalFeeByCity(){
4              MockUp<IGetPostcode> stub=new MockUp<IGetPostcode>(){
5                  @Mock
6                  public String getPCodeByCity(String city){
7                      if ("Shanghai".equals(city)){
8                          return "200000";
9                      }
10                     else {
11                         return "000000";
12                     }
13                 }
14             };
15             IGetPostcode mockInstance=stub.getMockInstance();
16             CalFee calFee=new CalFee(mockInstance);
17             assertEquals(20,calFee.calFeeByCity("Shanghai"));
18         }
19  }
```

代码示例 8.1 展示了一段基于 JUnit5 的测试代码, 其中使用了 JMockit 实现测试的桩模块。被测模块是 CalFee 类中的 CalFeeByCity 方法。该方法根据输入的城市名, 调用 getPCodeByCity 方法来得到邮政编码, 再根据邮政编码计算出运送费用。@Test 表示 testCalFeeByCity 是一个测试用例, 它先构造一个代表 IGetPostcode 接口的桩模块 stub, 预设 stub 在输入 "Shanghai" 时返回 "200000"。随后实例化 stub, 并将示例对象 mockInstance 作为参数实例化被测方法所属的实例对象 calFee。最后使用断言 assertEquals 进行数据是否相等的判定。输入城市名 "Shanghai", 如果返回运费 20, 则测试通过, 否则报错。

## 8.2.2 集成测试

集成测试 (integration testing) 又称组装测试, 它根据设计边进行软件模块组装边进行有序的递增的测试, 并通过测试评价模块之间的交互。集成测试一般由开发人员或测试人员负责。

集成测试主要关注以下问题:
- 在把各个软件单元连接起来的时候, 穿越单元接口的数据是否会丢失;
- 一个软件单元的功能是否会对另一个软件单元的功能产生不利的影响;
- 各个子功能组合起来, 能否得到预期的父功能;
- 全局数据结构是否有问题;
- 单个软件单元的误差累积起来, 是否会放大, 从而达到不能接受的程度。

软件集成策略可分为一次性集成和增量式集成两种。一次性集成又称整体拼装,使用这种方式首先对每个模块分别进行单元测试,然后再把所有模块集成在一起进行测试,最终得到要求的软件系统。增量式集成又称渐增式集成,它首先对一个个模块进行单元测试,然后将这些模块依次逐步集成至较大的系统,在集成的过程中边连接边测试,以发现连接过程中产生的问题。增量式集成可细分为如下几种。

1）自顶向下集成:这是一种日益为人们广泛采纳的集成软件途径,集成顺序从主控模块(主程序)开始,沿着控制层次结构逐步向下。集成时根据软件架构的特点可以采用深度优先或广度优先的方式。这种组装方式不需要驱动程序。

2）自底向上集成:从原子模块(程序结构的最底层模块)开始进行构造和测试,向上逐步集成。由于总能得到下层模块的处理功能支持,所以不需要桩模块。

3）混合集成:对软件的中上层使用自顶向下集成,对软件的中下层采用自底向上集成。

比较一次性集成和增量式集成这两种集成策略,它们各自具有互为优缺点的特性。一次性集成的缺点是接口错误发现晚、错误的定位比较困难,而增量式集成的优点就是接口错误发现得比较早、错误的定位比较容易;使用一次性集成的优点是可以并行测试和调试所有软件单元,因此可以充分利用人力,加快工作进度,而增量式集成则恰好相反。

为了提高测试效率,我们可以采用集成测试工具来辅助测试,例如 postman、SoapUI 等 API 测试工具,Spring 后端应用的集成测试工具 SpringBootTest,React Native 集成测试工具 Cavy 等。

## 8.2.3　系统测试

软件集成及集成测试完成后,对整个软件系统进行的一系列测试,称为系统测试(system testing)。系统测试的目的是验证系统是否满足需求规约。如果该软件只是一个大的计算机系统的一个组成部分,受到组成计算机系统的其他元素的制约,如计算机硬件、外设、网络、某些支持软件或共存软件、数据和人员等,此时应将软件与计算机系统的其他元素集成起来,检验它能否与计算机系统的其他元素协调工作。系统测试可由开发人员、测试人员和客户等执行。

系统测试根据系统需求,对软件系统进行一系列测试,包括功能测试、性能测试、可靠性测试、易用性测试、兼容性测试、信息安全测试等。

1）功能测试。功能测试是根据软件系统的需求规约,验证软件的功能实现是否符合要求。单元测试和集成测试重点也测试功能,但系统级别的功能测试需要将软件系统置于实际的应用环境中,模拟用户的操作实现端到端的完整测试,以确保软件系统能够正确地提供服务。主要的测试目标涵盖功能操作、输出数据、处理逻辑、交互接口等多个方面。

2）性能测试。性能测试目的是在真实环境下评估系统性能以及服务等级的满足情况，同时分析系统性能瓶颈以支持系统优化。它关注于系统的响应时间、吞吐量、负载能力等性能指标。系统性能测试环境应当尽量与产品的真实运行环境保持一致，并模拟一些可能出现的特殊情况，例如峰值并发访问。

3）可靠性测试。可靠性是指软件系统在特定条件下、特定时间内正常完成特定功能或提供特定服务以及故障恢复的能力。软件可靠性不仅与内部的实现方式及缺陷相关，而且与系统环境、使用方式及系统输入相关。一般需要模拟高强度以及持续的系统访问和使用，分析系统正常运行并提供服务的概率；模拟各种可能的故障，衡量系统的降级服务的能力和故障恢复的时间。

4）易用性测试。易用性测试是针对软件产品的易理解性、易学习性、易操作性等质量特性的测试。它与人机交互以及用户的主观感受相关，因此一般需要模拟用户对系统进行学习与使用并对参加测试的人员的主观感受和客观学习与使用情况（例如学习时间、界面操作情况等）进行分析。

5）兼容性测试。兼容性测试旨在验证软件系统与其所处的上下文环境的兼容情况，即系统在不同环境下，其功能和非功能质量都能够符合要求。它主要针对硬件兼容性、浏览器兼容性、数据库兼容性、操作系统兼容性等方面展开测试工作。

6）信息安全测试。信息安全测试是验证软件系统的信息安全等级并识别潜在信息安全问题的过程，其目的是发现软件自身设计和实现中存在的安全隐患与漏洞，并检查系统对外部攻击和非法访问的防范能力。它的目标具体包括物理环境的安全性（物理层安全）、操作系统的安全性（系统层安全）、网络的安全性（网络层安全）、应用的安全性（应用层安全）及管理的安全性（管理层安全）。

系统测试的技术和工具将在 8.4 节进行阐述。

## 8.3 软件测试方法

如何设计出有效的测试用例？软件测试方法可分为白盒测试和黑盒测试两类。白盒测试把被测软件看成一个透明的白盒子，测试人员可以完全了解软件的设计或代码，按照软件内部逻辑进行测试；而黑盒测试把被测软件看成一个黑盒子，完全不考虑软件内部结构，根据软件的输入和输出进行测试。白盒测试常常应用在单元测试中，黑盒测试更多地使用在系统测试、验收测试、α 测试和 β 测试中，而集成测试则往往会同时采用白盒测试和黑盒测试中，故又称为灰盒测试。

### 8.3.1 白盒测试方法

白盒测试，又称结构测试，是一种基于代码的测试方法。测试人员基于软件内部的代码实现和逻辑结构，进行针对性的测试用例的设计。它主要应用于单元测试和集成测试。例如，针对类的方法进行单元测试时，可以利用方法内的程序执行路径来设计测试用例；针对模块间的集成测试，可以利用模块间的交互结构以及交互行为路径来设计测试用例。白盒测试可以按照程序的控制流或数据流进行测试，其中控制流测试最为常用。基于控制流的白盒测试以程序流程图为依据来设计测试用例，满足不同的覆盖准则：

1）语句覆盖，使程序中的每个可执行语句至少执行一次。

2）判定覆盖，使程序中的每个判定至少都获得一次"真"和"假"值，因此判定测试又称为分支测试。100% 判定覆盖也一定满足 100% 语句覆盖。

3）条件覆盖，使每个判定中每个条件的可能取值至少满足一次。条件测试通常比判定测试要强，但 100% 条件覆盖不一定满足 100% 判定覆盖。

4）判定 / 条件覆盖，使判定中的每个条件的可能结果和每个判定本身的判定结果均至少出现一次。因此，100% 判定 / 条件覆盖一定同时满足 100% 的判定覆盖、条件覆盖、语句覆盖。

5）条件组合覆盖，使得每个判定中条件的各种可能组合都至少出现一次。这是前五种测试中最强的测试，满足 100% 条件组合覆盖，一定同时满足 100% 的判定 / 条件覆盖、判定覆盖、条件覆盖、语句覆盖。

6）路径覆盖，覆盖程序中所有可能的路径。这是一种较强的测试，它考虑了程序中的各种判定结果的所有可能组合，但它未必能覆盖判定中的条件结果的各种可能情况。因此，它不能替代条件测试、判定 / 条件测试、条件组合测试。

以上六种覆盖准则之间的关系如图 8-4 所示，其中的箭头表示包含关系，即满足箭头起点覆盖准则的一组测试用例也必定满足箭头终点的覆盖准则。

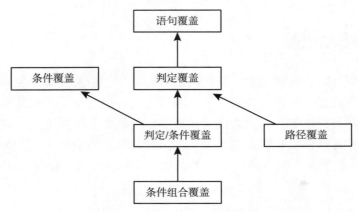

图 8-4　各种覆盖准则之间的关系

接下来以代码示例 8.2 来介绍这六种覆盖原则。这是一段 Java 程序，接受 x，A，B

的值，计算 x 的值并作为结果返回。与该程序对应的流程图如图 8-5 所示。

**代码示例 8.2　白盒测试代码示例**

```
1  public int ex_method(int x,int A,int B){
2      if((A>1)&&(B==0))   x=x/A;
3      if((A==2)||(x>1))   x=x+1;
4      return x;
5  }
```

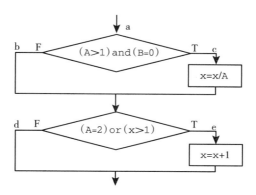

图 8-5　白盒测试示例的程序流程图

语句测试要覆盖本程序的所有语句，只需要按路径 ace 进行测试。测试用例如表 8-1 所示。

表 8-1　满足语句覆盖的测试用例

| 输入 | 预期结果 |
| --- | --- |
| x=4,A=2,B=0 | x=3 |

判定测试要覆盖本程序的判定或分支。本程序有两个判定" (A>1)and(B=0)"和" (A=2)or(x>1)"，要覆盖这两个判定的真和假两种情况，只需要执行 abe（第一个判定 F，第二个判定 T）和 acd（第一个判定 T，第二个判定 F）两条路径。测试用例如表 8-2 所示。

表 8-2　满足判定覆盖的测试用例

| 输入 | 预期结果 | 判定 1 | 判定 2 |
| --- | --- | --- | --- |
| x=1,A=2,B=1 | x=2 | F | T |
| x=3,A=3,B=0 | x=1 | T | F |

条件测试要覆盖本程序每个判定的每个条件。第一个判定的各种条件包括 A>1，A≤1，B=0，B≠0；第二个判定的各种条件包括 A=2，A≠2，x>1，x≤1。要覆盖这八个条件，测试用例设计如表 8-3 所示。

表 8-3　满足条件覆盖的测试用例

| 输入 | 预期结果 | 覆盖条件 |
| --- | --- | --- |
| x=1，A=2，B=0 | x=1.5 | A>1，B=0，A=2，x≤1 |
| x=2，A=1，B=1 | x=3 | A≤1，B≠0，A≠2，x>1 |

判定 / 条件测试应同时满足判定覆盖和条件覆盖，测试用例设计如表 8-4 所示。

表 8-4　满足判定 / 条件覆盖的测试用例

| 输入 | 预期结果 | 判定 1 | 判定 2 | 覆盖条件 |
| --- | --- | --- | --- | --- |
| x=4，A=2，B=0 | x=3 | T | T | A>1，B=0，A=2，x>1 |
| x=1，A=1，B=1 | x=1 | F | F | A≤1，B≠0，A≠2，x≤1 |

条件组合测试要覆盖本程序每个判定的各种条件组合。第一个判定中所有可能的条件组合为：

①A>1，B=0　②A>1，B≠0　③A≤1，B=0　④A≤1，B≠0

第二个判定中所有可能的条件组合为：

⑤A=2，x>1　⑥A=2，x≤1　⑦A≠2，x>1　⑧A≠2，x≤1

满足条件组合覆盖的测试用例设计如表 8-5 所示。

表 8-5　满足条件组合覆盖的测试用例

| 输入 | 预期结果 | 判定 1 | 判定 2 | 覆盖组合 |
| --- | --- | --- | --- | --- |
| x=4，A=2，B=0 | x=3 | T | T | ①A>1，B=0<br>⑤A=2，x>1 |
| x=1，A=2，B=1 | x=2 | F | T | ②A>1，B≠0<br>⑥A=2，x≤1 |
| x=2，A=1，B=0 | x=3 | F | T | ③A≤1，B=0<br>⑦A≠2，x>1 |
| x=1，A=1，B=1 | x=1 | F | F | ④A≤1，B≠0<br>⑧A≠2，x≤1 |

路径测试要覆盖本程序的所有路径。本程序所有可能执行的路径有：ace，acd，abe，abd。要覆盖这四条路径，测试用例设计如表 8-6 所示。

表 8-6 满足路径覆盖的测试用例

| 输入 | 预期结果 | 覆盖路径 | 输入 | 预期结果 | 覆盖路径 |
|------|----------|----------|------|----------|----------|
| x = 4, A = 2, B = 0 | x = 3 | ace | x = 2, A = 1, B = 0 | x = 3 | abe |
| x = 3, A = 3, B = 0 | x = 1 | acd | x = 1, A = 1, B = 1 | x = 1 | abd |

### 8.3.2 黑盒测试方法

黑盒测试，又称功能测试，是一种基于规约的测试方法，测试人员完全不考虑软件内部的代码实现和逻辑结构，根据被测软件的规约来设计测试用例，验证软件的行为是否符合规约中规定的要求。它适用于单元测试、集成测试、系统测试等不同层次的测试。例如，单元测试时，可根据模块的接口规约进行测试；系统测试时，可根据需求规约从用户界面和其他系统接口角度对系统进行黑盒测试。本节介绍黑盒测试中最常用的四种方法，包括：等价类划分法、边界值分析法、判定表法和错误猜测法。

#### 8.3.2.1 等价类划分法

我们不能穷举所有可能的输入数据来进行测试，而只能选取少量有代表性的输入数据来揭露尽可能多的软件错误。等价类划分法就是将所有可能的输入数据划分成若干个等价类，然后在每个等价类中选取一组（通常是一个）代表性的数据作为测试用例。

（1）等价类的确定

等价类是指输入域的某个子集，该子集中的每个输入数据对揭露软件中的错误都是等效的，测试等价类的某个代表值就等价于对这一类其他值的测试。也就是说，如果该子集中的某个输入数据能检测出某个错误，那么该子集中的其他输入数据也能检测出同样的错误；反之，如果该子集中的某个输入数据不能检测出某个错误，那么该子集中的其他输入数据也不能检测出该错误。

等价类可分为有效等价类和无效等价类。有效等价类是指符合规约的合理的输入数据集合，主要用来检验程序是否实现了规约中规定的功能。无效等价类是指不符合规约的不合理的或非法的输入数据集合，主要用来检验程序是否做了不符合规约的事情。在确定输入数据等价类时，常常还要分析输出数据的等价类，以便根据输出数据等价类导出输入数据等价类。

下面给出五条确定等价类的原则：

● 如果输入条件规定了取值范围，则可以确定一个有效等价类（输入值在此范围内）和两个无效等价类（输入值小于最小值和大于最大值）。例如，规定输入的考试成绩在 0~100 之间，则有效等价类是"0 ≤ 成绩 ≤ 100"，无效等价类是"成绩 < 0"和"成绩 > 100"。

● 如果输入条件规定了值的个数，则可以确定一个有效等价类（输入值的个数等于规定的个数）和两个无效等价类（输入值的个数小于规定的个数和大于规定的个数）。例如，规定输入三个数，以构成三角形的三条边，则有效等价类是"输入边数 =3"，无效等价类是"输入边数 < 3"和"输入边数 > 3"。

- 如果输入条件规定了输入值的集合（即离散值），而且程序对不同的输入值做不同的处理，那么每个允许的值都确定为一个有效等价类，另外还有一个无效等价类（任意一个不允许的值）。例如，规定输入的考试成绩是 A、B、C、D、F，则可确定 5 个有效等价类——"成绩 =A""成绩 =B""成绩 =C""成绩 =D""成绩 =F"和一个无效等价类"成绩 ≠ A 或 B 或 C 或 D 或 F"。

- 如果输入条件规定了输入值必须遵循的规则，那么可以确定一个有效等价类（符合此规则）和若干个无效等价类（从各个不同的角度违反此规则）。例如，规定变量标识符以字母开头，那么有效等价类是"以字母开头"，无效等价类有"以数字开头""以标点符号开头""以特殊符号开头"等。

- 如果确定一个已知等价类中不同的取值在软件内部会按照不同的方式进行处理，那么应该对该等价类进一步进行划分，从而形成更小的等价类。例如，对于一个日期类型的输入数据，如果确定软件对于合法日期中的节假日、周末和平时三种情况会进行不同的处理，那么需要进一步将合法日期细分为这三种更小的等价类。

以上只是列举了一些原则，实际情况往往是千变万化的，在遇到具体问题时，可参照上述原则的思想来划分等价类。

（2）等价类测试用例的设计

确定等价类后，可以进一步设计相应的测试用例。根据是否考虑无效等价类，等价类测试可划分为一般和健壮两种；根据测试时基于单缺陷还是多缺陷，等价类测试可划分弱和强两种，如表 8-7 所示。单缺陷假设是指失效极少是由两个或更多个缺陷同时发生引起的。

表 8-7　等价类测试的分类

| | 弱（单缺陷假设） | 强（多缺陷假设） | | 弱（单缺陷假设） | 强（多缺陷假设） |
|---|---|---|---|---|---|
| 一般 | 弱一般等价类测试 | 强一般等价类测试 | 健壮 | 弱健壮等价类测试 | 强健壮等价类测试 |

例如有一个两变量函数，变量 $X_1$ 有 $N=3$ 个有效等价类 [ $a,b$ ]、( $b,c$ ]、( $c,d$ ]，变量 $X_2$ 有 $M=2$ 个有效等价类 [ $e,f$ )、[ $f,g$ ]。该程序的等价类测试如图 8-6 所示。

- 弱一般等价类测试：从变量的每个有效等价类中选择一个值即可，即 $\max(M,N)=3$ 个测试用例。

- 强一般等价类测试：从笛卡儿积结果的每个元素中取一个值，即 $M \times N=6$ 个测试用例。

- 弱健壮等价类测试：对于有效输入，每个有效等价类取一个值（与弱一般等价类测试相同），即 $\max(M,N)$ 个测试用例；对于无效输入，2 个测试用例。共 $\max(M,N)+2=5$ 个测试用例。

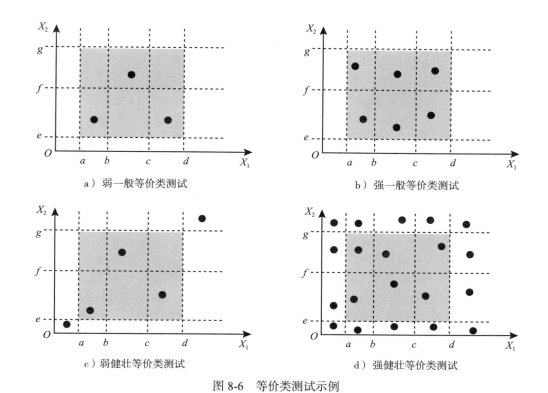

a) 弱一般等价类测试  b) 强一般等价类测试

c) 弱健壮等价类测试  d) 强健壮等价类测试

图 8-6  等价类测试示例

● 强健壮等价类测试：有效等价类加无效等价类的笛卡儿乘积，从每个元素中获得测试用例，即（$M$+2）×（$N$+2）=20 个测试用例。

#### 8.3.2.2 边界值分析法

大量的测试实践说明，软件在处理输入或输出范围的边界情况时出错的概率比较大，因此应设计一些测试用例，使软件运行在输入或输出范围的边界附近，这样揭露软件中的错误的可能性就更大。例如，在设计或编码时，常常会将 $E1 > E2$ 写成 $E1 \geq E2$ 或将 $E1 \geq E2$ 写成 $E1 > E2$，此时只有选择使得 $E1=E2$ 成立的边界值作为测试用例，才能发现这种错误，而选择使得 $E1 > E2$ 成立的非边界值作为测试用例，则不能发现这种错误。

边界值分析法通常是等价类划分法的一种补充，在等价类划分法中，一个等价类中的任一输入数据都可作为该等价类的代表用作测试用例，而边界值分析法则是专门挑选那些位于输入或输出范围边界附近的数据用作测试用例。这里边界附近的数据是指正好等于或刚刚大于或刚刚小于边界的值。

例如有一个两变量函数，变量 $X_1$ 的值域为 [ $a, b$ ]，变量 $X_2$ 的值域为 [ $c, d$ ]。该程序的边界值测试如图 8-7 所示。在单缺陷假设下，$N$ 个变量的测试用例数为 $4N+1$；在多缺陷假设下，$N$ 个变量的测试用例数为 $6N+1$。

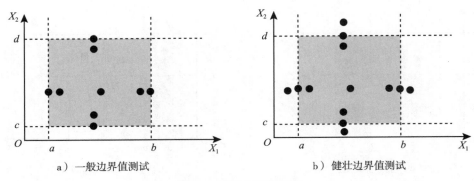

图 8-7    边界值测试示例

### 8.3.2.3    判定表法

在等价类划分法和边界值分析法中主要考虑各种输入，而判定表（decision table，也称决策表）法既考虑输入的组合关系，又考虑输出（动作）对输入（条件）的依赖关系，能更有效地发现错误。一个判定表由条件和动作两部分组成，表明在每种条件下应该采取的动作（预期的输出结果和行为），而相应的测试要覆盖判定表列出的所有可能的参数取值组合。

判定表方法包含以下五个基本概念：

● 条件桩：问题的所有判断条件，即针对待测软件的参数且对问题处理有影响的所有条件；

● 动作桩：针对问题可能采取的所有操作，即待测软件的所有预期输出或可能执行的行为；

● 条件项：针对所有条件桩的具体取值组合，其中每个条件桩可以取 true 或 false；

● 动作项：针对每一个条件项应该采取的动作桩的组合；

● 规则：条件项和动作项的每一个组合形成一条规则，即判定表中贯穿条件项和动作项的一列，每条规则可以对应产生一个测试用例。

采用判定表法设计测试用例的步骤为：

1）列出被测软件所有的条件桩和动作桩，每一个作为判定表的一行。

2）列出条件桩所有有意义的取值组合，其中每一个组合是一个条件项，作为判定表的一列。

3）针对每一个条件项确定相应的动作项，即在此条件项上所有需要执行的动作桩。

4）对得到的初始判定表进行简化，合并相似的规则或者相同的动作。

例如，有一个处理单价为 5 角钱的饮料自动售货机软件，其软件需求规约为：饮料自动售货机允许投入 5 角或 1 元的硬币，用户可通过"橙汁"和"啤酒"按钮选择饮料，售货机还装有一个表示"零钱找完"的指示灯，当售货机中有零钱找时指示灯暗，当售货机中无零钱找时指示灯亮。当用户投入 5 角硬币并按下"橙汁"或"啤酒"按钮后，售货机送出相应的饮料。当用户投入 1 元硬币并按下"橙汁"或"啤酒"按钮后,如果售货机有零钱找,则送出相应的饮料,并退还 5 角硬币;如果售货机没有零钱找,则饮料不送出,并且退还 1 元硬币。

根据该规约可构造如表 8-8 所示的判定表,其中归纳了饮料自动售货机软件所能接受的条件以及在这些条件的不同取值组合下的系统行为。

表 8-8　饮料自动售货机软件的判定表

| 条件桩 | 条件项 | | | | | | | | | | |
|---|---|---|---|---|---|---|---|---|---|---|---|
| | R1 | R2 | R3 | R4 | R5 | R6 | R7 | R8 | R9 | R10 | R11 |
| 投入 1 元 5 角硬币 | 1 | 1 | 1 | 1 | 0 | 0 | 0 | 0 | 0 | 0 | 0 |
| 投入 2 元硬币 | 0 | 0 | 0 | 0 | 1 | 1 | 1 | 1 | 0 | 0 | 0 |
| 按"可乐"按钮 | 1 | 0 | 0 | 0 | 1 | 0 | 0 | 0 | 1 | 0 | 0 |
| 按"雪碧"按钮 | 0 | 1 | 0 | 0 | 0 | 1 | 0 | 0 | 0 | 1 | 0 |
| 按"红茶"按钮 | 0 | 0 | 1 | 0 | 0 | 0 | 1 | 0 | 0 | 0 | 1 |
| 动作桩 | 动作项 | | | | | | | | | | |
| $E1$:退还 5 角硬币 | | | | | √ | √ | √ | | | | |
| $E2$:送出"可乐"饮料 | √ | | | | √ | | | | | | |
| $E3$:送出"雪碧"饮料 | | √ | | | | √ | | | | | |
| $E4$:送出"红茶"饮料 | | | √ | | | | √ | | | | |

最后,为判定表的每个有意义的规则分别设计一个测试用例,如表 8-9 所示。

表 8-9　饮料自动售货机软件的测试用例

| 用例编号 | 规则 | 输入 | 预期输出 |
|---|---|---|---|
| 1 | $R1$ | 投入 1 元 5 角,按"可乐" | 送出"可乐"饮料 |
| 2 | $R2$ | 投入 1 元 5 角,按"雪碧" | 送出"雪碧"饮料 |
| 3 | $R3$ | 投入 1 元 5 角,按"红茶" | 送出"红茶"饮料 |
| 4 | $R5$ | 投入 2 元,按"可乐" | 找 5 角,送出"可乐" |
| 5 | $R6$ | 投入 2 元,按"雪碧" | 找 5 角,送出"雪碧" |
| 6 | $R7$ | 投入 2 元,按"红茶" | 找 5 角,送出"红茶" |

### 8.3.2.4　错误猜测法

错误猜测(error guessing)法,又称探索性测试方法,测试人员根据经验、知识和直觉推测可能存在的各种错误,从而开展有针对性测试。它的基本思想是:列举出程序中所有可能的错误和容易发生错误的特殊情况,然后根据这些猜测设计测试用例。错误猜测法的优点是测试人员能够快速且容易地切入,并能够体会到程序的易用与否;缺点是难以知道测试的覆盖率，可能遗漏大量未知的软件部分，并且这种测试行为带有主观性且难以复制。因此，该方法一般作为辅助手段，即首先采用其他系统化的测试方法，然后再采用错误猜测法来补充一些额外的测试用例。

例如，测试一个排序子程序，可考虑如下情况：输入表为空；输入表只有一个元素；输入表的所有元素都相同；输入表已排好序。

## 8.4 系统测试技术

系统测试将整个软件系统作为一个整体进行测试，并考虑软件运行所处的整个系统环境（包括硬件、网络、物理环境和设备、用户等）。测试人员需要按系统需求进行功能测试，以及性能测试、可靠性测试、易用性测试、兼容性测试和信息安全测试等非功能性测试。本节将分别介绍这一系列测试的技术和工具。

### 8.4.1 功能测试

功能测试（functionality testing），又称正确性测试或一致性测试，其目的是确认软件在指定条件下使用时，软件产品提供满足明确和隐含要求的功能的能力。它包括：

1）适用性测试，测试软件为指定的任务和用户目标提供一组合适的功能的能力。

2）准确性测试，测试软件提供具有所需精度的正确或相符的结果或效果的能力。

3）互操作测试，测试软件与一个或更多个规定的系统进行交互的能力。

4）信息安全性测试，测试软件保护信息和数据的能力，以使未授权的人员或系统不能阅读或修改这些信息和数据，而不拒绝授权人员或系统对它们的访问。对于安全性有较高需求的软件，则须做专门的信息安全测试，参见 8.4.6 节。

5）功能依从性测试，测试软件遵循功能相关的规约、标准或法规的能力。规约中所有的功能都应实现，而且应是正确的。

如果系统的功能测试被重复执行（例如版本迭代时），则自动化测试能避免全人工测试所带来的问题和高成本。功能测试工具通过自动录制、检测和回放用户的业务操作，将被测系统的输出记录同预先给定的标准结果进行比较，检测应用程序是否能够完成预期的功能并正常运行，从而帮助测试人员对复杂软件系统的不同发布版本的功能进行测试，提高测试人员的工作效率和质量。最常用的功能测试工具为 Selenium，它是 Web 系统的自动化功能测试框架，可以直接驱动浏览器来模拟用户的 Web 应用操作，例如打开浏览器、获取网页内容、点击网页控件等。

例如，4S 系统的系统功能测试采用人工测试方式，按其用例模型为每个用例的各个基本流和备选流分别设计了测试用例，同时检查这些功能是否符合权限控制的要求，即所有授权的动作是否都能做，所有非授权的信息是否都无法看到。

## 8.4.2　性能测试

性能测试（performance testing）用来测试软件系统在规定条件下，相对于所用资源的数量，可提供适当性能的能力。应模拟多种正常、峰值以及异常负载条件来对系统的各项性能指标（例如吞吐量、响应时间、并发用户数、资源消耗等）进行测试，从而评估系统性能以及服务等级的满足情况，同时分析系统瓶颈并优化系统。系统性能可通过以下方面进行测试：

1）时间特性测试，测试在规定条件下，软件执行其功能时，提供适当的响应和处理时间以及吞吐率的能力。

2）资源利用性测试，测试在规定条件下，软件执行其功能时，使用合适数量和类别的资源的能力。这些资源包括 CPU、内存、网络等。

3）性能依从性测试，测试软件遵循性能相关的规约、标准或法规的能力。

性能测试通常在功能测试基本完成，并且软件已经趋于稳定（改动越来越少）的情况下进行。性能测试的测试环境应与真实执行环境尽量保持一致，同时应确保软件系统的单独执行（即避免与其他软件同时使用），从而保证性能指标的有效性。

压力测试（stress testing），又称强度测试，是一种超常情况下的性能测试。它需要在超常数量、频率或资源的方式下执行系统，以获得系统对非正常情况（如大数据量的输入、处理和输出，大量的并发数等）的承受程度。例如，4S 系统的最大并发用户数是 100，性能测试的并发用户数最多就是 100，而压力测试则会测 200、500 甚至 1 000 个并发用户下，系统的响应时间和资源使用情况。

负载测试（load testing）是在系统负荷（例如并行用户数）不断增加的情况下对一个软件系统行为的测试，以探索并确定软件系统所能够支持的负载量级。当不清楚软件系统所能支持的负载时，可使用负载测试方法（例如每隔 1 s 增加 5 个并发用户数）来找到该系统的性能极限（即容量）。如果容量不满足用户要求，就需要寻找解决方案以扩大容量。性能测试、压力测试和负载测试都是针对系统运行效率的测试，它们的实现手段与技术很相似，也经常一起进行。

自动化的性能测试工具能有效提高性能测试的效率，它能模拟多个并发用户和不同的负载，记录性能指标数据，进行实时性能监测以及测试后的量化分析。常用的性能测试工具有 JMeter 和 LoadRunner 等。其中，JMeter 是 Apache 基金会旗下的一款基于 Java 的开源软件，主要针对服务器和网络，通过模拟并发负载来测试并分析被测对象的性能，可以支持多种类型的应用、服务或协议，包括 HTTP/HTTPS、SOAP、REST、FTP、TCP、LDAP 等。LoadRunner 是 HP 公司的一款高规模适应性的自动负载测试工具，它对整个企业应用架构进行测试，能预测系统行为，优化性能，支持广泛的协议。

### 8.4.3　可靠性测试

任何一个软件系统在运行过程中都可能因为某种硬件、软件或网络故障而出现故障。在故障发生时，有时要求系统具有容错能力，或者降级运行，或者允许一部分功能继续运行，不能使整个系统都停止运行。大多数情况下，会要求系统在一定的时间内从错误中恢复过来，然后继续运行。软件可靠性测试（reliability testing）是测试在指定条件下使用时，软件产品维持规定的性能级别的能力，它包括：

1）成熟性测试，测试软件为避免由软件故障而导致失效的能力。

2）容错性测试，测试在软件出现故障或者违反其指定接口的情况下，软件维持规定的性能级别的能力。

3）易恢复性测试，测试在失效发生的情况下，软件重建规定的性能级别并恢复受直接影响的数据的能力。

4）可靠性的依从性测试，测试软件遵循与可靠性相关的规约、标准或法规的能力。

可靠性测试关注故障的避免、预防、容错和恢复，它通过触发和激活系统中的故障来观察系统能否不发生错误或失效，并在系统出错后观察业务功能是否正常，验证系统如何不受或仅受尽量少的影响。触发或激活故障的方式包括自然方式和故障注入方式，其中自然方式是通过长时间运行系统使其出现超常规负荷的情况或异常，而故障注入方式则是向系统注入在实际应用中可能发生的故障，例如故意引发网络故障、系统故障、资源故障、数据故障和硬件故障等。

可靠性的常用指标为平均故障间隔时间（MTBF）、平均故障修复时间（MTTR）、可用性 MTBF/（MTBF+MTTR）。例如，对 4S 系统进行可靠性测试时，我们连续运行系统 100 h，统计系统的 MTBF、MTTR 和可用性；同时通过强制系统重启、拔网线等各种手段，让 4S 系统发生故障，然后观察系统是否还能降级运行，是否能及时恢复运行，数据库中的数据是否因此留下了"脏"数据等。

可靠性测试取得的数据可以作为可靠性增长模型的输入，用来预测软件在运行阶段的可靠性。

### 8.4.4　易用性测试

易用性测试（usability testing）用来评价用户学习和使用软件（包括用户文档）的难易程度、支持用户任务的有效程度、从用户的错误中恢复的能力。可以通过如下方面来测试和评价软件的易用性：

1）易理解性测试，测试软件使用户能理解软件是否合适以及能将软件用于特定的任务和使用条件的能力。

2）易学性测试，测试软件使用户能学习其应用的能力。

3）易操作性测试，测试软件使用户能操作和控制它的能力。

4）吸引性测试，测试软件吸引用户的能力。

5）易用依从性测试，测试软件遵循易用相关的规约、标准、风格指南或法规的能力。

易用性测试可以采用模拟用户的方式进行，也可以通过观察用户的操作行为来执行。易用性的常用指标为完成任务所花费的时间、错误数量、被解决问题的数量、用户满意度、用户知识的获取、操作成功率、错误产生时的时间或数据损失等。例如，在进行 4S 系统的易用性测试时，测量了用户所需的培训时间，观察销售人员完成下订单的任务平均需要多少步骤，以及测试各界面的风格是否一致，信息显示和反馈是否准确，是否提供在线的支持帮助。

## 8.4.5　兼容性测试

兼容性测试（compatibility testing）用来验证软件系统与其所处的上下文环境的兼容情况，即系统在不同环境下，其功能和非功能质量都能够符合要求。它通常面向以下三个兼容性维度展开：

1）系统内部兼容，测试系统内部各部件之间的兼容性，包括软件和软件（与其他软件、浏览器、操作系统、数据库系统等）、软件和硬件、硬件和硬件之间的兼容性。

2）系统间兼容，测试系统与其他系统存在接口互连、功能交互等情况下的配合能力。

3）系统自身兼容，测试系统的新老版本间需要保证的功能、操作体验等方面的一致性，包括前向兼容和后向兼容。

例如，4S 系统的兼容性测试如下：在 Windows 和 Linux 两种操作系统的服务器上，进行系统的首次安装、升级、完整的或自定义的安装，安装成功，并能和已安装的杀毒软件等共存；安装后在客户端用 Chrome 和 Firefox 浏览器在规定的分辨率下都能正常使用，通过人事管理系统能顺利得到员工信息；最后成功进行卸载。

## 8.4.6　信息安全测试

信息安全测试（security testing）用来验证软件的安全等级和识别潜在的安全性缺陷。一般通过如下方面来测试和评价软件的安全性：

1）功能安全性验证。测试系统的认证、授权、鉴权和权限控制，确保用户在所授的权限内进行功能的操作和数据的存取。

2）漏洞检测。基于漏洞数据库，通过漏洞扫描工具采用静态和动态手段对系统的安全脆弱性进行检测，发现漏洞。

3）安全攻击。进行威胁建模，找出可以实施渗透攻击的攻击点，进行验证。

以 Web 系统为例，其信息安全测试的主要内容如表 8-10 所示 [一]。

〇　参见彭鑫、游依勇、赵文耘著《现代软件工程基础》，清华大学出版社 2022 年出版。

表 8-10　常见的面向 Web 应用的信息安全测试的测试内容

| 类型 | 测试内容 |
| --- | --- |
| 服务器信息测试 | 运行账号测试；Web 服务器端口版本测试；HTTP 方法测试 |
| 文件目录测试 | 目录遍历测试；文件归档测试；目录列表测试 |
| 认证测试 | 验证码测试；认证错误测试；找回、修改密码测试 |
| 会话管理测试 | 会话超时测试；会话固定测试；会话标识随机性测试 |
| 授权管理测试 | 横向越权测试；纵向越权测试；跨站伪造请求测试 |
| 文件上传下载测试 | 文件上传测试；文件下载测试 |
| 信息泄露测试 | 数据库账号密码测试；客户端源代码测试；异常处理测试 |
| 输入数据测试 | SQL 注入测试；XML 注入测试；LDAP 注入测试 |
| 跨站脚本攻击测试 | 反射型测试；存储型跨站测试；DOM 型跨站测试 |
| 逻辑测试 | 上下文逻辑测试；算术逻辑测试 |
| Web Service 测试 | Web Service 接口测试；Web Service 完整性、机密性测试 |
| HTML5 测试 | CORS 测试；Web 客户端存储测试；WebWorker 安全测试 |
| FLASH 安全配置测试 | 全局配置文件安全测试；浏览器端安全测试 |
| 其他测试 | Struts2 测试；Web 部署管理测试；日志审计测试 |

　　信息安全的常用指标包括避开安全防范措施所需要的时间 / 工作量 / 资源、检测到攻击的可能性、识别对数据和服务进行非法访问以及攻击和篡改的用户身份的可能性、在拒绝服务攻击之下仍然可用的服务所占的百分比、恢复数据和服务成本、服务和数据被损坏程度，以及合法访问被拒绝的程度等。例如，在进行 4S 系统的系统测试时，测试人员扮演一个试图攻击系统的角色，采用各种方式攻击系统，以评估系统是否安全。测试人员常用的攻击方式包括：截获或破译 4S 系统的用户名和密码；借助某种软件攻击 4S 系统；"制服" 4S 系统，使别人无法访问；故意引发系统错误，期望在系统恢复过程中侵入系统；通过浏览非保密的数据，从中找到进入 4S 系统的钥匙等。

## 8.5　其他软件测试技术

　　除了以上阐述的各类软件测试方法和技术，还有不少其他的测试技术，分别应对不同的测试目标和问题。本节介绍其中一些比较常用的测试技术，包括回归测试、α 测试和 β 测试、变异测试、蜕变测试、模糊测试和对抗样本测试。

### 8.5.1　回归测试

　　回归测试（regression testing）是指对软件系统或部件进行的重新测试。一个软件经过改动（例如缺陷修复、功能调整或新增），软件的属性就会发生改变，回归测试就是用来保证软件的改动没有带来不可预期的软件行为或者其他错误的测试活动。回归测试将已使用过的测试用例重新走一遍，用来验证软件的修改未引起不希望的有害结果，或证明修改后的系统或系统部件仍满足规定的需求。在集成测试、缺陷纠正后的重新测试、迭代开发的后续迭代测试中常常用到回归测试。

回归测试可以手工执行，也可以使用自动化的回归测试工具。回归测试工具，又称功能测试工具，这些工具使软件工程师能够录制执行过的测试，然后进行回放和比较，例如 Selenium 工具。回归测试应重新执行所有执行过的测试，或者对受影响的软件部分进行局部回归测试。仅仅对修改过的软件部分进行重新测试常常是不够的。

## 8.5.2　α 测试和 β 测试

最终用户在实际中如何使用和操作所开发的软件，软件的开发者想完全预见到是不可能的，尤其是当所开发的是通用软件产品或商品化软件时，这就需要在产品发布前进行 α 测试（alpha testing）和 β 测试（beta testing），以检验软件产品的广泛适应性。

α 测试是邀请小规模的、有代表性的潜在用户，在开发环境中，由开发者"指导"进行的测试（试用），开发者负责记录使用中出现的问题和软件的缺陷，因此 α 测试是在一个受控的环境中进行的。α 测试的目的是评价软件产品的 FURPS（即功能、易用性、可靠性、性能和支持性）。

β 测试是由用户在一个或多个用户环境下进行的测试，是产品正式发布前的系统测试形式。一组有代表性的用户和消费者在典型操作条件下尝试做常规使用，由用户记录下测试中发现的问题或任何希望改进的建议，报告给开发者。

β 测试与 α 测试不同的是，β 测试时开发者通常不在测试现场，由用户去使用，以验证软件的适应性，正如我们经常接触到的微软的 β 版软件。因此，β 测试是软件在一个开发者不能控制的环境中的"活的"试用。

## 8.5.3　变异测试

变异测试（mutation testing）是指自动注入缺陷以评估测试充分性。其基本原理是，使用变异算子对被测程序做微小的合乎语法的变动，产生大量的新程序，每个新程序称为一个变异体；然后根据已有的测试用例，运行变异体，比较变异体和原程序的运行结果：如果两者不同，就称该测试用例将该变异体杀死了。导致变异体不能被杀死的原因有两个：①测试用例还不够充分，通过扩充测试用例便能将该变异体杀死；②该变异体在功能上等价于原程序，称这类变异体为等价变异体。杀死变异体的过程一直执行到杀死所有变异体或变异充分度已经达到预期的要求。变异充分度是已杀死的变异体数目与所有已产生的非等价变异体数目的比值。这些测试用例可以是自动随机生成的，也可以是人工设计的。

例如，考虑 4S 系统的 Java 代码片段：

```
if (a && b)c=1;
else c=0;
```

变异测试用"||"来替换"&&"，产生下面的变异体：

```
if (a || b)c=1;
else c=0;
```

现在，设计一个测试用例，输入条件为 a = 1，b = 0，变异体和原程序的运行结果分别为 1 和 0，两者不同，故该变异体被杀死。

变异测试具有排错能力强、方便灵活等优点，既可以用来揭示软件缺陷，又可以用来衡量测试用例的揭错能力，评估测试的充分性。要提高变异测试的效率，必须采用自动化工具自动生成大量的变异体。

### 8.5.4  蜕变测试

传统测试存在一个基本假设，那就是软件的期望输出是已知的。然而，许多情况下，软件的期望输出并不是已知的，或者说非常难知道。对于这些近乎"不可测"的场景，即测试预言缺失的场景，需要新的测试技术。于是，蜕变测试（metamorphic testing）诞生了。蜕变测试识别被测软件所具有的蜕变关系，通过检查这些蜕变关系是否成立来判断软件是否存在缺陷。其中蜕变关系是指多次执行软件时，输入与输出之间期望遵循的关系。

例如，一个程序正确实现了 sin x 的 100 位有效数字。正弦函数的一个蜕变关系是"sin (π-x)= sin x"，因此即使对于测试用例 x = 1.234 来说，sin x 的预期输出并不知道，但依然可以以此构造一个后续测试用例 y = π-1.234。然后判断源测试用例和后续测试用例产生的输出是否在蜕变关系下一致。任何不一致的输出都表示程序的实现中存在缺陷。

目前，蜕变测试已在偏微分方程、普适计算、服务计算、绘图软件、生物信息学、网络搜索引擎、AI 系统等方向的测试中得到了广泛应用。

### 8.5.5  模糊测试

模糊测试（fuzz testing）是一种自动化的软件测试技术，通过向目标系统提供非预期的输入来发现软件缺陷。其核心是自动或半自动地生成随机数据输入到应用程序中，同时监控程序的异常情况（如崩溃、代码断言失败），以此发现可能的程序错误（如内存泄漏）。所生成的随机数据被称为"Fuzz"，其类型包括：超长字符串；随机数（如负数，浮点数，超大数、特殊字符）；unicode 编码等。用来生成 Fuzz 的测试工具称为模糊生成器。

目前有三种主要的模糊测试技术：

1）黑盒随机模糊，对正确格式的输入数据进行随机变异，然后用这些变异的输入运行程序，看是否能够触发异常。

2）基于语法的模糊，按规定语法来模糊复杂格式的输入。这需要指定输入格式的语法、哪些输入部分要进行模糊化以及如何模糊化。基于语法的模糊生成器所生成的每个输入都满足语法的约束条件。

3）白盒模糊处理，动态地执行测试下的程序，并从执行过程中遇到的条件分支收集输入约束；然后，系统地逐个否定所有这些约束，并使用约束求解器求解，其解被映射到执行不同程序执行路径的新输入。使用系统搜索技术重复这个过程，试图扫描程序的所有可行的执行路径。与黑盒随机模糊相比，白盒模糊通常更精确，可以运行更多的代码，从而发现更多的缺陷。

模糊测试是一种自动发现软件缺陷的经济有效的测试技术，常常用于发现安全缺陷或漏洞，例如，崩溃、内存泄漏、未处理的异常等。如果一个软件产品需要处理不可信的输入或者具有大型、复杂的数据解析功能，模糊测试是非常有效的。一旦一个模糊生成器启动并运行，它就可以开始自己寻找缺陷，不需要人工干预。

### 8.5.6　对抗样本测试

对抗样本测试（adversarial sample testing），又称对抗攻击，是针对深度神经网络的一种自动化测试方法，可以提高 AI 系统的鲁棒性。它自动生成对抗样本，使模型以高置信度给出一个错误的输出。所谓对抗样本是指有意在输入中增加扰动使神经网络出现误判的实例。通过在源数据上增加人类难以通过感官辨识到的细微改变，可以让机器学习模型接受并做出错误的输出。例如，针对使用图像识别的无人车，构造出一张图片，在人眼看来是一个停车标志"stop"，但是在汽车看来则是一个限速 60 的标志；又如，扬声器发出一段人类无法辨认的噪声，却能够在三星 Galaxy S4 和 iPhone 6 上被正确识别为相对应的语音命令，达到让手机切换飞行模式、拨打 911 等行为的目的。本质上，对抗样本测试是一种边界值测试方法，即高维输入的微小扰动对非线性变换函数维度扭曲的边界产生影响。

目前已出现了不少对抗样本自动生成的方法，例如 FGSM 通过在梯度方向上添加增量来诱导网络对生成的图片进行误分类；ONE-PIXEL 是一种单像素攻击方法，使用差分进化算法对每个像素迭代地修改生成子图像，择优进行对抗攻击。这些方法可以分为白盒攻击和黑盒攻击两类。其中，白盒攻击需要深入了解模型结构，知道模型的结构和各层的参数，可以计算梯度，如 FGSM。黑盒攻击完全把模型当作一个黑盒，根据一定的算法，不断根据输出的反馈调整输入数据，如 ONE-PIXEL。

## 8.6　软件测试过程

软件测试过程由测试规划、测试设计、测试开发、测试执行和测试评估五个活动组成。其中，测试执行和测试评估是在软件编码完成后进行，而测试规划、测试设计和测试开发与软件的设计和编码同步完成。软件测试过程产生的主要软件制品为测试计划、测试用例、测试代码、缺陷报告、测试记录，以及测试报告。

测试管理工具能有效支持测试活动的开展，它们能让处于不同地方的测试人员和开发人员通过一个中央数据库便捷地交互，实现测试的自动化管理。例如 Bugzilla 和 Jira 用于缺陷跟踪工具，TestRail 用于测试用例的管理等。

### 8.6.1　测试规划

软件测试不是一个随意的行为，而是在计划安排下的一个有序活动。任何一个测试的实施，都必须首先进行测试目的和对象的确定、测试资源的分配、测试进度的安排、测试的方法和技术的选择等，制订出相应的测试计划。测试开始和结束的准则也是测试规划时需要明确的重要内容之一，常用的开始准则是"被测软件通过冒烟测试"，通过快速的基本功能测试来表明它已稳定到足以进行后续的正式测试。常用的结束准则是测试充分性准则，即以软件是否得到了充分测试作为测试终止的判定标准，例如，测试覆盖度（代码覆盖度或需求覆盖度等）达到 99%，发现的缺陷数已收敛，重要的缺陷已全部修复，次要的缺陷未修复率小于 0.5% 等。

测试计划的主要内容包括：

1）测试目的：主要表述待测软件的测试目的。测试目的可能是软件产品的登记、科研项目验收、客户委托项目验收、软件上线前的确认等。不同测试目的的测试要求及采用的测试方法和测试技术是不同的。

2）测试对象：待测软件可能是新开发的软件、现货软件、客户定制软件、现存软件、嵌入式软件、软件构件等。不同的测试对象其测试关注的重点是不同的。

3）测试范围：测试整个软件系统还是测试其中的一部分，是否包括网络运行环境等。

4）文档的检验：具体列出应提交的开发文档，以及文档检验的要求等。

5）测试方法和测试技术：根据测试目标和测试对象，选择一系列合适的测试方法和测试技术。

6）测试过程：具体描述应该采用的测试过程和活动，必要时还应包括被测环境现场的勘察，以及测试方案的用户确认等活动。

7）进度安排：列出各项测试活动和任务的起止时间，可以用甘特图的方式给出。

8）资源：包括测试所需要的硬件平台、软件平台、网络环境、测试工具和人员的安排等方面。

9）测试开始、结束准则：明确必须具备什么前提条件才能开始执行测试，以及测到什么程度才可以结束测试。

10）测试文档和测试记录：说明测试需要提交的测试文档和测试记录（例如测试用例设计文档、测试模型、测试记录、缺陷报告、测试报告等），及其要求和采用的工具。

针对不同的测试层次,可以根据需要单独制订测试计划,即单元测试计划、集成测试计划和系统测试计划,也可以合在一个测试计划中。

## 8.6.2 测试设计

测试设计是根据测试要求和待测软件的规约或代码,采用相应的测试方法和技术,进行测试用例设计,并进行优先级排序,旨在高效地发现软件中的潜在缺陷。

测试用例是软件测试过程中最重要的制品,其质量直接影响测试的质量,即软件缺陷的发现能力。测试用例的设计一般采用人工方式,目前也开始有测试用例自动生成的技术出现。测试用例的内容包括前置条件、测试输入(包含操作)、观察点、控制点、预期结果和后置条件,其中测试输入和预期结果是必需的。测试用例可以记录于 Excel 等文件中,也可以记录于数据库或测试用例管理工具中。

这里要说明的是,测试用例是可以复用的。例如,集成测试时可以复用一部分单元测试的典型测试用例,系统测试时可以复用一部分集成测试的典型用例,软件版本 2 的测试用例可以复用版本 1 的测试用例,不同软件间也可以进行测试用例复用。所谓典型测试用例,就是缺陷发现率比较高的测试用例。

## 8.6.3 测试开发

根据待测软件的特性和所设计的测试用例,进行测试代码的开发、测试脚本的编制、测试数据的准备是测试开发阶段的主要任务。

1)测试代码的开发:进行单元测试与集成测试时可能需要进行测试代码的开发。开发驱动模块(即测试程序),以解决驱动被测模块和传递测试数据;开发桩模块,以解决被测模块的调用和返回。另外,在测试时,为了考察软件执行的路径或中间结果,常常需要在被测软件的代码中插入一些探针,以记录软件执行时的一些关键信息,通过分析这些信息,可以发现软件的缺陷。

2)测试脚本的编制:采用自动执行的测试工具(例如功能测试工具和性能测试工具)时需要录制和编辑测试脚本(test script)。测试脚本是一组以文件形式保存的具有正规语法的测试操作指令或数据,可以实现一个或多个测试用例、导航、测试设置及测试结果比较等。

3)测试数据的准备:为了让被测软件正常运行,需要准备初始化数据;为了验证软件的功能正确性,需要准备一组业务数据;为了验证软件的性能,需要大批量的运行数据。这些数据应尽可能采用生产环境的实际数据或仿真数据。如果需要并可行,可以开发数据生成工具自动生成符合某种分布的大规模测试数据集。

## 8.6.4 测试执行

执行测试前,应搭建并确认测试环境,安装被测软件系统,检查其是否满足测试开始准则；然后按照设计的测试用例，人工或自动执行测试，直至满足测试结束准则。测试过程中所执行的测试用例、所发生的事件和测试结果都应被记录下来，包括测试记录、缺陷报告等。其中缺陷报告用来记录测试发现的缺陷，其主要内容包括缺陷名称、分类、等级、发现时间、发现人、所执行的测试用例、现象等。在 4S 系统中，缺陷的严重等级分为 0~5 级：

- 5 级：灾难性的——系统崩溃、数据被破坏。
- 4 级：很严重的——数据被破坏。
- 3 级：严重的——软件功能不能运行，又无法替代。
- 2 级：中等的——软件功能不能运行，但可用其他功能替代。
- 1 级：烦恼的——提示不正确，报警不确切。
- 0 级：轻微的——表面化的错误，如拼写错误等。

缺陷报告通常保存在缺陷跟踪工具（例如 Bugzilla 和 Jira）中，开发人员收到后进行缺陷修复，测试人员再进行回归测试，通过后关闭缺陷，这就是一个完整的缺陷跟踪过程。当满足测试结束准则时，测试执行结束。

### 8.6.5  测试评估

在测试执行时和执行后，都要对测试进行评估，评估内容包括以下几个方面：

1）测试的步骤是否按计划进行？本项评估内容用来发现测试中是否存在随意性，以及分析没有按照测试计划执行的原因。

2）测试的覆盖率情况、测试用例的通过率、测试的结果与测试的目标是否一致？本项评估内容用来评估测试的有效性，确定是否需要补充测试和复测或回归测试。

3）分析软件缺陷的严重性、密度和分布情况，提出相关建议措施，以提高测试投入的回报。

执行结束后，测试小组整理测试记录，分析测试结果，计算缺陷度量值，编写测试报告。测试报告的主要内容包括：被测软件的名称和标识、测试环境、测试对象、测试起止日期、测试人员、测试过程、测试和缺陷的度量、测试结论等。

## 8.7  软件测试的质量控制

软件测试的作用和效果取决于软件测试的质量。为了控制软件测试的质量，我们应对测试进行评审和质量度量，以及时发现测试中的问题。

### 8.7.1  软件测试评审

测试计划、测试用例和测试报告等测试文档必须通过软件评审来保证其质量。评审方法为同行评审，包括审查、小组评审、走查、结对编程、同级桌查和轮查等。测试用例文档一般是一份很大的文档，通常无法一次完成评审，建议把它分成几个部分，安排多次讨论。参加测试评审的人员包括软件测试专家、开发人员、测试人员、项目经理、软件质量保证（SQA）人员等。

测试计划的评审主要关注测试的方法、技术、工具、进度和人员安排等；测试用例的评审关注软件薄弱环节的测试用例设计、测试用例的覆盖率（即充分性）、测试用例的优先级以及自动化等；测试报告的评审则关注测试过程、测试和缺陷的度量、测试结论等。

关于软件评审更多的细节请参见第 11 章。

### 8.7.2 软件测试的质量度量

通过对软件测试的度量，可以更好地分析测试，发现测试和开发中的问题。根据分析的目的，软件测试度量主要分为以下四类：

1）软件测试的质量度量，用来评估测试的有效性、完备性和充分性，例如缺陷逃逸率、测试覆盖率等。

2）被测试产品的质量度量，通过测试来评估软件产品的质量，例如系统的平均响应时间、缺陷密度、测试通过率、缺陷分布等。

3）软件测试过程的效能度量，用来评估测试过程的效率和能力，例如缺陷平均发现成本、测试执行率、缺陷发现率等。

4）缺陷修复过程的效能度量，用来评估缺陷修复过程的准确性和效率，例如缺陷修复率、缺陷平均修正成本、缺陷重现率等。

软件测试的质量度量主要包括软件测试的有效性度量和完备性度量。

软件测试有效性的常用指标包括：

- 缺陷逃逸率：线上缺陷数与缺陷总数之比，用来评估多少缺陷未被测试发现。
- 缺陷拒绝率：开发拒绝修改缺陷与缺陷总数之比，用来评估多少缺陷未被开发团队接受。
- 测试用例命中率：缺陷数量与测试用例数之比，用来评估多少测试用例发现了缺陷。

软件测试完备性的常用指标包括：

- 需求覆盖率：被测试的需求数量与需求总数之比，用来评估针对需求设计的测试用例的完备性。
- 代码覆盖率：被测试的代码数量与代码总数之比，用来评估针对代码设计的测试用例的完备性。其中代码单元可以是代码的语句行、判定条件和路径。
- 模型覆盖率：被测试的模型元素数量与模型元素总数之比，用来评估针对模型设计的测试用例的完备性。其中模型可以是需求分析模型、设计模型、AI 模型等。
- 注入缺陷的发现率：注入缺陷被发现的比例，用来评估测试的充分性。例如采用变异测试自动注入缺陷，观察这些缺陷是否被测试发现。

关于软件度量更多的细节请参见第 13 章。

## 思考题

1. 什么是软件测试，调试和测试的区别是什么？
2. 简述软件测试的原则。
3. 如何增强软件的可测试性？
4. 根据测试层次，软件测试可分为哪几种？请分别简述之。
5. 什么是白盒测试，它主要有哪些覆盖准则？
6. 什么是黑盒测试，常用的黑盒测试方法有哪些？
7. 系统测试主要测试哪些软件质量属性，如何测试？
8. 什么是 α 测试和 β 测试？
9. 软件测试过程的步骤及软件制品有哪些？
10. 测试开始和结束准则是什么？
11. 如何对软件测试进行质量控制？

CHAPTER9

第 **9** 章

# 软件运营与维护

> **本章主要知识点**
>
> ❑ 软件运营的最佳实践的国际标准是什么？它提供了哪些运营实践？
> ❑ 常用的软件部署策略有哪些？
> ❑ 软件维护分成哪几类？其关键技术有哪些？

交付后的软件如何更高效地进行运营，向用户提供高质量服务？如何在运营时进行软件缺陷的修改与软件的增强和扩展？本章将围绕这两个问题来阐述软件的运营（operation）与维护（maintenance）。特别要指出的是，当前软件的运营与维护实践呈敏捷化趋势。传统的软件运维和软件开发之间相对独立，存在隔阂，这使得软件产品无法迅速地交付给市场，用户的反馈无法迅速地传递给开发团队。近年，DevOps 将敏捷过程从开发延伸至运维，形成了贯穿软件开发和软件运维的一系列实践。

## 9.1 软件运营

软件运营是指在目标环境中部署和配置软件，以及在软件运行时（直到停用）对其进行监控和管理的过程。本节将阐述软件运营的最佳实践 ITIL，以及其中的一个核心的技术管理实践——软件部署。

### 9.1.1 ITIL 和最佳实践

ITIL（IT Infrastructure Library）总结了软件运营的最佳实践，融合了精益、敏捷和 DevOps 等思想和方法，提供了一个端到端的数字化运营模型，以提高 IT 软件交付和运营的能力。ITIL 由英国政府部门 CCTA 制定，当前版本为 ITIL 4<sup>⊖</sup>，于 2019 年发布。ITIL 4

---

⊖ 参见 *AXELOS, ITIL 4 Foundation, 4th Edition*, The Stationery office, 2020。

是一个以"创造价值"为核心的服务体系，通过系统设计使所有服务、流程、实践和人员协同工作，采用自动化工具提高服务的规范化和效率，为用户和干系人创造最大的价值。

ITIL 4 提供了 14 个通用管理实践、17 个服务管理实践和 3 个技术管理实践。其中通用管理实践是通用业务管理领域中适用于服务管理的实践，例如持续改进、信息安全管理、知识管理、度量与报告、风险管理、人的管理等。服务管理实践是针对 IT 服务管理的特定实践，例如服务台、服务级别管理、监控与事态管理、事件管理、问题管理、变更控制、发布管理、服务配置管理等。技术管理实践则为 IT 服务管理提供了技术解决方案，包括部署管理、基础设施与平台管理、软件开发与管理。

现以服务管理实践为例进行说明。图 9-1 展现了服务管理实践中的 7 个核心实践及其关系，其服务流程阐述如下。已交付的软件存放在配置数据库中，**发布管理**实践将它部署在目标运行环境（即生产环境）中。发布管理的目标是确保软件被成功安装和配置，确保只有经过测试和正确授权的软硬件版本才能提供给生产环境。

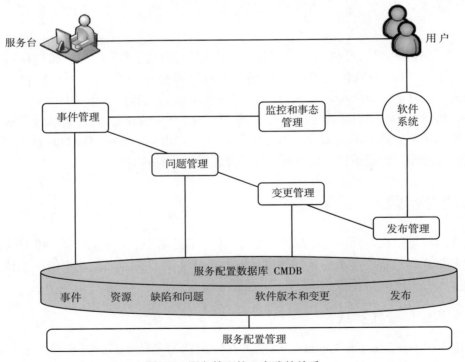

图 9-1    服务管理核心实践的关系

若用户在使用已发布软件的过程中遇到问题，则向**服务台**发出服务请求。如果该服务请求属于正常服务级别能够解决的，服务台将快速响应，负责恢复处理。如果不属于正常的服务请求或超出了正常的解决时限，则作为突发事件，由服务台记录和跟踪，转入事件管理实践进行处理。与此同时，**监控和事态管理**实践将对运行中的软件进行实时监控，记录软件日志，进行分析与可视化展现。若发现异常或故障，及时发出警报，并交给事件管理实践。

**事件管理**实践首先对事件进行分类，判断该事件是否为已知故障，并根据影响和紧急度确定该事件的优先级。通过调查和诊断，将服务台不能处理的事件迅速转至二线、三线技术支持，最后将处理结果反馈回服务台。为更有效率地解决发生频繁、对业务产生重要影响的事件，服务台将其进行归并，交给问题管理实践进行处理。**问题管理**实践找到造成问题的根本原因，提出和实施问题的解决方案。此外，还可以通过趋势分析、提供预防措施和事后回顾等实施主动问题管理。

事件管理实践和问题管理实践在方案实施时，若需要对软件进行修改，则提交变更请求。**变更管理**实践核准变更请求，进行优先级排序，制订变更计划，对软件进行维护，形成软件的新的版本，存入配置管理库，再通过发布管理实践进行再次发布。以上所有信息都记录在配置管理库中，包括软件版本与变更、事件、问题、解决方案等，由**服务配置管理**实践进行管理。

## 9.1.2 软件部署

本小节将阐述软件运营的核心技术管理实践之一——软件部署。软件部署是一项将交付后的代码部署到生产环境中的实践。ITIL 和 DevOps 都推荐自动化的持续部署，实现一键部署，加快部署的效率，并能快速地收集真实用户的反馈，从而能持续改进软件。软件的任务管理、版本管理、自动构建、自动测试、自动部署、自动监控、变更管理等形成了一个自动化的 DevOps 工具链，全面支持软件的开发、运营和维护。

常用的软件部署策略包括停机部署、蓝绿部署和灰度部署。停机部署把现有版本的服务停机，然后部署新的版本。蓝绿部署全量部署新版本，新旧版本同时并存，然后把用户流量从旧版本转移到新版本上。灰度部署采用增量式部署，逐步进行部署和用户流量的切换。

停机部署（big bang deployment）是一种最简单粗暴的方式，即把现有版本的服务停机，然后部署新的版本。有时候，我们不得不使用这样的方式来部署或升级多个服务，例如新版本中的服务使用了和老版本完全不兼容的数据表设计。其优势是，在部署过程中不会出现新老版本同时在线的情况，所有状态完全一致。其不足是，停机会中断对用户的服务，所以一般会选择用户访问少的时间段来做。

蓝绿部署（blue-green deployment）在生产线上部署相同数量的新版本服务。旧版本的生产环境称为蓝环境，用于对外提供软件服务；新版本的预发布环境称为绿环境，用于对新版本进行测试。当测试通过后，修改路由将用户流量从蓝环境引流到绿环境。如果引流之后出现问题，只需要修改路由再切回到蓝环境，并在绿环境中进行调试，从而找到问题的原因，如图 9-2 所示 ⊖。用户流量的切换可以是一次性切换，也可以是逐步切换。蓝绿部署的优势是，实时发布和升级，无须停机，提供了快速回滚的方法来应对部署错误。其不足是，需要使用双倍的资源。

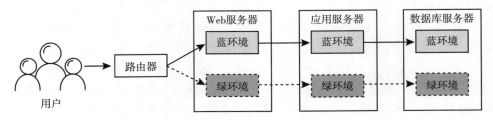

图 9-2　蓝绿部署示意图

灰度部署（canary deployment），又称金丝雀部署。新版本进行增量部署，先部署一部分，通过路由器配置将用户流量引流至新版本部署中；如果没有问题，再部署和引流一部分，直到全部部署和引流完成，如图 9-3 所示。一旦出现问题，也支持快速回滚。

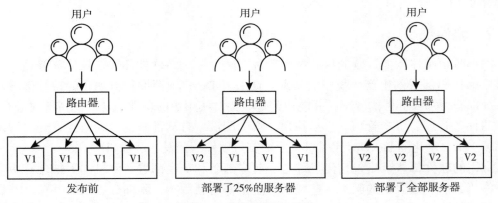

图 9-3　灰度部署示意图

AB 测试（A/B testing）可以看作灰度部署的一种特例，用来测试软件的使用质量，例如易用性和受欢迎程度等。它需要在生产线上部署两个版本，同时将用户分流到这两个版本中，然后通过科学的观测得出相关的结论。AB 测试通过科学的实验设计、采样代表性样本、流量分割与小流量测试等方式来获得实验结论，并确信该结论在推广到全部流量时可信。

---

⊖　图 9-2 和图 9-3 参见彭鑫、游依勇、赵文耘著《现代软件工程基础》，清华大学出版社 2020 年出版。

## 9.2 软件维护

软件上线运行后的修改称为软件维护。在软件运营过程中，开发人员仍需要针对发现的软件缺陷、用户需求变化、环境变化等进行不断的维护，以向用户提供更好的服务。有关调查结果表明，软件维护是软件工程中最消耗资源的活动，据统计，软件维护的成本已经达到了整个软件生存周期资源的 40%~70%，甚至达到了 90%。软件系统趋于大型化和复杂化，大多数软件在设计时没有考虑将来的修改问题，常常还伴有开发人员变动频繁、文档不够详细、维护周期过长等问题，这些问题导致维护活动的时间与花费不断增加。软件维护被描述为"冰山"，我们希望那些一眼可见的就是所有实际存在的，但是我们知道，在表面之下存在大量潜在的问题和成本。因此，对软件维护的研究和实践越来越重要。当前，DevOps 越来越被接受，这进一步让人们在确保软件平稳运行的同时更加关注软件的持续演化，要求软件工程师更快速更高效地维护软件。

### 9.2.1 维护的分类

ISO/IEC 14764 根据维护产生的原因，将软件维护分为纠错性维护、预防性维护、适应性维护、补充性维护、完善性维护和紧急维护 6 种：

1）纠错性维护（corrective maintenance），是指为修复所发现的问题而进行的反应式维护。这些问题可以来自设计错误、逻辑错误和编码错误。例如最终用户在使用 4S 系统时发现汽车的购置税计算出错了，维护工程师及时对其进行了纠正。

2）预防性维护（preventive maintenance），是指在软件产品中的潜在错误成为实际错误前所进行的预防性修复。常见的预防性维护是对技术债的重构，包括设计重构和代码优化等。例如，在运行和维护 3 年后，由于打了不少补丁，我们对 4S 系统的模块结构进行了重构，以提高模块化程度。

3）适应性维护（adaptive maintenance），是指为适应环境的变化而修改软件的维护。这里的环境是指外部施加给系统的所有条件和影响的总和，如业务规则、政府政策、工作模式、系统软件、硬件等。例如，4S 系统的一部分功能要在智能手机上运行，从 PC 的支持到智能手机的支持是一种适应性维护。

4）补充性维护（additive maintenance），是指添加新功能或新特性以增强产品使用的维护。需求的扩展，可以以现有系统功能增强的形式出现，也可以以提高计算效率的形式出现。例如 4S 系统中新增人机对话功能，能自动回答用户的问题。

5）完善性维护（perfective maintenance），是为用户提供功能增强、程序文档改进、软件性能和可维护性等质量属性的提升而做的维护。和补充性维护不同的是，它并不增加新功能和新特性，所做的修改也比较小。例如，4S 系统新增了 2 张报表，性能从原先的支持 100 个并发用户数提升至 200 个。

6）紧急维护（emergency maintenance），是指计划外的应急修改，以暂时保持系统运行，等待后续纠错性维护。这是一种非常情况下的"紧急"的处置方式。例如，4S 系统由于软件中一个错误宕机了，马上进行紧急维护，让其降级运行。

在实践中，各种软件维护活动常常交织在一起。应该注意，上述各类维护活动都必须应用于整个软件配置，维护软件模型与文档和维护软件代码是同样重要的。

## 9.2.2　维护的技术

软件维护活动与软件开发活动类似，维护人员要完成需求分析、设计、编码和测试，进行需求追踪，以及持续集成、持续交付和持续部署。但是，软件维护有其特定的技术，主要包括程序理解、逆向工程和再工程。

### 9.2.2.1　程序理解

软件维护的总工作量大约一半被用在理解程序上。维护者对程序的理解程度直接影响其工作的正确性和效率。程序理解的过程是使用现有知识，提取程序中的各种信息，并映射到人脑中，形成关于程序结构和功能的思维模型的过程。在程序设计阶段，程序员将应用领域中需要完成的功能映射为程序设计域中可运行的代码。而程序理解正是这个过程的逆过程，通过提取并分析程序中各种实体之间的关系，形成系统的不同形式和层次的抽象表示，完成程序设计领域到应用领域的映射。

程序理解的一大特点是高度依赖于人的思维，然而维护者通常并不是程序设计人员，由于人与人之间的思维方式存在差异，个人能力、专业水平也高低不同，导致恢复程序最初的设计模型并不是件容易的事。尤其是随着软件日益复杂，规模逐渐增大，在经历多个版本的演化后，这项工作的难度增加了。

理解程序的主要结构和功能实现是程序理解的主要工作，需要识别程序单元，跟踪控制流，跟踪数据流，综合程序逻辑。程序员在理解程序的过程中，经常通过反复的三个活动——阅读关于程序的文档、阅读源代码和运行程序来捕捉信息。良好、精确的文档能极大地帮助程序理解，但由于经常出现文档不全或者文档过时等情况，源代码通常是信息的主要来源。程序员在阅读代码时可以通过追踪控制流和数据流系统地理解程序的行为，也可以根据需要选择局部代码进行理解。有研究表明，系统地理解可以更好地捕捉程序不同部分间的关联交互，而按需理解则很难捕捉这方面的信息，因此系统地理解整个程序有助于成功地完成维护工作，但其代价是理解成本的增加。

程序理解通常采用工具来辅助完成。这些工具主要分为两大类。一类是基于程序结构的可视化工具，通过分析程序的结构，抽取其中的各种实体，使用图形表示这些实体和它们之间的关系，可以直观地为维护者提供不同抽象层次上的信息。例如 PowerDesigner 等建模工具可以从源代码中抽象出静态设计模型，并表示为 UML 类图。另一类工具聚焦在帮助维护人员导航浏览源代码，为浏览工作提供着眼点，缩小需要浏览的代码范围。

### 9.2.2.2  逆向工程

逆向工程（reverse engineering）来源于硬件世界。硬件厂商总想弄到竞争对手产品的设计和制造"奥秘"，但是又得不到现成的档案，只好拆卸对手的产品并进行分析，企图从中获取有价值的东西。软件的逆向工程在道理上与硬件的相似。但在很多时候，软件的逆向工程并不是针对竞争对手的，而是针对自己公司多年前的产品，期望从老产品中提取系统设计、需求规约等有价值的信息。

软件逆向工程是分析软件，识别出软件的组成成分及其相互关系，以更高的抽象层次来刻画软件的过程，它并不改变软件本身，也不产生新的软件。例如对源代码进行逆向工程，生成模块调用图和控制流图。逆向工程通常用半自动化的方法在工具辅助下完成。

逆向工程主要分为以下几类：

1）重新文档化（redocumentation）：分析软件，改进或提供软件新的文档。

2）设计恢复（design recovery）：从代码中抽象出设计信息；

3）规约恢复（specification recovery）：分析软件，导出需求规约信息；

4）重构（refactoring，restructuring）：在同一抽象级别上转换软件描述形式，而不改变原有软件的功能。例如，把 C++ 程序转换成 Java 程序；修改设计模型，去掉其中的坏味道；

5）数据逆向工程（data reverse engineering）：从数据库物理模式中获取逻辑模式，如实体关系图。

### 9.2.2.3  再工程

以纠错、完善或适应为目的的软件维护仅仅是消极地对软件做某些程度的局部改变，而没有涉及较高抽象层次的结构，因而无法积极地适应在新环境下用户需求的改变。也就是说，随着时间的推移，不可避免地导致软件生存状况的恶化——因文档的逐渐缺失和开发人员的离去而导致信息丢失，而在较低层次做出调整无法满足新技术、新规范以及新需求的引入。这时，就需要对整个软件进行重建，使它具有更好的模块结构、更多的功能、更好的性能等，这就是再工程（reengineering）技术，它属于预防性维护。再工程为遗留系统转化为可演化系统提供了一条切实可行的途径。

再工程是在逆向工程所获信息的基础上修改或重构已有的软件，产生一个新版本的过程，它将逆向工程、重构和正向工程组合起来，将现存系统重新构造为新的形式，如图 9-4 所示。

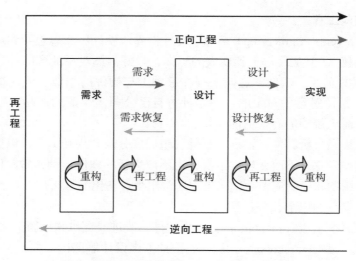

图 9-4    正向工程、逆向工程和再工程的关系

## 思考题

1. 请简述 ITIL。
2. 什么是软件运营和软件维护？
3. 什么是蓝绿部署和灰度部署？
4. 列出软件维护的类型，并简述之。
5. 什么是程序理解的主要工作？这个工作怎么开展？
6. 试分析逆向工程和再工程的异同。

第三篇

----

# 软件工程管理

# 第 **10** 章

# 软件项目管理和规划

### 本章主要知识点

❑ 项目管理的知识体系是什么？它将项目管理分成哪几个绩效域？
❑ 软件估算的方法有哪些？
❑ 挣值管理通过哪些指标来评估项目绩效？

软件开发是一个复杂的智力密集型活动，尤其当它涉及很多人员长期协同开发的时候，这就是软件工程管理与软件工程技术同等重要的原因。所谓的"软件危机"，即进度超时、成本失控和质量低下，都与管理不善有关。采用软件工程原则，进行科学的工程管理，是保证软件开发成功的重要手段。本章至第 14 章将重点讲述软件工程管理的重要知识域，包括软件项目管理和规划、软件质量管理、软件风险管理、软件度量、软件团队和个人的管理。

## 10.1 项目管理的基本概念

美国项目管理专业资质认证委员会主席 Paul Grace 曾经说过："在当今社会中，一切都是项目，一切也将成为项目。"那么，什么是项目？PMBOK 给它下了一个精确的定义：所谓项目，是为创造独特的产品、服务或成果而进行的临时性工作 <sup>⊖</sup>。

从这一定义中可以看到以下三层含义。

1）项目具有独特性。每个项目都是独一无二的：项目团队的规模不同，各自的能力也有所区别；有些项目的客户是内部的，有些则是外部的；有些项目面临很紧迫的时间压力，有些项目则可能要面对其他威胁和风险。尽管某些项目可交付成果中可能存在重复的元素，但这种重复并不会改变项目工作本质上的独特性。例如，即便采用相同或相似的材料，或者由相同的团队来建设，但每一幢办公楼的位置都是独特的，连同不同的

---

　⊖　参见 http://www.pmi.org。

设计、不同的环境、不同的承包商等。

2）项目具有临时性，即明确的起点和终点。当项目目标达成时，或当项目因不会或不能达到目标而中止时，抑或当项目需求不复存在时，项目就结束了。

3）项目可以创造：

- 一种产品，既可以是其他产品的组成部分，也可以本身就是独立产品；
- 一种能力，能用来提供某种服务，例如支持生产或配送的业务职能；
- 一种成果，包括论文、文件、结论等，例如某研究项目所产生的知识，可据此判断某种趋势是否存在，或某个新过程是否有益于社会。

开发一种新产品或新服务、改变一个组织的结构或人员配备、开发或购买一套信息系统、建造一幢大楼或大桥、实施一套新的业务流程等都是项目，软件开发和维护也一样，例如 4S 系统的开发就是一个典型的项目。

所谓项目管理，就是将知识、技能、工具与技术应用于项目活动，以满足项目的需求。它通过项目各方干系人的合作，应用各种资源，对项目进行高效率的计划、组织、指导和控制，实现项目全过程的动态管理和项目目标的综合协调与优化。项目经理，又称项目负责人，是执行组织委派其实现项目目标的个人。

软件项目管理是软件领域的项目管理，它遵循项目管理的通用准则，同时又具有特殊性。首先，软件是纯知识产品，其开发进度和质量很难估计和度量，生产效率也难以预测和保证。其次，软件系统的复杂性也导致了开发过程中各种风险的难以预见和控制。Windows 操作系统的代码超过 1500 万行，同时有数千位程序员在进行开发，项目经理都有上百位，这样庞大的系统如果没有很好的管理，其软件质量是难以想象的。因此，软件项目管理需综合应用项目管理和软件管理的知识与实践准则，对人员（people）、产品（product）、过程（process）和项目（project）进行管理，才能使软件项目按照预定的成本、进度、质量顺利完成。

项目干系人，又称项目涉众，是积极参与项目或其利益可能受项目实施、完成的积极或消极影响的个人或组织。例如 4S 项目中，主要项目干系人包括 ABC 汽车集团公司、开发企业、最终用户（ABC 公司的总经理、店长、系统管理员、财务、销售经理、销售员、维修经理、维修员、采购经理、采购员、仓库管理员、运输员、质检员）、SJTU 项目经理和开发团队、系统运维团队等。为了使得项目成功，项目团队必须识别所有的内部和外部干系人，并进行干系人管理。

## 10.2　项目管理知识体系

PMBOK（Project Management Body Of Knowledge，项目管理知识体系）是美国项目管理协会 PMI 对项目管理所需知识、技能和工具进行的概括性描述。PMBOK 第 1 版推出于 1997 年，以后每 4 年更新一个版本，目前最新的版本是 2021 年的第 7 版。国际标准化组织（ISO）以 PMBOK 为框架制订了 ISO 10006 标准。以 PMBOK 为基础，PMI 开展了项目管理专业人士（PMP）资质认证，具有广泛的国际影响力。

### 10.2.1   项目成功的标准

什么是项目成功的标准？按传统项目管理体系，即项目管理 1.0，项目成功的标准是：在规定的进度和成本内，完成所规定需求范围的项目活动，提供高质量的成果。因此，PMBOK 第 1 版至第 6 版将进度管理、成本管理、范围管理和质量管理作为四大核心知识域。

而在现代项目管理体系（即项目管理 2.0）中，项目成功标准更新为：在竞争性约束条件下实现预期的价值。价值是项目成功的最终指标，它以项目干系人的收益来衡量。也就是说，当所有项目干系人的需求和期望都被满足了，项目才是真正成功，这也为后续的持续成功奠定了良好的基础。因此，PMBOK 第 7 版（V7）以价值交付为中心，关注关系人的管理，提出了干系人原则和干系人绩效域。

### 10.2.2   十二大原则

PMBOK V7 提出了项目管理的十二大原则，以原则指导行动，实现价值交付。

1）管家精神：成为勤勉的、尊重和关怀他人的管理者。
2）团队：创建一个利于协作的项目团队环境。建立有担当和懂尊重的团队文化。
3）干系人：与干系人的参与和互动。做好干系人争取工作并充分了解他们的利益和需求。
4）价值：关注价值。
5）系统思考：整体角度了解项目的各个部分如何相互作用以及如何与外部系统交互。
6）领导力：展示领导力行为。激励、影响、指导和学习。
7）裁剪：根据不同的项目环境裁剪项目交付方法以制定最适合的交付方法。
8）质量：将质量管理监控融入各个过程与可交付物中去。
9）复杂性：驾驭复杂性。使用知识、经验和不断学习来解决复杂性。
10）风险：应对机遇与威胁。
11）适应性和韧性：将适应性和韧性融入组织与项目团队的方法中。
12）变革：为实现预期的未来状态而驱动变革。

### 10.2.3   八大绩效域

PMBOK V7 将项目管理划分为干系人、团队、生命周期与开发方法、规划、项目工作、测量、交付、不确定性共八大绩效域。所谓绩效域是指一组相互关联的项目管理活动，八大绩效域之间的关系如图 10-1 所示。在项目开展过程中，人是最重要的因素，项目需要干系人的有效参与，并通过激励团队来高绩效实施从而达成目标。项目所处环境

的不确定性程度与自身特点决定了生命周期与开发方法的选取。无论采用从瀑布到敏捷
的哪种生命周期过程，还是采用结构化、面
向对象、形式化等哪种开发方法，都需要通
过 PDCA［Plan（计划）、Do（执行）、Check
（检查）、Act（处理）］循环，完成规划、项目
工作、测量和交付。十二大项目管理原则为
项目从业者的行为提供了指南，指导他们根
据项目背景和环境的独特需要对每个绩效域
的工作进行裁剪。

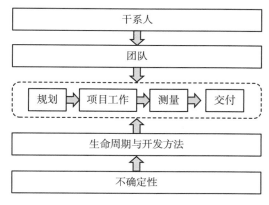

图 10-1　八大绩效域之间的关系

## 10.2.4　五大过程组

为了取得项目成功，项目团队必须选择
适用的过程来实现项目目标，满足干系人的
需要和期望，平衡对范围、时间、成本、质量、资源和风险的相互竞争的要求，以完成
特定的产品、服务或成果。项目过程由项目团队实施，可分为以下两大类：

1）项目管理过程。该过程借助各种工具和技术来应用各知识领域的技能与能力，确
保项目自始至终顺利进行。

2）产品导向过程。该过程创造项目的产品，因应用领域而异。例如软件开发的统一
软件过程 UP 和敏捷过程 Scrum。

项目管理过程适用于全球各行各业。不同的应用领域，其项目管理过程具有很多共
性。PMBOK 把这些共性抽象为以下五大项目管理过程，如图 10-2 所示。

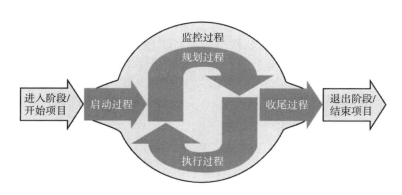

图 10-2　五大项目管理过程

1）启动过程。这是获得授权，定义一个新项目，正式开始该项目的过程。

2）规划过程。这是明确项目范围，优化目标，为实现目标而制定行动方案的过程。

3）执行过程。这是完成项目管理计划中确定的工作以实现项目目标的过程。

4）监控过程。这是跟踪、审查和调整项目进展与绩效，识别必要的计划变更并启动相应变更的过程。

5）收尾过程。这是为完结所有过程组的所有活动以正式结束项目而实施的过程。

项目管理过程不仅可以应用于一个项目，而且可以应用于项目的迭代或阶段。例如在软件迭代开发时，整个项目以及每个迭代都可以应用这五大项目管理过程。

## 10.3　软件项目规划

项目规划是项目管理的核心过程，它在项目启动后实施，为项目执行提供方案，为项目监控提供依据。在项目规划时，应明确项目范围，优化目标，为实现目标而制定行动路线。

### 10.3.1　软件项目计划的内容

软件项目计划是软件项目规划的成果，它体现了对客户需求的理解，是有条不紊地开展软件项目活动的基础，也是项目相关个人和组织的明确承诺。软件项目计划涉及软件项目相关的所有基本和支持活动，因此，软件项目计划常常被分为核心计划和支持计划，其中核心计划是指软件开发和维护的核心活动的安排，支持计划则包括软件质量计划（详见第 11 章）、软件测试计划（详见第 8 章）、风险管理计划（详见第 12 章）、配置管理计划、沟通计划、培训计划等。支持计划可以和核心计划写在同一文档中，也可以另成文，作为核心计划的一个附件。表 10-1 是软件项目计划模板的一个示例。

软件项目常常进行"滚动式规划"，表 10-1 是项目的总体计划，比较概括。随着项目的进展，需求和设计信息将不断增多和确定，项目计划应不断随之细化。例如，4S 系统在项目启动时采用基于风险的迭代软件过程制订了项目总体计划，概括地定义了六个迭代的任务、进度和资源。在每个迭代开始前，分别制订了其详细的迭代计划。

### 10.3.2　软件项目规划的关键活动

软件项目规划主要包括以下六个关键活动。

（1）确定项目目标

确定待开发的软件、项目范围、交付的期限、成本和质量等目标。在项目实施过程中要严格控制项目范围，如果客户提出新的需求或进行需求变更，项目经理就必须评估它对项目计划的影响，有必要时调整进度和成本等。

（2）定义项目的软件过程

根据项目特点，选择软件生命周期模型，如瀑布模型、快速原型、迭代模型等，制定项目的软件过程；或者根据组织级的软件过程标准或 UP 等过程，裁剪出项目的软件过程。

表 10-1 软件项目计划模板示例

软件项目计划

**1. 项目概述**

1.1 项目的目的、规模和目标

1.2 项目约束

1.3 项目的可交付制品

1.4 项目的甲方和乙方

**2. 项目软件过程**

描述本项目的软件过程，可以通过对组织级软件过程进行裁剪而得到

**3. 人力资源计划**

| 人员 | 角色 | 职责 |
|---|---|---|
|  | 项目经理 |  |
|  | 架构师 |  |
|  | …… |  |

**4. 进度计划**

提示：制订项目进度计划，按阶段 / 迭代 / 任务展开

| 阶段 / 迭代 / 任务名称 | 工作人员 | 工作时间 | 工作描述 |
|---|---|---|---|
|  |  |  |  |
|  |  |  |  |

**5. 成本预算计划**

| 类别 | 金额 | 时间 | 计算依据 |
|---|---|---|---|
|  |  |  |  |
|  |  |  |  |
|  |  |  |  |

**6. 支持计划**

配置管理计划

质量管理计划

风险管理计划

测试计划

沟通计划

培训计划

……

项目软件过程包括项目的工作细化结构（Work Breakdown Structure，WBS）、制品和角色等信息，即将项目划分成若干阶段、迭代和任务，确定各个任务间的相互关系，规

定每个任务应交付的文档和产品，以及执行任务的角色。在软件项目中，典型的角色有项目经理、需求工程师、架构师、设计工程师、程序员、测试工程师、运维工程师等。

（3）软件估算

对软件开发的所需资源、工作量、进度及成本做出估算。由于软件项目具有需求经常变化、开发者的个体差异大、软件复杂性高、软件具有不可见性、项目风险大、项目之间的相似性比较少等特点，使得估算成为软件项目规划中最具挑战性的任务。当前常用的估算方法是 Delphi 估算、类比估算和参数估算。

（4）进度安排

根据软件估算的结果，为项目的每个任务安排起止日期，并定义里程碑。所谓里程碑是指软件生存期各开发阶段末尾的特定点，它的作用是把各阶段的开发工作分得更加明确，便于检验与确认。因此，项目中必须设定明确的里程碑。一般地，一个阶段或一个迭代结束将被设为一个里程碑。周期越长、风险越高的项目里程碑将设定越多。

（5）资源配备

项目资源，包括人力资源、设备资源和软件资源（如可复用的构件）。本活动为项目及其阶段、迭代和任务分配资源。人力资源的分配随着时间的增长呈两头少、中间多的趋势。每个任务都应指定某个特定的项目团队成员来负责，其中一个人可以担当多个角色、负责多个任务。

（6）成本预算

项目成本预算决定了被批准用于项目的资金，其计算分为三个步骤：

● 根据项目的 WBS，汇总项目中所有任务的估算成本，计算得到项目的总成本估算值。

● 通过预算储备分析，计算出所需的应急储备与管理储备。其中应急储备是为未规划但可能发生的变更提供的补贴，这些变更由风险列表中所列的已知风险引起；管理储备则是为未规划的范围变更与成本变更而预留的预算。

● 根据总成本估算值、应急储备和管理储备，计算得到项目总成本预算和项目总资金需求。

$$项目总成本预算 = 项目总成本估算值 + 应急储备$$
$$项目总资金需求 = 项目总成本预算 + 管理储备$$

为了监控项目的项目成本，采用成本绩效基线进行量化分析，它是按时间段分配资金的完工预算（Budget at Completion，BAC），即每个时间段的成本预算之和，如图 10-3 所示。其中，项目的资金投入以增量而非连续的方式进行，故呈现出阶梯状。

以下两节将重点阐述软件项目规划中最核心的关键活动——软件估算和进度安排。

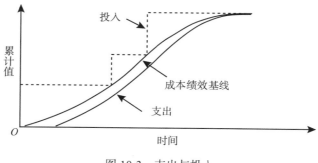

图 10-3　支出与投入

## 10.4　软件估算

无论产业界还是学术界，越来越多的人认识到，做好估算是减少软件项目预算超支和进度延期问题的首要措施之一，不但有助于做出合理的投资、外包、竞标等商业决定，也是进行成本预算、进度安排和人员分配时的必要条件，从而能帮助我们更合理地规划和监控软件项目。

### 10.4.1　估算的影响

估算精确度对软件项目的成功是至关重要的。图 10-4[一] 显示了高估和低估对项目带来的不利影响。图中 $X$ 轴是估算的准确率，100% 指估算没有误差，右边大于 100% 是高估的情况，左边小于 100% 是低估的情况；$Y$ 轴是项目花费、工作量和进度。当项目高估时，按照 Parkinson 法则，项目花费、工作量和进度也随着增多，呈线性增长；那么当项目低估时，是否项目成本、工作量和进度也随之减少呢？往往不会！由于计划过紧，项目常常会在早期犯下过多的错误，造成项目后期的大量返工，项目成本、工作量和进度反而呈指数增长。由此可见，不精确的估算将给项目带来极为不利的影响，尤其是低估。

### 10.4.2　估算原则

如何才能提高估算的准确性呢？项目复杂性、规模、需求被确定的程度、历史信息的可用性都会影响估算的准确性。

- 项目复杂性。项目越复杂，估算的准确性就越低。
- 项目规模。随着软件规模的扩大，软件各个元素之间的相互依赖迅速上升，这使得问题分解更为困难，从而降低估算的准确性。

---

⊖　参见 Steve McConnell 的 *Rapid Software Development*。

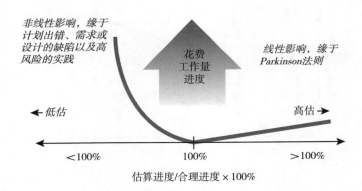

图 10-4    估算精确度对软件项目的影响

● 结构不确定性。需求被确定的程度和功能被分解的容易程度也会影响估算的准确性。需求经常变更或者模块耦合度高的项目，其估算的准确性就低。

● 历史信息的可用性。波音公司的软件项目实证研究结果表明，当没有历史数据时估算的误差为 –140%~20% ；当有历史数据参考时，虽然还是低估的项目更多，但估算的误差缩小至 –20%~20%。不断积累历史数据和信息大大提高了估算的准确性。

因此，要提高估算的准确性，应该采用软件工程技术降低软件的复杂性，控制需求的变更，对软件进行良好的模块化设计，并不断积累项目的数据。

经过大量的估算实践，业界总结出了一些有效的软件估算原则。

（1）分解估算

"和的误差大于误差的和"，将问题（或任务）分解为一组较小的子问题（或子任务），再根据历史数据和经验对每个子问题（或子任务）进行估算，最后进行累加，这就是分解估算，其误差比直接估算要小。项目分解时不仅可以针对需求采用问题分解，还可以采用过程分解，按阶段、迭代、任务进行细分估算。

（2）双点估算和三点估算

考虑到估算的不确定性和风险，可以通过双点估算和三点估算来提高估算的准确性。双点估算，即"最乐观的估算"和"最悲观的估算"，它们定义了估算的变化范围。三点估算在双点估算的基础上，增加"最可能的估算"，采用 PERT 分析方法对这三种估算值进行加权平均，就可以计算出"期望的估算值"：

$$期望值 = （乐观值 + 4 \times 可能值 + 悲观值）/6$$

（3）多阶段估算

随着项目的进展，必须不断地调整估算值，重新估算。对项目信息掌握得越多，估算就越准确。显然，在项目完成之后就能得到 100% 精确的"估算"值。估算值随着项目的进展不断收敛。例如，当刚知道 ABC 汽车集团公司要开发 4S 系统时，项目工作量估算为 15~85 人月；当项目范围确定并签订合同（即第 1 个迭代完成）时，项目工作量估算为 30~60 人月；当第 2 个迭代结束时，项目工作量估算为 38~51 人月；最后项目完成后，实际项目工作量是 45 人月；估算在逐渐收敛。因此软件项目必须进行多阶段估算，每个阶段或每次迭代结束时都要重新估算，使其更加准确。

### 10.4.3 估算方法

目前常用的估算方法包括 Delphi 估算、类比估算和参数估算，它们能在可接受的风险范围内提供估算结果。建议采用不同的方法分别估算并进行交叉验证。如果不同方法的估算结果差异较大，可采用专家评审方法确定估算结果，也可使用较简单的加权平均方法。

#### 10.4.3.1 Delphi 估算

通过借鉴历史信息，或以往类似项目的经验，专家可以提供软件项目估算所需的信息，或直接给出估算值。专家也可以提供是否需要联合使用多种估算方法，以及如何协调各种估算方法之间的差异的建议和指导意见。由于专家作为个体，可能存在很多个人偏好，因此通常人们会更信赖多个专家一起得出的结果。为达成小组一致，出现了 Delphi 估算方法。首先，每个专家在不与其他人讨论的前提下，先对某个问题给出自己的初步匿名评定。第一轮评定的结果经收集和整理之后，返回给每个专家进行第二轮评定。这次专家仍面对同一评定对象，所不同的是他们知道第一轮总的匿名评定情况。第二轮通常可以把评定结论缩小到一个较小的范围，得到一个合理的中间范围取值。

宽带 Delphi 估算方法是 Delphi 的一种变种，采用主题专家会完成多轮估算，在会上那些提出了最高和最低估算的人会解释自己的理由，然后每个人再重新估算。该过程不断重复，直到接近一致。敏捷过程中的计划扑克牌（planning poker）属于宽带 Delphi 方法，参见 10.4.4.5 节。

当仅有的可用信息只能依赖专家意见而非确切的经验数据时，Delphi 方法无疑是解决成本估算问题的最直接的选择。但是，其缺点也很明显，就是专家的个人偏好、经验差异与专业局限性都可能为估算的准确性带来风险。

#### 10.4.3.2 类比估算

类比（analogy）估算的核心思想在于通过对新项目与一个或多个已完成的类似项目的对比，预测新项目的成本、进度、工作量等。项目相似度计算的常用特征包括应用领域、编程语言、人员能力、软件功能或规模、质量特性等；常用方法为计算加权或不加权的欧氏距离，即两个软件项目中多个特性相异差的累加和。类比的历史项目可以是个人自己已完成的项目，本书更推荐建立组织级的历史项目数据库，以便在更广的范围内搜索类似的参考项目。当历史项目的数量增多时，人工搜索就不够有效，此时应采用信息检索和机器学习技术进行项目的语义搜索。然后，参考搜索到的历史项目对新项目进行估算，再根据两个项目的主要差异来对估算结果适当进行调整。

类比估算的优点是比较直观，而且能够基于历史项目数据来确定与新的类似项目的具体差异以及可能对成本或进度产生的影响。但其应用一般集中于已有经验的狭窄领域，不能跨领域应用，难以适应新的项目中约束条件、技术、人员等发生重大变化的情况。如果以往项目是本质上而不只是表面上类似，并且从事估算的项目团队成员具备必要的专业知识，那么类比估算就最为可靠。

**4S 系统的类比估算**

在 4S 系统的第 1 个迭代结束时，项目团队采用类比估算进行了工作量和持续时间的估算。估算时遵循了分解估算和三点估算原则。

估算步骤如下：首先分析 4S 系统的前景文档和用例模型，对其进行问题分解；然后针对每个子问题，让项目团队的核心成员分别根据类似项目的经验类比估算出工作量和开发时间的乐观值、可能值和悲观值，求出平均值；最后将各子问题的估算值求和，得到整个项目总的乐观值、可能值和悲观值，以及由这三点估算求得的期望值。

工作量的类比估算如表 10-2 所示，项目总工作量估算值为 41 人月。项目持续时间的类比估算方法也同样，估算值为 9 个月。

**表 10-2　4S 系统的工作量类比估算**

| 用例 | 估算者 | 乐观值 | 可能值 | 悲观值 | 期望值 |
|---|---|---|---|---|---|
| 整车出库 | 李强 | 0.5 人月 | 0.7 人月 | 0.8 人月 | 0.7 人月 |
| | 王明 | 0.7 人月 | 0.9 人月 | 1.0 人月 | 0.9 人月 |
| | 平均 | 0.6 人月 | 0.8 人月 | 0.9 人月 | 0.8 人月 |
| ⋮ | ⋮ | ⋮ | ⋮ | ⋮ | ⋮ |
| 合计 | | 30 人月 | 40 人月 | 60 人月 | 41 人月 |

### 10.4.3.3　参数估算

参数估算是指利用大量项目的历史数据和经验拟合出估算模型，以软件规模和其他影响因子作为参数，来估算项目的工作量和持续时间。常用的参数包括软件规模、开发人员的能力和经验、复用要求、进度要求、可靠性、复杂度、软件工具、需求稳定性、开发类型、编程语言、开发平台等特征。参数估算的优点是比较客观、高效、可重复，而且能够采用新增的历史项目数据进行持续训练，不断优化估算模型。参数估算的准确性取决于估算模型的成熟度和历史数据的可靠性。如果有足够的、可靠的历史数据拟合出高准确率的估算模型，同时对项目信息有较详细的了解，那么，参数估算是最值得推荐的估算方法。需要注意的是，如果采用他人所建的估算模型，则必须根据本组织的历史项目数据对模型进行调整。

软件估算模型根据产生方法不同，主要分为机器学习模型和算法模型两种。

（1）机器学习模型

当前的主流模型是机器学习模型，即采用机器学习技术从历史项目数据中训练出软件估算模型，包括回归模型、神经网络等。其中回归模型最为常用，它是对大量的项目历史数据进行回归分析而导出的一个依赖变量与一个或多个独立变量相关联的函数。例如：

$$E = 5.2 \times (KLOC)^{0.91} \qquad \text{Walston-Felix 模型}$$
$$E = -13.39 + 0.0545FP \qquad \text{Albrecht 和 Gaffney 模型}$$

其中，$E$ 为工作量，KLOC 为代码千行，FP 为功能点。FP 和 KLOC 是软件规模的估算指标，参见 10.4.4 节。

（2）算法模型

算法模型产生的基本思想为：找到软件工作量和进度的各种影响因子，并判定它们对工作量和进度所产生影响的程度是可加的、乘数的还是指数的，以期得到最佳的模型算法表达形式。Berry Boehm 教授提出的 COCOMO（COnstructive COst Model，构造性成本模型）就是最为典型的算法模型：

$$PM = A \times Size^{B} \times \Pi (EM)$$
$$TDEV = C \times PM^{(D + 0.2 \times (B-E))} \times SCED\%$$

其中，PM 为工作量，通常表示为人月，TDEV 为时间，通常以月为单位；$A$、$C$、$D$ 和 $E$ 为校准因子；Size 为软件规模，例如 FP 和 KLOC；$B$ 为规模因子，EM 为工作量因子，SCED 为进度因子。

COCOMO 模型是 1981 年提出的，目前的版本是 1995 年改进后的 COCOMO Ⅱ。COCOMO Ⅱ模型由 3 个子模型组成：

● 应用组合模型，基于对象点（参见 10.4.4 节）对采用软件工具快速开发的软件项目工作量和进度进行估算，用于项目规划阶段；

● 早期设计模型，基于 FP 或 LOC 以及 5 个规模因子、7 个工作量因子，用于信息还不足以支持细粒度估算的早期设计阶段；

● 后体系结构模型，顾名思义，发生在软件体系结构完好定义和建立之后，基于 LOC 或 FP 以及 5 个规模因子、17 个工作量因子，用于完成顶层设计和获取详细项目信息阶段。

以早期设计模型为例，其规模因子包括先例性（PREC）、开发灵活性（FLEX）、风险与架构（RESL）、团队凝聚力（RERM）和过程成熟度（PMAT）；工作量因子包括产品可靠性与复杂性（PCPX）、可复用性（RUSE）、平台难度（PDIF）、人员能力（PERS）、人员经验（PREX）、设施（FCIL）、进度要求（SCED）。

### 基于 COCOMO 的 4S 系统参数估算

在 4S 系统的第 2 个迭代结束时，项目团队基于 COCOMO Ⅱ 的体系结构模型进行了参数估算。COCOMO Ⅱ 模型在使用前用本组织以前的历史数据进行了参数校准，未校准前误差高达 50% 以上。

先计算工作量：

Size = 29.633 KLOC（见 10.4.4 节）

$A = 1.4$

$B = 0.85 + 5$ 个规模因子之和 $\times 0.01 = 1.02$

$\Pi(EM) = 17$ 个工作量因子的积 $= 1.01$

$PM = A \times (Size)^{B} \times \Pi(EM) = 1.4 \times (29.633)^{1.02} \times 1.01 = 45$ 人月

接着计算时间：

SCED% = 1

$TDEV = 3.1 \times PM^{(0.27 + 0.2 \times (B - 0.91))} \times SCED\% = 3.1 \times 45^{0.29} \times 1 = 9.3$ 月

## 10.4.4  软件规模估算

在软件估算时，常常首先估算软件的规模，然后再根据规模和其他项目特性估算时间和工作量。因此，规模估算是估算中的第一个主要挑战。如果采用直接估算的方法，通常用代码行（LOC）来测量规模；如果采用间接估算的方法，则通常用功能点（FP）测量。除此之外，还有对象点、用例点、故事点等规模估算方法。

### 10.4.4.1  代码行

代码行（LOC）是所有软件开发项目的"生成品"，非常直观，因此是目前使用最广泛的规模测量方法之一，许多软件估算模型使用 LOC 或 KLOC 作为关键的输入。LOC 有几种不同的定义，在此采用业界最为普遍接受的逻辑行数的定义，即去除空行和注释行后的语句数。但是，使用 LOC 作为规模的测量是否合适，存在不少争议。虽然它存在上述优点，但反对者则认为 LOC 测量依赖于编程语言，对设计得很好却较小的程序会产生不利的评判，特别地，在项目早期还没有代码时，无法进行计数，只能进行预测。

如何准确预测出 LOC？常用的方法是 Delphi 估算和类比估算。除此之外，CMMI 中的个体软件过程（PSP）提出了一种基于代理（proxy）的 LOC 估算方法——PROBE。

PROBE 在项目早期通过 proxy 更方便、准确地估算出代码行数。常用的 proxy 有类、用例、函数或子程序、数据库的表、输入输出的表格、生成的报告等。PROBE 方法由以下三个主要步骤组成：

1）概念设计。根据需求对软件进行高层次的概念设计。因为"和的误差大于误差的和"，因此模块设计后的软件更易进行估算。

2）估算 proxy 数。针对每个模块计算出各类 proxy 的数量。

3）估算 LOC。按代码行基准数据（即各类 proxy 对应的平均代码行数），计算得到 proxy 代码行数 $E$；再根据公式 $Size = \beta_0 + \beta_1 \times E$，最终计算得到软件的代码行数 Size。常数 $\beta_0$ 和 $\beta_1$ 是对项目历史数据进行线性回归分析得到的。

### 4S 系统的代码行估算

在 4S 系统的第 2 个迭代早期，项目团队采用 PROBE 方法估算系统的规模，proxy 采用"类"。

第一步，根据 4S 系统的用例模型进行概念设计，画出分析类图。

第二步，根据分析类图，计算出各种分析类的数量，如表 10-3 所示。

表 10-3 proxy 数量

|  | 大 | 中 | 小 |
| --- | --- | --- | --- |
| 边界类 | 40 | 31 | 25 |
| 控制类 | 21 | 28 | 14 |
| 实体类 | 17 | 41 | 22 |

第三步，估算 LOC。

表 10-4 是历史项目的 proxy 代码行基准数据，按此计算得到 proxy 代码行数：

$$E = 40 \times 140 + 21 \times 210 + 17 \times 180 + 31 \times 50 + 28 \times 80 + 41 \times 100 + 25 \times 14 + 14 \times 30 + 22 \times 40 = 22\ 610$$

根据项目组以往的类似项目历史数据线性回归得到的公式计算最终的软件代码行数：

$$Size = 240 + 1.3 \times E = 29\ 633$$

表 10-4 proxy 代码行基准数据

|  | 大 | 中 | 小 |
| --- | --- | --- | --- |
| 边界类 | 140 | 50 | 14 |
| 控制类 | 210 | 80 | 30 |
| 实体类 | 180 | 100 | 40 |

如果项目所开发的不是新系统，则在估算时要考虑代码是基础、新增、修改还是删除的代码。只有新增和修改的代码行数后续才被用来估算开发时间和工作量。另外，如果项目中存在代码复用，也要单独列出这些代码行数，以便在后续估算开发时间和工作量时区别对待。

### 10.4.4.2 功能点

另一种常用的规模测量方法是功能点（Function Point，FP），它是 IBM 于 20 世纪 70 年代首先提出的，随后陆续出现了多种功能点分析方法，目前比较著名的包括 IFPUG 功能点分析方法、Mark Ⅱ功能点分析方法、Nesma 功能点分析方法、COSMIC 全功能点分析方法。这些功能点方法虽有各自的特点，但都具有相同的计算原理：利用基于软件信息域的数量和软件复杂性的经验关系来计算功能点。

在此以 IFPUG 为例进行说明。IFPUG 的信息域分为以下五种：

1）外部输入（EI）：外部输入来源于系统外的用户或系统，常用于更新内部逻辑文件（ILF），应与独立计数的查询区分开来。

2）外部输出（EO）：外部输出从本系统中导出，为用户或外部系统提供信息，例如报告、屏幕、消息等。报表中的单个数据项不进行单独计算。

3）外部查询（EQ）：一个外部查询定义为一次在线输入，其结果是以在线输出的方式产生某个即时软件响应。

4）内部逻辑文件（ILF）：内部逻辑文件是驻留在系统内的数据逻辑分组，它通过外部输入来维护。

5）外部接口文件（EIF）：外部逻辑文件是驻留在系统外的数据逻辑分组，它为系统提供有用的信息。

一旦收集到上述信息域的数量，就完成了表 10-5 所示的表，每个计数与一个复杂度值（加权因子）相关。然后采用下面的关系式计算功能点：

$$FP = UFP \times \left[ 0.65 + 0.01 \times \sum F_i \right]$$

其中"UFP"为未调整的功能点，是从表 10-5 得到的所有 FP 项的总数，等式中的常数和信息域值的加权因子都是根据经验确定的。$F_i$（$i=1 \sim 14$）是值调整因子（VAF），包括数据通信、分布式数据处理、性能、重度配置、处理速率、在线数据输入、最终用户使用频率、在线升级、复杂处理、可复用性、易安装性、易操作性、多场所和支持变更。$F_i$ 取值从 0（不重要或不适用）到 5（绝对必需）。

FP 的优点是，基于软件需求进行计数，更易在项目早期没有代码时进行估算，同时它与编程语言无关。但是该方法需要某种"人的技巧"，因为计算是基于主观的而非客观的数据，信息域的计算可能难以收集事后信息，FP 没有直接的物理含义，它仅仅是一个数字而已。

表 10-5　计算未调整的功能点

| 信息域 | 计数 | 加权因数 | | | 加权计数 |
|---|---|---|---|---|---|
| | | 简单 | 中间 | 复杂 | |
| 外部输入 | □ × | 3 | 4 | 6 | = □ |
| 外部输出 | □ × | 4 | 5 | 7 | = □ |
| 外部查询 | □ × | 3 | 4 | 6 | = □ |
| 内部逻辑文件 | □ × | 7 | 10 | 15 | = □ |
| 外部接口文件 | □ × | 5 | 7 | 10 | = □ |
| UFP | → | | | | □ |

### 10.4.4.3　对象点

与功能点一样，对象点也是一种间接的软件规模估算方法。对象点中的"对象"不同于面向对象方法中的"对象"，它是指三类考察对象：用户界面屏幕、报表、构造应用系统需要的构件。每个对象有一个复杂度等级与之关联。例如，用户界面屏幕数和报表数的复杂度由客户与服务器数据表的数量和来源，以及视图或版面的数量来决定。

一旦确定了复杂度，就可以根据表 10-6，对屏幕、报表和构件的数量进行加权，求和后就得到了总的对象点数。如果项目进行了软件复用，还要估算复用的百分比，并调整对象点数：

$$新的对象点 = 对象点 \times （1- 复用的百分比）$$

表 10-6　对象的复杂度加权表

| 对象类型 | 复杂度加权 | | |
|---|---|---|---|
| | 简单 | 中等 | 困难 |
| 屏幕 | 1 | 2 | 3 |
| 报表 | 2 | 5 | 8 |
| 构件 | | | 10 |

### 10.4.4.4　用例点

用例点估算是以用例模型为基础的一种软件规模估算方法，由 Rational 公司提出，该方法在印度 Infosys 公司得到广泛应用。用例点估算由以下五个步骤组成：

（1）分别统计简单、中等和复杂用例数量

根据表 10-7 的定义，分别统计简单用例、一般用例和复杂用例的数量。

表 10-7 用例的复杂度和加权

| 用例类型 | 定义 | 加权 |
|---|---|---|
| 简单用例 | 1~3 个事务 | 5 |
| 一般用例 | 4~7 个事务 | 10 |
| 复杂用例 | 多于 7 个事务 | 15 |

（2）考虑复杂性因子求每类用例数量的加权和 UUCP

根据表 10-7，对简单用例、一般用例和复杂用例的数量进行加权，求和后得到 UUCP。

（3）计算技术复杂性因子 TCF

根据表 10-8，对于每项因素评定 0~5，加权求和得到 TFactor。

技术复杂性因子 TCF=0.6+（0.01×TFactor）。

表 10-8 TCF 因素表

| 序号 | 因素 | 权重 | 序号 | 因素 | 权重 |
|---|---|---|---|---|---|
| 1 | 分布式系统 | 2 | 8 | 可移植 | 2 |
| 2 | 明确的响应或者吞吐量目标 | 1 | 9 | 易于变更 | 1 |
| 3 | 终端用户效率（联机） | 1 | 10 | 并发 | 1 |
| 4 | 复杂的内部处理 | 1 | 11 | 特殊的安全特征 | 1 |
| 5 | 代码必须是可复用的 | 1 | 12 | 提供对第三方的直接访问 | 1 |
| 6 | 易于安装 | 0.5 | 13 | 特殊的用户培训设施 | 1 |
| 7 | 易于使用 | 0.5 | | | |

（4）计算团队能力经验以及环境因子 EF

根据表 10-9，对于每项因素评定 0~5，加权求和得到 EFactor。

团队能力经验及环境因子 EF=1.4 − 0.03×EFactor。

表 10-9 EF 因素表

| 序号 | 因素 | 权重 | 序号 | 因素 | 权重 |
|---|---|---|---|---|---|
| 1 | 熟悉 Internet 过程 | 1.5 | 5 | 积极性 | 1 |
| 2 | 应用经验 | 0.5 | 6 | 稳定的需求 | 2 |
| 3 | 面向对象经验 | 1 | 7 | 兼职工作人员 | −1 |
| 4 | 先导分析人员能力 | 0.5 | 8 | 难以掌握的编程语言 | −1 |

（5）最终计算用例点 UCP= UUCP × TCF × EF

一般为每个用例点分配 20~28 个人时。

### 10.4.4.5　故事点

故事点估算依据用户故事（user story），采用计划扑克牌方法进行软件规模估算。在敏捷开发过程中，软件需求常使用用户故事进行编写。一般由项目组中的 4~8 人一起对一组用户故事进行软件估算，步骤如下：

1）每位估算者各拿一叠扑克牌，牌上有不同的故事点数。

2）项目经理挑选一个用户故事，并简单解释其功能，以供大家讨论。

3）每位估算者按自己的理解来估计完成这个用户故事所需的工作量，从自己手里的牌中选一张合适数字的牌，同时亮牌。

4）估算者各自解释自己选择这个数字的原因，数字最大和最小的人必须发言。

5）根据每位估算者的解释，大家重新估计时间并再次出牌，直到估计值比较平均为止。

建议采用斐波那契数列（1，2，3，5，8，13，21，34，55，89，144）或修正后的斐波那契数列（1，2，3，5，8，13，20，40，100）来进行故事点估算。因为当一个需求的估计值越大，估算结果的误差也越大。我们要避免纠结这个需求到底是 20 个故事点还是 21 个故事点，这是没有意义的。

## 10.4.5　工作量和进度估算

影响工作量和进度的主要因子包括软件规模、开发人员的能力和经验、复用要求、进度要求、可靠性、复杂度、软件工具、需求稳定性、开发类型、编程语言、开发平台等。其中软件规模是第一要素，通常在估算软件规模后，再结合工作量因子和进度因子，通过 Delphi 估算、类比估算或参数估算等方法，估算出项目的工作量和进度。当然，有时也可以不进行规模估算，采用 Delphi 和类比估算等方法，直接根据软件需求来估算工作量和进度。

如果没有项目历史数据或专家经验，以上方法就无法使用，此时建议采用 Steve McConnell 提出的大致估算方法，它比直觉更精确。大致估算把项目分为三种类型：系统软件、商业软件和封装商品软件。这里的系统软件不包括实时嵌入软件、航空电子软件、过程控制软件等，这类系统的生产率更低。大致估算由三个部分组成：可能的最短进度、有效进度和普通进度。

（1）可能的最短进度

就像田径运动一样，软件开发的速度也有极限，它存在一个可能的最短进度，而且不可能突破它。当把进度缩短得比普通进度短时，费用将迅速上涨。务必要保证项目进度计划至少要与可能的最短进度相同。表 10-10 是可能的最短进度，要达到这一进度，须同时满足以下条件：

● 项目团队成员是前 10% 的最拔尖的人才；每个开发人员都有几年使用编程语言和编程环境的开发经验，掌握了应用领域的详细知识；每个人都目标明确，努力工作，与他人和睦相处。

● 具有理想的项目管理，开发人员不必分散精力干一些与技术无关的事，全体成员在项目开始的第一天全部上班工作，一直持续到项目提交为止。

● 具有先进的软件工具，办公环境是理想的，项目组成员位于同一区域内工作。

● 使用最具时效的开发方法和开发工具，在设计工作开始时已经完全了解软件需求，并且软件需求不再改变。

● 尽可能地压缩进度，直到不能再进一步压缩。

**表 10-10  可能的最短进度**

| 系统规模 /LOC | 系统软件 | | 商业软件 | | 封装商品软件 | |
|---|---|---|---|---|---|---|
| | 进度 / 月 | 工作量 / 人月 | 进度 / 月 | 工作量 / 人月 | 进度 / 月 | 工作量 / 人月 |
| 10 000 | 6 | 25 | 3.5 | 5 | 4.2 | 8 |
| 15 000 | 7 | 40 | 4.1 | 8 | 4.9 | 13 |
| 20 000 | 8 | 57 | 4.6 | 11 | 5.6 | 19 |
| 25 000 | 9 | 74 | 5.1 | 15 | 6 | 24 |
| 30 000 | 9 | 110 | 5.5 | 22 | 7 | 37 |
| 35 000 | 10 | 130 | 5.8 | 26 | 7 | 44 |
| 40 000 | 11 | 170 | 6 | 34 | 7 | 57 |
| 45 000 | 11 | 195 | 6 | 39 | 8 | 66 |
| 50 000 | 11 | 230 | 7 | 46 | 8 | 79 |
| 60 000 | 12 | 285 | 7 | 57 | 9 | 98 |
| 70 000 | 13 | 350 | 8 | 71 | 9 | 120 |
| 80 000 | 14 | 410 | 8 | 83 | 10 | 140 |
| 90 000 | 14 | 480 | 9 | 96 | 10 | 170 |
| 100 000 | 15 | 540 | 9 | 110 | 11 | 190 |
| 120 000 | 16 | 680 | 10 | 140 | 11 | 240 |
| 140 000 | 17 | 820 | 10 | 160 | 12 | 280 |
| 160 000 | 18 | 960 | 10 | 190 | 13 | 335 |
| 180 000 | 19 | 1 100 | 11 | 220 | 13 | 390 |
| 200 000 | 20 | 1 250 | 11 | 250 | 14 | 440 |
| 250 000 | 22 | 1 650 | 13 | 330 | 15 | 580 |
| 300 000 | 24 | 2 100 | 14 | 420 | 16 | 725 |
| 400 000 | 27 | 2 900 | 15 | 590 | 19 | 1 000 |
| 500 000 | 30 | 3 900 | 17 | 780 | 20 | 1 400 |

表中没有包含代码行数低于 10 000 的项目的进度，这种规模的项目通常由一个人完成，工作量和进度估算主要依赖个人完成工作的能力，因此提供任何数据对这类小项目

都是毫无意义的，开发人员自己最有资格估算这种项目。

（2）有效进度

可能的最短进度是几乎所有团队都做不到的，最现实的做法是根据有效进度或普通进度来规划项目的进度。要达到表 10-11 的有效进度，应满足以下条件：

- 项目团队成员是前 25% 的优秀人才；每个开发人员都有一年使用编程语言和编程环境的工作经验。

- 团队不算很有凝聚力，但对项目目标有共同的看法，相互间没有严重冲突。

- 项目团队能有效使用编程工具，使用现代编程思想和快速开发实践，能进行主动的风险管理，工作环境优良。

表 10-11 有效进度

| 系统规模 / LOC | 系统软件 | | 商业软件 | | 封装商品软件 | |
|---|---|---|---|---|---|---|
| | 进度 / 月 | 工作量 / 人月 | 进度 / 月 | 工作量 / 人月 | 进度 / 月 | 工作量 / 人月 |
| 10 000 | 8 | 24 | 4.9 | 5 | 5.9 | 8 |
| 15 000 | 10 | 38 | 5.8 | 8 | 7 | 12 |
| 20 000 | 11 | 54 | 7 | 11 | 8 | 18 |
| 25 000 | 12 | 70 | 7 | 14 | 9 | 23 |
| 30 000 | 13 | 97 | 8 | 20 | 9 | 32 |
| 35 000 | 14 | 120 | 8 | 24 | 10 | 39 |
| 40 000 | 15 | 140 | 9 | 30 | 10 | 49 |
| 45 000 | 16 | 170 | 9 | 34 | 11 | 57 |
| 50 000 | 16 | 190 | 10 | 40 | 11 | 67 |
| 60 000 | 18 | 240 | 10 | 49 | 12 | 83 |
| 70 000 | 19 | 290 | 11 | 61 | 13 | 100 |
| 80 000 | 20 | 345 | 12 | 71 | 14 | 120 |
| 90 000 | 21 | 400 | 12 | 82 | 15 | 140 |
| 10 0000 | 22 | 450 | 13 | 93 | 15 | 160 |
| 120 000 | 23 | 560 | 14 | 115 | 16 | 195 |
| 140 000 | 25 | 670 | 15 | 140 | 17 | 235 |
| 160 000 | 26 | 709 | 15 | 160 | 18 | 280 |
| 180 000 | 28 | 910 | 16 | 190 | 19 | 320 |
| 200 000 | 29 | 1 300 | 17 | 210 | 20 | 360 |
| 250 000 | 32 | 1 300 | 19 | 280 | 22 | 470 |
| 300 000 | 34 | 1 650 | 20 | 345 | 24 | 590 |
| 400 000 | 38 | 2 350 | 22 | 490 | 27 | 830 |
| 500 000 | 42 | 3 100 | 25 | 640 | 29 | 1 100 |

比较表 10-10 和表 10-11 会发现：尽管最短进度使用了最乐观的假定，相同代码行的项目，其有效进度比可能的最短进度在工作量上反而更少。这个结果正是因为最短进度是尽可能地压缩进度，而压缩是要付出代价的。

（3）普通进度

普通进度是一般项目使用的。大多数项目是普通的，应该使用普通进度，而不是有效进度或者最短进度。要达到表 10-12 的普通进度，应满足以下条件：

- 项目团队成员是中等以上的人才；开发人员熟悉编程语言和编程环境；团队平均起来在应用领域方面还是有经验的。

- 团队不算很有凝聚力，但在解决冲突上有一定经验。每年存在 10%~12% 的人员调整。

- 在一定程度上使用先进的编程工具和现代编程思想，使用一些快速开发准则，风险不会像理想情况那样管理得力。办公环境有些不理想，但足够了。

表 10-12　普通进度

| 系统规模 /<br>LOC | 系统软件 | | 商业软件 | | 封装商品软件 | |
| --- | --- | --- | --- | --- | --- | --- |
| | 进度 / 月 | 工作量 / 人月 | 进度 / 月 | 工作量 / 人月 | 进度 / 月 | 工作量 / 人月 |
| 10 000 | 10 | 48 | 6 | 9 | 7 | 15 |
| 15 000 | 12 | 76 | 7 | 15 | 8 | 24 |
| 20 000 | 14 | 110 | 8 | 21 | 9 | 34 |
| 25 000 | 15 | 140 | 9 | 27 | 10 | 44 |
| 30 000 | 16 | 185 | 9 | 37 | 11 | 59 |
| 35 000 | 17 | 220 | 10 | 44 | 12 | 71 |
| 40 000 | 18 | 270 | 10 | 54 | 13 | 88 |
| 45 000 | 19 | 310 | 11 | 61 | 13 | 100 |
| 50 000 | 20 | 360 | 11 | 71 | 14 | 115 |
| 60 000 | 21 | 440 | 12 | 88 | 15 | 145 |
| 70 000 | 23 | 540 | 13 | 105 | 16 | 175 |
| 80 000 | 24 | 630 | 14 | 125 | 17 | 210 |
| 90 000 | 25 | 730 | 15 | 140 | 17 | 240 |
| 100 000 | 26 | 820 | 15 | 160 | 18 | 270 |
| 120 000 | 28 | 1 000 | 16 | 200 | 20 | 335 |
| 140 000 | 30 | 1 200 | 17 | 240 | 21 | 400 |
| 160 000 | 32 | 1 400 | 18 | 280 | 22 | 470 |
| 180 000 | 34 | 1 600 | 19 | 330 | 23 | 540 |

（续）

| 系统规模 / LOC | 系统软件 | | 商业软件 | | 封装商品软件 | |
|---|---|---|---|---|---|---|
| | 进度 / 月 | 工作量 / 人月 | 进度 / 月 | 工作量 / 人月 | 进度 / 月 | 工作量 / 人月 |
| 200 000 | 35 | 1 900 | 20 | 370 | 24 | 610 |
| 250 000 | 38 | 2 400 | 22 | 480 | 26 | 800 |
| 300 000 | 41 | 3 000 | 24 | 600 | 29 | 1 000 |
| 400 000 | 47 | 4 200 | 27 | 840 | 32 | 1 400 |
| 500 000 | 51 | 5 500 | 29 | 1 100 | 35 | 1 800 |

普通进度没有有效进度那样快，但不会是最差情况的进度。对于一个一般项目，如果项目组很多事都做得正确，那么达到普通进度有 50% 的把握。

若按照普通进度估算，4S 系统属商业软件，规模估算值为 29 633 行，则进度估算值约为 9 个月，工作量约为 37 人月。

## 10.5　进度安排

在为软件项目定义了合适的软件过程，估算了工作量和进度后，接下来要做的事情就是项目的进度安排，为项目的每个活动和任务安排起止时间。

### 10.5.1　关键路径法

复杂的项目要求执行一系列的活动，其中有些活动必须顺序执行，其他一些活动则可以与别的活动并行执行。关键路径法（Critical Path Method，CPM）通过网络图来显示这些顺序和并行活动，以及它们的执行顺序和进度安排。它可用于确定影响项目进度的关键活动路径，预测项目完成的时间。CPM 在 1957 年由杜邦公司提出，杜邦公司将之应用于设备维修，使维修停工时间由 125 h 成功锐减到 7 h。随后 CPM 逐渐在各个国家推广，并成为项目管理的常规技术之一。CPM 实施包括以下三个步骤。

（1）画网络图

CPM 最早用的是 AON（Activity on the Node）网络，如图 10-5 所示。在 AON 网络中，活动作为网络的节点，事件标志活动的开始或结束，在图上作为弧 / 线连接两个节点。CPM 也可以采用 AOA（Activity on Arrow）网络，这两种网络图在语义上是完全等价的，可相互转换。

（2）识别关键路径

关键路径是通过网络的最长路径，其重要性在于该路径上任一活动的推迟必然会导致整个项目的推迟，所以关键路径分析是项目计划的一个重要方面。图 10-6 中出现的 4

个活动——细化需求、架构分析和设计、架构编码和架构测试，形成了 4S 系统第二个迭代的关键路径。按关键路径顺推，可以得到网络图中每个活动的最早开始时间和最早结束时间；逆推则可以得到每个活动的最晚开始时间和最晚结束时间。

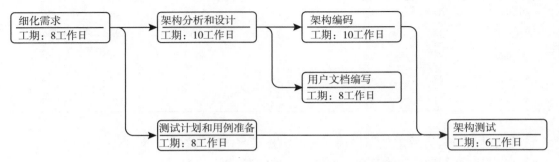

图 10-5    4S 系统第二个迭代的 AON 网络图

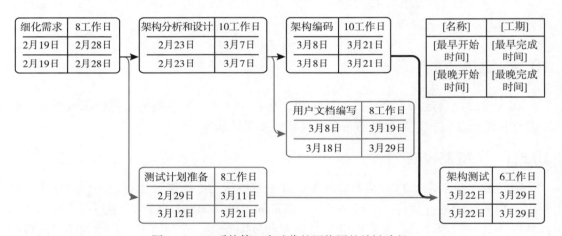

图 10-6    4S 系统第二个迭代的网络图的关键路径

一个活动的时差（slack，亦称机动时间），是其最早和最晚开始时间之间（或其最早和最晚结束时间之间）的时间。时差是一个活动可以从其最早开始时间（或最晚结束时间）往后推迟而不致影响项目完成的时间量。关键路径上的每个活动的时差均为零。为了加速一个项目，就必须设法减少关键路径上的活动所需要的总时间。

（3）随项目进展而修改 CPM 图

随着项目的进展，将知道实际的任务完成时间，因此，可以根据这些信息修改网络图。可能出现一个新的关键路径，同时，如果项目要求变更，可能要对网络做出一些结构上的修改。

## 10.5.2　进度计划

进度计划是项目计划的一个重要组成部分，它至少要包括每项活动的计划开始日期与计划完成日期。项目进度计划可以是概括的（有时称为里程碑进度计划）或详细的。虽然项目进度计划可用列表形式（见表 10-13），但图形方式更常见。使用最多的进度图为 Gantt 图（如图 10-7 所示）和项目进度网络图（如图 10-6 所示）。

表 10-13　4S 系统的项目进度计划表（部分）

| 任务名称 | 工期 | 开始时间 | 完成时间 | 前置任务 |
|---|---|---|---|---|
| ⊕ **1 先启阶段** | **34 个工作日** | **1月2日** | **2月16日** | |
| ⊖ **2 精化阶段** | **30 个工作日** | **2月19日** | **3月29日** | |
| 　2.1 细化需求，撰写《需求规约》并评审 | 8 个工作日 | 2月19日 | 2月28日 | 6 |
| 　2.2 架构分析和设计，撰写《软件架构文档》并评审 | 10 个工作日 | 2月23日 | 3月7日 | 8FS–4 个工作日 |
| 　2.3 架构编码 | 10 个工作日 | 3月8日 | 3月21日 | 9 |
| 　2.4 用户文档编写 | 8 个工作日 | 3月8日 | 3月19日 | 9 |
| 　2.5 测试计划准备 | 8 个工作日 | 2月29日 | 3月11日 | 8 |
| 　2.6 架构测试 | 6 个工作日 | 3月22日 | 3月29日 | 12,10 |
| ⊕ **3 构建阶段 (R1 Beta)** | **34 个工作日** | **4月1日** | **5月16日** | |
| ⊖ **4 产品化阶段** | **75 个工作日** | **5月17日** | **8月29日** | |
| 　⊕ **4.1 产品化迭代 1(R1)** | **20 个工作日** | **5月17日** | **6月13日** | |
| 　⊕ **4.2 产品化迭代 2(R2 Beta)** | **34 个工作日** | **6月14日** | **7月31日** | |
| 　⊕ **4.3 产品化迭代 3(R2)** | **21 个工作日** | **8月1日** | **8月29日** | |

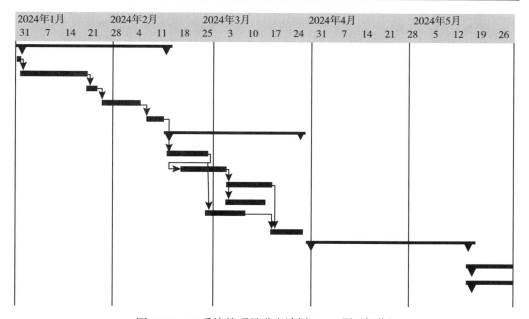

图 10-7　4S 系统的项目进度计划 Gantt 图（部分）

### 10.5.3　战胜进度压力

进度压力是软件项目的通病。理想与事实存在差距，理想情况下，项目组希望按估算方法科学地进行估算，但事实上，上司、客户、市场人员可能按照主观或客观意愿迫使项目组压缩计划进度。据相关调查，半数左右的项目在需求调查与分析完成之前便制订了进度计划，并且不留出足够的备用时间。有的时候，进度压力也可能是由于开发人员自己乐观估算造成的。如果不能正确地面对项目交付期限的巨大压力，就会导致恶性循环：由于进度压力而减少了需求和设计的前期投入，牺牲了质量，从而引入很多错误；为了修复错误不得不大量返工，从而更加偏离计划，于是有了更大的进度压力。本小节将讨论战胜进度压力的方法，并介绍 PMBOK 推荐的两种进度压缩技术：赶工和快速跟进。

#### 10.5.3.1　有效应对方法

如何才能面对项目交付期限的巨大压力？针对软件项目的特点，我们总结出以下几种有效的应对方法：

1）赶工（crashing），通过加班和增加资源来加快进度；

2）并行开发，即快速跟进（fast tracking）；

3）基于风险的迭代开发，优先级高的需求先实现。当无法达到计划进度时，宁可少做优先级低的功能，也绝不牺牲质量；

4）设计合适的项目软件过程，如敏捷过程，提高团队的开发效率；

5）通过培训和实战，持续提高开发人员个体的开发质量和效率；

6）采用软件开发、测试、运维和项目管理工具，构建工具链；

7）进行软件复用、购买和分包；

8）做好充分的需求分析和设计，保证用户充分介入，避免大量返工；

9）与项目干系人进行有原则的谈判，建立现实的项目进度目标。

#### 10.5.3.2　赶工

赶工是指通过权衡成本与进度，确定如何以最小的成本来最大限度地压缩进度，例如，安排加班、增加额外资源或支付额外费用，从而加快关键路径上的活动。

但是，在软件项目中，增加开发人员常常并不能加快进度，特别是在项目后期。曾担任 IBM 公司操作系统项目经理的 F. Brooks 从大量的软件开发实践中得出了 Brooks 定律："向一个已经拖延的项目追加开发人员，可能使它完成得更晚"。当新的开发人员加入项目组之后，原有的开发人员必须向新来的成员详细讲解某个活动或工作包的来龙去脉，这使原本就紧张的人力更加紧张。当新来者能真正发挥作用时，项目可能已到收尾阶段。另外，当开发人员增多时，人员之间的通信将以几何级数增长，从而也可能导致"得不偿失"的结果。

那么加班是否能加快进度呢？微软的资深专家 Steve Maguire 在大量调查后发现：如果每周要求项目组成员加班过多，他们会在工作时间料理个人私事，例如吃饭、锻炼、外出、付账单、读计算机杂志等，换句话说，如果每天仅工作 8 h 的话，他们就能够在业余时间里做这些事情。那些一天在办公室工作 12 h 的员工，实际工作时间很少有超过 8 h 的。尽管有少量能自我激励的开发人员会工作得更多。

不论要求加班的压力是来自内部还是外部，过分加班或者过分的进度压力都会导致以下问题：增加缺陷的数量；容易诱发思想不集中的危机；降低创造性；减少了自我教育和组织改进的时间；降低了生产率，影响了进度；降低了响应需要紧急加班的应变能力。

Steve McConnell 的研究结论是：过多的超时工作和进度压力会影响开发进度，但是少量的加班能增加每周完成的工作量，并且提高团队成员的积极性。一周 4~8 h 的额外工作时间能增加 10%~20% 的产出，甚至更多。在加班时，必须采用开发人员自愿加班的方法而不是领导者强迫的方法，并且激励开发人员的积极性，如成就感、成长的机会、工作本身的意义、个人生活受到尊重和技术领导的机会等，使喜欢工作的开发人员自愿增加工作时间。

### 10.5.3.3　快速跟进

快速跟进是指把正常情况下按顺序执行的活动或阶段并行执行，例如，在软件设计全部完成前就开始编码。快速跟进可能造成返工和风险增加。

在软件迭代开发过程中，就允许（或鼓励）一个迭代内部的计划、需求、设计、实现、测试等活动部分并行，从而加快开发速度。那么，多个迭代能否并行或重叠呢？IBM 专家 Anthony Crain 针对 UP 的迭代设计提出了两条简单规则：

- 由于风险太高，软件太不稳定且因此更可能导致废弃和重做，所以在先启阶段和精化阶段不接受迭代重叠，而只在构建阶段允许。
- 在构建阶段，只允许项目团队提前一个迭代工作。

## 10.6　项目监控和挣值管理

为确保项目的顺利开展并最终达到预期目标，应对项目的实施进行监督和控制。其中挣值管理是项目监控的重要技术之一。

### 10.6.1　项目监控

在项目实施过程中，应根据项目计划对项目进行监控，跟踪、审查和调整项目进展与绩效，识别和执行必要的变更。监控的内容主要包括项目的进度、成本、成果及其质量、资源，以及风险等，监控的步骤包括：

1）收集项目绩效数据。建议从项目管理工具、需求管理工具、版本控制系统、缺陷跟踪工具、运行监控工具等自动收集项目绩效数据，也可以从项目进展汇报中提取信息，经解析与融合后，进行统一存储。

2）分析项目绩效。采用偏差分析、趋势预测、度量和挣值管理等技术对收集到的项目数据进行分析，定期或不定期发布项目的状态报告。其中偏差分析按项目计划对比实际进展，识别出显著偏差，并分析原因；趋势预测根据当前的进展来预测项目后续阶段或完成时的进度、成本和质量；度量采用量化手段对项目中重要的指标进行分析和可视化展示；挣值管理综合考虑项目范围、成本与进度，评估与测量项目绩效。

3）识别和执行变更。根据项目绩效分析结果，找到问题和改进契机，研究对策，制定改进措施，实施变更。例如，变更项目计划，重新分配资源，重新评估风险，加强软件测试，引入新的技术等。

在项目监控过程中，需要充分沟通和协调各方面的利益关系，包括客户、团队成员、利益相关方等。沟通和协调可以减少冲突和误解，促进项目的顺利实施。

## 10.6.2　挣值管理

挣值管理（Earned Value Management，EVM）是一种常用的项目绩效分析方法，它起源于美国国防部 1967 年推出的"项目成本 / 工期控制系统规范"，随后作为项目跟踪的主要手段逐步获得广泛的应用。EVM 的价值在于将项目的进度和成本综合度量，从而准确描述项目的进展状态。它的另一个显著优点是可以预测项目可能发生的工期滞后量和成本超支量，从而及时采取纠正措施，为项目控制提供有效手段。

### 10.6.2.1　三个基本参数

EVM 主要通过三个基本参数来表示项目的实施状态，并以此预测项目可能的完工时间和完工时的可能费用。三个基本参数介绍如下。

1）计划值（Plan Value，PV），又称计划工作的预算成本（Budgeted Cost for Work Scheduled，BCWS），是指项目实施过程中某阶段计划要求完成的工作所需的预算工时或费用。PV 主要反映进度计划应当完成的工作量，而不是反映应消耗的工时或费用。项目的总 PV 值又被称为完工预算（Budget at Completion，BAC）。

2）实际成本（Actual Cost，AC），又称已完成工作的实际成本（Actual Cost for Work Performed，ACWP），指项目实施过程中某阶段实际完成的工作所消耗的工时或费用。它主要反映项目执行的实际消耗。

3）挣值（Earned Value，EV），又称已完成工作的预算成本（Budgeted Cost for Work Performed，BCWP），指项目实施过程中某阶段实际完成工作的预算工时或费用。

对 PV、EV 和 AC 等参数，既可以分阶段（通常以周或月为单位）进行监测和报告，也可以针对累计值进行监测和报告。图 10-8 示例了以 S 曲线展示某个项目的 EV 数据，该项目预算超支且进度落后。

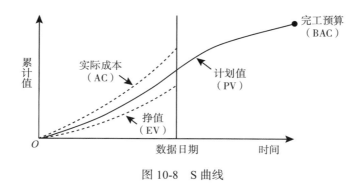

图 10-8 S 曲线

#### 10.6.2.2 四个评价指标

基于上述三个基本参数，EVM 可以计算出项目的如下四个评价指标。

1）进度偏差（Schedule Variance，SV），指 EV 和 PV 之间的差异：

$$SV = EV - PV$$

当 SV 为正值时，表示进度提前；当 SV 等于零时，表示实际与计划相符；当 SV 为负值时，表示进度延误。

2）成本偏差（Cost Variance，CV），指 EV 和 AC 之间的差异：

$$CV = EV - AC$$

当 CV 为正值时，表示实际消耗的人工或费用低于预算值，即有结余或效率高；当 CV 等于零时，表示实际成本等于预算值；当 CV 为负值时，表示实际成本超出预算值。

3）成本绩效指标（Cost Performed Index，CPI），指预算成本与实际成本之比：

$$CPI = EV / AC$$

当 CPI>1 时，表示实际成本低于预算成本；当 CPI=1 时，表示实际成本与预算成本吻合；当 CPI<1 时，表示实际成本超出预算成本；

4）进度绩效指标（Schedule Performed Index，SPI），指项目挣值与计划值之比：

$$SPI = EV / PV$$

当 SPI>1 时，表示进度超前；当 SPI=1 时，表示实际进度与计划进度相同；当 SPI<1 时，表示进度延误。

#### EVM 案例

一个小型软件项目需要完成 4 个任务：A、B、C 和 D，计算用 10 天完成，预算总成本为 6 800 元。项目启动后的第 8 天一早，项目经理获得如表 10-14 所示的实际项目数据，现按此计算项目绩效和进展。

表 10-14 EVM 案例的项目数据

| 任务 | 成本预算 | 进度安排 | 实际完成 | 计划成本 | 实际花费 |
|------|----------|----------|----------|----------|----------|
| A | 1 700 | 第 1 天~第 2 天 | 是 | | |
| B | 1 300 | 第 3 天~第 4 天 | 否 | 1 700+1 300+2 000=5 000 | 4 000 |
| C | 2 000 | 第 5 天~第 7 天 | 否 | | |
| D | 1 800 | 第 8 天~第 10 天 | 是 | | |

计划值 PV=1 700+1 300+2 000=5 000

挣值 EV=1 700+1 800=3 500

实际成本 AC=4 000

成本偏差 CV=EV − AC=−500

进度偏差 SV=EV − PV=−1 500

成本绩效指数 CPI=EV/AC=0.875

进度绩效指数 SPI=EV/PV=0.7

CPI 和 SPI 都小于 1，表明该项目成本超出预算，进度延误，需要马上采取措施进行改进。

### 10.6.2.3 两个预测变量

EVM 还可以预测项目可能发生的工期滞后量和成本超支量。两个预测变量介绍如下。

1）完工尚需估算（Estimate To Completion，ETC），指完成项目预计还需要的费用。预测 ETC 最常用的 3 种方法如下。

• 假设将按预算完成 ETC 工作。这种方法承认以实际成本表示的累计实际项目绩效，并预计未来的全部 ETC 工作都将按预算完成。如果目前的实际绩效不好，则只有在进行项目风险分析并取得有力证据后，才能做出"未来绩效将会改进"的假设。计算公式为：

$$ETC=BAC − EV$$

• 假设以当前 CPI 完成 ETC 工作。这种方法假设项目将按截至目前的情况继续进行，即 ETC 工作将按项目截至目前的累计成本绩效指数（CPI）实施。计算公式为：

$$ETC=BAC / 累计 CPI − AC$$

• 假设 SPI 与 CPI 将同时影响 ETC 工作。在这种预测中，需要计算一个由 SPI 与

CPI 综合决定的效率指标，并假设 ETC 工作将按该效率指标完成。它假设项目截至目前的成本绩效不好，而且项目必须实现某个强制的进度要求。计算公式为：

$$ETC = (BAC - EV) / (累计\ CPI \times 累计\ SPI)$$

使用这种方法时，还可以根据项目经理的判断，分别给 CPI 和 SPI 赋予不同的权重，如 80/20、50/50，或其他比例。如果项目进度对 ETC 有重要影响，这种方法最有效。

2）完工估算（Estimate At Completion，EAC），指规定的工作范围完成时项目的预计总成本。常用的计算公式为：

$$EAC = AC + ETC$$

如果预测的 EAC 值不在可接受范围内，就是对项目管理团队的预警信号。

## 思考题

1. 简述项目、项目管理和项目干系人的概念。
2. 请列出 PMBOK 的十二大原则和八大绩效域。
3. 软件项目规划包含哪几个关键活动？
4. 哪些因素影响软件估算的准确性？软件估算的原则有哪些？
5. 简述 Delphi 估算、类比估算和参数估算这三种常用的估算方法。
6. 分析软件规模估算的 LOC 和 FP 两种技术的优缺点。
7. 如何采用关键路径法进行进度安排？请简述之。
8. 加班是否能加快进度？并说明原因。
9. 项目组正在开发一个软件，计划第一周完成 10 个功能点，花费 1 万元。实际的执行情况是，第一周完成了 8 个功能点，花费 9000 元。按挣值管理技术计算 EV、CV、SV、CPI 和 SPI。

# 第 11 章

# 软件质量管理

❏ 什么是软件产品质量模型和使用质量模型？它们由哪些特性组成？
❏ 如何进行项目级和组织级的软件质量管理？
❏ 软件质量管理的静态技术和动态技术分别有哪些？

　　随着软件在各行各业的日益推广应用，其产品和服务直接关系到国计民生，不合格的软件甚至可能危及生命或造成重大财产损失，软件质量因此显得更为重要。本章从软件质量的概念和模型出发，从组织和项目两个级别讨论软件质量管理的核心活动，其中组织级软件质量管理关注组织质量管理体系的建立、运行、评估和改进；项目级软件质量管理关注项目的质量策划、验证和确认以及质量评价。这些质量管理活动都需要使用软件质量管理技术，常用的技术包括测试、评审、代码静态分析、模拟、审核等。

## 11.1　软件质量管理概述

### 11.1.1　软件质量的概念和模型

　　根据 IEEE 的定义，软件质量是与既定需求符合的程度，是软件产品在特定条件下满足明确的和隐含的需求的能力 ⊖。软件开发的目的是向干系人提供最大的价值，而这个价值由需求来表达，因此判定软件是否达到预期质量的依据是需求。在软件需求规约中，规定了软件的质量属性，包括功能、性能、可靠性、易用性、兼容性、安全性和可维护性等。

---

⊖　参见 IEEE 730 Standard for Software Quality Assurance Processes。

ISO/IEC 25010《系统和软件质量模型》<sup>⊖</sup> 定义了系统和软件的产品质量模型与使用质量模型的标准。质量模型由软件质量属性（即特性）及子特性组成。其中，产品质量模型将系统与软件的产品质量属性分为八大特性：功能的适用性、性能效率、兼容性、易用性、可靠性、安全性、可维护性和可移植性。每个特性由一组相关的子特性组成，如图 11-1 所示。

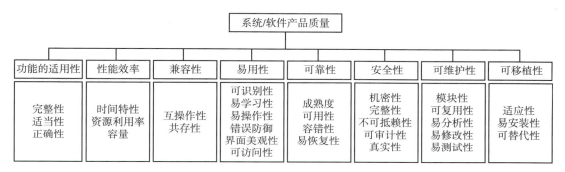

图 11-1　产品质量模型

在实际开发中根据项目的特点和要求，软件产品质量的重点会有所不同。例如对航空航天领域的软件系统来说，可靠性是至关重要的；对 4S 系统这类商业领域的软件系统来说，可维护性是关键问题；而对实时软件系统来说，响应时间显得尤为重要。

使用质量是指软件产品用于指定的环境和使用环境时的质量。它测量软件产品在特定环境中能达到用户目标的程度，而不是测量软件自身的属性。软件的使用质量模型包括软件的有效性、效率、满意度、低风险和周境覆盖等五个特性，每个特性又分为若干个子特性，如图 11-2 所示。为了说明或测量使用质量，必须明确使用条件中的各个部分：用户、用户目标及使用环境。

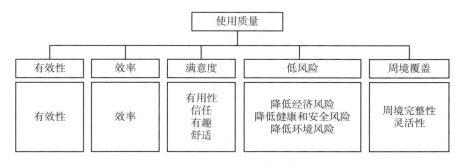

图 11-2　使用质量模型

⊖　参见 https://www.iso.org/standard/35733.html。

### 11.1.2    软件质量的价值和成本

我们经常在各种书籍或期刊上看到这样的一句话：质量是免费的（Quality is free）。然而，当一个质量目标被提出或被要求时，所有管理者都会问到同一个问题："它的成本将是什么？"仿佛所有人都声称质量是无成本的，但没有人相信软件质量不需要成本。事实上，质量是一项投资，而不是成本项。在软件质量上的投入将产生预期的回报，将减少由于质量问题带来的损失。当质量投入小于由此的获利时，利润将是正值。

20 世纪 50 年代初，美国质量管理专家费根堡姆把产品质量预防和鉴定活动的费用与产品不合格所造成的损失一起考虑，首次提出了质量成本的概念。所谓质量成本，是指为确保和保证满意的质量而导致的费用以及没有获得满意的质量而导致的有形的和无形的损失。它由三方面的成本组成——预防成本、评价成本、故障（内部故障和外部故障）成本，即 PAF 模型，如表 11-1 所示。其中预防成本和评价成本合称为一致性成本，故障成本又称为非一致性成本。

表 11-1    软件质量成本

| 分类 | 质量成本 | 典型成分 |
| --- | --- | --- |
| 一致性成本 | 预防成本 | 质量管理体系建立和维持、软件过程改进、培训、工具、供应商评价等 |
| | 评价成本 | 测试、评审、审核等 |
| 非一致性成本 | 内部故障成本 | 重新设计、工期延期、Bug 修复、返工、回归测试、纠错、资源闲置等 |
| | 外部故障成本 | 客户投诉处理、故障处理、处罚及赔偿、市场影响、销售影响等 |

在质量成本中，非一致性成本常常占了大部分，而其中外部故障成本一般都要高于内部故障成本。因此，增加一致性成本，可以提高质量，降低非一致性成本，特别是外部故障成本，能有效地减少总的质量成本。但是，当一致性成本增加到一定程度后，其边际收益会越来越低。所以非一致性成本曲线和一致性成本曲线存在一个交点，那是一个最佳点，即总质量成本最低。这就是质量成本特性曲线基本模型，如图 11-3 所示。

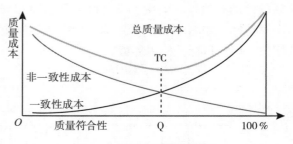

图 11-3    质量成本特性曲线

### 11.1.3    软件可信性和完整性级别

当前软件已普遍运用于航空航天、武器装备、交通、核能等安全关键领域。软件的大量应用使系统性能有了很大飞跃，有效提高了整体系统的精确性、灵活性和快速反应能力。以航空为例，在目前的第三代和第四代飞机中，机载软件已经成为飞行控制、通信导航、火力控制以及维修保障的核心。这些软件如果发生故障将带来灾难性的影响，甚至造成人员伤亡，因此被称为安全攸关软件（safety-critical software）。这对软件质量提出了更高的要求，我们需要采用行业标准（例如 DO-178C 和 EN 50128）以及新的工具和技术来开发安全攸关软件，以提高软件的可用性、可靠性和可维护性，降低软件故障风险。

（1）软件可信性

在系统故障可能产生严重后果的情况下，除了基本的软件功能外，整体可信（例如，硬件、软件以及人员或操作的可信）是主要的质量要求。软件可信性是以下几个质量特征的综合：可用性、可靠性、可维护性和可支持性，以及风险和安全性。在开发可信软件时，我们应采用相应的工具和技术来降低将故障注入产品的风险，并使用各种静态和动态的软件质量管理技术进行验证和确认（V&V），在软件生命周期中尽早识别影响可信性的缺陷。此外，还可能需在软件中加入特定的机制，使其在运行过程中能抵制外部攻击，以及容错（例如降级运行）。

（2）软件完整性级别

针对安全攸关软件，我们通常按行业标准设置不同的完整性级别（integrity level）进行质量管理。所谓完整性级别，是"代表项目特征（例如，复杂性、关键性、风险、安全级别、所需性能和可靠性）的值，这些特征定义了系统、软件或硬件对用户的重要性"。用于确定软件完整性级别的特征因系统的预期应用和用途而异。软件是系统的一部分，因此软件完整性级别通常是在系统安全性评估过程中根据软件所承担系统功能的失效条件的类别以及系统体系结构来确定的，并可随着软件开发而更改。系统或软件的设计、编码，以及所实现的技术特性可能会提高或降低指定的软件完整性级别。不同的完整性级别所必需的软件质量管理活动和所产生的制品各不相同，级别越高则要求更严。

以航空软件为例，DO-178C 定义了 A、B、C、D、E 五个软件级别，见表 11-2。其中 A 级软件为最高级别，所有开发过程活动均需要实施；而 B 级软件不要求开展 MC/DC 的结构覆盖率分析活动，也不要求进行源代码与目标代码的追踪分析。

表 11-2  软件完整性级别

| 级别 | 失效状态 | 说明 |
| --- | --- | --- |
| A 级 | 灾难性的 | 软件的失效或故障可能导致灾难性事故发生 |
| B 级 | 危害性的 | 软件的失效或故障可能导致危险性事故发生 |
| C 级 | 严重的 | 软件的失效或故障不会导致人身安全问题，但会对机组造成较大影响 |
| D 级 | 不严重的 | 对飞行安全的影响已降低到较小的程度 |
| E 级 | 没有影响的 | 无安全影响 |

### 11.1.4    软件质量管理的活动

软件质量管理是对软件过程和软件产品的质量进行控制和保证的过程，以向客户提供满意的产品和服务。和其他产品相比，软件的质量管理更具挑战性。软件是一个复杂的、抽象的逻辑实体，非常难于把握和控制。因此，我们无法在软件领域直接使用以制造业的生产过程为中心的质量管理方法。近年来，随着软件规模的增大、复杂性的增加、开发人员的增多，软件的质量管理变得越来越难。

如何才能做好软件质量管理？我们参考 ISO 12207、SWEBOK、SQuBOK、ISO 9000、和 CMMI，从组织和项目两个级别上开展软件质量管理，如图 11-4 所示。其中组织级软件质量管理关注组织质量管理体系的建立、运行、评估和改进；项目级软件质量管理关注项目的质量策划、验证和确认，以及质量评价。它们共性的质量管理技术包括测试、评审、静态分析、度量、审核、形式化验证、监控、模拟、模型检查、符号执行、可靠性预测等。

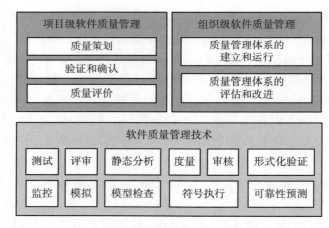

图 11-4    软件质量管理的活动和技术

以下各节将从项目级软件质量管理、组织级软件质量管理，以及软件质量管理技术三方面展开讨论。

## 11.2    项目级软件质量管理

项目级软件质量管理是指软件开发项目中的软件质量管理活动，主要包括质量策划、验证和确认（即软件质量控制），以及质量评价（即软件质量保证）。

## 11.2.1　质量策划

为了使项目的软件质量保证和控制活动有序展开，达到项目预定的质量目标，必须制订质量计划，确保相关的资源，并在软件开发全过程中管理软件质量。软件质量计划，又称软件质量保证计划，是软件项目计划的一个重要组成部分。

进行项目的质量策划，首先应确定项目的质量目标，明确项目的工作产品（包括中间产品和最终产品）的质量要求，分析可能影响产品质量的技术要点，并找出能够满足质量目标和质量要求的过程与方法。软件质量计划是质量策划的结果，其核心内容如下面的模板所示。另外，还建议设立一个质量基准，与业界的平均水平或其他组织进行比较。

**软件质量计划模板**

1　**引言（略）**

　　1.1　目的

　　1.2　项目概述

　　1.3　术语和定义

　　1.4　参考文献

2　**质量目标**

　　描述本项目的量化质量目标。

3　**标准、条例和约定**

　　列出软件开发过程中要用到的标准、条例和约定，并列出监督和保证执行的措施。

4　**验证与确认**

　　编制本项目的验证与确认的规程、所采取的技术（包括测试、评审等），以及通过与否的技术准则。

5　**质量评价**

　　编制本项目的产品质量和过程质量的评价方法及活动。

6　**外包质量管理**

　　规定对软件外包进行控制的规程，从而保证购买的、委托开发的软件或软件构件能满足规定的要求。

7　**资源**

　　描述项目质量管理活动所需的各种资源，包括人力资源、培训、工具、设备、设施等。

8　**日程表**

　　列出项目质量管理活动的日程表和分工，并确保与项目开发计划保持一致。

### 9 工具、技术和方法

指明用以支持本项目的质量控制和质量保证的工具、技术和方法，描述它们的用途。

### 10 记录的收集、维护和保存

指明需要保存的软件质量管理活动的记录，指出用于汇总、保护和维护这些记录的方法和设施。

附录和附表

例如，4S 项目组按照上面的模板，以系统测试的缺陷率低于 3/KLOC 为质量目标，采用需求评审、设计评审、计划评审、测试用例评审、代码评审和静态分析、单元测试、集成测试、系统测试等质量管理活动，进行进度安排和人员分配，制订了项目的软件质量计划。

## 11.2.2 验证和确认

验证和确认（Verification & Validation，V&V）是用以分析、评价、测试系统和软件的质量控制过程。验证和确认各有侧重点。验证是对系统或单元进行评价的过程，以确定一个给定的开发阶段的产品是否满足在此阶段开始时所给定的条件，即评价"我们是否正确地完成了产品"。确认是在软件开发过程中或结束时评价系统或单元的过程，以确定它是否满足给定的需求，即评价"我们是否完成了正确的产品"。当 V&V 由独立的第三方来完成时，就是 IV&V（独立的验证和确认）。

V&V 可采用评审、测试、静态分析、形式化验证、模拟和可靠性增长模型等软件质量管理技术对软件产品、服务、模型、文档和代码等实体进行检测，评价相关检测数据，分析和判定该实体满足特定需求的程度。

### 11.2.2.1 验证

验证用以保证软件开发的工作产品反映了其相关的需求。一个项目或采用的某项目技术是否需要进行验证，以及是否需要第三方独立的验证工作，应根据项目需求的关键性和技术风险来决定。需考虑的关键因素如下：

1）在一个系统或软件要求中，存在引起死亡、人身伤害、任务失败、经济损失或灾难性的设备损坏等未被发现的错误的可能性。例如，系统的容灾措施是否符合目标的要求，一旦任务失败可能引发亿元量级财务损失的风险，则需要验证方案的可行性。

2）所用软件技术的成熟度，以及应用这种技术的风险。例如，4S 系统的需求规定完成事务交易的响应时间小于 5s，而采用的软件架构和数据库设计是否能达到此项要求，软件架构师没有把握，存在技术风险，需要技术验证。

3）可获得的经费和资源。验证需要相应的资源和产生费用，验证的程度应与项目的规模相匹配。

如果一个项目需要做验证工作，应在验证范围、重要性、复杂性和关键性分析的基础上，确定需要验证的任务、软件产品、资源、职责和进度安排，制订验证计划并形成文件。这份文件可以是独立的验证计划，也可以包含在质量计划中。根据项目需求，验证工作可由软件开发和提供方、软件使用方或委托方、独立的第三方进行实施。验证时发现的问题和不符合项都应得到妥善解决。

软件开发过程中常见的验证任务包括：

1）需求验证。按照以下准则验证系统需求和软件需求：系统需求是前后一致的、可行的、可测试的；系统需求已恰当地分配给系统中的硬件项、软件项和人工操作；软件需求是前后一致的、可行的、可测试的，并准确地反映系统的需求；通过适当严格的方法表明涉及安全、保密和关键性的软件需求是正确的。

2）设计验证。按照以下准则验证软件架构设计和详细设计：设计是正确的，与需求一致并可追踪到需求；设计实现了正确的事件顺序、输入、输出、接口、逻辑流、出错处理等；可从需求导出选定的设计；通过适当严格的方法表明设计正确地实现了安全性、保密性和其他关键性的需求。

3）代码验证。按照以下准则验证代码：代码可追踪到设计和需求，是可测试的、正确的，并符合需求和编程规范；代码实现了正确的事件顺序、前后一致的接口、正确的数据和控制流、出错处理等；可从设计导出选定的代码；通过适当严格的方法表明代码正确地实现了安全性、保密性和其他关键性的需求。

4）集成验证。按照以下准则验证集成：每个软件项的软件构件和软件单元已完整、正确地集成到软件项中；系统的硬件、软件、人工操作已完整、正确地集成到系统中；已根据集成计划完成集成任务。

5）文档验证。按照以下准则验证文档：文档是足够的、一致的、完整的；文档的准备是及时的；文档的版本管理符合相关的规程。

验证可采用的方法有评审、测试、静态分析、形式化证明、模拟、符号执行等。例如 4S 项目采用评审、测试、静态分析方法，进行了需求、设计、代码、集成和文档的验证。

#### 11.2.2.2 确认

确认用以确定软件工作产品的预期使用需求是否已被满足。和验证不同，确认是为了证明最终提交的软件成果正是客户所需要的。通常情况下，一个项目完成后必须进行确认，确认的程度由项目的规模、复杂性和用户业务的关键性决定。对一个项目进行确认工作，应建立系统或软件产品的确认计划，确定需要确认的软件项，定义确认任务，选择执行的方法、技术和工具，安排资源、职责和进度，并形成文件。这份文件可以是独立的确认计划，也可以包含在质量计划中。确认时发现的问题和不符合项都应得到妥善解决。

确认的方法主要是测试，除此之外，还有分析和模拟等。确认测试的目的是验证软件的功能和非功能特性与用户要求的一致性。它一般在真实环境中进行，也可以在模拟环境中进行。确认测试的步骤包括：

1）建立测试需求，设计测试用例，制定测试规程；

2）确保上述测试需求、测试用例、测试规程符合软件产品的预期使用需求；

3）执行测试；

4）确认软件产品满足预期使用需求。

确认测试常用的技术手段包括功能测试、压力和性能测试、可靠性测试等。例如 4S 项目采用上述测试手段在客户现场进行了 4S 系统的确认测试。

## 11.2.3 质量评价

在软件开发和运维过程中，收集与其执行过程、执行结果和成果相关的数据，进行质量评价，是项目级软件质量保证的核心活动。质量评价的对象可以是软件产品（包括中间产品和最终产品），也可以是软件过程；质量评价的策略不仅是故障数量，还应关注软件产品质量特性（ISO/IEC 25010）和软件过程特性（ISO/IEC 15504 和 CMMI）；质量评价需收集的数据不仅限于直接反映产品和过程的质量的数据，还包括影响质量的数据，例如工作量、开发工期、规模等。11.4 节描述的软件质量技术可应用于评价，评价结果作为判定能否批准接收成果和进度状况的依据，并运用于过程改进。

### 11.2.3.1 产品质量的评价

软件质量评价的最终目标是保证软件产品能提供所要求的质量，即满足用户（包括操作者、软件结果的接受者和软件的维护者）明确和隐含的要求。产品质量的评价由以下步骤组成：

1）确定评价需求。确立评价的目的，并根据所处的生存周期的阶段，确定要评价的中间或最终软件产品的类型。然后参考 ISO/IEC 25010 的质量模型，根据评价目的，为每种软件产品选定合适的质量特性、子特性和属性。

2）规定评价。对软件产品的质量属性选择合适的度量，并确立度量评定等级，以便将度量值映射到某一标度上，例如，客户满意度的度量评定等级分成 2 类：满意和不满意。然后为不同的质量特性确立不同的评价准则，同时每个质量特性又以数个子特性或子特性的加权组合来说明。

3）设计评价。制订评价计划，确定评价方法，安排评价者活动的进度。评价计划必须与质量计划相一致。

4）执行评价。把所选择的度量应用于软件产品，并进行评级。测量的值要与预定的评估准则进行比较。然后对一组已评定的等级进行概括，形成对软件产品满足质量需求程度的一个综述。最后，根据管理准则做出一个管理决策，例如，接受或拒绝、发布或不发布该软件产品等。

例如，4S 项目组在每个开发迭代结束时，都会以本次迭代的软件版本为对象，以软件需求规约为依据，遵循软件产品质量模型，进行正式的产品质量的评价，以确定项目是否进入下一个迭代，需求是否必须改动，软件开发是否需要更多的资源等。

### 11.2.3.2 过程质量的评价

软件过程质量的评价是指收集软件过程中的数据，并对此进行分析，从而形成对该过程的评价结果。例如所制订的项目过程在实际开发中是否得以执行？过程执行的结果是否达到了预期的效果？伴随软件过程的推进，通过过程质量的评价，可以确认软件质量是否得以确保。项目过程质量的评价结果应成为组织级质量管理体系改进的输入。

过程质量的评价需要注意以下事项：

1）确认应该执行的活动是否从质到量得以切实执行。例如，对于评审，应确认是否由评审员以会议的形式在充足的时间内实施了评审，评审发现的缺陷是否妥当。

2）听取一线开发人员的意见，尽可能掌握单纯从开发数据中难以把握的问题。开发人员的工作热情和项目内的沟通等会给质量带来重大影响。尽早发现此类人际间的问题并采取措施，对开发高质量软件是非常重要的。

3）针对上述评价后的过程质量，确认研发成果的质量（即产品质量）是否与其吻合。例如，虽然确实执行了该过程，但其成果却未达到要求的等级，在这种情况下，需要分析原因并采取措施。

例如，4S 项目组在每个开发迭代结束时，在产品质量评价的同时，对项目过程的质量进行评价，以确定是否要对过程进行修改。尤其当产品质量出现问题时，需分析是不是由于过程的问题引起的。

## 11.3 组织级软件质量管理

组织级软件质量管理是以拥有多个软件开发项目的组织（公司、单位或部门等）为对象，开展软件质量管理活动，建立、运行和改进质量管理体系。质量管理体系（Quality Management System，QMS）是在质量方面指挥和控制组织的管理体系。它是一种质量管理制度，建立软件质量管理体系就是在组织里建立全面考虑软件产品和服务质量的各种因素，将所有影响软件质量的要素和因素都采取有效的措施管理、控制起来，这也是组织保证软件质量能够持续稳定地满足要求的根本途径。质量管理体系建立之后，进行持续改进是非常重要的。在软件领域，以故障发生和缺陷发现为契机，可以有效地实施 PDCA 改进环，以促进改进环周而复始地实施，从而切实改进体系的有效性，同时在组织内建立质量改进的文化。

组织级软件质量管理主要包括质量管理体系的建立、运行、评估和改进。软件组织可参考和遵循的常用质量管理体系相关标准有 ISO 9000、ISO 15504、ISO 20000、CMMI 等，本节以 ISO 9000 为例来阐述软件组织的质量管理体系。关于 CMMI 和

ISO 20000 及其过程评估与改进，请参见 2.5 节。

## 11.3.1　质量管理体系标准 ISO 9000

ISO 9000 于 1987 年由 ISO 国际标准化组织颁布，当前版本是 2015 版。该标准总结了工业发达国家先进企业的质量管理的实践经验，统一了质量管理的术语和概念，并对推动组织的质量管理、提高产品质量和顾客满意度等产生了积极的影响，得到了世界各国的普遍关注和采用。我国质量管理标准 GB/T 19000 也等同采用了这一标准。ISO 9000 是一个标准族，由三个核心标准组成：质量管理体系——基础与术语（ISO 9000）、质量管理体系——要求（ISO 9001）以及质量管理体系——绩效改进指南（ISO 9004）。

ISO 9000 质量管理体系采用审核登记制度，由第三方机构对组织的质量管理体系进行审核，如果达到标准规定的要求，则发放证书，并对其获得的资格进行登记和公开。通过审核登记，用户（委托方）没有必要直接对软件开发组织（被委托方）进行审查，而且可以增强用户对软件开发组织提供的产品和服务质量的信心。

ISO 9000 的核心是七大质量管理原则：

1）以顾客为关注焦点。质量管理的主要关注点是满足顾客要求并且努力超越顾客期望。组织只有赢得并保持顾客和其他相关方的信任才能获得持续成功。与顾客互动的每个方面都提供了为顾客创造更多价值的机会。理解顾客和其他相关方当前及未来的需求有助于组织的持续成功。

2）领导作用。各级领导建立统一的宗旨和方向，并且创造全员积极参与的环境，以实现组织的质量目标。统一的宗旨和方向的建立以及全员的积极参与，能够使组织将战略、方针、过程和资源保持一致，以实现其目标。

3）全员参与。在整个组织内各级人员的胜任、被授权和积极参与是提高组织创造并提供价值能力的必要条件。为了有效和高效地管理组织，尊重并使各级人员参与十分重要。认可、授权和能力提升会促进人员积极参与实现组织的质量目标。

4）过程方法。只有将活动作为相互关联的连贯系统进行运行的过程来理解和管理时，才能更加有效和高效地得到一致的、可预知的结果。质量管理体系是由相互关联的过程所组成的。理解体系是如何产生结果的，能够使组织优化其体系和绩效。

5）改进。成功的组织持续关注改进。改进对于组织保持当前的绩效水平，对其内外部条件的变化做出反应并创造新的机会都是极其重要的。

6）循证决策：基于数据和信息的分析与评价的决定，更有可能产生期望的结果。决策是一个复杂的过程，并且总是包含一些不确定性。它经常涉及多种类型和来源的输入及其解释，而这些解释可能是主观的。重要的是理解因果关系和可能的非预期后果。对事实、证据和数据的分析可导致决策更加客观和可信。

7）关系管理：为了持续成功，组织管理其与相关方（如供方）的关系。有关的相关方会影响组织的绩效。当组织管理其与所有相关方的关系以使相关方对组织的绩效影响最佳时，才更有可能实现持续成功。对供方及合作伙伴的关系网的管理是尤为重要的。

## 11.3.2　质量管理体系的建立和运行

建立 ISO 9000 质量管理体系一般要经历质量管理体系的策划、质量管理体系文件的编制、质量管理体系的运行三个阶段。

（1）质量管理体系的策划

本阶段主要做的工作包括：

● 教育培训，统一认识。培训对象应覆盖公司高层领导、管理层、执行层；培训内容为质量管理体系、ISO 9000 标准等。

● 成立质量管理体系的建设工作小组，制订工作计划。

● 确定质量方针，制定质量目标。

● 现状调查和分析。调查分析内容包括本组织的质量管理体系现状、产品特点、组织结构、人员的组成及水平状况、管理基础工作情况。

● 调整组织结构，配备资源。

（2）质量管理体系文件的编制

质量管理体系文件主要包括质量手册、程序文件、作业指导书和记录表格。

● 第一层次文件：质量手册——将管理层的质量方针及目标以文件形式告诉全体工作人员或顾客。

● 第二层次文件：程序文件——指导员工如何进行及完成质量手册内容所表达的方针及目标的文件。

● 第三层次文件：作业指导书——详细说明特定作业如何运作的文件。

● 第四层次文件：记录表格——用于证实产品或服务如何依照所定要求运作的文件。

质量管理体系文件的编制应结合本组织的质量职能分配进行。按所选择的质量管理体系要素，逐个展开为各项质量活动，将质量职能分配落实到各职能部门。编制质量管理体系文件的关键是讲求实效，不走形式。既要从总体和原则上满足 ISO 9000 标准族，又要在方法和具体做法上符合本组织的实际。

（3）质量管理体系的运行

质量管理体系文件编制完成后，将进入运行阶段。在正式运行前，建议进行试运行来考验质量管理体系文件的可操作性、有效性和协调性，并对暴露出的问题采取改进措施和纠正措施，以达到进一步完善质量管理体系文件的目的。

在质量管理体系试运行过程中，要重点做好以下工作：

● 全员宣贯质量管理体系文件。

● 将试运行中暴露出的问题和改进意见如实反映给有关部门，采取纠正措施，进行改进。

● 做好质量信息的收集、分析、传递、反馈、处理和归档等工作。

### 11.3.3 质量管理体系的评估

为了验证与确认质量管理体系的适用性和有效性，需要进行体系的评估，包括内部质量审核、管理评审和外部质量审核。

内部质量审核是组织自我审核，目的是评估所建立的质量管理体系是否符合企业质量手册和程序文件的规定，是否能够正常运行，及其对于实现企业质量方针的有效性。通过内部质量审核，确定质量管理体系运行的符合性和有效性，保证质量管理体系持续有效地运行。内部质量审核是由管理者委派审核组进行的。

管理评审是由组织最高领导者根据质量方针和目标，对质量管理体系的现状和适应性进行正式的评价。管理评审的依据是受益的期望，如市场和顾客的需求、领导和员工的期望等，以及内部审核的结果。管理评审由最高管理者主持，成员是管理层人员及质量有关的职能部门的负责人，一般定期一年一次，必要时可随时组织进行。在申请质量管理体系认证之前必须进行过管理评审。

外部质量审核由外部独立的组织（如认证监督机构）进行，这类组织提供符合要求的认证和注册。通过外部质量审核，查证质量管理体系的实际执行情况，对其是否符合标准和文件规定做出判断，并据此对受审核方能否通过质量管理体系认证做出结论。审核结束后，受审方针对不符合项，制定纠正与预防措施。进行整改后，由审核方进行跟踪验证，合格后，颁发证书。

### 11.3.4 质量管理体系的持续改进

质量管理体系是在不断改进中得以完善的，质量管理体系进入正常运行后，仍然要采取各种手段以不断提高自身的有效性和效率，提升产品和服务的质量，增强顾客满意度。制定改进目标和实施改进是一个持续过程。在该过程中常常使用内部审核、管理评审、外部监督审核等方法发现存在的问题，分析原因，采取纠正措施或预防措施进行改进。这是一个 PDCA 循环过程，如图 11-5 所示：

1）策划（Plan）：分析和评价现状，确定体系及其过程的目标，制定改进方案和计划，以实现与顾客要求和组织方针一致的结果，并识别和应对风险与机会。

2）实施（Do）：提供人员、基础设施和过程运行环境等资源，按计划实施改进方案，编写或改进质量管理体系文件，进行体系的运行以及过程的实施和控制；

3）检查（Check）：对过程和产品进行监视与测量，评价体系的绩效，报告结果，以确定这些目标已经实现；

4）处置（Act）：根据检查结果，确定是否存在持续改进的需求或机会，必要时采取措施提高绩效，例如不合格纠正、过程改进、突变、创新和重组等。进入下一轮的 PDCA 循环。

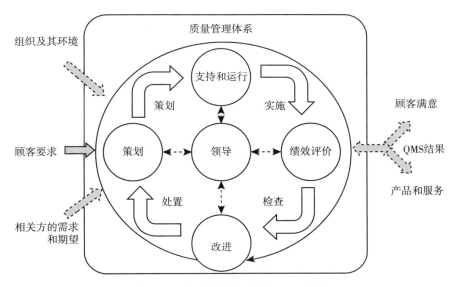

图 11-5 质量管理体系的 PDCA 循环

ISO 9000 规定，在质量管理体系认证后，认证机构对获得认证的受审核方在证书有效期内（一般三年）定期实施监督和复审（其时间间隔不超过一年），以验证其是否持续满足认证标准的要求，促使受审核方质量管理体系有效保持正常运行并不断改进。

## 11.4 软件质量管理技术

组织级和项目级的软件质量管理都需要使用软件质量管理技术，常用的技术包括测试、评审、静态分析、度量、审核、形式化验证、监控、模拟、模型检查、符号执行、可靠性预测等。我们可以选择一种或多种方法对软件文档和代码等实体进行检测，评价依据这些技术得到的数据，分析和判定该实体满足特定需求的程度。根据是否动态执行软件，软件质量管理技术可以分为静态技术和动态技术两类。

### 11.4.1 静态技术

静态的软件质量管理技术检查项目文档、软件和其他关于软件产品的信息，而不需要执行该软件。常用的静态软件质量管理技术包括如下几种。

1）评审。评审是有关软件代码及其相关文档的人工检查与分析的过程，例如需求评审、设计评审、代码评审、测试用例评审等。详见 11.5 节。

2）代码静态分析。代码静态分析通过分析源代码或可执行代码等来发现软件中的差错或坏味道，例如编程规范检查、数据流分析、控制流分析、污点分析、软件度量等。

常用的代码静态分析工具有 SonarQube、SpotBugs、CheckStyle 等。

3）审核。审核以管理工作为对象，针对不同组织所选择的管理基准，通过收集证据进行客观的、系统性的人工评估，以判定其遵守程度，例如质量审核、安全审核等。审核主要针对管理体系（如成本管理体系、质量管理体系和安全管理体系等）的符合性、有效性和适宜性进行检查。

4）形式化验证。形式化验证用以验证软件是否满足其规约的要求，常用于验证关键软件的安全性。验证技术包括定理证明、模型检验等，一般采用工具进行自动的形式化验证。

5）可靠性预测。可靠性预测是采用可靠性增长模型定量地评价软件可靠性。可靠性增长模型能根据测试阶段和运行阶段的数据推断出软件可靠性。因为随着测试及运行的进行，缺陷被不断地发现与排除，可靠性会随之增长，故称为可靠性增长模型。它一般可分为故障发生时间模型（如 NHPP 模型、马尔可夫过程模型等）和故障发现数量模型（如贝叶斯模型、危险率模型等）。

例如，在 4S 项目中，根据产品和项目特点，选择的静态软件质量管理技术主要包括评审和代码静态分析，其中前者采用人工方式，后者采用 SonarQube 工具。

## 11.4.2　动态技术

动态的软件质量管理技术通过动态执行软件来检查其质量。在软件开发时最主要的动态技术是测试，在软件运维时最主要的动态技术是监控，除此之外，模拟和符号执行也属于动态技术。代码阅读是一种静态技术，然而资深的软件开发人员常常边阅读边执行代码，这时，代码阅读也可以作为动态技术。可见不同角色的人会以不同的方式使用这些技术，这使动态和静态的分类呈现出一定的差异。

常用的动态软件质量管理技术包括：

1）测试。测试通过执行软件代码来发现缺陷，它可采用黑盒测试和白盒测试等测试技术，从单元测试、集成测试和系统测试等多个层次进行执行，详见第 8 章。

2）监控。系统监控是对运行时软件系统的性能和可靠性等进行实时监视的技术，记录和分析运行日志、轨迹和抛出异常，检查系统的在线服务质量，并及时发现问题。监控也可以针对正在实施的过程、项目或活动进行，分析它们的状态和进展情况，并及时发现不符合项。

3）模拟。模拟技术主要用于需求分析与设计模型的质量控制，例如状态图与工作流的模拟运行等。通过模型的动态模拟与仿真，可以更深入地看到需求和设计的完整性、正确性和合理性，从而确保需求反映了用户的真实要求，设计能满足预期的需求。但是要注意的是，模拟本身要正确，要真实地反映被模拟的实体。

4）符号执行。符号执行（symbolic execution）是指在不执行代码的前提下，用符号值表示代码中变量的值，然后模拟程序执行来进行相关分析的技术，它可以分析代码的所有语义信息，也可以只分析部分语义信息。符号执行分为过程内分析和过程间分析（又称全局分析）。过程内分析是指只对单个过程的代码进行分析，全局分析指对整个软件代码进行上下文敏感的分析。

　　例如，在 4S 项目中，根据产品和项目特点，选择的动态软件质量管理技术为测试，包括单元测试、集成测试和系统测试。

## 11.5　软件评审

　　评审是人工检查工作产品的一种重要的质量管理技术，本节将介绍常用的同行评审方法，着重阐述其中最严格最有效的审查，并列出评审时需要小心的陷阱。

### 11.5.1　评审方法

　　项目中的常见评审有 5 种类型，如表 11-3 所示。虽然所有的评审对软件开发的成功都有帮助，但本书指的软件评审属于同行评审（peer review），其首要目的就在于提高产品的质量。

表 11-3　评审类型

| 评审类型 | 目的 |
| --- | --- |
| 教育评审 | 让其他项目干系人来催促与项目相关的技术论题 |
| 管理评审 | 向上层管理者提供信息，以帮助他们做出如下决策：发布产品、继续（或取消）开发项目、批准（或拒绝）提案、改变项目范围、调整资源或改变承诺 |
| 同行评审 | 寻找工作产品中的缺陷和改进契机 |
| 项目后的评审 | 对最近完成的项目或阶段进行评审，以便在未来的项目中吸取经验 |
| 状态评审 | 向项目负责人和其他项目成员提供最新的项目状态信息，包括里程碑的进度、所遇的问题、所识别的或受控的风险 |

　　同行评审的方法按正式化程度从高到低分为审查、小组评审、走查、结对编程、同级桌查和轮查、临时评审等。在某些情况下，非正式评审就可能很好地满足了需要。这些评审技术由于不需要事先做计划，也不需要组织基础设施，因而速度快、开销小，它还有助于作者在改进的基础上继续工作。只有了解了不同评审方法的功能和其局限，才能选择适合文化背景、时间约束以及商业和技术目标的评审方法。

　　同行评审过程涉及的活动主要有：策划、会前准备、召开评审会议、返工及验证。表 11-4 列出了各种类型的同行评审方法具体包含的活动。

表 11-4    各种同行评审方法通常所包含的活动

| 同行评审方法 | 活动 | | | | |
| --- | --- | --- | --- | --- | --- |
| | 策划 | 准备 | 开会 | 返工 | 验证 |
| 审查 | 是 | 是 | 是 | 是 | 是 |
| 小组评审 | 是 | 是 | 是 | 是 | 否 |
| 走查 | 是 | 否 | 是 | 是 | 否 |
| 结对编程 | 是 | 否 | 持续进行 | 是 | 是 |
| 同级桌查和轮查 | 否 | 是 | 可能 | 是 | 否 |
| 临时评审 | 否 | 否 | 是 | 是 | 否 |

（1）审查

审查是最系统化、最严密、最有效的一种评审方法，比其他方法能查找到更多的错误。审查依赖于缺陷检查表和其他错误查找分析技术，检查表中列出了各类软件工作产品中易犯错误的检查项。审查由资深评审者（评审组长）而不是工作产品的作者来主持，从评审者中选出一位担任读者来负责陈述产品，由记录员来记录评审者提出的问题。审查会议前，评审者要独立审查材料，做好会议准备。会议期间，读者每次将产品的一小部分向其他评审者陈述，由这些评审者提出问题并指出可能存在的错误。与其他评审方法相比，审查对工作产品的评审覆盖面最广。经过几位评审者的仔细检查，审查结果更为可靠。同时，由于评审者能将读者的表述与自己的理解相比较，有助于评审小组达成对产品的一致理解。在审查会议的最后，小组对工作产品的评估达成共识，并对返工后的修改是否需要再次通过第二次审查做出决定，第二次审查可由一个人实施。关于审查的更多细节参见 11.5.3 节。

（2）小组评审

小组评审是一种"轻型审查"，它是计划的和结构化的，但没有审查正式，也没有审查严格。小组评审允许由一组有资格的人来判断产品是否可行，并找出该产品没能达到规定要求的问题。小组评审比仅需一位同事实施的同级桌查开销要大，但是不同的评审者能发现不同的问题。同时，小组评审为所有参与评审的人提供了良好的学习机会。

小组评审采用了审查中的一些步骤。评审者在评审会议召开的前几天就会拿到评审材料，并被要求独立研究这些材料。小组收集评审工作量方面的数据和所发现的错误。然而，总体会议和验证这两个步骤被简化或者省略了，一些评审者的角色会被合并。与任何会议一样，评审会议也可能出现离题的情况，因此需要有一位评审组长使讨论始终围绕主题进行。记录员使用该组织的标准表格记录会议中所提出的问题。审查的指导方针和步骤除了评审会议的举行方式以外，同样适用于小组评审。作者可以领导小组评审，而审查则不允许作者担任评审组长。与大多数的审查相比，读者这个角色被省略了，改由评审组长询问其他评审者被评审的每一部分是否有问题。小组评审适用于不需要严格审查过程的工作产品。由于没有审查正式，小组评审可以节省出一些会议时间用于讨论问题解决的思路和方案。

（3）走查

走查是一种非正式的评审方法，这种方法是由产品的作者将该产品向一组同事介绍，并希望他们给出意见。走查与审查差别很大。走查中，产品作者起主导作用，而其他评审角色则通常没有定义。审查以达到预期质量目标为目的，而走查原则上是为了满足作者的需要。表 11-5 指出了审查、小组评审、走查在执行过程中的一些不同之处。

表 11-5　审查、小组评审和走查的比较

| 特性 | 审查 | 小组评审 | 走查 |
| --- | --- | --- | --- |
| 主持 | 评审组长 | 评审组长或作者 | 作者 |
| 材料陈述者 | 读者 | 评审组长 | 作者 |
| 所交材料的粒度 | 一小部分 | 分页或分段 | 根据作者的判断 |
| 使用记录员 | 是 | 是 | 可能 |
| 文档化的评审过程 | 是 | 可能 | 可能 |
| 设置专门的评审角色 | 是 | 是 | 否 |
| 使用缺陷检查表 | 是 | 是 | 否 |
| 数据收集和分析 | 是 | 可能 | 否 |
| 产品评估 | 是 | 是 | 否 |

走查之所以不正式是因为它通常并不按照事先预定的步骤进行，不制定准出条件，也不需要管理报告，并且不进行测量。在典型的走查中，作者会把模块的代码或设计给参与者，描述产品中做什么，结构如何，怎样完成任务，逻辑流以及输入输出是什么。寻找错误是目标之一。另一个目标是使大家对模块的目的、结构和实现完全理解并达成一致。走查在同行评审工具箱中占有一席之地，但是由于被作者支配和无结构性导致这种方法的错误发现功能没有审查和小组评审有效。

（4）结对编程

结对编程（pair programming）是一种流行的软件开发"敏捷方法"，又称为极限编程。在结对编程过程中，两个开发者在一个工作站上同时操作同一个程序。这种方法有利于交流且允许对双方的观点进行持续的、非正式的评审。每一行代码都由两个人共同编写，这样可以创建出更好的工作产品。结对中正在敲键盘的成员相当于司机，另一位则是搭档。司机和搭档的角色还要不时地交换。

结对编程能促进团队的合作、对代码的共同负责态度以及对每个构件质量的共同承诺。两位小组成员都非常熟悉每一段代码，这将减少因人事变动所带来的知识流失。由

于搭档的实时评审，结对者可以迅速纠正错误。现场的即时评审能使设计和程序更加强壮。结对编程技术除了能应用于编码过程以外，还能应用于开发需求、设计等其他软件制品。

（5）同级桌查

在同级桌查（又名伙伴检查或结对评审）中，除作者以外只有一个人对工作产品进行检查。作者可能根本就不知道评审者究竟是怎样完成任务的，也不知道评审完成的程度。同级桌查完全依靠评审者本身的知识、技能和自律，因此不同的人的评审结果可能大相径庭。如果评审者使用了缺陷检查表、专门的分析方法，以及为小组评审度量采集用的标准表格，那么同级桌查将是相当正式的。在评审完成后，评审者把错误表交给作者，或者两人一起坐下来共同准备错误表，评审者也可以简单地将做过标记的工作产品交给作者。

同级桌查是最便宜的评审方法。它只花费了一位评审者的时间，其中包括评审者向作者解释其发现所需的时间。如果有在独自发现错误方面技术高超的同事，或者评审时间紧迫、资源不足，或者工作产品的风险较低，那么这种方法非常适合。然而它所发现的错误只是评审者最擅长寻找的，而且作者本人不能回答评审者的问题，也听不到那些有助于他发现其他错误的讨论。可以让作者和评审者坐在一起讨论来克服这一不足，这被称为双人审查。双人审查没有评审组长，评审者同时充当读者的角色。

（6）轮查

轮查（passaround）是一种由多人组成的并行同级桌查。与只需一个人投入不同，轮查时作者将产品副本发给几位评审员并收集整理他们的反馈。轮查有助于缓和同级桌查过程中存在的两个主要风险：评审者不能及时提供反馈，以及评审效果太糟。至少有一部分评审员可能按时反馈，而且能提出有价值的意见。但是，轮查仍然缺乏小组讨论所能带给大家的精神激励。轮查方法允许每个评审员查看别人的意见，从而减少冗余，同时发现理解的不一致。要注意评审员之间的争论可能以文档注解方式出现，这时最好以直接交流方式解决。这种文档评审方法适合由于地理位置或时间限制而无法进行面对面会议的情况。

（7）临时评审

一位程序员请另一位程序员花几分钟帮忙寻找一个缺陷的故事就是临时评审，这种评审方法在软件小组合作中十分自然，能快速获取别人意见，同时换双眼睛常常能发现一些我们自身不能发现的错误。临时评审是评审中最不正式的一种，除了解决当前问题外很少有其他作用。

将非正式的评审方法与审查相结合能开发出质量卓越的产品。例如，在项目的需求开发阶段，使用一系列的轮查使参与评审的客户以非正式的方式评审越来越大的需求规约。轮查能快速发现很多错误，并且花费也很少。在将由多个分析员书写的各部分需求规约汇总以后，再采用正式审查，并再一次邀请关键用户参与评审。如果没有使用非正式的评审方法，将不得不在最后的审查过程中处理更多的错误，毫无疑问必然会忽略说明书中的其他一些错误。无论使用正式或非正式的评审，都要尽早并经常进行关键项目文档的评审，因为越早发现错误则返工成本越低。

在选择合适的评审方法时，应考虑风险，即工作产品包含缺陷的可能性和缺陷发生可能造成的损坏程度。质量目标之一是将给定产品的风险降低到可接受的程度。评审小组应该选择最便宜的方法来达成这个目标。应对高风险的工作产品使用审查，而对低风险的构件使用相对便宜的技术，也可以根据所要求的目标来选择评审技术。表 11-6 给出了与具体目标相适应的评审方法。要判断在给定条件下应使用哪一种评审方法的最好途径就是记录下各类评审的实施数据，并进行有效性和效率的分析。例如，在 4S 系统的开发企业中，通过评审绩效的分析，发现走查在代码方面表现不错，小组评审适合设计评审，审查则更适合需求评审。因此在 4S 项目中，安排了需求文档的审查、设计文档的小组评审以及代码的走查，同时又鼓励开发小组经常进行临时评审和同级桌查等非正式评审。

表 11-6 针对不同目标建议的评审方法

| 评审目标 | 审查 | 小组评审 | 走查 | 结对编程 | 同级桌查 | 轮查 |
|---|---|---|---|---|---|---|
| 查找产品缺陷 | √ | √ | √ | √ | √ | √ |
| 检查是否符合规范 | √ | √ | | | √ | √ |
| 检查是否符合标准 | √ | | | | √ | √ |
| 检查产品的完整性与正确性 | √ | | √ | | | |
| 评估可理解性和可维护性 | √ | √ | | √ | | √ |
| 验证关键的或高风险的构件的质量 | √ | | | | | |
| 为过程改进而收集数据 | √ | √ | | | | |
| 测量文档质量 | √ | | | | | |
| 培训其他组员使其熟悉产品 | | √ | √ | √ | | √ |
| 对方法达成共识 | | √ | √ | | | |
| 确保修改和纠错正确 | | √ | √ | | √ | |
| 探讨可替换的方法 | | | √ | √ | | |
| 模拟执行程序 | | | √ | | | |
| 评审开销最小化 | | | | | √ | |

## 11.5.2 审查

在各种类型的软件评审中，审查发现错误的有效性最高。审查的各个步骤提供了一个彻底的质量过滤器，它能够在可交付产品成为基线之前找出尽可能多的缺陷。典型情况下，一个审查过程由六个步骤组成：策划、总体会议、准备、审查会议、返工和验证，如图 11-6 所示。

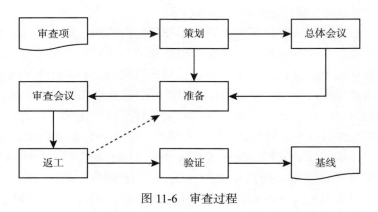

图 11-6  审查过程

（1）策划

当作者宣布可交付产品可接受审查时，就要开始制订审查计划了。首先，要为审查指定一名评审组长。然后，由作者和评审组长根据审查目标来寻找能够提供有价值的意见的评审者，并选定可交付产品中应被检查的部分。审查小组的规模不能太大，在大多数情况下应保持 3~7 个参与者。

根据组织的审查速率的历史数据，评审组长可以估计审完所有材料所需的审查会议次数。评审组长负责邀请其他审查参与者，并为审查会议和总体会议制定进度表。评审组长和作者将材料汇集成一个审查包，里面包含将被审查的产品、支持文档、缺陷检查表和其他材料。评审组长应在审查会议前几天将审查包分发给各个评审者，以便让他们有足够的时间为审查做准备。

（2）总体会议

总体会议是为了让评审者能够从发现缺陷和满足审查目标的角度去研究工作产品。总体会议一般开一次，是非正式的，会议期间由作者描述工作产品的重要特征、假设条件、背景和其他相关情况。评审组长可以在总体会议期间分发审查包，如果有必要还可以对审查过程做大致介绍。有时候作者可以在审查包中加入一些产品的简短描述，以提供充分的总体信息，而不再举行总体会议。如果其他参与者已经熟悉工作产品了，也可以省掉总体会议。

（3）准备

查错开始于个人准备阶段。在会前准备阶段，所有评审者检查产品，理解它并找出可能的缺陷和可以改进之处。评审者可以使用各种准备工具和分析技术：①检查表，列出被审查的工作产品易犯错误的检查项；②规则集，定义用于判断工作产品是否完整、正确和结构合理的规则；③规范和标准，应保证产品和规范一致，且满足相应的标准。

因此审查包应该包括或指出相关规范、标准和规则集。

准备是审查的一个关键组成部分。如果跳过准备阶段，而仅仅举行审查会议，实际上是进行了一次走查而非审查。反之，只完成个人准备而省去审查会议就相当于执行了轮查。走查和轮查都是有价值的同行评审技术，但它们都不是审查，不能发现很多缺陷。

（4）审查会议

在审查会议中，评审者基于在总体会议和准备阶段得到的对初始可交付产品的理解，以发现缺陷为中心进行审查。读者向审查小组的其他成员描述工作产品，每次读一小部分。在读者每读完一个部分之后，每位评审者都可以提出可能的缺陷和问题，并对工作产品做出评价。记录者在记录表上详细地记下每个潜在的缺陷、建议和小问题（问题或需澄清项），以便作者在返工时解决。问题日志是审查会议的最重要递交物。评审组长要确保会议的建设性方向，防止会议滑到问题的解决中去，还要防止出席者参与不够等情况发生。

在会议结束之前，审查小组应对工作产品达成一致的评价。评价应该基于先前建立的质量标准，例如需要返工的范围，或工作产品中遗留缺陷的估计数量。审查小组还可以根据经验提出更为客观的产品质量的评价。最后，评审组长向其他参与者征求改进审查的意见，并结束审查会议。评审组长完成审查总结报告，并与组织的同行评审协调者和管理者交流对工作产品的评价及一些审查数据。

举行审查会议会涉及一些其他问题，如会议延期、参与者迟到、审查材料的速度相对慢、难以及时召集会议人员等。另外，从完成产品到举行审查会议这几天的延期会阻碍作者去进行下一步基于本产品的工作。如果作者在审查结果出来之前继续下一步工作，他可能不得不对产品以及在此基础上创建的后续制品进行返工。

（5）返工

审查并没有在会议结束后完成，下一步工作是由作者解决问题日志上的每一项问题。评审组长也可以将会议中发现的某些问题分配给作者之外的其他人去解决。虽然并不是每种情况下都必须做出修改，但应该确保作者理解了问题并判断是否需要改正。建议将所有缺陷输入到项目的缺陷跟踪系统中去以便于后续采取相应的措施。返工阶段交付的是修正后的工作产品以及做了标记的问题日志，上面记录了对每个问题所采取的措施及其缘由。

（6）验证

审查只有等评审组长宣布结束了才算完成。在审查会议的最后，审查小组会做出最终的产品评价结论，结论中指明了审查结束之前需要执行的验证和跟踪步骤。一般来说，评审组长和另一位被指定的验证者应与作者会面以确保所有问题和缺陷都被适当地解决了。验证者还要检查修改后的可交付产品，确认所做的修改都是正确的。当审查小组认为返工量大而需要详细检查时，可以安排一次重新审查。在验证通过后，作者将修改后的可交付产品基线化，并检入至项目的版本控制系统中。

### 11.5.3　评审的陷阱

软件评审实践常常会落入以下一些陷阱而导致失败。

陷阱 1：参与评审的人不了解评审过程。

这种陷阱的一个症状是开发组成员不能使用准确的、一致的词汇来描述各种类型的同行评审，或者各评审小组之间不能遵循一致的评审过程。因此培训、实践和文档化的评审过程是必需的。所有潜在的评审者都必须理解什么是评审，以及为什么、怎样、何时和谁来进行评审。

陷阱 2：评审过程没有被遵循。

找到评审过程没有被遵循的原因，再选择适当的纠正措施。如果评审过程过于复杂，参与者可能会放弃或采用其他的方法来替代。如果管理者没有通过政策来传达他们的期望，参与者就只会在方便的时候或当从个人的角度对其有重要作用时进行评审。如果质量对于一个项目来说不是成功的驱动力，那么从同行评审中所获得的质量的提高就不会成为推动实施同行评审的主要原因。然而，同行评审所带来的对生产力的提高能够支持项目满足目标并加快产品的提交。在一个已经陷入进度超期、需求混乱、人员疲惫之困境的项目中引入同行评审是很艰苦的，但是如果评审能将项目引入正常轨道，那么就是完全值得的。

陷阱 3：适合的人没有参加评审。

不合适的参与者包括没有被作者邀请的管理人员和没有明确目的的观察人员。参加者不是来学习的，而应当是能发现问题的人。对于小项目，一个人要担任几个角色，因此可以邀请一些同事代表其他人的观点。对有些评审来说，若代表关键视角的人没有出现，那么评审是不全面的。例如，对某需求规约的评审需要从用户的角度判断其正确性和完整性，并快速解决含糊和冲突问题，客户可以是真正的最终用户或其替代者，如市场人员。

陷阱 4：评审会陷入对问题的解决上。

除非特别要求评审成为一次头脑风暴会议，评审组应该把焦点放在发现问题而不是解决问题上。当评审会转向寻找问题解决方案时，对产品的检查就停止了。如果参加者对于所讨论的问题不感兴趣，他们就停止了思考。当评审者意识到评审会的结束时间到了，他们会很快地翻过剩下的材料，宣布评审成功。事实上，这些材料中很可能隐藏了主要缺陷，并将会在未来长期侵扰开发组。评审组长的主持失败是产生这一问题的主要原因。

陷阱 5：评审的焦点放在文档格式而不是内容本身上。

一份只记录文档格式问题的问题日志表明评审者缺乏充足的准备，或者只做了表面的检查。为了避免这种陷阱，应当对文档事先定义编码标准和标准模板。编码规范规定了代码排版和格式、命名约定、注释、避免采用的编程语句及其他一些提高可读性和可维护性的规则。作为检查该工作成品是否符合准入条件的一项任务，可指定一名标准核查员检查该产品是否符合相关的标准。规范的文档和代码可以使评审者将注意力放在重要的逻辑、功能和语义问题上。

陷阱 6：评审结果被用于作者的业绩评价。

软件度量决不能用于奖励或惩罚个人。在评审过程中收集数据的目的是更好地了解和改进软件过程，并且跟踪过程变化带来的影响。使用在评审中发现的缺陷的数量来评估个人的业绩是典型的软件工程文化杀手。对评审数据的这种错误使用会带来许多不良后果。

1）为了避免惩罚，开发者可能不会将他们的工作产品交付评审。他们也会拒绝评审同事的工作以避免使别人受到惩罚。

2）在评审过程中，评审者可能不会直接指出错误，相反他们会事后告诉作者，或者开发者在这种带惩罚性质的评审之前会事先进行一次"预评审"以非正式地过滤出一部分错误。

3）评审小组可能会争论某个问题是否真正是一个缺陷，因为缺陷不利于作者，而建议或简单的小问题则不会。这可能会掩盖真正的缺陷。

4）评审的这种文化气氛可能会使大家将尽量少地找出错误作为心照不宣的目标。这在相同花费下降低了评审的价值，从而降低了评审的投资回报。

5）作者可能会为了减少在每次评审过程中找到超过 5 个错误的可能性而将产品分成多个部分进行多次评审。这将使评审过程耗时而又效率低下。

## 思考题

1. 简述软件产品质量模型和软件使用质量模型。
2. 软件质量成本由哪些成本组成？
3. 简述软件可信性和完整性级别。
4. 如何进行项目的软件质量策划？
5. 简述验证和确认的区别。
6. 简述 ISO 9000 的七大质量管理原则。
7. 基于 PDCA 的质量管理体系改进分为哪几个阶段？如何进行？
8. 常用的软件评审方法有哪些？
9. 请简述审查过程并列出主要步骤。

CHAPTER 12

第 **12** 章

# 软件风险管理

**本章主要知识点**

❑ 什么是风险管理？风险管理的成熟度模型分成哪几级？

❑ 风险管理过程包括哪些步骤，如何进行？

❑ 十大软件风险有哪些，如何应对？

在乌卡（VUCA）时代，软件开发与运维面临易变性（Volatile）、不确定性（Uncertain）、复杂性（Complex）和模糊（Ambiguous）的挑战。软件项目到处都存在风险，例如，设计低劣、人员短缺、不合理的进度安排和预算、不断的需求变动、遇到技术难题等。这些风险导致了大量软件项目的失败。软件风险管理就是在风险成为影响软件项目成功的问题之前，识别、着手处理并消除风险的源头。本章将详细阐述软件风险的概念、软件风险管理的五级成熟度模型、高成熟的软件风险管理过程，以及常见的十大软件风险与应对措施。

## 12.1 风险管理概述

### 12.1.1 概念

什么是风险？**风险**是不确定性对目标的影响 ⊖。已识别的风险可能会发生也可能不会发生，但一旦发生就可能对一个或多个目标产生积极或消极的影响 ⊖。造成积极影响的风险称为机会，它可带来诸多收益，例如时间缩短、成本下降、绩效改进、市场份额增加或声誉提升等；而造成消极影响的风险称为威胁，它常常会导致诸多问题，例如进度延

---

⊖ 参见 https://www.iso.org/standard/74371.html。

⊖ 参见 http://www.pmi.org。

迟、成本超支、技术故障、绩效下降或声誉受损等。风险通常指的是威胁，本书也采用这种常用解释。

　　风险的根源在于事物的不确定性，而不确定性是软件的特性，因此，风险是软件工作与生俱来的，我们没法消除它们，但是我们可以通过适当的方法和技术对其进行管理。**软件风险管理**，就是对影响软件项目、过程或产品的风险进行评估和控制的实践过程，可最大化地增加机会和减少威胁，它贯穿在软件的全生命周期中。

## 12.1.2　风险管理的成本和收益

　　风险管理是一种投资，它是为减轻潜在的不利事件对项目的影响而采取的一项活动。项目组愿意在风险管理活动中投入的资源，取决于项目的本质、团队的经验和两者的约束条件。在任何情况下，风险管理的成本都不应超过收益，换言之，其投资回报率（$ROI_{RM}$）应大于 1。

$$风险管理的投资回报率 = 收益 / 成本$$

其中风险管理的成本是为风险评估和控制投入的所有资源，包括评估风险、举行风险管理会议、制订和实施风险管理计划、风险发生时的应急措施、报告风险信息等的成本。

　　风险管理的收益是指实施风险管理后所带来的费用节约，包括成本避免和成本减少，例如由于风险管理成功，风险没有发生，从而避免了风险损失（成本避免）；由于采用风险管理实践使项目比预期计划做得更好，从而使项目实际成本小于计划成本（成本减少）。

## 12.1.3　被动和主动的风险策略

　　被动风险策略（reactive risk strategy）被戏称为"印第安那·琼斯学派的风险管理"。在同名电影中，每当面临无法克服的困难时，印第安那·琼斯总是一成不变地说："不要担心，我会想出办法来的！"印第安那·琼斯从不担心任何问题，直到风险发生，再做出英雄式的反应。不少软件项目也是一样，仅仅采用被动风险策略。被动策略最多不过是针对可能发生的风险来监督项目，直到风险发生时，才会拨出资源来处理它们。大多数情况下，项目组对于风险不闻不问，直到出现了问题，这时，项目组才赶紧采取行动，试图迅速地纠正错误，这常常被称为"救火模式"。

　　主动风险策略（proactive risk strategy）则采用积极主动的风险应对措施，在项目启动之初就开始风险管理，主动识别出潜在的风险，评估它们出现的概率及产生的影响，并且按重要性加以排序；然后，建立一个计划来应对高优先级的风险，其中主要的应对措施是为了预防风险的发生，同时还提出应急措施，使得项目组在风险发生时能够以可控和有效的方式做出反应。

　　采用被动还是主动的风险策略？这需要根据项目风险的大小、项目组的能力以及风险的预期投资回报率来确定。由于软件项目普遍风险高，因此为了追求更高的投资回报率，应采取主动风险策略。

## 12.2　风险管理的成熟度模型

与 CMMI 等软件开发成熟度模型相似，
风险管理也有五阶段的成熟度模型 ⊖，自下而
上分别是：问题阶段、缓和阶段、防范阶段、
预知阶段、机会阶段，如图 12-1 所示。风险
管理应从一个阶段向上一个阶段进行持续改
进，最终将威胁转化为机会。

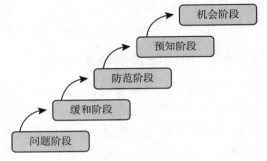

图 12-1　风险管理成熟度模型

（1）问题阶段

在问题阶段，人们忙于解决现有问题而
无暇顾及可能发生的风险，风险没有得到足
够重视，直到演变为问题时人们才进行处理。管理层一听说风险，其典型反应是责怪报
告者，所以大部分人不会报告坏消息。在这一阶段中，项目负责人最想说的一句话是"我
疲于救火"。这是一种救火模式，项目负责人成了消防队长。不少软件项目都处于问题阶
段，没有风险意识，缺少风险管理措施。

（2）缓和阶段

在缓和阶段，人们开始意识到风险，但对风险管理了解不多，缺乏经验。风险的概
念已被引入，但没有有计划地减缓和避免风险，当风险发生时，管理层会实施应急计划
以减少风险带来的后果。这是一种被动的风险管理策略。在这一阶段中，项目负责人最
想说的一句话是"我想知道什么会出错"。这种被动救火的策略显然并不是首选。

（3）防范阶段

防范阶段是一个从被动策略到主动策略的转折阶段，在此期间，人们主动地通过识
别和消除风险根源进行风险管理。风险管理从管理层的活动变为每个人的活动，组织内
每个级别的人员都有责任积极地参与风险管理，没有人可以"独享"风险管理，其中大
部分人有经验，能识别风险，但对于如何量化风险没有把握。在这一阶段中，项目负责
人最想说的一句话是"我想采取行动以便不留遗憾"。

（4）预知阶段

预知阶段通过对可预测风险的度量，从主观的风险管理转变为量化的风险管理，以
合理的精度量化风险，从而集中精力解除最关键的风险。人们会主动迎接风险和评估备
用方案，量化的方法使备用方案更易于比较。在这一阶段中，项目负责人最想说的一句
话是"我想知道成功的机会有多大"。

---

⊖　参见《风险管理：软件系统开发方法》，Elaine M. Hall 著，王海鹏等译。

例如，4S 系统的风险管理已经从防范阶段进入预知阶段，开始进行主动的、量化的风险管理，量化了风险发生的概率和影响度，从而选择出来最关键的前 5 个风险，有重点地采取应对措施，详见 12.3 节。

（5）机会阶段

成熟度级别最高的阶段是机会阶段，它将风险看作比计划做得更好的机会，风险不一定是消极的，有风险的地方也蕴藏着机会。风险，像质量一样，人人有责，人们在开放和没有压力的环境中不断地识别、交流和应对风险。在这一阶段中，项目负责人最想说的一句话是"我想超过我自己的期望"。这是一个持续改进的阶段，风险管理在不断的经验积累过程中越做越好。

## 12.3　风险管理过程

风险管理如何才能达到高成熟度级别呢？如何对风险进行主动的识别、准确的分析和有效的应对，以保证成功的软件开发呢？这就需要良好的、规范的风险管理过程。

目前已有多个软件风险管理过程的模型和标准，例如 ISO/IEC/IEEE 16085 系统和软件工程的风险管理、ISO 31000 风险管理指南、PMBOK 的优化风险应对原则和不确定性绩效域、CMU 软件工程研究所的持续风险管理模型 ⊖ 等。本节综合以上模型和标准中的风险管理实践，按照微软的风险管理过程 ⊖，阐述风险管理的各个步骤，如图 12-2 所示：

1）风险识别：发现风险，使团队意识到潜在的问题。

2）风险分析和排序：对风险的可能性和损失进行预估，并依此排列优先级，使有限的资源用在最重要的风险上。

3）风险管理计划制订：为每个重要的风险制订应对措施，并安排进度和资源。

4）风险跟踪和报告：监控风险的状态以及风险计划的执行进展，并向开发团队和项目干系人汇报。

5）风险控制：执行风险计划中的应对措施。

6）风险学习：从已执行的风险管理活动中提取经验和教训，保存在风险知识库中，在以后的风险管理过程中重用。

在软件开发的整个生命周期内，风险管理是一个连续的过程。在项目启动时，风险管理就开始了，并在每个迭代结束或者重大事件发生时，重新进行风险的分析和评估，修改风险管理计划，执行新的风险应对措施。这是因为风险在不断地发生变化，它具有很大的动态性。

---

⊖ 参见 Dorofee A. 等著 *Continuous Risk Management Guidebook*。

⊖ 参见 Microsoft 公司出版的 *Microsoft Risk Management Process* 一书。

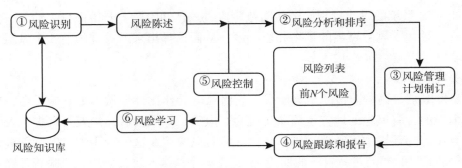

图 12-2  风险管理过程

## 12.3.1  风险识别

风险识别是风险管理过程的第一步，项目团队必须准确地识别和定义风险及其来源，并达成共识。风险识别试图用系统化的方法来确定威胁软件成功开发的因素，其主要方法有：

1）核对清单：核对风险清单上列举的可比性风险来源来识别风险。风险清单上所列的是以往识别出来的或已发生的风险；

2）访谈：访谈有经验的项目组成员、项目干系人和专家；

3）头脑风暴：通过项目团队和相关者的集思广益，提炼出一份综合的风险列表；

4）Delphi 法：让多名专家匿名进行风险识别，通过多个轮次最终得出一致的意见；

5）会议：定期会议，如每日站会、每周例会、每月小组会议、每季度的项目回顾会议，都适合谈论风险信息；

6）评审：通过对计划、过程和工作产品的评审来识别风险；

7）调查：调查对象能在没有事先准备的情况下，很快地识别风险；

8）工作小组：成立风险识别工作小组，通过思考和模拟等方法，识别风险；

9）日常输入：在日常工作中，不断地识别出风险，记录下来。

所识别出的风险记录在风险列表中，包括风险类型，可能引起风险的原因或事件（条件），以及风险发生后可能引起的结果（后果）。例如，表 12-1 是 4S 系统的初始风险列表。

表 12-1  4S 系统的初始风险列表

| 序号 | 类型 | 条件 | 后果 |
|---|---|---|---|
| 1 | 工具 | 缺少性能测试工具 | 未能发现性能 bug |
| 2 | 技术 | 开发人员对 Web 前端开发框架 React 不熟悉 | 开发时间将拉长 |
| 3 | 沟通 | 开发团队被分隔在上海和北京两地 | 团队内部的交流将更加困难 |
| 4 | 进度 | 开发进度紧迫 | 可能会牺牲质量换取时间 |

（续）

| 序号 | 类型 | 条件 | 后果 |
|---|---|---|---|
| 5 | 需求 | 需求变更频繁 | 大量的返工 |
| 6 | 培训 | 部分团队人员缺少开发经验 | 生产率低下，质量不佳 |
| 7 | 技术 | 设计欠佳而导致设计重构 | 生产率降低 |
| 8 | 设备 | 购买的设备未能及时到位 | 影响开发进度 |
| 9 | 管理 | 为管理层撰写项目报告占用开发人员的时间比预期多 | 影响开发进度 |
| 10 | 用户 | 缺乏足够的用户参与 | 需求的质量低下，引起返工 |

## 12.3.2 风险分析和排序

风险分析和排序是风险管理过程的第二步，通过对风险的量化分析和优先级排序，就可以把主要精力集中在那些影响力大、影响范围广、发生概率高的风险上，知道哪些风险必须应对，哪些可以接受，以及哪些可以忽略。进行风险分析时，最重要的是预估风险发生的概率和可能造成的影响。

（1）估计风险的发生概率

风险的发生概率，即可能性，可以用定性或者定量的方式来定义，如使用百分比等定量描述，或极罕见、罕见、普通、可能、极可能等定性描述。这些概率可以根据历史项目、开发人员的经验或其他方面收集来的数据来估算。表 12-2 列出了一个五段概率分级的示例，通过将概率范围或自然语言表达映射为五分制的数值，也可以从相应的概率范围中估计某个概率百分比，从而将概率定量。

**表 12-2 风险发生概率分级示例**

| 五分制 | 自然语言表达 | 概率范围 | 五分制 | 自然语言表达 | 概率范围 |
|---|---|---|---|---|---|
| 1 | 极不可能，几乎没有机会 | 1%~20% | 4 | 可能，我们相信 | 61%~80% |
| 2 | 不可能，可能不是 | 21%~40% | 5 | 几乎一定，非常可能 | >80% |
| 3 | 我们怀疑，有点可能 | 41%~60% | | | |

（2）估计风险对产品和项目的影响

风险产生的后果通常使用定性描述，如灾难性的、严重的、轻微的、可忽略的等。美国空军采用风险因素来估计风险的影响度，这些因素包括：

- 成本——项目预算能够被维持的不确定的程度。
- 进度——项目进度能够被维持且产品能按时交付的不确定的程度。
- 支持——软件易于纠错、适应及增强的不确定的程度。

● 性能——产品能够满足需求且符合其使用目的的不确定的程度。

对这四个因素进行预估,根据预先定义的风险影响估计表就可综合量化风险影响。不同组织有各自的风险影响估计表,表 12-3 就是 4S 系统采用的风险影响估计表。

表 12-3    风险影响估计表示例

| 四分制 | 级别 | 成本溢出 | 进度落后 | 支持 | 性能 |
|---|---|---|---|---|---|
| 1 | 低 | 低于 1% | 1 周 | 轻微影响 | 轻微影响 |
| 2 | 中 | 低于 5% | 2 周 | 中等影响 | 中等影响 |
| 3 | 高 | 低于 10% | 1 个月 | 严重影响 | 严重影响 |
| 4 | 危急 | 超过 10% | 超过 1 个月 | 无法完成任务 | 无法完成任务 |

将发生概率和影响相乘就可以得到风险的暴露量(风险暴露量 = 发生概率 × 影响),然后根据风险暴露量排序,就可以生成粗略的风险优先级列表。在此基础上进一步进行调整,可将影响最大的风险和一些关联的风险排在前面。最后从风险优先级列表中选出前 *N* 个风险。一般地,对于中等规模的项目,*N* 为 10,对于小项目,*N* 为 3 或 5。另外,如果单个或组合风险暴露量大于项目预定的风险临界值,则项目可能会提前中止。

4S 系统开发项目组对表 12-1 中所列的风险进行量化分析后,按优先级进行排列,选出 5 个最大的风险,如表 12-4 所示。

表 12-4    4S 系统的 5 个最大的风险列表

| 优先级 | 分类 | 条件 | 后果 | 概率 | 影响 | 暴露量 |
|---|---|---|---|---|---|---|
| 1 | 进度 | 开发进度紧迫 | 可能会牺牲质量换取时间 | 4 | 3 | 12 |
| 2 | 需求 | 需求变更频繁 | 大量的返工 | 3 | 4 | 12 |
| 3 | 技术 | 开发人员对 Web 前端开发框架 React 不熟悉 | 开发时间将拉长 | 5 | 2 | 10 |
| 4 | 沟通 | 开发团队被分隔在上海和北京两地 | 团队内部的交流将更加困难 | 4 | 2 | 8 |
| 5 | 工具 | 缺少性能测试工具 | 未能发现性能 bug | 4 | 1 | 4 |

### 12.3.3    风险管理计划制订

风险管理的第三步是风险管理计划制订,它针对风险列表中前 *N* 个高优先级的风险,制定风险应对措施,并安排时间,分配资源。风险管理计划是项目计划的一个组成部分,也可以单独成文。风险管理计划的大纲示例如表 12-5 所示。

**表 12-5　风险管理计划大纲示例**

1. 引言
2. 风险列表
3. 风险应对
   *n*. 风险 # *n*
      a. 措施 A 及其进度和资源安排
      b. 措施 B 及其进度和资源安排
      c. 措施 C 及其进度和资源安排
4. 总结

PMBOK 提供了五种风险（威胁）的备选应对策略：

1）规避。项目团队采取行动来消除风险，或保护项目免受风险的影响。

2）上报。如果项目团队或项目发起人认为某风险不在项目范围内，或提议的应对措施超出了项目经理的权限，就应该采取上报策略。

3）转移。将应对风险的责任转移给第三方，让第三方管理风险并承担风险发生的影响。

4）减轻。采取措施来降低风险发生的概率和影响。提前采取减轻措施通常比风险出现后尝试进行补救更加有效。

5）接受。承认威胁的存在，但不主动规划措施。可以主动接受风险，制订在事件发生时触发的应急计划；也可以被动接受，即什么也不做。

对某个特定风险的应对措施可能包括多种策略。例如，如果不能避免这种威胁，就可以将其减轻到可以转移或接受的程度。例如，针对 4S 系统中最高优先级的进度风险，制定的应对措施如下：

**风险应对措施示例**

风险 #1：进度风险

a. 规避。采用历史数据，基于经验模型进行科学估算，与项目干系人进行有效沟通，建立切合实际的进度计划。

b. 减轻。对需求划分优先级，采用迭代开发过程，优先级高的需求在前面的迭代实现，同时通过迭代使集成和测试提前，以保证质量。

c. 接受。当进度落后超过 10% 时，及时分析原因，进行改进；当进度落后超过 20% 时，删除一些优先级最低的需求，决不牺牲质量。

一旦制定了一套风险应对措施，就应该对其进行审查，以确定计划的应对措施是否增加了任何次生风险。风险审查还应对采取应对措施后仍存在的残余风险做出评估。

### 12.3.4 风险跟踪和报告

风险跟踪和报告是风险管理的第四步，它监视风险的最新状态和风险管理计划的执行进展，测量风险指标，报告风险跟踪结果，并通知启动风险应急行动。

风险跟踪的具体任务包括：

1）监视风险的状况，例如风险是已经发生、仍然存在还是已经消失？风险的发生概率和影响度是否发生变化？是否有新的风险发生？

2）监视风险管理计划的执行进展，例如风险对策是否有效？进度如何？责任是否到位？

3）监视风险指标，例如软件缺陷率、成本绩效指标（CPI）、进度绩效指标（SPI）、需求变更频度等。

风险报告的具体任务包括：

1）根据风险跟踪的情况，编写风险状态报告，向相关人员传达风险状态的变化并报告风险管理计划的进展。

2）当风险指标超过阈值时，立即通知启动应急计划，并向相关人员发出风险警报。

3）当风险指标回落到阈值内时，解除警报，通知终止风险应急活动。

### 12.3.5 风险控制

风险管理的第五步是风险控制，它按风险管理计划进行风险应对，以求将总体风险降至可接受程度。虽然在图 12-2 所示的风险管理过程模型中，它和风险跟踪和报告是串行的，但具体执行时是交叉并行的：在控制风险的同时，我们对其进行跟踪；当跟踪发现风险发生时，则进行应急；当跟踪发现风险变化时，则更新计划。

风险控制的主要任务包括：

1）执行风险应对措施。

2）响应风险跟踪和报告发出的通知，及时启动或终止风险应急措施。

3）如果风险应对结果不能令人满意，或者识别出新的重要风险，或者发现已识别出的风险的状况发生了变化，则需要更新风险管理计划。

### 12.3.6 风险学习

风险学习将学习活动融入风险管理，强调学习以前经验的重要性，以及风险管理过程的持续改进——不断提升成熟度级别。风险学习虽然被放在风险管理过程中的最后一项，但实际上它是一项持续的工作，可以在任何时间开始。它的主要任务包括：

1）提供目前的风险管理活动的质量保证；

2）提取知识，特别是风险列表，以及成功的应对措施，以帮助将来的风险管理；

3）通过从项目团队提取反馈，改进风险管理过程。

有关风险的概念和知识，以及风险管理时留下的历史数据、文档和经验教训，例如风险管理计划、风险度量和报告、风险总结等信息都保存在风险库中，以便于进一步的分析和复用。

## 12.4　十大软件风险

70% 左右的软件项目或多或少都失败了，在软件开发的战场上，充满了这些项目的尸骨，那么，什么是造成软件开发失败最大的元凶？关于这一问题，很多研究者进行了相关的调查和研究。本节参考 Steve McConnell 的调研发现 ⊖，列出了最常见的十大软件风险（未按优先级排序）及其应对措施。

### 12.4.1　需求误解

软件开发中不应出现的最大错误之一是软件人员误解了需求，这导致开发出的软件被客户否定而不得不返工。其原因主要包括：开发人员与客户的交流不够顺畅；客户未能把其需求准确、完整地陈述出来，遗漏了一些需求；自然语言表述的需求具有严重的二义性，使不同读者的理解不一致；客户不能完全理解开发人员撰写的需求规约文档，未能发现需求的许多缺陷等。需求误解风险的常用应对措施包括：

- 采用访谈、研讨会、问卷调查等多种方式开展充分的需求调研，尽可能全面完整地获取需求；
- 细致分析需求，建立术语表，使用详尽、准确的词汇描述需求，采用 UML 等（半）形式化语言进行需求建模；
- 建立界面原型，以形象易懂的形式和用户进行沟通，获得用户的反馈；
- 组织客户、最终用户、架构师、测试工程师、领域专家等对需求进行评审，尽早发现需求的缺陷；
- 早期编写用户手册和测试用例，也是验证需求的一种有效方法。

### 12.4.2　缺少上层的支持

任何项目的成功都离不开上层的支持，软件开发也一样。软件开发的许多方面都需要上层的支持，包括现实的计划、变更控制、新方法和新技术的采用等。若缺少上层支持，当遇到其他上层人员强迫项目组接受不现实的项目目标，或者进行不合理的变更等问题时，就很难成功解决。缺少上层支持风险的常用应对措施包括：

- 和上层进行积极沟通，了解、理解和满足上层的需求和期望；
- 让上层了解项目的意义和重要性，以获得上层的重视；

---

⊖　参见 Steve McConnell 的 *Rapid Development* 一书。

- 有计划、高质量地开发软件，切实履行承诺，以获得上层的信任；
- 定期向上层汇报项目进展和风险状态，提供项目的良好可视性；
- 遇到问题，能提出建设性意见或解决方案，而不是停留在抱怨或反映的层面；
- 适时向上层正式和非正式地宣讲软件开发过程及方法，使其能支持有效的软件开发实践。

### 12.4.3　需求变更失控

变更是软件开发所固有的，平均每个软件项目会有 25% 的需求变更。在软件开发过程中，我们可能对需求有更深入的认识、市场可能发生变更、项目的资源可能发生变动、发现了需求中的缺陷需要纠正等，这些都会导致需求发生变更。需求变更通常会对项目的进度、人力资源、经费、质量等产生很大的影响。

需求变更是不可避免的，往往也是合理的，我们不能拒绝变更，也不要害怕变更。可怕的是变更失控，这将造成功能无限蔓延，或者大量的不必要返工，这时真正的风险才发生。需求变更失控风险的常用应对措施包括：

- 开展充分的需求调研，尽可能完整地、准确地获取和定义需求，以避免由于错误而变更需求；
- 把需求排出优先级，根据项目进度和预算，选择优先级高的需求，建立一个与目标一致的需求基线；
- 采用迭代开发过程，优先级高的需求在前面的迭代实现。当需求发生变更时，把变更的需求和现有的需求放在一起，重新排序。若进度来不及时，可抛弃优先级最低的需求；
- 按变更控制流程对需求变更进行有效的控制，确保采纳最合适的变更，使变更产生的负面影响减少到最小；
- 采取针对变更的设计策略，例如模块化、信息隐藏等，提高软件的可维护性，使变更引起的修改尽可能限制在局部范围内。

### 12.4.4　未能合理管理客户期望值

软件开发中的诸多问题，大都源于客户对项目持有的不现实的期望。Standish Group 的一项调查表明，10% 的项目由于这个原因被取消了。合理管理客户期望值的常用措施包括：

- 了解并理解客户的需求和期望。客户的要求分为明确的需求和隐含的期望，如果我们只是了解并努力满足客户的需求，最多只能达到客户一般的满意水准，要使客户非常满意或是给客户带来喜悦，应更好地了解并理解客户的期望；
- 培训客户以使他们更好地理解软件开发过程。客户对开发的认识，有助于开发人员和他们一起商讨建立合理的、现实的项目目标和计划；

- 开发人员应采用历史数据进行科学的进度和成本估算，尽量客观准确地设定自己的期望，不要盲目乐观，以免客户有不现实的期望。

## 12.4.5　不现实的进度计划和成本预算

不现实的进度计划和成本预算会让开发人员缩短关键性的前期开发活动，例如需求和设计，从而导致后期大量的返工；同时它也向开发人员施加了额外的压力，给开发人员的自信和生产率造成长期的、巨大的伤害。这种不现实的进度计划和成本预算的来源是多方的，有时是客户、上层领导或市场人员要求的，而有时则是开发人员自己过于乐观造成的。Microsoft Word for Windows 1.0 的开发过程就是由于该进度风险而失败的一个典型案例。如何避免类似的进度风险发生，制订切实可行的进度计划，并有效进行成本预算呢？该风险的常用应对措施包括：

- 详细分析需求，采用历史数据，基于 Delphi 方法、类比估算法或参数估算法进行科学的估算。可由多个估算师独立估算，再进行综合；
- 和项目干系人进行有效沟通，根据估算和目标，选择优先级高的需求，确定项目范围，建立切合实际的进度计划；
- 采用迭代开发过程，把优先级高的需求在前面的迭代实现。当进度延误时，宁可取消优先级低的需求，也不牺牲质量；
- 采用基于复用的软件开发方法，在需求、设计、编码、测试和管理等多个方面复用已有的成果，例如，框架、设计模式、构件、代码、测试案例等。通过复用，可以节省成本，加快开发进度，同时这些可复用成果在多个应用中被反复使用，质量也会更好。

## 12.4.6　质量低劣

当开发进度紧张、预算和资源不足时，开发人员常常会减少质量措施，牺牲质量，例如缩短需求分析时间、取消设计评审、只进行必要的功能测试等，以便实现可感知的项目计划。开发人员能力不足是造成质量低劣的另一个重要原因。质量低劣的结果是，当项目达到功能完成的里程碑时，不得不为质量而大量返工，其代价是原来的 3~10 倍。更有甚者，项目组会把质量低劣的产品直接交付给客户，把试运行当作"系统测试阶段"，让客户代替他们"测试"，造成客户满意度大大下降。质量低劣风险的常用应对措施是在开发过程中执行足够的质量控制和质量保证活动，包括：

- 开展多层次的测试，包括单元测试、集成测试和系统测试，特别是对易错模块重点进行测试。这些易错模块仅占总代码量的 20%，但却隐藏了 80% 的缺陷；
- 对需求、设计、源代码、计划和测试用例等进行评审；
- 采用迭代开发过程，让测试提前进行，及早发现问题；
- 除此之外，还有代码静态分析、形式化验证、模拟仿真等技术。

### 12.4.7  人员薄弱

软件开发最核心的资源是人，但是我们常常遇到人员薄弱的问题，极大影响了开发的进度、成本和质量。人员薄弱体现在多个方面，有时是人数不足，有时是人员的能力欠佳。为了让项目尽早启动，管理者在选择团队成员时常常着眼于尽快找到人，而不是找到最合适的人。士气低下、缺乏各种角色的齐心协力、人员流失率过高也是人员薄弱的表现。人员薄弱风险的常用应对措施包括：

- 招聘有能力的人才。不同软件开发人员的生产率水平会相差 10 倍甚至 20 倍，因此，在软件行业中，招聘 1 个"诸葛亮"可以顶上 20 个"臭皮匠"，同时还可以节省管理和沟通成本；
- 开展团队建设，激励士气，培养高业绩团队；
- 进行有计划的培训，不断提升人员的能力和素质；
- 在项目启动前，提前预定关键的开发人员，确保足够的核心人员；
- 必要时，可以和其他组织合作，通过人员外包方式增加开发人手；
- 留住人才，帮助其不断成长。

### 12.4.8  技术和架构风险

软件开发是一个高技术含量的工作，常常会涉及新技术和新架构，软件开发人员也非常喜欢学习这些新知识。但是，如果技术方案或软件架构不妥，就会导致软件大规模的返工；如果过高估计新技术或方法带来的效率，就会导致采购浪费和过于乐观的计划。技术和架构风险的常用应对措施包括：

- 评审。组织技术人员和专家对技术方案或软件架构进行评审，及早发现缺陷；
- 可行性原型。如果预计采用的技术和架构对项目组来说是新的，或者在新领域中进行应用，则应预先开发技术（或架构）原型，验证通过了方能采用；
- 向专家咨询。咨询已掌握该技术或架构的专家，这能帮助项目组快速学习和掌握新的知识。

### 12.4.9  软件外包失败

为了急于完成项目，或者为了集中资源在核心竞争力上，我们常常会把项目的一部分签约外包。但外包方有时会推迟交付时间，或者交付的软件质量低下而无法满足预计要求。如果不对软件外包进行认真管理，这些问题反而会降低项目开发速度、增加成本、影响质量。软件外包失败风险的常用应对措施包括：

- 采有模块化方法设计软件结构，并确保设计质量，使外包的部分尽可能独立、需求稳定、接口明确；
- 确定一名专门的外包负责人负责建立和管理外包；

● 从技术手段、管理方法、历史绩效、价格等多方面综合评价外包方的能力，从中选择合格者签约；

● 在外包执行过程中，跟踪监督外包方的开发（包括进度、质量、资源等），协商解决有关变更，定期进行阶段评审；

● 在外包结束时，按合同进行验收测试，包括功能测试、性能测试、易用性测试、可靠性测试、可支持性测试和交付文档检查。

## 12.4.10　缺乏足够的用户参与

软件开发的成功不仅依赖于开发人员的努力，还依赖于用户的充分参与。但是，现实中用户常常由于业务过忙或者对需求分析不够重视，使得参与人员的数量、能力或时间不足，甚至选派新手作为用户代表。这些新手有大量的时间，却对业务不熟，提不出需求。开发人员也可能不重视用户的参与，因为他们觉得已经明白用户的需求了，或者认为与用户合作不如编写代码有意思。这种缺乏足够用户早期介入的项目充满着需求误解的风险，易受项目后期功能蔓延的威胁。应对这一风险的常用措施包括：

● 列出所有项目干系人和用户，进行分类，为每一类选派合适的代表，并确保代表的能力和时间；

● 让用户代表早期就直接参与到开发中，参与需求的调研和评审，对原型和发布版本进行测试或体验，提供及时的反馈，与开发人员一同经历整个开发过程；

● 用户代表和开发人员一起在开发现场工作；如果条件不允许，必须经常安排见面。面对面的沟通是最有效的沟通方式。

## 思考题

1. 什么是风险和风险管理？
2. 简述主动风险策略和被动风险策略。
3. 风险成熟度模型的五个阶段自下而上分别是什么？
4. 微软的风险管理过程包括哪些步骤？
5. 列出五种风险应对策略。
6. 简述十大软件风险的常用应对措施。

CHAPTER 13

第 **13** 章

# 软件度量

❏ 什么是度量和度量指标？如何基于 GQM 度量模型进行软件度量？
❏ 软件度量过程由哪些活动组成？
❏ 软件研发效能的常用度量指标和分析技术有哪些？

Tom Demarco 曾经说过，"没有度量就没有控制"。软件度量是软件管理和控制的重要工程手段，它将软件管理提升到更高成熟度的量化管理阶段。但由于软件是一个极其复杂的逻辑实体，因此软件工程中的度量极具挑战性。本章将详细阐述软件度量的概念与模型、软件度量过程、软件研发效能度量方法，以及软件度量的反模式。

## 13.1 软件度量概述

### 13.1.1 度量

所谓度量，又称测量，是指把数值或类别赋予实体的属性。度量关注的是在一定规则下获取关于实体属性的信息；实体可以是工作产品、过程、项目或资源；属性是所关注的实体的特征或特性。软件工程的多个方面都离不开度量的支持，度量有助于认知和评估软件过程、产品、项目、技术、工具和环境，预测软件成本、进度和质量，发现问题，支持过程改进和决策制定。

根据度量的对象、特性和计算方式，度量可以进行以下不同的分类。

（1）产品度量、过程度量、项目度量和资源度量

按度量的对象，度量可分为产品度量、过程度量、项目度量和资源度量。

● 产品度量可实现软件工作产品指标的合理量化，衡量软件工作产品的规模、质量和复杂度等属性，如代码行数、McCabe 圈复杂度、模块的耦合度、测试覆盖率、系统平

均响应时间等。这里，工作产品指在软件开发过程中产生的各种中间或最终的软件制品，包括需求、设计、代码、测试用例和最终产品等。

- 过程度量可实现软件过程的能力指标的合理量化，衡量组织级别上软件过程的质量、成本、盈利、投资回报率和生产率等属性，如需求变更率、缺陷的修复成本占总开发成本的比率、生产率等。
- 项目度量可实现软件项目指标的合理量化，衡量项目的质量、成本、盈利、生产率和进度等属性，如项目质量目标的达成率、人均开发效率等。
- 资源度量可实现资源指标的合理量化，衡量资源的利用、胜任力、分布合理性等属性，如程序员的能力、工具的使用效率、库存周转率等。

（2）度量的客观性和主观性

度量的客观性和主观性一直是大家的争论焦点之一。所谓度量的客观性是指所得到的关于某对象的度量值是该对象的真实描述，不会因度量人的不同、所使用工具的不同而产生差异，如 LOC（代码行数）度量；与度量的客观性相对，度量的主观性是指所得到的关于某实体的度量值是由度量的实施者的主观判断得到的，因此度量值会因度量人的不同而不同，它受环境、人的情绪、人际关系等各种因素的影响，如"系统的易学习性"度量。

由于软件及其度量的复杂性，我们认为，软件开发与运维涉及多种角色和功能，是随环境的不同有很大差异的工程，主观数据和客观数据同时存在。因此，在软件度量过程中，要同时采用主观数据和客观数据，通过合理的数据收集机制，保证数据和度量结果的一致性、准确性和可重复性。

（3）直接度量与间接度量

所谓直接度量，是指不依赖于任何其他属性的度量值便可以计算得到的度量，它通常采用直接观察的方法。所谓间接度量，是指需要依赖本实体或其他实体的一个或多个属性的度量值才可得到的度量，它通常表示为 $m = f(X_1, X_2, \cdots, X_n)$，其中 $X_1$, $X_2$, $\cdots$, $X_n(n>0)$ 均为度量值。因此可见，间接度量以直接度量为基础，是更灵活的映射。

## 13.1.2 度量指标

度量指标是被度量实体的属性及其度量方式的定义。制定有效的度量指标有助于确保对正确的事情进行度量，从而辅助决策。有效的度量指标应是：

- 具体的。度量指标应针对待度量的内容，是具体的和明确的，例如缺陷数量、修复缺陷平均花费的时间等。
- 有意义的。度量指标应从业务目标（例如提高软件研发绩效）出发，为改进而度量。
- 可实现的。在人员、技术和环境既定的情况下，目标是可以实现的。
- 具有相关性。度量指标提供的信息应能带来价值。

度量的目的不仅要计算出度量指标值，而且需要对值进行分析，提供评价和建议措施。因此，度量指标的描述一般包括名称、定义、度量单位、阈值、数据收集方法、数据分析方法、指示、建议措施、考虑、影响因子等，如表 13-1 所示。

表 13-1 度量指标

| 描述项 | 描述 | 示例 |
|---|---|---|
| 名称 | 度量指标的名称 | 语句数 |
| 定义 | 形式化定义和简要说明 | 可执行语句的数量，用以度量一个方法的代码规模 |
| 度量单位 | 度量指标值的计量单位 | LOC |
| 阈值 | 满足质量要求的度量值范围 | ≤7 |
| 数据收集方法 | 收集数据的方法和工具 | 从 IDE 或版本控制系统收集源代码 |
| 数据分析方法 | 度量指标的分析和计算方法 | 方法中的逻辑语句数，不包括空白语句和注释 |
| 指示 | 对度量结果的解释 | 若数字较大，则方法的职责分配可能不恰当，开发人员可能采用串行、面向功能的方式进行方法编程，而不是从其他对象请求服务 |
| 建议措施 | 当度量阈值发现潜在问题时，就会建议采取相应的措施来进行纠正或预防 | 对方法进行重构以增加其内聚度，并降低它与其他方法之间的耦合度，例如将方法一分为二 |
| 考虑 | 精确定义度量时的一些考虑 | 嵌套类：包含 |
| 影响因子 | 影响度量的因子 | 编程语言 |

### 13.1.3 GQM 度量模型

如何设计有效的度量指标？ GQM（Goal-Question-Metric）度量模型提供了从目标导出可执行的度量指标的方法，它表现为一个层次结构，如图 13-1 所示。

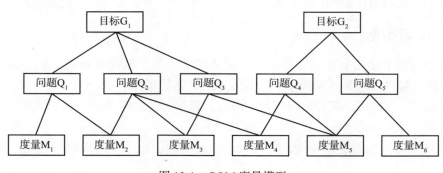

图 13-1 GQM 度量模型

- 第一层：概念层（目标 G）。包含目标、目标涉及的度量对象及其属性等信息，例如，减少项目交付时间、改进产品质量、提高生产率等。度量对象可以是管理、技术、产品、过程和客户关系等。

- 第二层：运作层（问题 Q）。问题是由上一层的目标细化而来的，用于描述实现该目标的方式。一个目标能细化出多个问题。
- 第三层：量化层（度量指标 M）。一组以量化的方式回答上层问题的度量指标。

**GQM 度量模型示例**

度量目标（G）：分析开发过程中的软件错误，以便找出降低成本的可能点。

问题（Q）：

$Q_1$：在哪些地方出现了错误？

$Q_2$：这些错误的来源是什么？

$Q_3$：发现的错误是否得到更改？

$Q_4$：从发现错误、确认错误到更改错误所需要的时间有多长？

$Q_5$：从过程改进小组的角度看，目前的纠错、改错过程是否合理？

度量指标（M）：

$$M_{51}（错误延迟）= \frac{错误呈现时间 - 错误产生时间}{过程周期}$$

$$M_{52}（纠错人工）= \sum_{所有参加纠错的人} 用于纠错的时间$$

## 13.2 软件度量过程

软件度量是一个系统化的过程。本节依循 ISO/IEC 15939（GB/T 20917）《软件工程－软件度量过程》标准来阐述软件度量过程的活动：确立和维持度量承诺、准备度量、实施度量和评价度量，其中准备度量和实施度量是核心活动，如图 13-2 所示。这四个活动依次重复循环，与"策划－执行－检查－改进"（PDCA）相适应，使度量过程可以得到持续反馈和改进。度量经验库储存了已发现对组织有用的度量知识，包括度量目标、度量指标、度量过程、历史数据和经验教训等，这些知识从历史度量实践中采集，供后续的度量进行复用。

### 13.2.1 确立和维持度量承诺

这是度量过程的第一个活动，它负责接受度量需求，并分配资源。具体任务包括：

1）接受度量需求。度量的范围定义为组织单元，可以是单一项目、功能领域、整个企业、单一场所或多场所的组织。随后的所有度量任务都在所定义的范围内进行实施。由组织单元确定对度量过程的资源承诺以及维护这种承诺的意愿。

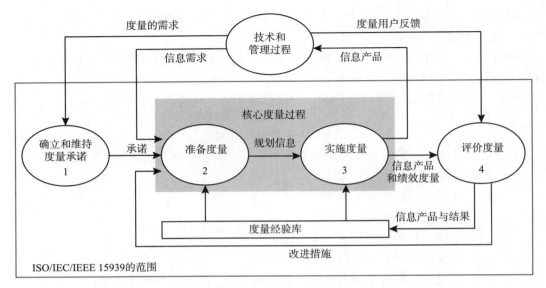

图 13-2　软件度量过程

2）分配资源。度量发起者把度量职责分配给有能力胜任的人，胜任力用掌握度量原理，以及数据收集、数据分析和信息通报等知识的多少来衡量。所涉及的角色至少包括度量用户和度量分析员。度量发起者应确保资金和人员等资源供给。

### 13.2.2　准备度量

本项活动参考度量经验库中的知识，设计度量指标和度量规程，评审度量计划，安装度量工具，为度量的实施做好准备。具体任务包括：

1）定义度量策略，包括度量过程的活动，角色、职责、信息流和资源，以及与其他过程间的接口。

2）描述度量组织的特性，包括组织过程、应用领域、技术、部门间的接口、组织结构等。

3）确定度量的信息需求。根据业务目标、项目目标或所识别的风险等，识别度量的信息需求，例如"如何评价设计过程中的软件产品质量"。让干系人排出优先级，选出最关键的信息需求。

4）从业务目标出发，根据已确定的信息需求，选择和定义度量指标。本书推荐采用GQM 模型从目标导出度量指标，即先将目标细化成一组问题，然后选择度量指标集以回答这些问题。每个选定的度量指标要明确说明它的定义、度量单位、数据收集与分析方法等。

5）定义数据收集、分析和报告规程。规程中应说明如何收集数据，如何存储这些数据，在何处存储，如何分析数据，用什么方法和工具，以及如何汇报和交流度量结果。

原始数据和分析结果等都应纳入配置管理。

6）明确度量评价的准则，包括度量信息和度量过程的评价准则。前者用于确定是否已经收集和分析了所需的数据，以及这些数据的质量是否足以满足度量信息的需求，例如度量规程的准确性和度量方法的可靠性。后者用于确定度量过程的绩效，例如度量过程的时效性和效率。

7）识别和策划度量工具，包括用于收集、存储、分析、报告信息的系统或服务。

8）评审和批准度量计划。度量计划是项目计划的一个组成部分，也可以单独成文，其主要内容包括 1~6 的度量任务及其进度安排和职责分配。干系人对度量计划进行评审并提出意见；然后由度量发起者批准计划，在得到组织领导的同意后，为其分配资源。

9）获取并部署支持技术，包括度量工具和培训课程等。在部署前，需要对支持技术进行评价和选择，这可能会引起度量计划的更改。

## 13.2.3　实施度量

接着，按度量计划实施度量，具体任务包括：

1）过程间集成。把数据的产生、收集、分析和报告过程与相关的软件过程进行集成，例如对评审过程做一些小修改，让评审记录员在每次评审结束时将评审日志和缺陷清单记录在数据库中。这涉及对现有过程的影响程度与度量需求之间的平衡，收集数据所要求的变更应尽量最小。向干系人通报已集成的数据产生和收集规程，向数据提供者提供培训以确保他们能胜任所要求的数据收集工作。

2）收集、存储和验证数据。采用指定的度量方法来测量目标实体的属性，例如，可以用代码静态分析工具来收集代码数据，让评审记录员填写缺陷清单等。然后存储所收集的数据及其上下文信息，对照检查表人工或自动地对数据进行验证，并对所发现的异常（例如数据缺失、超出所定范围的数据值，不寻常的数据模式等）进行修正。

3）分析数据，得到度量结果。对所收集的数据进行汇总、转换、编码等预处理，然后分析数据，计算得到度量指标值，并根据上下文信息对其进行解释，提出建议措施。度量指标值、解释、建议措施和支持信息组成了度量结果，由数据提供者和度量用户进行评审，以确保数据被正确分析和解释并满足度量的信息需求。

4）记录并通报度量结果。度量结果应及时向相关的干系人通报，包括度量用户、发起者、分析员及数据提供者等，以支持后续的决策、错误纠正、风险管理和改进。做到既给干系人提供反馈，又从干系人处寻求反馈。干系人的反馈是度量评价的重要输入。

## 13.2.4　评价度量

最后，对度量进行评价，以发现改进的契机。具体任务包括：

1）评价度量信息和度量过程。依据评价准则，通过内部的或独立的审核，对度量信息（例如度量指标、数据、规程、方法和工具等）和度量过程进行评价，识别它们的弱项和强项。评价的输入是度量的效绩数据、度量信息和度量用户的反馈。把通过评价得到的经验教训存入度量经验库，包括度量信息、度量过程和评价准则本身的强项与弱项，度量策划的经验等，例如"数据提供者按规定频度收集某度量数据有很大阻力"。

2）识别潜在的改进契机，例如软件规模度量指标从代码行变为功能点，重新分类软件缺陷等。对度量过程的改进建议应提供给度量过程负责人，而对度量信息的改进建议通常提供给度量分析者。

## 13.3 软件研发效能度量

研发效能是指高质量地持续交付价值的能力，它是软件组织的核心竞争力。软件研发效能的度量以评估和改善研发效能为目的，通过数据驱动的方式让效能可量化、可分析、可提升。这是一种综合性度量，涉及产品、过程、项目和资源。本节将介绍软件研发效能度量的常用指标和分析技术 ⊖。

### 13.3.1 软件研发效能度量的常用指标

研发效能度量主要关注三个维度的指标，分别是交付效率、交付质量和交付能力。

（1）交付效率

交付效率指标用于促进端到端的及早交付，用最短的时间顺畅地交付用户价值。常用的指标包括需求前置时间、产品研发交付周期、需求吞吐量。需求前置时间（lead time），也称为需求交付周期，是指从需求提出，到完成开发、测试，直到完成上线的时间周期。它反映了整个组织对客户问题或业务机会的交付速度，依赖于业务、产品、开发、测试、运维等职能部门的紧密协作。产品研发交付周期，是指从需求被研发团队确认，到完成开发、测试，直到完成上线的时间周期。它反映了研发团队的交付速度，依赖于需求的拆分和管理以及研发团队的协作。需求吞吐量，是指单位时间交付的需求个数，即周期内交付的需求个数 / 统计周期。需求颗粒度要符合约定的规则，例如需求的颗粒度上限，以避免需求大小不统一导致的数据偏差。

（2）交付质量

交付质量指标用于促进端到端高质量交付，避免不必要的错误和返工。常用的指标包括线上缺陷密度、故障恢复时间和变更成功率。其中线上缺陷密度统计周期内线上或单个版本严重级别缺陷数量 / 需求个数，故障恢复时间统计线上系统发生故障时的恢复时间，变更成功率统计上线部署成功且没有导致服务受损、降级或需要事后补救的比例。

---

⊖ 参见《软件研发效能提升实践》，茹炳晟、张乐等著。

（3）交付能力

交付能力指标用于建设卓越的工程能力，实现持续交付。常用的指标包括部署频率和变更前置时间。部署频率是指单位时间内的有效部署次数。团队对外响应的速度不会大于其部署频率，部署频率约束了团队对外响应和价值的流动速度。变更前置时间统计代码提交到功能上线的时长。这反映了团队的工程技术能力，依赖于交付过程中高度自动化以及架构、研发基础设施的支撑能力。交付能力的提升通常需要一定的周期沉淀和积累，所以是延迟反馈的。

交付效率、交付质量、交付能力的提升最终会推动组织效能的提升和业务结果的优化。所以，我们在设计度量指标体系时，还应该增加业务结果维度的考量，包括业务价值、交付成本和满意度（包括客户满意度和员工满意度）。

除了以上指标之外，还有很多实践中常用的指标，例如：

● 需求规模：周期内交付的需求总研发工作量／需求个数。这个指标用于描述需求的颗粒度，反映了需求拆分情况。单个需求的规模保持相对稳定，需求吞吐量指标才具备参考意义。

● 需求变更率：周期内发生变更的需求数与需求总数的占比。这个指标通过度量开发、测试过程中变更的需求数来达到衡量需求质量的目的。需求变更是指需求达到了就绪状态之后才发生的变更。

● 需求按时交付率：周期内交付的需求中，满足业务方期望上线日期的需求个数占比。这个指标反映了在用户视角下研发团队为满足业务方的上线需求而做的贡献。

● 技术债率：预计技术债务修复时长占开发所有代码所需时间的比例。这个指标用于衡量设计质量，反映了因快速开发暂时不顾软件质量所产生的技术债比率，而技术债会不断降低开发效率和产品质量。

● 单元测试覆盖率：单元测试中对功能代码的行、分支、类等场景覆盖的比率，用于量化评估单元测试的充分情况。

● 代码评审覆盖率：在主分支上，代码评审覆盖的提交数／总提交数。这个指标体现了研发质量内建活动中代码评审的总体执行情况。

● 平均缺陷解决时长：周期内缺陷的总解决时间／缺陷数量，用于衡量修复线下缺陷的效率。

● 项目收益达成率：收益指标全部完成的项目数／收益指标验证时间在所选周期内的项目数，用于衡量项目的各项预期收益指标的达成情况。

● 项目满意度评价：对项目的整体过程的评价。评价分为两层：第一层为总体满意度评价，用于对团队的交付情况进行评价；第二层为具体分类评价，通常用雷达图进行呈现，用于收集改进意见、发现短板从而进行改进。分类评价的方面可以包括需求管理、进度管理、成本管理、沟通管理、风险与问题管理、验收测试、上线质量、上线后支持、开放性问题等。

## 13.3.2 软件研发效能度量的分析技术

如何对度量指标值进行分析，从而发现问题和改进契机，进行决策支持？常用的软件研发效能度量的分析技术有相关性分析、趋势分析、下钻分析、累积流图分析和价值流分析等。

### 13.3.2.1 相关性分析

软件研发效能的提升是复杂的，受到诸多因素的影响。这些因素与结果之间存在相关关系，我们可以从历史数据中分析这种相关性，然后通过实验的方式进行探索，找到能够切实驱动效能提升的因素进行持续干预。

常用的相关性分析技术有：

● Spearman 秩相关系数，研究两个等级变量之间的相关程度，例如，将模块的规模分为五个等级，缺陷数目分为三个等级，给定两组数据来研究模块规模和缺陷数目之间的相关性。

● Kandall 和谐系数，研究多个等级变量之间的相关程度。例如，一组专家按各自的标准分别对一组模块的质量进行评估，由 Kandall 和谐系数可判断出他们做出结论的一致性，也可以科学客观地选出质量好的模块和有经验的专家。

● Pearson 积差相关系数，研究两个计量变量之间的相关程度。例如，根据一组模块的千行代码数和缺陷数目来研究两个变量之间是否存在相关关系。

可以使用热力图、北极星指标、群星指标与围栏指标等来呈现相关性系数，如图 13-3 和图 13-4 所示。热力图用从浅到深的颜色对正 / 负相关性系数进行标识。北极星指标又称首要关键指标（One Metric That Matters），可以用来指引改进的方向。为了进一步分析北极星指标，我们还需要一些辅助性的参考指标。这些指标分布在北极星指标的周围，故称为群星指标。而围栏指标的设置是为了避免过度追求北极星指标所带来的潜在负面影响，避免在达成目标的解决方案选择上采取短视的行为。

例如，我们的目标是降低需求交付周期。根据经验，我们认为研发各阶段耗时、负载、需求规模、紧急需求插入占比、需求变更率、变更前置时间、代码技术债率、缺陷解决时长、代码复杂度与重复度等指标和需求交付周期有正相关关系，而过程效率、需求评审通过率、代码评审通过率、发布成功率等指标与需求交付周期有负相关关系。然后，我们对过去半年的历史数据进行相关性分析并得到了一份相关性系数的热力图，如图 13-3 所示。可以看到，大部分相关性数据的计算结果与我们的经验是一致的，但也有个别数据与经验存在一定的差异。于是，我们对已被数据证明存在相关性的活动和过程指标实施干预，如降低过程负载、提升需求稳定性等，以期加速需求的交付速度。同时对数据与经验有出入的指标进行检视与反思，分析是实践无效还是数据失真导致的误判，并在下一个周期中进一步增加实验进行持续探查。

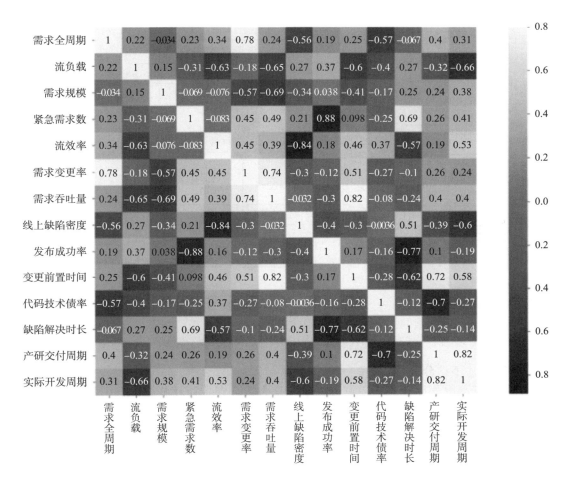

图 13-3　热力图示例

#### 13.3.2.2　趋势分析

在度量研发效能时，随着时间推移的变化趋势会比绝对值更有意义。每个组织、每个项目、每个人都有不同的起点和上下文背景，按度量指标的绝对值进行横向比较很可能有失偏颇。针对每个独立的个体，度量指标随时间推移的变化趋势常常更能获取到有效的信息。

例如 4S 系统使用缺陷逃逸率指标来度量软件质量控制的效率，发现最近一年，缺陷逃逸率一直处于下行趋势。但更为重要的是，是采取了什么样的措施和实践才达成了这一目标呢？我们进行趋势分析，绘出代码评审和单元测试的覆盖率与通过率的趋势图，发现是因为在背后付出了很多质量内建活动的努力才让线上缺陷逃逸减少这一目标得以达成。

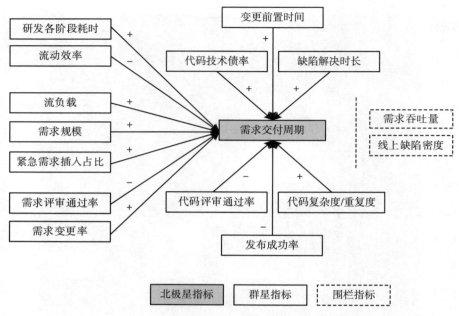

图 13-4　北极星、群星与围栏指标示例

### 13.3.2.3　下钻分析

下钻分析可以帮助我们从宏观到微观，从表象到根因逐层排查问题，找到影响效能的瓶颈点。在采集到度量数据之后，一般会进行自下而上的聚合，比如按照产品、部门、团队、项目、应用、阶段、季度和月度等不同的维度聚合，这样就可以提供更高层级的视图进行度量和展示。而在分析效能问题时，更多是自上而下进行的。例如，从组织结构维度下钻，先看到整个公司的效能情况、各个部门的横向对比，然后再进行逐层下钻，一直到子部门、团队层级，甚至下钻到数据明细，从而从宏观到微观进行问题根因分析。再例如，从时间维度下钻，先对整个交付周期进行度量，再按需求、设计、编码、测试和部署等各阶段进行下钻分析。

### 13.3.2.4　累积流图分析

累积流图（Cumulative Flow Diagram，CFD）是看板方法的核心度量分析技术，它用于分析研发过程各个阶段的在制品（Work In Progress，WIP）数量、交付周期和吞吐量随时间变化的趋势。

累积流图的 $X$ 轴是时间；$Y$ 轴是工作项数量。$Y$ 轴从研发过程第一个状态（如"开发中"）到最后一个状态（如"已完成"）之间的高度，就代表了在制品的数量，高度越高说明在制品堆积越多。$X$ 轴从研发过程第一个状态到最后一个状态之间的长度，则代表了从开发启动到完成的周期，这个长度越长说明交付周期越长，而这往往是由于在制品堆积造成的。吞吐量是单位时间内完成的在制品数量，在累积流图中，"完成"线的斜率就是吞吐量。通过观察"完成"线的斜率变化,就可以直观地看出团队的交付效率的变化。

图 13-5 是某项目的累积流图,6 月 1 日在制品数据量为 5,而在 6 月 2 日增长为 30,代表开发和测试的工作量加大。平均周期从 6 月 1 日~5 日由小及大,再逐渐变小;其中6 月 2 日~4 日期间增大至 2 天,说明大量在制品堆积在"开发中""待测试"和"测试中"状态,导致平均开发周期延长。吞吐量也呈逐步上升的趋势。

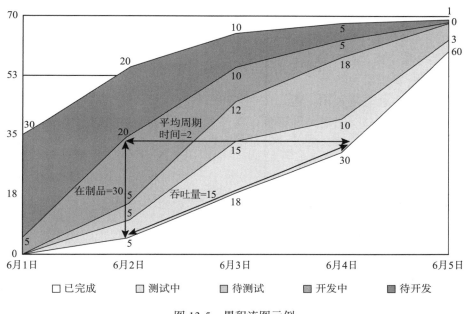

图 13-5  累积流图示例

### 13.3.2.5  价值流分析

价值流是从最初的需求提出到实现价值的过程中,为客户增加价值而采取的一系列行动。价值流分析通过收集和分析价值流中的数据,获得端到端的可见性,识别瓶颈所在,驱动优化改进。价值流分析有五大流动指标,分别是流动速率、流动时间、流动负载、流动效率和流动分布。

1)流动速率:单位时间内完成的流动项(如需求、缺陷等各种类型的工作)的数量,用于衡量生产力。流动速率高,代表交付价值正在加速;流动速率低,代表最终成果物很少,交付过程阻塞,或是在制品过多导致的工作切换。

2)流动时间:从流动项被接受并进入价值流到其完成所花费的时间,包括活跃时间和等待时间。如果流动时间高,则需要结合流动负载、流动效率等其他指标,做进一步细化分析,发现其根源,例如在制品过多导致的工作切换,工作被阻塞,或员工工作效率低等。

3）流动负载：价值流中在制品的数量，包括已开始但尚未完成的工作项。如果流动负载低，代表有潜在的人力资源浪费；如果流动负载高，则可能存在过多的在制品所导致的交付延迟、成本增加、质量下降、员工抱怨等情况，长期超过实际产能安排工作将导致倦怠。

4）流动效率：流动项处于活跃工作状态的时间占总消耗时间的比例，可用来找出导致流动停滞的问题。流动效率低，会导致流动负载增加，出现更长的等待队列。30%~40%的流动效率是理想状态。如果流动效率超过40%，则需检查是否存在数据失真。

5）流动分布：通过计算给定时间内完成的流动项（需求、缺陷、技术债等）的比例，来衡量在不同开发阶段中各类工作的实际投入情况。产品在不同的阶段应该选择不同的流动分布，以实现利益最大化。例如在产品初创阶段，就要快速试错，将所有时间投入到业务需求上；当产品的用户越来越多，就要重视口碑，快速解决技术问题并满足监管要求；当产品进入成熟期后，更关注的是稳定性和质量；最后，在产品的衰退期，绝大部分工作就是修复缺陷，做好运维。

## 13.4 软件度量的反模式

近几年，软件度量实践被普遍采纳，研发大数据平台逐步被构建起来，如何有效地度量，却成为一大挑战。如果度量未能建立合理的目标或未能遵循度量原则和最佳实践，结果经常是，在消耗了很多资源的情况下，非但没有带来所预期的正面引导作用，反而带来了很多严重的副作用。软件度量的反模式总结如下：

（1）把度量指标和KPI绑定

千万不要把度量指标设置为KPI用于绩效考核，因为一旦把度量指标与绩效挂钩就一定会产生"伪造数据"的数字游戏。这时，度量非但起不到正面效果，还会对公司和团队造成伤害。著名的古德哈特定律告诉我们：当某个度量指标变成了目标，它便不再是一个好的度量指标。度量的出发点是好的，但当它演变成了与绩效考核挂钩的KPI，大家都有追求自己切身利益的动机，那么各种为了提升指标而进行的短视行为就会纷纷上演。这不仅是一种浪费，而且往往会适得其反，特别是当薪资与度量指标挂钩的时候。

我们应把度量作为一种目标管理方法和一种效能提升的参考工具，促进团队明确业务目标，分析问题，指导针对性优化，从而最终获得改进。例如，对线上缺陷密度的度量和分析，可以让团队了解产品的质量走向和问题的根因，有助于持续优化交付质量；对需求交付周期的度量和分析，可以让团队了解产品端到端交付效率和细化每个阶段的耗时占比，可以针对性地采取干预措施，让研发效能获得有效的提升。

（2）为了度量而度量

度量从来不是目的，而应该是实现目的的手段。度量是为了改进。一个好的度量，一定要为解决本质问题服务，并且要能够引导出正确的行为。例如研发部希望通过引入新的持续集成系统来提高生产力，这就是一个明确的目标，在初期落地执行时，可能会采用持续集成系统注册用户数这个指标来进行度量。但是系统的使用不是目的，而是提升生产力的手段，我们更应该度量的是应用系统后，是否解决了开发人员对测试快速反馈的需求，质量和效率是否得到了有效提升。

我们应采用 GQM 模型或 GSM（目标／信号／指标）模型，从目标出发设计度量指标。同时，度量本身并不能改进过程，我们应通过度量结果的交流，促进后续的过程改进行动。

（3）片面地使用局部性指标

现实事物复杂而多面，度量正是为描述和对比这些具象事实而采取的抽象和量化措施，从某种意义上来说，单一度量指标一定是片面的，只能反映部分事实。例如，需求交付周期是常见的研发效能指标，但是，如果一个组织仅仅认为交付周期短了就代表效能提升了，其实这就是一种片面的追求，交付周期变短还需在功能有效、吞吐量和质量稳定、安全合规的基础之上才有价值。

通过单一维度进行度量对于研发效能提升的效果有限，而跳出来看到全局的研发体系和结构才是关键。我们应从目标出发，找出能够反映目标的一组指标，把这些指标拼成一个雷达图，从多方位多角度客观地进行测量和评估。

（4）数据采集依赖于人工录入

获取数据是度量的基础，采用人工录入的方式进行数据采集存在多方面的不足。首先，数据采集会占用开发人员的很多精力；其次，在采集过程中存在大量的人工干预行为，使得数据失真，公信力不高；另外，数据人工录入常常不够及时，甚至在项目或迭代结束时靠回忆来录入，这也同时导致数据不够准确和不够精细。

准确、完整、及时的数据是软件度量成功的必要条件，我们应尽可能非手工输入，而采用工具从软件研发与运维的全过程中自动采集、汇聚、计算数据，这样才能高效地获得真实的数据，用于支持管理和技术的决策。目前，研发工具链和云化开发环境为数据的自动采集提供了便利条件。

（5）在没有任何明确改进目标下开展大规模的度量

不要在没有任何明确改进目标的前提下开展大规模的度量，因为度量是有成本的，而且这个成本还不低。有些组织花大成本去建立研发大数据平台，期待通过大数据的分析来获取改进点，结果往往是，和巨大的投入相比，收效甚微。

正确的做法应该是通过对研发过程的深度洞察，发现有待改进的点，然后寻找能够证实自己观点的一组度量指标并采取相应的措施，最后再通过度量数据来验证措施的改进效果。度量指标应该少而精，每个指标都要追求投资回报比。

（6）照搬业界对标的指标

切记不要基于比较思维而采用"追星式"的度量，不要盲目生搬硬套对标组织的度量指标体系，也不要直接拿自己的度量结果去和它进行比较。两家组织间的上下文环境、生态以及文化常常相差很大，因此，学习他人的度量指标之前应该先了解该指标的目的、工作原理和应用场景。

例如，Google 采用 QUANTS 模型来度量工程生产力，度量指标包括代码质量（Quality of the code）、工程师注意力（Attention from engineer）、智力复杂性（Intellectual complexity）、速度与速率（Tempo and velocity）和满意度（Satisfaction）。这个指标体系看起来很不错，但是如果一个组织的研发成熟度还比较低，连最基本的需求流转和敏捷协作都没有做好，引入和对标这些对工程能力和工程师文化有一定要求的度量指标，很可能适得其反。

（7）仅从管理角度出发，忽略了为工程师服务

在很多组织中，无论是工时、人员饱和度等衡量资源利用率的指标，还是需求交付周期、吞吐量等衡量流动效率的指标，本质上都是从管理维度看待软件度量。但是我们不应该把员工当成一种"资源"，而是要作为"工程师"来看待。员工幸福感的下降不仅会影响开发的生产力，还会影响结果软件的质量。

我们在进行软件度量时，应多关注工程师的感受，例如他们对工作环境、工作模式、工作负载、研发基础设施、项目协作、团队发展、个人提升是否感到满意，是否有阻碍工程师发挥更大创造性和产生更大生产力的因素存在等。工程师个人效能的有效提升是组织效能提升非常关键的组成部分。就像 Meta（原 Facebook）会把"不要阻塞开发人员"作为贯穿公司研发和管理实践中的核心原则之一，软件度量也要从工程师视角来考虑，为工程师服务。

（8）忽视度量的滞后效应

度量有一个非常明显的滞后效应。采取度量措施之后，通过度量指标反馈出来需要很长时间。这往往会由于反馈周期过慢使得大家对原本正确的措施失去信心。作为管理者，对于度量指标的反馈周期要有一定的耐心。

## 思考题

1. 什么是度量的客观性和主观性？软件度量是否应采用客观度量而不应采用主观度量？
2. 根据 GQM 模型，就度量目的"分析开发过程中的软件错误，以便找出提高开发效率的可能点"进行分析，建立合适的度量指标。
3. 简述软件度量过程的步骤。
4. 简述软件研发效能度量的三个维度，并分别列出常用的度量指标。
5. 简述软件研发效能度量的分析技术。
6. 软件度量的反模式有哪些？

# 第 **14** 章

# 软件开发中人的管理

❏ 如何管理软件工程师和项目干系人？
❏ 软件项目团队常见的协作模式有哪些？
❏ 高绩效团队具有哪些特征？如何建设高绩效团队？

　　管理的核心是能动的人，管理的动力是人的主动性。软件工程管理必须以人为本，一切依靠软件工程师的能动性，一切着眼于软件工程师的可持续发展。本章关注软件开发中人的管理，从软件工程师和干系人的管理，到软件团队的管理，再到软件组织的人力资源管理。

## 14.1　软件工程师的管理

　　在软件工程师、开发过程、产品和技术这四大因素中，软件工程师是最有可能提高生产率和质量的因素。优秀程序员和较差的程序员之间生产率和质量的差距可达到 10 倍甚至 20 倍，无论他们是否具有相同的开发经验。如何对软件工程师进行管理，从而让他们发挥出巨大的潜力？本节从软件工程师的特点出发，从激励和自我管理两个角度来阐述软件开发中个体的管理。

### 14.1.1　软件工程师的特点

　　亨利·福特曾发出这样的感叹："我买的是一双手，为什么总是得到一个人呢？"作为大机器生产之典型的福特主义装配线生产，需要的是像机器上的齿轮一样转动的工人按严格的规范操作，而人类的易变性会影响这种装配线的规则性和标准化，从而影响生产率和质量。人的行为的标准就是机器运行的标准，与标准化相对立的创造性和个人色彩不仅不是优点，而且是必须通过泰勒式训练加以去除的。借用福特的话来说，就是把

"一个人"训练为"一双手"。

在软件产业中，软件开发虽然也使用计算机和物质能源（如电），但它的主要生产资源是蕴藏在人脑中的脑力资源。知识工作者的管理，应该从"一双手"向"一个人"回归。曾经困扰福特式装配线实现完美规则性的人类易变性，现在成了组织价值和创新的一个主要来源。新知识的产生，需要一种有利于互动和合作的以人为本的环境。

和其他产业的人员相比，软件工程师由于其环境和所受教育等多方面的影响，大都有较高的知识层次，拥有一技之长，年轻者多；有更多的选择条件和机会，也有更高的需求层次；自我意识很强，更加珍视自身独立性；希望通过自己的工作实绩来获得精神、物质及地位上的满足，期望通过一种创造性和挑战性的工作来体现自身的价值；他们关注国际社会和科技的最新发展，有多渠道获取信息的能力和条件，随时敏感地捕捉可能的发展机会。

软件产业和软件工程师的这些特点，给软件开发中人的管理提出了极大的挑战。如何更有效地管理软件工程师？根据现代管理理论，目前推荐的方法是激励和自我管理。

## 14.1.2 激励

激励是行为科学中用于处理需要、动机、目标和行为四者之间关系的核心机制。行为科学认为，人的动机来自需要，由需要确定人们的行为目标，激励则作用于人的内心活动，激发、驱动和强化人的行为。自 1920 年以来，国内外许多管理学家、心理学家和社会学家提出了激励理论，包括马斯洛的需要层次理论、赫兹伯格的双因素理论、戴维·麦克利兰的成就需要理论、奥德弗的 ERG 理论、弗鲁姆的期望理论、亚当斯的公平理论等。不同的人会因不同的因素而得到激励。Boehm 教授根据激励理论，对软件工程师、项目经理和一般人进行了调查分析，总结出前 16 个激励因素，如表 14-1 所示。

激励软件工程师的因素并不总是和激励项目经理或一般人的因素相同。与一般人相比，软件工程师更容易受发展机遇、个人生活、成为技术主管的机会以及同事间人际关系等因素的影响，而不容易受地位、受尊敬、责任感、与下属关系及受认可程度等因素的影响。与项目经理相比，软件工程师易受发展机遇、个人生活及成为技术主管的机会等因素影响，而不易受责任感、受认可程度及与下属关系等因素影响。如果一个管理者用对自己有效的方式来激励软件工程师，则很可能会遭到挫折。若要激励软件工程师，更应强调技术挑战性、自主性、学习并使用新技能的机会、职业发展以及对他们私人生活的尊重等。

另一份软件工程师激励因素的研究报告来源于 MBTI 心理测试对计算机专业人士性格类型的测定。调查表明，计算机专业人士比一般人更加"内向"，这基本上是在意料之中的。与通常意义上的内向不同，MBTI 测试中的"内向"只是表示对内心的想法而不是对外部世界的人和事更感兴趣。50%~65% 的计算机专业人士表现为性格内向，而普通人只有 25%~33%。这与表 14-1 相一致,软件工程师比其他人更关心发展机会,而较少关心地位和受认可程度。调查还发现,80% 的计算机专业人士更具理性倾向,而普通人只有50%。理性倾向的人所做的决定更多地基于逻辑,而较少基于个人因素。

表 14-1 不同人员的激励因素

|  | 软件工程师 | 项目经理 | 普通人 |
| --- | --- | --- | --- |
| 1 | 成就感 | 责任感 | 成就感 |
| 2 | 发展机遇 | 成就感 | 受认可程度 |
| 3 | 工作乐趣 | 工作乐趣 | 工作乐趣 |
| 4 | 个人生活 | 受认可程度 | 责任感 |
| 5 | 成为技术主管的机会 | 发展机遇 | 领先 |
| 6 | 领先 | 与下属关系 | 工资 |
| 7 | 同事间的人际关系 | 同事间的人际关系 | 发展机遇 |
| 8 | 受认可程度 | 领先 | 与下属关系 |
| 9 | 工资 | 工资 | 地位 |
| 10 | 责任感 | 操控能力 | 操控能力 |
| 11 | 操控能力 | 公司政策和经营 | 同事间的人际关系 |
| 12 | 工作保障 | 工作保障 | 成为技术主管的机会 |
| 13 | 与下属关系 | 成为技术主管的机会 | 公司政策和经营 |
| 14 | 公司政策和经营 | 地位 | 工作条件 |
| 15 | 工作条件 | 个人生活 | 个人生活 |
| 16 | 地位 | 工作条件 | 工作保障 |

这些倾向性说明:如果要激励软件工程师,最好使用具有逻辑的论点。比如说,许多有关激励机制的文章强调应设置看起来不现实的目标来提高生产效率。这种方式对感性倾向的人有效,因为他们可能觉得这种目标更具有挑战性。但是理性倾向的人将拒绝此类目标,认为它"不合逻辑"。因此很少有开发小组会对不现实的工作进度安排做出积极反应。

为了使软件工程师达到 10 倍的生产率绩效,不仅要让他们表面上动起来,更要调动其内在动力。要激发软件工程师的创造力,就要为他们创造满足内在需求的环境。当被激发出创造力时,软件工程师会投入时间和精力并享受于其中。激励软件工程师的最重要的五个因素是:成就感、发展机遇、工作乐趣、个人生活和成为技术主管的机会。以下各小节将分别详细描述这五个因素,以及奖励。

### 14.1.2.1 成就感

可以从以下三个方面来激励软件工程师的成就感。

1）自主权。自主是进行激励的一种方法。当人们为实现自己设定的目标工作时，会比为别人更加努力地工作。例如，4S 系统项目让软件工程师自己安排工作进度。

2）设定目标。设定明确的项目目标是实现快速和高质量软件开发的简单有效方法之一，但也容易被忽略。如果为当前的一段时期设定了开发目标，软件工程师会为了实现这一目标努力工作吗？如果他们懂得这个目标如何同其他目标相适应，这一系列目标作为一个整体是合理有效的，那么答案是肯定的。而对于经常变化的或公认为不可能实现的目标，软件工程师则不会予以理会。请注意不要在设定目标时一下子走得太远，如果一个小组一下子有了几个目标，对他们来说每一个目标都做好几乎是不可能的。项目经理应该选定一个最为重要的目标。例如，在 4S 系统项目中，项目经理设定的项目目标是将风险降低到最小。

3）让他们做喜欢的工作。软件工程师通常最喜欢做的工作是软件开发。激励他们努力工作的最好方法之一就是提供一个良好的环境，让他们能够轻松地进行软件开发。

### 14.1.2.2　发展机遇

作为一名软件工程师，最激动人心的就是在一个不断发展的领域工作。在软件产业中，每个人每天必须都学习新东西，以跟上时代潮流，而且从事目前工作用到的知识有一半在 3 年内必将过时。软件产业的这一特殊性使得软件工程师必然会受发展机遇的激励。

一个企业可以通过帮助软件工程师进行职业生涯规划、提供发展机会来激励他们。例如，4S 系统的开发企业采取了以下有效的激励措施：提供培训和进修机会，分配软件工程师在提升其技能的项目中工作，为每个新的软件工程师指定导师，避免进度压力过大，安排企业内或企业外的技术和经验交流，帮助规划职业生涯。

关注个人发展对企业的研发能力来说，既有短期作用又有长期作用。就短期来说，它将增加小组的动力，激励他们努力工作；就长期来说，企业将能吸引并留住更多的人才。正如 John Naisbitt 和 Patricia Aburdene 在《重塑企业》一书中所述："最聪明、优秀的人才必定会流向鼓励个人发展的企业"。

### 14.1.2.3　工作乐趣

Richard Hackman 和 Greg Oldham 提出，可以从以下五个方面让软件工程师感受到工作的意义，提高他们对工作的责任心和乐趣。

1）技术的多样性：指工作本身要求具有多种技能的程度，以使在工作时不至于枯燥乏味。

2）任务的完整性：指所完成的工作的完整程度。当进行一项完整的工作并且它能使人感受到所做工作的重要性时，人们会对其更加关注。

3）任务的重要性：指工作对其他人和公众的影响程度。人们需要感觉到其产品很有价值。例如，为飞机拧螺丝会感到比为装饰镜拧螺丝更重要也更有意义。同样地，有机会接触客户的软件工程师可以更好地理解他们所做的工作，从而得到更大激励。

4）自主性：指能按自己的方式方法处理自己工作的自由度。拥有的自主权越大，人们的责任感就越强，工作成绩就越好。

5）工作反馈：指所从事的工作本身能够提供关于直接清晰的工作效果的程度。软件开发工作有着良好的信息回馈，这是由编程工作本身决定的——程序一运行，软件工程师就能知道自己的程序是否能够正常工作。

合理考虑以上五个方面，为对自身具有较高期望的软件工程师提供适合的、有意义的工作。

### 14.1.2.4　个人生活

成熟感、发展机会和工作乐趣对软件工程师和项目经理的影响都排在前 5 位（虽然顺序不同）。但个人生活因素对软件工程师的影响排在第 4 位，而对项目经理的影响仅排在第 15 位。个人生活因素对软件工程师的影响可能是让项目经理最难以理解的。责任感是另一种差异较大的因素，对项目经理的影响排在第 1 位，而对软件工程师而言仅列第 10 位。

这种差异的一个结果是，有时项目经理会将最具有挑战性的工作分派给最好的软件工程师以示奖励。对项目经理来说，额外的责任是一件乐事，由此带来的个人生活损失则无关紧要。而对软件工程师来说，这简直就是受罚，个人生活受到的影响是重大的损失。软件工程师将这种奖励看成是项目经理对他的惩罚。

要想用个人生活因素激励软件工程师，就必须做出现实的计划使软件工程师有时间享受个人生活。例如，在 4S 系统项目中，项目经理会给软件工程师安排假期，并同意在工作日偶尔外出。

### 14.1.2.5　成为技术主管的机会

软件工程师比项目经理更重视技术管理工作的机会。对软件工程师来说，技术管理工作代表成功，这意味着他已具备了指导他人的水平；而对项目经理来说，技术管理工作意味着倒退，他已经在指导他人工作，并且很高兴自己可以不必去掌握那些技术细节。

技术主管并不仅限于项目组的技术负责人、企业的 CTO 或首席科学家，例如，4S 系统的开发企业把这种激励因素应用得更灵活一些：

● 指派每个人分别作为某个特定领域的技术负责人，如负责用户界面设计、数据库、机器学习模型、报表、网络、接口等。

● 指派每个人分别作为某个任务的技术负责人，如技术评审、代码复用、系统测试等。

● 除新手外，指定所有的人作为新进人员的导师。

### 14.1.2.6　奖励

除了上面提到的五个激励因素外，奖赏和鼓励对长期的激励也是很重要的。如果人们感受到自己在组织中的价值，并且可以通过获得奖励来体现这种价值，他们就会受到激励。通常，大多数人认为金钱奖励是奖励制度中最有形的奖励，然而也存在各种有效的无形奖励。大多数软件工程师会因得到成长机会、获得成就感以及用专业技能迎接新挑战，而受到激励。公开表彰优秀业绩，可以正面强化成员的优良行为，甚至一些诚恳的赞语都会带来意想不到的激励效果。在 *In Search of Excellence* 一书中，Peters 和 Waterman 指出，一个公司如果要在本行业保持 20 年以上的领先地位，就必须有卓有成效的非金钱形式的激励措施。

**非金钱形式的激励措施示例**

- 诚恳而直接地赞扬一项特别的成就；
- 小组的 T 恤衫、运动衫、手表、徽章、标语、奖杯等；
- 幽默或严肃的证书、纪念品等；
- 重大成果的特别庆祝活动；
- 为该小组颁布特殊政策，如，为该小组添置一张乒乓球桌，冰箱里放置饮料等；
- 专门的培训方案；
- 单独开的特别例会；
- 晋升或提拔。

只有优良行为才能得到奖励。例如，在 4S 系统的开发企业中，为实现紧迫的进度目标而自愿加班，将受到表彰；而因团队成员计划不周而导致的加班，则没有任何奖励。不能因高级管理层造成的计划不周和强加的不合理要求，而惩罚团队成员。另外，奖励一定要公平，千万不要搞"大锅饭"。Barry Boch 曾讲过，糟糕的奖励制度就是给最佳表现者 6% 的奖励，同时也给表现平庸者 5% 的奖励。

任何形式的奖励都是一种关心和一种挂念，有一点是确定无疑的，那就是奖励表达了感谢，而不仅仅是激励，更不是操纵。

### 14.1.3　自我管理

现代组织管理的核心就在于"自我管理"的思想 ⊖。组织要搭建平台，充分授权，使知识工作者独立地、创造性地开展工作，在更高层次上发挥自我管理的作用，以实现自身价值。敏捷过程明确提出了软件开发团队应是自我管理的，当开发人员没有得到授权或自我管理时，对变更的适应就变得十分困难。

例如，在一个 Scrum 团队中，没有子团队或等级制度，每位开发人员都是自我管理的。Sprint 如何完成，谁做什么，什么时候做，以及如何做，完全由开发人员决定。开发人员可以选择他们想要的任何结构和技术，自主地策划 Sprint，把产品 Backlog 变成价值

---

⊖　参见《卓有成效的管理者》，德鲁克著。

增量。而作为项目经理的 Scrum Master 则为 Scrum 团队服务，指导团队成员进行自我管理和跨职能的工作。

如何提高自我管理的能力？德鲁克提出了五点著名建议：

1）善用时间；

2）目标管理，而非工作本身，注重对外界的贡献；

3）善于发挥自己和别人的优势；

4）要事第一；

5）善于做出有效的决策。

## 14.2　干系人管理

软件开发中另一类需要重点管理的人是项目干系人，项目干系人在项目管理知识体系 PMBOK 的 8 大绩效域中位居首位。所谓干系人，是指积极参与项目或其利益可能受项目实施或完成的积极或消极影响的个人或组织。干系人管理的目的是让干系人积极主动地参与到软件开发中来，从而赢得更多的资源，满足干系人的需求和期望，最终提高软件研发绩效。

干系人管理是干系人的识别、理解、分析、优先级排序、参与和监督的过程，它包括以下活动：

1）识别。在组建项目团队之前，可以进行高层级的干系人识别；详细的干系人识别将贯穿整个项目，逐渐明晰初始识别结果。有些干系人很容易识别，如客户、发起人、开发团队、最终用户等，但其他干系人在与项目没有直接联系时可能难以识别。

2）理解。一旦识别了干系人，项目经理和项目团队就应努力了解干系人的感受、情绪、信念和价值观。这些因素可能导致项目成果面临更多机会或威胁，它们也可能会迅速变化，因此，理解和分析干系人是一项持续进行的活动。

3）分析。分析每个干系人对项目的立场和观点。此时需综合考虑干系人的多个方面，例如，权力、作用、态度、信念、期望、影响程度、与项目的邻近性、在项目中的利益等。除了个体分析之外，还应考虑干系人之间如何互动，因为他们通常会结成联盟。分析工作应由项目团队保密，如果超出分析的背景范围，信息可能会被误解。

4）优先级排序。在不少项目中，所涉及的干系人太多，他们无法全部有效地参与，因此需根据分析结果对干系人的优先级进行排序，以聚焦于权力和利益最大的干系人。常用的方法是采用干系人的权力与利益矩阵（如图 14-1 所示）来进行评估，将干系人优先级分为四象限：

- 重点管理。利益、权力都很高的干系人，例如项目发起人；
- 令其满意。利益不大、权力很大的干系人，例如首席科学家等；
- 随时告之。权力不大、利益很大的干系人，例如核心开发人员、依赖方等；

● 监督。利益、权力均不大的干系人，例如服务支持人员等。

5）参与。与干系人协作，启发他们的需求，管理期望，解决问题，谈判，优先级排序，并做出决策。争取干系人参与需要运用软技能，如积极倾听、人际关系技能和冲突管理，以及创建愿景和批判性思维等。与干系人应积极沟通，形成快速反馈循环。沟通可以用书面或口头方式进行，可以是正式的或非正式的。

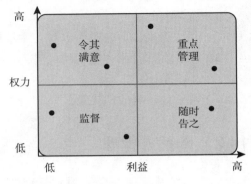

图 14-1    干系人评估矩阵

6）监督。在整个项目期间应对干系人的列表和参与有效性进行监督。随着软件开发的进行，干系人将发生变化，新的干系人会被识别，一些干系人可能退出，另一些干系人的态度或权力可能会发生变化。除了识别和分析新的干系人外，还要评估当前的参与策略是否有效或是否需要调整。同时应通过干系人谈话、项目和迭代审查会、产品审查会、阶段关口等衡量干系人的满意度。如果有大量的干系人，还可以使用问卷调查来评估满意度。必要时，甚至可以通过更新干系人参与方法来提高干系人满意度。

## 14.3    软件团队的管理

随着信息技术的发展，软件开发与运维的技术多样性和复杂性越来越高，项目规模越来越大，影响因素和风险不断增多，还常常存在全球化开发的挑战，团队成员地理分布、文化差异大。这就需要多人协作，形成一个高绩效团队，一起分享信息和创新，保持良好的应变能力和持续的创新能力，群策群力，共同解决错综复杂的问题。20 年前、10 年前一个人单独开发产品的时代已经过去，在当今时代要取得软件开发的成功，必须依靠团队！通过提高团队的工作能力，促进团队互动和改善团队氛围，有效地提高研发的绩效。

### 14.3.1    高绩效团队

在相同背景和相同经验的软件项目团队中，高绩效团队的生产率可以是低效团队的 2.5 倍。高绩效团队具有以下特征：

（1）共同的、可提升的愿景或目标

共同的愿景有助于各层次的高效开发。项目愿景的一致可使小问题的决策得以简化；共同的愿景可使团队成员间建立相互信任，因为他们知道他们都是为着同一个目标工作；共同的愿景还可使团队集中精力避免在迷途上浪费时间。一个高绩效团队建立起来的信任和合作使得他们能胜过相同技能的个人的总和。

（2）团队成员的认同感

当团队成员朝着共同的愿景一起努力工作时，他们开始感受到团队成员的认同感。他们给自己的团队起名字，有时还设计团队的 logo，他们寻找共同点，使他们有别于其他背景的人。例如 IBM 公司著名的黑色团队，甚至在原先的成员全部离开后依然存在，这是强烈的团队认同感；而 4S 系统的开发企业则常常通过提供团队的 T 恤衫、便签纸、杯子等来强化团队的认同感。

（3）结果驱动的结构

在结果驱动的团队结构中，每个人在任何时刻都必须对各自的工作负责，沟通可以在团队成员间自由进行，具有明确的绩效考核标准，任何时候的决策制定都以事实而不是以个人主观意见为依据。

（4）胜任的团队成员

在一个高绩效团队中，团队成员要有技术、业务、管理和人际关系等多种技能。例如，如果 4S 系统项目团队的每位成员都是 Java 语言专家，但却没有人懂领域知识，这显然不会高效。我们需要一些成员是技术高手，但同时也需要有人留心组织的更大利益，有人使技术高手之间不发生冲突，有人提供产品愿景，有人做实施愿景的细节工作。除此之外，项目成员还应具有强烈投身于项目工作的愿望，并善于与其他团队成员有效合作。

（5）团队的承诺

团队成功的最基本要求就是团队成员将他们的时间、精力和努力都奉献给团队，这就是所说的承诺。愿景、挑战和团队认同感结合在一起会使团队成员可以向团队做出承诺。使团队成员承诺于一个项目并不像听起来那么难，许多开发者渴望有机会在工作中有卓越的表现，仅仅通过询问以及选择接受或拒绝，就可以使项目成员做出承诺。

（6）相互信任

Larson 和 LaFasto 发现信任包括四个要素：诚实、开放、一致和尊敬。如果违背了其中的任何一个部分，甚至只有一次，信任就会被破坏。在一个高绩效团队中，与其说信任是高效的原因，倒不如说信任是高效的结果。项目经理不能强迫团队成员之间相互信任，但是一旦项目成员承诺于一个共同的愿景，并且开始将团队视为一体，他们就将学会负起责任。当团队成员看到其他人真正将团队的利益放在心上，并且诚实、开放、一致和相互尊敬时，信任将由此而产生。

（7）团队成员间相互依赖

团队成员借助各自的优势，做最有利于团队的事情。每一个人都觉得自己有机会为团队做贡献并且认为自己的贡献很重要，每个人都参与决策。简言之，团队成员相互依赖。例如，"我可以自己做这件事，但是王强更擅长设计界面，我会等他午饭回来后帮我这个忙。"

（8）有效的沟通

有凝聚力的团队的成员之间经常保持联系。他们察觉到当他们讲话时每个人都能理解，他们分享共同的愿景和认同感这一事实会协助他们之间进行交流。团队成员表达他们真实的感受，甚至当他们感觉不好的时候，例如，"我负责的项目部分比我预想的要迟两个星期"。在相互依赖和信任的环境里，当团队成员意识到不愉快的问题时，他们可以提出来，并进行有效的补救行动。与之相反的方法就是掩盖错误，直到它们太严重而无法再掩盖，这对于项目开发的努力是致命的。

（9）自主意识

高绩效团队应该让成员自己决定去做什么。虽然他们可能会犯一些错误，但是由此产生的激励效果足以补偿错误。自主意识与成员从项目经理那里感受到的信任水平有关。项目经理信任团队是非常必要的，这意味着团队管理不要过分细致，不要进行事后批评或施加强硬的决策。当团队很明显正确的时候，任何项目经理都会支持团队——但这不是信任。当项目经理在团队看上去好像错误的时候支持他们——这才是信任。

（10）授权意识

高绩效团队需要意识到他们已被充分授权，可以采取任何为获得成功所需要采取的行动。组织并不仅仅允许他们去做他们认为对的事情，而且在做的过程中提供支持。一个被授权的团队知道，当他们感觉组织的要求不合理或引向错误的方向时，他们可以进行抵制。

（11）小的团队规模

不少专家认为，一个团队的成员最好少于 10 人。如果团队不能控制在这个规模，则建议分成多个子团队。

（12）高层次的享受

并不是所有愉快的团队都是高产的，但绝大部分高绩效团队都是愉快的，这有很多原因。第一，开发者喜欢成为高产者；第二，人们天生喜欢做他们喜欢做的事；第三，高绩效团队常常有自己独特的幽默方式。

Tom DeMarco 在《人件》一书中把这种高效的、高凝聚力的团队称为胶冻团队——"一个胶冻团队的最终标志是人们在工作时显而易见的快乐，胶冻团队是健康的，成员之间的相互交往是容易的、相互信任的和热情的"。

## 14.3.2  团队模式

即使拥有了有技术、有动力并且努力工作的软件工程师，错误的团队结构也会削弱他们的努力而不是将他们推向成功。一个不良的团队结构将延长开发时间、降低开发质量、破坏团队士气、增加人员流动，并最终导致项目的失败。Steve McConnell 总结了 9 种良好的项目团队协作模式：业务团队、首席程序员团队、臭鼬项目团队、特征团队、搜索救援团队、特种武器和战术团队、专业运动员团队、戏剧团队和大型团队。针对一个项目，选择哪种团队模式更合适呢？或者结合多种模式设计出新的模式？这很大程度上取决于项目目标。Larson 和 LaFasto 把项目的目标分成三种：解决问题、创新和战术执行。

1）问题解决型项目的重点在于解决一个复杂、没有明确定义的问题。例如，一组软件运维工程师诊断软件性能下降的根源并进行改进。问题解决团队强调信任。

2）创新型项目旨在探索可能性和选择性。例如，研发一个新产品——4S 系统。创新团队强调自治，他们需要自我激励、独立、富于创新和百折不挠。

3）战术执行型项目的重点在于执行一个良好定义的计划。例如，4S 系统的版本升级，其目的不是去开创新的领域而是增加一些新的功能。战术执行团队强调明确，他们需要对自己的使命有紧迫感，对行动比对推理更感兴趣，并忠诚于团队。

以下各小节将分别阐述这 9 种团队模式的特点、协同方式，以及所适合的项目类型。

### 14.3.2.1 业务团队

软件开发中最常见的团队结构可能就是由一个技术领导带领的团队。除了技术领导之外，团队成员有相同的身份，以及不同领域的专业：数据库、用户界面设计和不同的编程语言等。技术领导是一个技术高手，但不是一名职业经理，他负责解决技术难题。

业务团队的结构是典型的等级层次结构：它通过确定一个人主要负责项目中的技术工作来改善与管理部门的沟通；它允许每一个团队成员在自己的专业领域内工作，允许团队自己进行任务分配。

业务团队适合小项目，能支持解决问题型、创新型和战术执行型项目。但是它的普遍性也是它的弱点，很多情况下另一种团队模式将运行得更好。

### 14.3.2.2 首席程序员团队

首席程序员团队，又称"外科手术"团队，它利用了某些超级程序员的生产率是其他工程师的 10 倍这一现象。在软件开发时，首席程序员起草整个需求规约，完成所有的设计，编写大多数的代码，最终负责几乎所有的项目决策。团队中的其他人员是他的助手，担任后备程序员、管理员和工具员等角色。

首席程序员团队于 20 世纪 70 年代初期由 IBM 所提出，它达到的生产力水平在当时是闻所未闻的。在那以后，许多组织曾经尝试实行首席程序员团队结构，但是大多数都没有能够成功地重复当年的辉煌，这说明真正有能力充当首席程序员的人很少。即使有如此独特能力的人被发现，他们也更愿意在领先技术水平的项目上工作，这并不是大多数组织能够提供的。

首席程序员团队适合创新型项目，由首席程序员最终制定决策有利于产品概念上的完整。它也十分适合战术执行型项目，在规划使项目最快完成的方式上，首席程序员可以作为发号施令者。

### 14.3.2.3 臭鼬项目团队

在臭鼬项目团队中，一批有才华的、有创造性的产品开发者，不受官僚限制，放手进行开发和创新。这是一种典型的黑箱管理方式。管理者并不要求知道项目工作进展的细节，他们只要知道团队正在努力地开发即可。团队因此可以按照自己认为合适的方式进行自我管理。项目经理在项目最初由团队选举产生，或者随着项目的进展而产生。

臭鼬项目团队是一种激励型的团队，它能调动团队成员积极投入，但它的不利方面是没有为项目的进展提供足够的可视度，项目的不可预见性可能会给一些高度创新的工作带来不可避免的影响。臭鼬项目团队最适合创新型项目。例如 4S 系统的项目组就采用这种团队模式。

### 14.3.2.4　特征团队

特征团队的成员来自组织的各个部门，例如开发部门、质量部门、市场部门等，他们具有明确的责任和分工，各自向其部门经理汇报工作。项目管理任务由各部门经理协调完成。

特征团队适合问题解决型项目，因为他们有必需的授权和责任来权宜地解决问题；特征团队也适合创新型项目，因为多学科的团队结构可以刺激思维。但对于战术执行型项目，特征团队的管理成本显得过高了，项目已被清晰地定义，因此完全可以任命一个项目经理来管理项目，而不需要多个部门经理来协调管理。

### 14.3.2.5　搜索救援团队

在搜索救援团队中，团队成员就像一组紧急医疗技师在寻找迷失的登山队员。搜索救援团队的重点在于解决特定的问题，它需要熟悉被搜寻的地域、一经通知随时准备出发的、具有良好的急救知识的团队成员。软件的搜索救援团队也一样，团队成员应熟悉待处理的软件，具有软件开发知识和业务领域知识，能快速地解决软件中的问题。例如在 2 h 之内恢复发生故障的银行系统，这样的团队需要熟悉银行系统，有能力立即处理问题，有过硬的知识，在很短的时间内恢复系统。

搜索救援团队非常适合问题解决型项目，但它太基础，不能支持创新型项目；太短期，不能支持战术执行型项目。

### 14.3.2.6　特种武器和战术团队

在特种武器和战术（简称 SWAT）团队中，每一位成员都被严格训练成某一方面的专家，例如神枪手、爆破专家或高速驾驶员。团队被多方面培训，以便当危机空降时，他们可以像一个天衣无缝的整体一样协同工作。在软件开发中，一个 SWAT 团队可能会专于某一领域：特殊的 DBMS、特殊的编程环境、特殊的开发技术（例如性能优化）、特殊的项目阶段（例如项目估算）等。

SWAT 团队通常是持久的团队，他们也许不是用全部时间来执行 SWAT 任务，但是他们习惯在一起工作，并有明确定义的角色。SWAT 团队非常适合战术执行型项目，他们的工作不是去创新而是用他们熟知的特定技术和实践来执行一个解决方案。SWAT 团队在问题解决型项目中也会很出色，团队成员彼此信任，着眼于一个特定的项目阶段，把一个项目阶段当作一个单一的任务，并且能够很快地完成。

### 14.3.2.7  专业运动员团队

一些软件团队和专业运动员团队（例如篮球队、足球队）非常相似，管理者对软件开发者的挑选像教练对运动员的挑选一样认真，运动员是足球队里的明星，开发者是软件团队里的明星。一个运动员团队的管理者处于幕后决策的地位，他不是球员，也不是裁判。球迷不是来看管理者的，而是来看球员的。同样，软件管理者也比较重要，但并不是因为他具有优秀的开发能力，管理者的角色是清理障碍，并使开发者可以更有效地工作。

运动员团队有高度细分的角色，一个守门员不会说："我厌倦了守门，我想踢前锋。"软件团队也一样，项目经理可以雇一个数据库专家、一个用户界面专家、三个 Java 程序员，但是就像没有人期望守门员会去踢前锋一样，没有人期望数据库专家能设计图形界面。

这种特定的团队模式适用于战术执行型项目，强调高度细化的个人角色。在这种模式中，管理者扮演支持者的角色，我们可以将这种理念应用于对其他类型项目的开发上。

### 14.3.2.8  戏剧团队

戏剧团队是以强烈的方向性和多角色协商为特点的。项目的中心角色是导演，即技术负责人，他维护产品的愿景目标，指定人们在各自范围内的责任。制片人是项目经理，他负责获得资金、协调进度，确保每个人在适当的时间到达适当的地点。团队中的个人可以塑造他们的角色，就像是受他们自己的艺术直觉的驱使一样，但不能跟着感觉走得太远，以至于和导演的愿景产生冲突。如果他们的想法和导演的想法有矛盾，为了项目顺利进行，导演的愿景会占上风。

戏剧团队的优势是在创新型项目中，在强烈的中心愿景下，提供一种方式来整合团队个人的贡献。戏剧团队模式尤其适合被很强的个性控制的软件团队。如果项目的角色非常重要，同时又仅有一个开发者可以胜任，那么项目经理可以考虑为了项目而忍受开发者的喜怒无常。但是如果其余的软件工程师阵容也很强大，那么项目经理就会拒绝一个喜怒无常的人，以获得一个好的项目秩序。戏剧团队非常适合现代的多媒体开发项目。

### 14.3.2.9  大型团队

大型团队的沟通成本非常高。随着人数的增加，人与人之间的沟通渠道数与人数的平方成正比。一个 2 人的项目只有一条沟通渠道，一个 5 人的项目会有 10 条，10 人的项目会有 45 条。2% 的项目会有 50 或 50 个以上的开发者，会至少有 1200 条潜在的沟通途径。沟通的渠道越多，沟通的成本和错误率就越高。

大型项目要求将沟通简化，常用的方法是创造组织层次，即将项目团队划分成小组，每个小组指定一个联络人和其他小组进行沟通。不管各个小组如何组织，始终要有一个人最终负责产品概念上的完整性。这个人可以是建筑师、外科医生、导演，甚至有时是程序管理者，但是必须有一个人的工作是确保把团队的所有成功的局部解决方案集成为成功的全局解决方案。

### 14.3.3    团队沟通

一个团队要想充满生机活力，实现高速运转，有赖于下情上知，上意下达；有赖于部门之间和个人之间互通信息、协同作战。良好的沟通不仅能使团队更好地理解软件需求，更高效地进行开发的协同，而且能让成员感觉到团队对自己的尊重和信任，从而产生极大的责任感、认同感和归属感。项目的成功取决于有效的沟通。

#### 14.3.3.1    沟通方法

沟通方法可按不同维度进行分类，包括项目内部和外部、正式（报告、备忘录、简报）和非正式（电子邮件、即兴讨论）、垂直（上下级之间）和水平（同级之间）、官方（新闻通讯、年报）和非官方（私下的沟通）、书面和口头、语言和非语言（音调变化、身体语言）、交互式、推式和拉式。

相关研究表明，在团队常用的沟通技术方面，最具有成效且富有效率的传递信息的方式就是面对面的沟通，例如白板前的讨论。敏捷开发方法尤为强调面对面的沟通，通过现场客户、每日站立会议、结对编程等方式来保证沟通的有效性。而随着项目团队的变大，或是另外一些影响因素的加入（比如地理位置的分隔），面对面的沟通越来越难实现，这会导致沟通成本逐渐加大，质量也慢慢下降，此时正式沟通技术具有更好的规范化和结构化，更能保证信息在项目中正常流动。

#### 14.3.3.2    冲突管理

在开发过程中，冲突不可避免。冲突的来源包括资源稀缺、进度优先级排序和个人工作风格的差异等。采用团队规则、团队规范以及成熟的项目管理实践（如沟通规划和角色定义），可以减少冲突的发生。成功的冲突管理可提高生产力，改进工作关系。如果处理得当，意见分歧有利于提高创造力和做出更好的决策。如果意见分歧成为负面因素，首先应该由项目团队成员负责解决。如果冲突升级，项目经理应提供协助，促成满意的解决方案。应该采用直接和合作的方式，尽早并且通常在私下处理冲突。如果破坏性冲突继续存在，则可使用正式程序，包括采取惩戒措施。

为了处理团队中的冲突，应该认识到冲突是正常的，要有效地解决冲突应该开诚布公、对事不对人，着眼于现在而非过去。Ken Thomas 和 Ralph Kilmann 总结了六种解决冲突的方法：

1）面对 / 解决问题。通过审查备选方案，把冲突当作需要解决的问题来处理。当冲突双方之间的关系很重要，并且每一方都对另一方解决问题的能力有信心时，就会采用这种解决冲突的方法。

2）合作。综合考虑不同的观点和意见，引导各方达成一致意见并加以遵守。合作的目标是了解各种观点，从多个角度看待事情。当参与者之间已建立信任并且有时间达成共识时，这是一种有效的方法。

3）妥协。寻找能让全体当事人都在一定程度上满意的方案，这使各方都能得到他们想要的东西，并避免冲突升级。在某些冲突中，各方都不会完全满意。当涉事各方拥有平等的"权力"时，通常就会采用这种方法。

4）缓解 / 包容。当实现总体目标比分歧更重要时，缓和和包容是有用的方式。这种方法可使各方之间关系保持和谐，并产生善意。当个人的相对职权或权力存在差异时，也会使用这种方法。

5）强迫。以牺牲其他方为代价，推行某一方的观点；只提供赢 - 输方案。在没有足够的时间进行合作或解决问题时，会使用强迫这种方法。强迫的一方比另一方拥有更大的权力。

6）撤退 / 回避。从实际或潜在冲突中退出。有时问题会自行消失，有时讨论会变得激烈，对此人们需要一个冷静期。在这两种情况下，撤退是适当的方法。

## 14.3.4 团队建设

### 14.3.4.1 团队建设方法

要把软件项目团队建设为一个高效的胶冻团队，推荐如下最佳实践。

（1）制定团队目标

团队目标应来自公司的发展方向和团队成员的共同追求，它是全体成员奋斗的方向和动力，也是感召全体成员精诚合作的一面旗帜。在制定团队目标时，需要明确本团队目前的实际情况，例如，团队处在哪个发展阶段，团队成员存在哪些不足，需要什么帮助，士气如何等。制定目标可遵循 SMART 原则，其中 S 为明确性，M 为可衡量性，A 为可接受性，R 为实际性，T 为时限性。

（2）培育团队精神

团队精神是指团队的成员为了实现团队的利益和目标而相互协作、尽心尽力的意愿和作风，它包括团队的凝聚力、合作意识及士气。团队精神强调的是团队成员的紧密合作。要培育这种精神，领导人首先要以身作则，做一个团队精神极强的楷模；其次，在团队培训中加强团队精神的理念教育；最重要的是，要将这种理念落实到团队工作的实践中去。一个没有团队精神的人难以成为真正的领导人，一个没有团队精神的队伍是经不起考验的队伍，团队精神是优秀团队的灵魂、成功团队的特质。

（3）做好团队激励

每个团队成员都需要被激励，管理者的激励工作做得好坏，直接影响团队的士气，最终影响团队的发展。通过激励，团队成员的需要和愿望得以满足，从而可以调动他们的积极性，使其主动自发地把个人的潜力能发挥出来，确保既定目标的实现。软件工程师管理的特点是用激励代替命令。

（4）打造学习型团队

软件产业是一个知识迅速更新的高科技行业，需要每个成员树立三种学习理念。一是树立学习是生存和发展的需要的理念，学习是为自己的未来投资，是为了自己的生存和发展。二是树立终身学习的理念。三是树立"在工作中学习,在学习中创新,在创新中发展"的理念,把学习引入工作中,使学习与工作有机结合。另外还要做好培训,经常进行技术合作交流,举办专题讲座、学术研讨会等。

(5)合理的团队绩效考核

对团队的考核是必要的,明确考核的目的就是总结分析项目开发过程中存在的优缺点,促进工作,而不是处罚和批评。合理的团队绩效考核应遵循以下原则:公开性原则、客观公正原则、及时反馈原则、敏感性原则、可行性原则、多层次多渠道多方位评价原则、制度化原则。

### 14.3.4.2　团队发展的五个阶段

项目团队会经历不同的发展阶段。Bruce Tuckman 将团队发展分为以下 5 个阶段:

1)形成阶段。团队成员相互认识,并了解项目情况以及他们在项目中的正式角色与职责。团队成员倾向于相互独立,不怎么开诚布公。

2)震荡阶段。团队开始从事项目工作,团队成员会运用各种方法谋取在团队中的地位。人们的个性、优点和弱点开始显现出来。当人们试图弄明白如何共事时,可能会出现一些冲突。

3)规范阶段。项目团队开始作为一个集体运行。此时,团队成员知道他们在团队中的地位,以及他们与所有其他成员的关系和互动方式,开始协同合作。随着工作的进展,可能会遇到一些挑战,但这些问题会很快得到解决,团队也会采取行动。

4)成熟阶段。团队成员组织有序地开展工作,通过合作提高生产力,并生产出高质量的产品。团队成员之间相互依靠,能高效地解决问题。

5)解散阶段。团队完成工作,然后解散,去处理其他事务。

某个阶段持续时间的长短取决于团队活力、团队规模和团队领导力。团队停滞在某个阶段或退回到前一阶段的情况,并非罕见。并非所有项目团队都能达到成熟阶段,有些甚至无法达到规范阶段。此外,为了拥有更高的生产率和更低的建立团队的启动成本,我们有时会采用持久团队的战略,即在项目结束时保留团队,让他们继续在一起开始新的项目。

## 14.4　软件组织的人力资源管理模型

面对挑战,1995 年,美国卡内基 – 梅隆大学软件工程研究所推出了软件组织的人力资源管理模型 People CMM,简称 P-CMM⊖。P-CMM 是人力资源、知识管理和组织文化建设的最佳实践,能够指导软件组织持续地改进人的能力,培养人才队伍。目前该模型已在美国、印度、中国的一些大公司得到成功运用。

---

⊖　参见 https://resources.sei.cmu.edu/library/asset-view.cfm? assetid=9071。

P-CMM 延续了 CMM/CMMI 的过程框架，它由 5 个成熟度级别构成，为持续地改进员工个体胜任力、培养有效的队伍、激励不断完善的绩效、建设人才队伍提供了连续的基础，如图 14-2 所示。

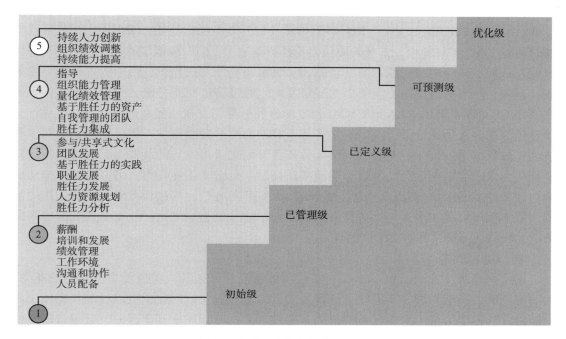

⑤
持续人力创新
组织绩效调整
持续能力提高
　　　　　　　　　　　优化级

④
指导
组织能力管理
量化绩效管理
基于胜任力的资产
自我管理的团队
胜任力集成
　　　　　　　　可预测级

③
参与/共享式文化
团队发展
基于胜任力的实践
职业发展
胜任力发展
人力资源规划
胜任力分析
　　　　　　已定义级

②
薪酬
培训和发展
绩效管理
工作环境
沟通和协作
人员配备
　　　　　已管理级

①
　　　　初始级

图 14-2　P-CMM 的 5 个成熟度等级

P-CMM 将组织的人员管理的成熟度分为初始级、已管理级、已定义级、可预测级和优化级 5 个等级。除初始级外，每个等级又包括了多个过程域。

（1）初始级

在初始级（Initial Level）的组织中，管理者缺乏足够的培训以履行他们的人力资源管理的责任。他们想当然地认为管理技能是天生的或者可以通过观察其他的管理者来获得，管理方法依赖于管理者的个人喜好、经验和为人技巧。员工主动离职的主要原因之一是和他们的上司存在人际关系问题，在企业中很少明确定义管理者关于人力资源管理的职责。为空缺的岗位招聘、识别培训需求的任务都转移给了 HR 部门。管理者注重开发自己的技能而不投资于培养员工的技能。员工缺乏对组织的忠诚度，离职率比较高。

（2）已管理级

已管理级（Managed Level）的实践是部门级的劳动力实践，管理者将劳动力实践作为高优先级的职责，使员工能够胜任他们的工作。管理者集中精力于人员配备、协调承诺、提供资源、管理业绩、提高技能水平、制定薪酬决策。克服了低成熟度组织中的典型问题：任务超负荷、环境干扰、不清晰的绩效目标或者反馈、知识与技能的缺乏、缺乏沟通、低落的士气。平衡了承诺与可用资源，管理了技能需求，关注个人绩效的管理，从而支持任务的完成。组织的能力通过部门兑现承诺的能力来刻画，主动辞职率降低。但是，没有识别出来组织中通用的知识和技能，部门之间可能存在不一致现象。

（3）已定义级

已定义级（Defined Level）的基本目的是通过开发不同的胜任力来帮助组织获得竞争性的利益。在 P-CMM 中，人员的胜任力是核心竞争力下的一种低层的抽象。每一种胜任力代表一种不同的用来完成商务活动的，实现核心竞争力的知识、技能和过程能力的集成。这些胜任力是组织核心竞争力的战略基础。通过将过程能力定义为胜任力的一个组成部分，P-CMM 与其他 CMM/CMMI 建立的过程框架联系在一起。过程能力通过执行基于胜任力的过程得到展示，组织定义了基于胜任力的过程以使员工能应用他们的知识和技术完成所承诺的工作，建立了战略人力资源计划来获得人员的胜任力，通过激励和开发胜任力来改变其劳动力实践以适应商务需要。一旦定义了胜任力，可以更系统地从事培训和开发实践以培养知识、技能和过程能力。基于胜任力的过程形成了团队合作的基础，而不仅仅依赖于个人内部协调。组织建立了统一的参与文化，让每个人充分参与商务活动决策的环境，并能在较快的时间内做出决策。

（4）可预测级

在可预测级（Predictable Level），组织能够管理和开拓其人员胜任力框架中的能力。因为组织的人员能力和基于胜任力的过程的能力能被量化，因此就可以预测其完成工作的能力。当称职的员工采用已证明过的基于胜任力的过程完成其工作时，管理者信任他们的工作成果，敢于授权给团队，从而使自己可以将精力放在更具有战略性的问题上。在组织或团队内，建立劳动力性能基线与过程性能基线，并可采用 6 西格玛技术，以更准确地预测绩效，更好地决策。

（5）优化级

在优化级（Optimizing Level），整个组织的工作焦点是持续改进。这些改进实施于个人和团队的能力、基于胜任力的过程性能以及劳动力实践上。组织视变更管理为一个正常的业务过程来执行。潜在的改进可以从多个渠道获得输入信息，如劳动力实践的经验总结、劳动力的建议、量化管理的结果。若识别出新的实践，先在试点项目中进行评价，如果有效，则在这个组织内推广。组织建立了持续改进的文化，每个人都为个人的、团队的和组织的绩效改进而奋斗。

# 思考题

1. 软件人员有哪些特点？
2. 软件工程师的激励因素包含哪些？与项目经理和普通人相比又有哪些不同？
3. 如何进行干系人管理？

4.高绩效团队具有什么特征？要建设一个高绩效的胶冻团队，需要做到哪几个方面？

5.团队发展的 5 个阶段分别是什么？

6.归纳比较 9 种团队模式各自的特点及所适合的项目类型。

7.请列出解决冲突常用的 6 种方法。

8.请简述 P-CMM 的 5 个成熟度级别。

# 第四篇

## 软件工程新进展

CHAPTER 15

# 第 **15** 章

# 智能软件工程

> **本章主要知识点**
>
> ❑ 软件也是数据，如何基于软件大数据，将人工智能技术应用于软件工程中，提高软件的开发效率和质量？
>
> ❑ 人工智能系统也是软件，如何开发出可信的人工智能系统？

近年来，随着人工智能技术的迅猛发展，人工智能与软件工程开始深度融合，由此形成了全新的学科交叉方向——智能软件工程。智能软件工程主要涵盖两方面：人工智能赋能的软件工程（AI for SE）和面向人工智能的软件工程（SE for AI）。前者将人工智能技术应用于软件工程的各个环节中，以提升软件开发过程的自动化、智能化程度；后者采用软件工程技术来保障人工智能系统的可靠性、鲁棒性、隐私、公平性和节能等。本章关注数据驱动的智能软件工程技术、方法和应用。

## 15.1 人工智能赋能的软件工程

软件也是数据，软件系统在开发和运维过程中会留下大量数据，如代码、版本版次、需求、设计模型、测试用例、缺陷、变更、计划、任务、运行日志以及开发者间的讨论记录和邮件列表等，这些软件大数据中蕴含了大量开发者的智慧。以深度学习为代表的人工智能技术飞速发展，为软件工程研究提供了全新的方法、技术和工具——人工智能赋能的软件工程，从软件工程大数据中发现知识，指导软件开发活动，支持开发过程中的重要决策。尤其 2022 年 Codex、ChatGPT 和 GPT-4 等人工智能语言大模型的出现，标志着软件工程进入了智能时代。

### 15.1.1 软件工程各环节的智能化

所谓人工智能赋能的软件工程，是指将机器学习、深度学习、自然语言处理等技术应用于软件工程领域，基于现代软件工程产生的大数据，解决围绕软件全生命周期的各种典型软件工程任务，以提高软件开发和维护的自动化、智能化水平，减少软件开发和维护成本，提高软件质量和生产效率。

按软件开发周期，典型的智能化软件工程任务包括：

（1）智能化需求工程

需求工程中常常遇到需求歧义、需求模糊和不完整、需求冲突、需求易变、需求难以管理等问题，AI 技术可用来帮助处理解决这些问题。研究者们提出了基于人工智能的需求提取、需求分类、需求建模、需求优先级划分、需求选择、需求追踪、需求变更、需求预测、需求评审等技术 ⊖。以需求提取为例，软件产品的用户评论和反馈内容往往包含了软件需求和用户体验，对软件的演化有指导意义，但是这些评论的数据量虽然很大，质量却差别很大。为此，Tushev 等人在" Domain-Specific Analysis of Mobile App Reviews Using Keyword-Assisted Topic Models"一文中提出了基于关键字辅助主题模型的全自动化非监督方法来聚类和分析这些用户评论，提取出有用的需求。

（2）智能化软件设计

软件设计需要全面了解需求文档中的所有用户和业务需求，掌握设计模式，熟悉设计建模工具，投入大量精力进行架构设计和设计建模。这需要一种更加智能化和自动化的方法，以尽可能地消除人为干预，使此过程更高效、更可靠。智能化软件设计可以帮助开发人员做出明智的设计决策并制定高质量的软件解决方案，例如软件架构的推荐、设计模型的生成、设计重构和改善、设计问题和技术债的发现与修复、设计模式的提取和复用、设计比较和评审等 ⊜。例如，Liu 等人 ⊜ 采用自然语言处理中的词嵌入技术将设计模式编码成向量，并应用于设计模式的推荐和选择中。

（3）智能编程

在整个软件开发过程中，人工智能在编程阶段取得了最为突出的成果，它使计算机具备理解和生成代码的能力，并利用编程语言知识和上下文进行推理，支持代码搜索、代码生成、注释生成、变量名推荐、代码翻译、缺陷检测与修复、代码理解和问答等场景。例如，利用统计机器翻译和神经网络等模型根据自然语言描述的需求生成对应的程序代码，再根据代码生成相应的单元测试代码，辅助开发人员进行测试驱动的开发（TDD）。关于智能编程的更多阐述详见 15.1.3 节。

（4）智能化软件测试

软件测试是软件开发过程中必不可少的质量保障活动，也是一项非常繁重的任务。智能化软件测试通过分析软件的历史测试数据，包括程序代码、测试代码和故障信息等，

---

⊖ 参见汪烨等人著《智能需求获取与建模研究综述》一文。

⊜ 参见 Vaishnavi Kulkarn 等人的" Intelligent Software Engineering: The Significance of Artificial Intelligence Techniques in Enhancing Software Development Lifecycle Processes"一文。

⊜ 参见 Dong Liu 等人的" DPWord2Vec: Better Representation of Design Patterns in Semantics"一文。

发现被测软件缺陷的特点和规律，产生"测试智能"，以提升软件缺陷的揭示效率。研究工作关注于测试用例生成、测试用例约减、测试用例排序等。例如 Bagherzadeh 等人 ⊖ 提出了持续集成环境下基于强化学习的测试用例优先级排序方法，将持续集成环境和测试排序 agent 之间的交互建模为强化学习问题，持续地学习测试用例优先级排序策略。

（5）智能化软件运维

智能化软件运维，又称 AIOps，通过机器学习等人工智能算法，自动地从海量运维数据（包括日志、业务数据、系统数据等）中学习并总结规则，做出更有效的运维决策。常见的智能化运维任务有软件运行时的异常检测、故障定位和修复、配置错误诊断、故障预测、性能瓶颈分析和系统优化，以及软件维护时的变更影响分析和演化分析等。例如 Yang 等人 ⊜ 设计了一个基于注意力的 GRU 神经网络来从日志中检测出异常，并通过概率标签估计解决了标签不足的问题。

（6）智能化项目管理

人工智能从软件过程、进度、人员、风险等角度赋能软件项目管理，包括软件工作量估算、开发者的行为分析和画像、任务推荐、软件过程挖掘、风险预测等。例如 Rong 等人 ⊜ 提出了一种基于超图的代码评审者推荐算法，它根据评审历史通过超图描述 pull-request、贡献者和评审者之间的高阶关系，使用超图顶点排序策略查询最合适的代码评审者。

人工智能赋能的软件工程已成为当前软件工程学术界和工业界的研究热点之一，不断有很多成果涌现，其中基于 Codex、ChatGPT 和 GPT-4 等预训练语言模型的 AI 辅助软件开发的成效十分显著，在智能编程任务上的表现尤为突出。在接下来的两小节中将分别阐述语言模型和智能编程。

## 15.1.2　代码表征学习和预训练语言模型

代码是软件工程大数据中最重要的组成部分，海量的代码数据引发了对利用代码表征学习模型解决开发问题的研究，例如智能编程和测试等。所谓代码表征，是将离散的、字符形式表达的程序语句转换成连续、高维的语义向量代码的一种技术，它将提取隐藏在代码内部的属性，辅助不同的智能软件工程任务。如何学习代码表征？2012 年，Hindle 等人 ⊗ 首次提出编程语言也是自然语言的一种，它具有可重复并带有可预测的统计学规律，并提出了"代码自然性"这一概念。"代码自然性"使人们意识到运用统计规律对代码信息进行分析是可行的，因此研究者们将自然语言处理中的表征学习技术应用于

---

⊖　参见 Mojtaba Bagherzadeh 等人的"Reinforcement Learning for Test Case Prioritization"一文。

⊜　参见 Lin Yang 等人的"Semi-Supervised Log-Based Anomaly Detection via Probabilistic Label Estimation"一文。

⊜　参见 Guoping Rong 等人的"Modeling Review History for Reviewer Recommendation: A Hypergraph Approach"一文。

⊗　参见 Hindle A. 等人的"On the Naturalness of Software"一文。

程序语言上，基于大规模代码语料训练代码的预训练模型。

（1）自然语言的表征学习和预训练语言模型

早期的自然语言表征学习技术有 TF-IDF、n–gram、LSA、LDA、Word2Vec 等，近年来预训练语言模型（Pre-trained Language Model，PLM）成为当前主流。预训练语言模型，又称为大型语言模型（Large Language Model，LLM），通常采用 Transformer 架构：给定一段文本作为输入，输入序列的 token 转为词向量，结合位置向量等信息合并输入到多层 Transformer 网络；然后 Transformer 通过自注意力（self-attention）机制来学习词与词之间的关联，编码上下文信息，通过前馈网络进行非线性变换，输出蕴含了上下文特征的各个词的向量表示。代表性的模型有 BERT、GPT、BART、T5 等。

预训练语言模型的学习采用“预训练 – 精调”（pre-training & fine-tuning）范式，先用多个自监督学习任务在大规模语料上进行语言模型训练，然后将预训练的模型应用于一个特定的任务，并通过监督学习使用少量标记数据进一步精调模型的参数。预训练语言模型在几乎所有自然语言处理任务（例如机器翻译、阅读理解、对话系统、文档摘要、文本生成等）中都取得了目前最佳的成果，已成为自然语言处理的基础技术。

（2）代码预训练模型

鉴于预训练语言模型在自然语言处理中的出色效果，人们尝试将其用于程序代码的表征学习，提出了 CodeBERT、CodeT5、CodeGPT、PLBART 和 Codex 等一系列代码预训练模型[一]。代码预训练模型利用海量代码进行预训练，充分学习和掌握隐含于海量代码中的编码模式与规律，并将之应用于下游软件工程任务。例如，CodeBERT[二] 把代码视为文本，借鉴了 BERT 模型的自监督训练，即掩码字符预测任务（MLM），分别对代码和自然语言注解进行字符级语义学习和预测，在代码搜索等任务上取得了出色的效果，如图 15-1 所示。Codex 基于 GPT-3 框架在 GitHub 代码语料上进行重新训练，是拥有 120 亿个参数的超大型代码预训练模型。它在 HumanEval 评测数据集上代码补全的准确率达到 28.8% 的 Pass@1 和 72% 的 Pass@100。采用下游任务数据进行精调后，得到 Codex-S 模型，其准确率上升至 37.7% 的 Pass@1。

但是上述模型将代码视为普通的字符序列，没有考虑程序语言的特点。不同于自然语言，程序语言是一种高度结构化的语言，每个程序片段均可以表示成抽象语法树（AST），在语法树基础上又发展出更多的结构化表示，如控制流图、数据流图等。对程序的结构信息进行语义建模可以更准确地刻画程序的深层意图，减少程序表示的二义性。于是，研究者提出了 GraphCodeBERT 和 UniXcoder 等模型，采用多模态数据（如 token、

⊖ 参见 Changan Niu、Chuanyi Li、Bin Luo 和 Vincent Ng. 的 "Deep Learning Meets Software Engineering: A Survey on Pre-Trained Models of Source Code" 一文。

⊜ 参见 Z. Feng、D. Guo、D. Tang 等人的 " CodeBERT: A Pre-Trained Model for Programming and Natural Languages" 一文。

AST、graph）来学习代码表征。例如 GraphCodeBERT⊖ 以 CodeBERT 为基础模型，增加了代码的数据流来学习代码的向量表征。除了传统的掩码字符预测任务外，它提出了两个新的预训练任务（数据流边预测、代码和数据流的变量对齐）。

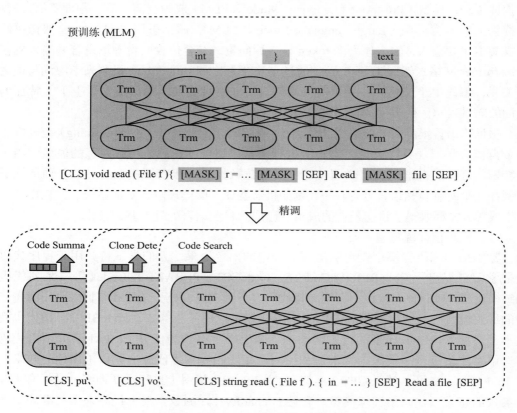

图 15-1　CodeBERT 模型示意图

Transformer 采用编码器 – 解码器架构，代码预训练模型按此可以分为以下三类：
- 仅编码器的结构，例如 CodeBERT、GraphCodeBERT 等。
- 仅解码器的结构，例如 CodeGPT、GPT-C、Codex 等。
- 编码器 – 解码器的结构，例如 PLBART、CodeT5、UniXcoder 等。

和传统的深度学习技术相比，代码预训练模型能对程序语义进行准确刻画，具有更好的泛化能力，可降低智能软件工程任务（即下游任务）的模型训练成本，在代码预训练模型的先验知识之上快速地进行知识迁移。目前，预训练语言模型在代码补全与生成、代码搜索、克隆检测、代码修复、代码注释、测试生成等很多与代码相关的软件工程任

⊖　参见 Daya Guo、Shuo Ren、Shuai Lu 和 Zhangyin Feng 等人的 "GraphcodeBERT: Pre-training Code Representations with Data Flow" 一文。

务中都有出色的表现和前景。

（3）统一的超大型预训练语言模型

预训练语言模型最新的成果是千亿级的超大型预训练语言模型，例如 OpenAI 的 ChatGPT 和 GPT-4、Google 的 PaLM-E、百度的文心和华为的盘古等，它们能应用于文本生成和编码等各类任务，表现出优异的性能、泛化性和通用性。大模型的价值在于涌现性，当全部人类的知识被存储在千亿级大模型中、这些知识被动态连接起来的时候，大模型所具有的智能就会显现出远超人们预期的效果。我们发现，大模型不仅学习到了海量知识，而且能利用这些知识进行集成创新和应用创新。

以 ChatGPT 和 GPT-4 为例，前者是一个具有 1 750 亿个参数的 GPT 3.5 模型，后者则是它的升级版本，拥有 1.5 万亿个参数，是超大型多模态模型。ChatGPT 和 GPT-4 基于 GPT 架构，采用文本和代码等混合语料进行预训练，基于人类反馈的强化学习（RLHF）技术来不断精调模型。RLHF 解决了生成模型的一个核心问题，即如何让人工智能模型的产出和人类的常识、认知、需求、价值观保持一致。

构建起统一的超大型预训练语言模型之后，怎样更加有效地将其应用于下游的各种具体任务呢？当语言模型变得超大时，它的应用面临一个双向的问题：厂商出于商业原因逐渐舍弃开源，而用户也缺乏足够的计算资源使用大模型。这两者的共同作用使得"预训练 – 精调"范式不再适合。针对于此，一个解决方案是"语言模型即服务"，以 API 方式远程调用大模型的服务，采用上下文学习（in-context learning）方式进行"隐性精调"，使用 prompt 引导模型输出更准确的结果。即，针对特定任务设计基于文本的 prompt，编造少量的样例来激活 GPT 大模型在特定任务上的表现，从而服务于下游的应用。基于上下文学习的"隐性精调"只使用大模型的前向过程，而不进行计算成本较高的反向过程。

虽然 ChatGPT 和 GPT-4 等并不是专门的代码预训练模型，但由于采用文本和代码等混合语料进行预训练，而且规模足够大，因此它们在代码补全、基于自然语言的代码生成、基于界面的代码生成、代码注释生成、缺陷诊断和修复等智能编码任务上表现也非常出色，并能做出细致的说明和解释。

## 15.1.3 智能编程

编程是软件工程的核心任务，智能编程也成为智能软件工程最受关注的研究课题，取得了令人瞩目的成果。目前，智能编程技术已经走出实验室，逐步应用到工业界中。例如，DeepMind 开发的 AlphaCode 于 2021 年底参加了 Codeforces 竞赛平台组织的 10 场实时编程比赛，总体排名位于前 54.3%，击败了 46% 的人类参赛者 ⊖。根据 GitHub 的数据，截至 2023 年 2 月，微软的结对编程工具 GitHub Copilot 帮助开发人员将编程速度提

⊖ 参见 Yujia Li 和 David H. Choi 等人的"Competition-Level Code Generation with AlphaCode"一文。

高了 55%。

在智能编程工具的帮助下，程序员在编写代码时就像总有一个 AI 机器人来辅助给出代码补全、生成或纠错的提示，将他们从枯燥无味、简单重复的代码编写中解脱出来，把精力关注在核心的逻辑上，从而提高编程效率。当程序员想要查找具有相同意图的其他人编写的代码时，代码搜索工具可以根据给定的自然语言描述自动检索语义相关代码。当程序员对下一步要写什么感到困惑时，代码补全工具根据所做编辑的上下文自动补全后续代码。当程序员想要实现与现有 Python 代码相同功能的 Java 代码时，代码翻译工具可以帮助从一种编程语言（Python）翻译成另一种编程语言（Java）。当测试发现缺陷时，缺陷修复工具可准确地进行缺陷定位，找到出错的语句，并提供修复的方案。这是一种 AI 辅助的结对编程模式，未来将成为软件开发的常态。

从任务角度来讲，智能编程几乎可以覆盖编程的各个场景，包括代码搜索、代码补全与生成、代码摘要、变量名推荐、代码翻译、缺陷检测与修复、代码理解和问答等。从技术角度来讲，基于深度学习的技术在以上各场景都取得了长足进步。特别是自 2020 年以来，基于 Transformer 的预训练语言模型展现出卓越的能力。除此之外，自监督学习、小样本学习、元学习、对比学习、强化学习、多模态和多任务学习等技术也被应用于智能编程的深度学习中，取得了不错的效果。

本节将选择 4 个典型智能编程任务，分别阐述它们基于深度学习的解决方案。

（1）代码搜索

代码搜索是指利用自然语言查询语句从现有代码库中搜索符合其描述的程序片段，是代码复用中最直接有效的方式。传统的代码搜索采用文本检索方法，将代码看成文本，通过改进现有的文本检索技术对程序语言进行检索。例如综合考虑函数的浅层文本信息以及多个函数之间的关联信息，结合程序 API 的定义信息对自然语言查询进行扩充等。但由于文本检索技术的词袋模型假设，无法区分字符顺序，缺乏高效的语义表征，因此难以深入理解文本和代码。

代码搜索的本质在于挖掘用户查询意图与代码语义之间的密切联系，即自然语言与程序语言之间的匹配难题。为此，研究者提出了基于统计和深度学习的代码搜索模型。例如，DeepCS 方法 <sup>⊖</sup> 通过代码预训练语言模型将代码和自然语言同时映射到语义向量空间，搜索时根据查询语句在向量空间中查找相近的代码向量，如图 15-2 所示。基于深度学习的方法通过海量代码数据的训练，能深层次地挖掘代码和自然语言查询语句的特征信息，充分理解用户搜索意图，因此具有更强的泛化能力和鲁棒性，成为当然的主流方法。常用的深度学习模型包括卷积神经网络（CNN）、循环神经网络（RNN）、长短期记忆模型（LSTM）、注意力机制等，以及 CodeBERT 等代码预训练模型。

---

⊖ 参见 Xiaodong Gu、Hongyu Zhang 和 Sunghun Kim 的"Deep Code Search"一文。

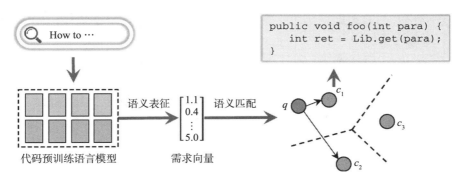

图 15-2　基于深度学习的代码搜索

目前，代码搜索已成为代码生成、代码补全以及代码风格改善等其他智能编程技术的重要支撑之一，例如通过搜索程序的解空间，查找可能满足约束的程序，辅助代码生成；通过查找关于 API 使用方法的代码示例来实现代码补全工作；通过检索相似代码为不规范代码改善代码风格。

（2）代码自动摘要

代码自动摘要（code summarization），又称代码注释生成，可自动为代码片段生成简明的文本描述。代码摘要可以帮助软件开发人员快速地理解代码，帮助维护人员更快地完成维护任务。代码自动摘要的方法可分为基于模板的方法、基于信息检索的方法和基于深度学习的方法三种。其中，基于深度学习的代码摘要 ⊖ 是当前的主流，它普遍采用序列到序列（sequence to sequence）的神经机器翻译架构，以编码器 – 解码器和注意力机制为基本框架，通过数据处理、模型训练和模型测试完成代码摘要的任务，如图 15-3 所示。

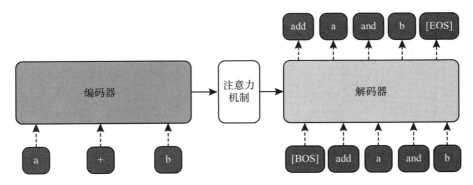

图 15-3　基于神经机器翻译架构的代码摘要

编码器利用神经网络结构将数据预处理阶段得到的代码矢量进行再次编码，以得到神经网络的隐态输出。RNN、LSTM、Transformer 编码器、GRU、CNN 等常被作为编码

⊖　参见宋晓涛和孙海龙的《基于神经网络的自动源代码摘要技术综述》一文。

器的基本组成单元。为了更多地抽取源代码的结构信息、调用依赖信息或源代码 API 知识等，研究者趋向于使用多个编码器。

解码器是另一个神经网络，它主要完成摘要生成任务，即逐字生成给定代码的自然语言摘要。它利用神经网络，在上下文矢量的指导下，将输入进行反向解码，即根据当前时刻上下文矢量、前一时刻解码器输出（生成的单词）和解码器当前的隐态顺序地预期下一个单词的条件概率，逐字生成摘要。解码器常采用 RNN、LSTM、Transformer 解码器、GRU 和 CNN 等网络。

注意力机制则连接编码器和解码器，其主要作用是找出系统的输入（源代码）和输出（对应的摘要）之间的关联关系，对编码器各时刻的输出矢量进行权重的调整，帮助解码器输出更准确的序列单词，改进代码摘要的性能。

（3）代码自动生成

代码自动生成根据开发者需求，通过程序分析、理解、搜索、合成等方式，自动为程序员推荐计算机程序代码，以辅助完成编程任务。代码生成方法主要分为基于自然语言描述的方法（NL2Code）、基于逻辑规约的方法（Spec2Code）、基于输入输出样例的方法（Example2Code）、基于界面的方法（UI2Code）、程序补全（Code2Code）五类。

近年来，深度学习代码生成技术成为主流，其中 CodeT5、CodeGPT、PLBART、Codex、ChatGPT 和 GPT-4 等预训练语言模型的表现尤为突出。其中代码预训练模型采用"预训练 – 精调"范式，如图 15-4 所示。它们在预训练阶段采用一种或多种程序语言的大规模代码数据对代码和自然语言进行联合表征学习，将程序语言和自然语言同时映射到相同的语义向量空间；然后在精调阶段，采用代码生成任务数据对神经网络中的各类参数进行训练，获得面向具体代码生成任务的生成模型。该模型大量生成的代码样本可以通过某种后处理程序筛选出正确的代码，并作为最终的生成结果。而 ChatGPT 和 GPT-4 等统一的超大型预训练语言模型则采用"预训练 – 隐性精调"范式，它们根据文本 prompt 和少量样例来激活大模型在代码生成任务上的表现。

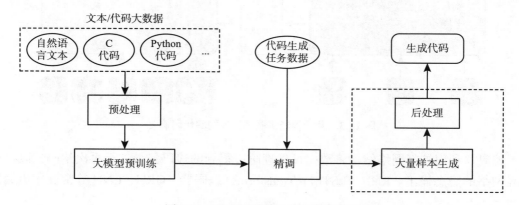

图 15-4    基于预训练模型的代码生成

代表性成果如 DeepMind 的 AlphaCode、GitHub Copilot、北京大学的 aiXcoder 等。以 GitHub Copilot 为例，它采用 OpenAI 的代码预训练模型 Codex，可以根据上下文自动生成代码，包括文档字符串、注释、函数名称、代码，实现了函数级的代码补全。Copilot X 则增加了由 GPT-4 驱动的以代码为中心的聊天模式——Copilot Chat，用于帮助开发人员编写、调试其代码，并针对某个问题查找答案。

（4）缺陷自动修复

缺陷自动修复是指自动修复一个出错代码的缺陷，得到一个相应的正确代码的过程。普遍采用"生成 – 验证"的修复模式，先自动生成候选修复补丁，再结合测试和人工确认的方式来验证补丁是否正确。补丁生成技术分为以下 4 大类：基于启发式搜索、基于人工修复模板、基于语义约束以及基于深度学习的自动修复技术[⊖]。其中基于深度学习的修复技术近年来发展最为迅速，其优点是可以利用海量的开源代码数据指导修复过程，处理各种不同类型的缺陷，具有较强的通用性，并且不依赖人工精心设计启发式搜索方法以及人工定义修复模板。

基于深度学习的修复技术又可以细分为以下 3 类：

● 自动挖掘修复模板：从重复的代码修改中采用深度学习模型自动提取可复用修复模板，然后当检测到对应的代码缺陷时，应用对应的修复模板产生修复补丁，例如 Getafix、Phoenix、GenPat、FixMiner 等。

● 端到端的正确代码生成：使用序列到序列的神经网络模型从出错代码直接生成正确代码，例如 DeepFix、SequenceR、CODIT、CoCoNuT、AlphaRepair 等。它们普遍使用采用编码器 – 解码器框架，其中也包括 T5、CodeBERT、CodeGPT、CodeT5、ChatGPT 和 GPT-4 等预训练语言模型。为了提高代码生成的准确率和质量，研究者们根据编译和测试的反馈进行反向传播或强化学习，也尝试采用多任务的联合训练方法，例如缺陷预测 – 缺陷定位 – 缺陷修复的联合预测，以及结合缺陷代码生成 – 缺陷代码修复的无监督训练等。

● 端到端的修复操作生成：使用序列到序列的神经网络模型从出错代码生成修复代码的编辑操作（Copy、Insert、Delete、Replace、Transform 等）序列，例如 DLFix、Hoppity、Recoder 等。和端到端的正确代码生成相比，本技术更接近修复的本质，同时由于只有少部分代码需要修复而大部分代码只是复制，它的修复效率更高。这些代码编辑操作同样可以进行表征学习，研究者们尝试构建代码编辑预训练模型，用预训练的模型来生成修复操作序列，例如 Graph2Edit 和 CoditT5。

## 15.1.4 展望

软件工程正在迈入全面智能化时代，人工智能技术将会更多地融入软件开发和运

⊖ 参见姜佳君、陈俊洁和熊英飞的《软件缺陷自动修复技术综述》一文。

维的各个阶段中，逐步取代那些简单的、重复的劳动，从而进一步释放软件工程师的创造潜能，成为他们的智能开发助手。特别是 ChatGPT 和 GPT-4 等大模型的引入，软件工程师将通过自然的会话方式得到智能开发助手的强大帮助。智能开发助手理解软件工程师交待的任务，进行需求分析、软件设计、代码实现、软件测试、代码重构、缺陷检查与修复等，并能根据反馈不断调整和改进。这将是一种**人和 AI 协同的群智开发新方法**。软件工程师的职责和工作方式将发生巨大变化，其主要任务可能不再是写代码、执行测试，而是训练模型、参数调优、围绕业务主题提问、给出 prompt、进行软件设计和代码评审等，对他们的要求更多地体现在对业务的深度理解、系统设计、抽象思维和逻辑思维、判断能力等方面。同时，这也将极大推动最终用户编程技术的发展，可以预测，未来很大部分的业务应用将由最终用户来开发，他们通过自然语言或可视化建模等方式进行编程。这不仅将促进多领域交叉创新，而且会极大地扩大软件开发大军。

尽管大规模的预训练语言模型在软件工程的许多方面展示出惊人的能力和潜力，但仍是数据驱动的弱人工智能。例如，大模型对复杂系统开发过程的全局掌握能力是有限的；模型还常常生成不正确的代码；模型擅长于常见问题的解决，但在创新以及缺少公开数据进行训练的高壁垒领域上尚难突破。软件开发是一个创造性过程，同时又常常需要面临技术复杂性、业务复杂性和演化复杂性，需要一群软件工程师依赖于他们的智慧和经验进行协同开发。软件工程师脑中的这些隐性知识很难被模型学习到，因此模型无法实现全自动开发，它是软件工程师的生产力工具，可以接手软件开发的一大部分工作，而不能彻底取代软件工程师。此外，模型在实际应用中还有不少问题亟待解决，包括模型的可解释性问题、代码大数据的质量与版权问题、软件工程师和智能工具的群智融合问题等。这也是下一步需要突破的关键点。

## 15.2  面向人工智能的软件工程

随着人工智能技术，尤其是机器学习和深度学习技术的快速发展，嵌入人工智能组件的软件系统（即人工智能系统）不断增加，并广泛应用于无人驾驶、制造、金融、教育、医疗和娱乐等领域中。这是人们认识和驾驭系统复杂性的途径，也是应对环境不确定性、动态性和开放性的必然。同时，人工智能系统具有不确定性、不可解释性、环境感知、自学习等鲜明特点，传统软件工程方法与技术难以直接应用于这类新型软件。面向人工智能的软件工程主要研究这类新型的人工智能系统在需求、设计、开发、测试和维护等各阶段的新挑战。

### 15.2.1  人工智能系统的开发

人工智能系统的开发和运维方法与传统软件有着根本的区别，Andrej Karpathy 将它称为"软件 2.0"⊖。传统软件（即软件 1.0）由软件工程师采用 Python 和 C++ 等计算机语言开发，它由多条计算机指令组成，有明确的逻辑和行为；而在人工智能系统中，其逻辑和行为是从数据中学习和推理得到的，具有"概率性"和不确定性。人工智能系统的开发需要数据科学家和软件工程师跨学科协同，其质量属性也有显著不同，涉及伦理、道德、公平等一系列问题。人工智能系统拥有自适应、自学习的能力，可以根据不断变化的环境自行演化。这些特点给软件工程提出了新的挑战，研究者们开始从软件工程的各环节研究人工智能系统开发的新技术与新方法⊖。

（1）人工智能系统的需求工程

由于人工智能系统的行为具有不确定性，同时机器学习的需求严重依赖于可用的数据，不同的数据集可能导致不同的需求，这使得需求的分析和确定十分困难。为此，研究者开始关注模型性能、可解释性、安全性、鲁棒性、公平性等非功能需求的研究，以及"概率性"需求的表达方法，并提出了基于目标的需求工程方法。

（2）人工智能系统的设计

针对人工智能系统的特点，研究者们总结了相应的架构风格、设计模式和反模式，提出了特定的质量属性（如安全性、鲁棒性等）的设计策略，以及人工智能系统的基础设施方案（如以微服务来共享机器学习模型）。由于人工智能系统通常是基于大数据的自学习系统，因此，大数据的高效计算和处理也是设计时需要重点考虑的问题。

（3）人工智能系统的构造

在人工智能系统的构造过程中，软件开发人员需要对数据进行预处理，熟悉机器学习的库和算法，进行模型的实现；然后将其和非人工智能组件进行集成，构建出整个系统。研究者们从众多成功项目中总结出了人工智能系统构造的最佳实践和指南，并研发了工具来支持软件编程与系统部署，以降低使用机器学习技术的门槛。目前工具的成熟度还不高，仍处于探索阶段。

（4）人工智能系统的测试

由于人工智能系统有推理的不确定性、模型的不可解释性、对抗攻击的脆弱性、数据的依赖性等特点，因此需要新的测试技术。研究者们提出了对抗样本测试和神经网络覆盖测试等新的测试技术，同时将蜕变测试和组合测试等通用技术进行了适应性改进，以更好地发现待测人工智能系统中潜在的缺陷，详见 15.2.3 节。

（5）人工智能系统的运维

与一系列开发迭代中演化的传统软件不同，许多基于人工智能的系统拥有自适应、自学习的能力，可以根据不断变化的环境自行演化。因此，研究者应关注系统运行时性能的监控，预防模型性能退化。

---

⊖　参见 Andrej Karpathy 的"Software 2.0"，https://karpathy.medium.com/software-2-0-a64152b37c35。
⊖　参见 Silverio Martínez-Fernández、Justus Bogner 和 Xavier Franch 等人的"Software Engineering for AI-Based Systems: A Survey"一文。

在以上研究中，人工智能系统的质量和测试最受关注，我们将在下面两小节中进行阐述。

## 15.2.2　人工智能系统的质量

随着人工智能系统的广泛应用，它面临着越来越多的质量挑战，例如不确定性导致潜在的安全问题，不可解释性限制了其更广泛的应用赋能，如何在使用数据的同时保护用户隐私，如何公平地对待不同群体等。构筑可信的人工智能系统已成为全球共识，2017 年何积丰院士提出了"可信人工智能"的概念，2019 年欧盟委员会发布了可信人工智能伦理指南，自 2020 年开始 ISO 推出了人工智能的可信（ISO/IEC TR 24028）、伦理和社会问题（ISO/IEC TR 24368）等系列标准，许多国家也纷纷制订了相应的发展规划。人工智能系统的可信要求主要涉及鲁棒性、可解释性、隐私保护及公平性。

1）鲁棒性：人工智能系统抵抗恶意攻击或者环境噪声并且能够做出正确决策的能力。

2）可解释性：以受众可理解的、直截了当的方式解释人工智能系统所做出的决策的程度。

3）隐私保护：人工智能系统保护个人或者群体的隐私信息使之不被泄露的能力。

4）公平性：人工智能系统对待不同群体（如不同性别、种族、年龄等）的公平程度。

鉴于以上人工智能系统所特有的可信要求，ISO/ IEC DIS 25059 标准在通用软件质量模型（ISO/IEC 25010）的基础上定义了人工智能系统的产品质量模型和使用质量模型，如图 15-5 和图 15-6 所示。

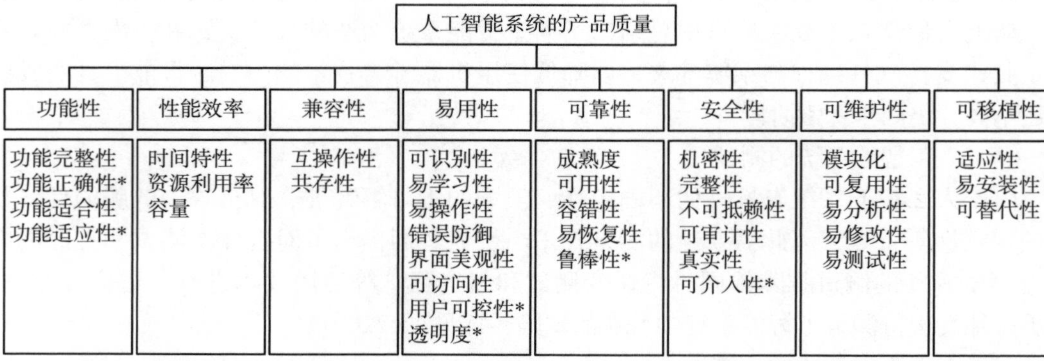

图 15-5　人工智能系统的产品质量模型

与通用软件质量模型相比，人工智能系统的产品质量模型在 5 个子特性（图中 * 表示）上存在差异。

● 功能正确性，人工智能系统常常无法提供传统软件的正确性，它的输出通常是一个置信度。

● 功能适应性，是指人工智能系统适应其部署的不断变化的动态环境能力，而不再是系统功能促使指定的任务和目标实现的程度。

● 用户可控性，是指用户能够及时适当干预人工智能系统功能的程度。

● 鲁棒性，是指系统在任何情况下维持正确性水平的能力。

● 可介入性，是指人工智能系统不做有害且危险行为的程度。

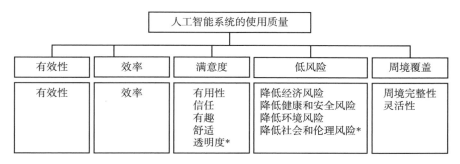

图 15-6　人工智能系统的使用质量模型

与通用软件质量模型相比，人工智能系统的使用质量模型在透明度子特性上有所不同，同时又增加了降低社会和伦理风险子特性，它包含负责任、公平非歧视、透明度可解释性、促进人类价值、隐私、尊重法治、尊重国际行为准则等内容，表明人工智能系统需关注其决策对外界和社会产生的影响。

最后值得一提的是，人工智能系统的质量依赖于数据、模型和代码实现三方面的质量，我们应在人工智能系统开发与运维的全生命周期从这三个方面加强质量保障措施，实现高可信的人工智能系统。

## 15.2.3　人工智能系统的测试

人工智能系统是集成了人工智能组件的软件系统，其测试和传统软件一样由单元测试、集成测试和系统测试三个阶段组成。

● 单元测试：采用基于覆盖的结构性测试方法对系统中的各组件进行单元测试，例如非人工智能组件采用语句覆盖测试方法；人工智能组件采用神经网络覆盖测试方法，同时对机器学习模型进行性能测试。如果人工智能组件对数据进行了预处理，则还需要测试预处理是否正确。

● 集成测试：测试人工智能组件是否与其他组件正确地集成，例如检查接口是否正确，数据是否正确传递，机器学习模型产生的预测结果是否被其他组件正确地使用。

● 系统测试：如果人工智能组件直接向用户提供服务，那么在系统测试时应测试它的功能以及性能、可解释性、鲁棒性和安全性等非功能需求。

人工智能系统的推理不确定性、模型不可解释性、对抗攻击的脆弱性、数据的依赖性等特点给其测试带来了极大的挑战。这引起了软件工程和人工智能学术界与工业界的极大关注，并已经取得了一些进展，例如 ISO/IEC TR 29119-11 标准列出了人工智能系统当前几种主流的测试技术，如表 15-1 所示。

表 15-1　人工智能系统的测试技术

| 黑盒测试 | 白盒测试 |
| --- | --- |
| 对抗样本测试 | |
| | 神经网络覆盖测试 |
| 组合测试 | |
| 对比测试 | |
| A/B 测试 | |
| 蜕变测试 | |
| 探索性测试 | |

（1）对抗样本测试

对抗样本（adversarial sample）是指在输入样本上添加微小的扰动，相较于原来的样本，这种微小的扰动产生的改变无法用肉眼辨识，但它可以导致机器学习模型做出错误的判断。例如，针对使用图像识别的无人车，构造出一个图片，在人眼看来是一个"stop"标志，但在汽车看来是一个限速 60 的标志。对抗样本测试，又称为对抗攻击，就是自动生成高效的对抗样本，对机器学习系统进行测试，使其更加安全、鲁棒。本质上，对抗样本测试是一种边界值测试方法，即高维输入的微小扰动对非线性变换函数维度扭曲的边界产生影响。以图像分类为例，对抗攻击对深度学习系统的输入进行扰动，从而让深度学习系统将位于分类边界内的图像逐步推到边界外，导致错误分类。

对抗攻击方法可以分为白盒攻击和黑盒攻击。白盒攻击在生成对抗样本的过程中需要获得 DNN 网络的内部状态，包括 C&W、FGSM、DeepFool 等方法；黑盒攻击则能在不了解攻击模型的内部信息或者模型训练集合的情况下生成测试用例，包括 Papernot、SafeCV 等方法。

（2）神经网络的白盒测试

传统的 100% 语句覆盖等白盒测试方法并不适用于神经网络，缺陷常常隐藏在神经网络内部。因此，测试神经网络时，可以根据神经网络中神经元的激活值来计算覆盖率。相关研究表明，神经网络覆盖率越高的测试具有越好的缺陷检测能力。常用的覆盖指标为神经元覆盖率、阈值覆盖率、符号变更率、值变更覆盖率、符号 – 符号覆盖率和层覆盖。例如神经元覆盖率是指测试用例激活神经元的数量占总数的比例。

例如 DeepXplore 提出了一种白盒差异测试算法来生成对抗样本，覆盖所有的神经元（阈值覆盖）。DeepTest 是一款基于深度神经网络的自动化测试工具，可自动检测自动驾驶汽车的错误行为（符号 – 符号覆盖）。DeepCover 则提供了上述 6 种神经网络覆盖率。

（3）机器学习系统的黑盒测试

机器学习系统常用的黑盒测试技术包括组合测试、对比测试、A/B 测试、蜕变测试和探索性测试等。

组合测试（combinatorial testing）是一种应对需要大量测试输入从而缓解组合爆炸问题的测试技术，它从输入空间推导出有用的组合的方法，在保证错误检出率的前提下采用较少的测试用例。ISO/IEC/IEEE 29119-4 中定义了若干种组合测试技术，包括全组合测试、成对测试、单一选择测试和基本选择测试。人工智能系统常常拥有大量的参数，尤其是使用了大模型或者像自动驾驶汽车那样与外界进行交互时，其状态空间就更大。因此，采用组合测试技术将几乎是无限的组合减少至可管理的子集，是十分重要的。不过即便使用了组合测试技术，人工智能系统仍然会产生大量的测试用例，因此通常需要使用自动化测试环境。

对比测试（back-to-back testing），又称差异测试，测试相同输入在基于相同规约的多个实现下的输出是否相同。针对人工智能系统，我们可以采用不同的机器学习框架、不同的算法、不同的设置来实现多个版本的人工智能组件，甚至可以采用传统的、非人工智能的软件。对比测试可以解决测试预言缺失问题。

A/B 测试是一种统计测试方法，用于判定两个系统哪个更好。一个软件系统的两个（A/B）或多个（A/B/n）版本，用相同的数据作为输入，或者分别让组成成分相同（相似）的目标客户群组随机地访问这些版本，收集与分析运行结果，评估出最好的版本，正式采用。人工智能系统常常利用 A/B 测试来比较不同的模型或算法、同一模型的不同设置等哪种效果更佳。例如评估电子商务平台的两种智能推荐系统哪种用户转化率更高，评估一个新训练的机器学习模型与旧版本相比是否性能有所改进。如果 A/B 测试是自动化的，则可以用于人工智能系统的自学习过程中，指导模型更好地演化。

蜕变测试（metamorphic testing）是另一种解决测试预言缺失问题的常用方法，它构造蜕变关系描述输入 / 输出之间的关系，根据现有的测试用例按蜕变关系生成后续测试用例，把符合蜕变关系的预期输出视作测试预言。近年来，蜕变测试也被应用到人工智能系统的测试中，其中所使用的蜕变关系包括打乱训练集不影响预测结果、添加眼镜不影响人脸识别结果等。

探索性测试（exploratory testing）是一种创新的测试思维，测试人员自由地设计和执行测试，通过与被测系统的交互，不断地学习和了解系统，以进行更好的测试。在测试人工智能系统时，如果缺少需求规约或需求过于简约，则采用探索性测试可以更加高效。

## 思考题

1. 程序语言和自然语言存在着天然的语义鸿沟，如何基于深度学习技术将它们同时映射到相同的语义向量空间?

2. 人工智能技术从哪些方面可以辅助编程? 其中常用的深度学习模型有哪些?

3. 人工智能系统的开发主要面临什么挑战?

4. 和传统软件相比,人工智能系统的可信要求新增了哪些质量属性?

5. 什么是对抗样本测试?

# 第 **16** 章

# 群体软件工程

在互联网的影响下，软件工程领域正在经历一场深刻的变革：一方面，互联网为软件创造了一种更加开放、动态、复杂且持续演化的生态环境，使软件的规模和复杂性急剧增加，也对传统软件工程方法提出了一系列严峻的挑战；另一方面，互联网为人类个体之间的交互和协作提供了一种全新的基础设施，促进了新型社会化软件工程实践的出现，为软件工程方法的创新发展带来了新的机遇 ⊖。这种新型社会化软件工程称为群体软件工程或群智软件工程，它是一种互联网环境下以大规模群体协同、智力汇聚、信誉追踪、持续演化为基本特征的软件开发新模式。

## 16.1 群体软件工程概述

长期以来，科学家们在很多生物群体中观察到一种有趣的智能现象：虽然构成群体的每一个体都不具有智能或只具有有限的智能，但整个群体却表现出远超任意一个个体能力的智能行为。科学家将这种现象称为群体智能。在人类个体和人类社会中，也同样可以观察到群体智能现象。例如，从人脑的神经结构来看，人类个体的智能本身就是一种群体智能现象：这个群体中包含了 1000 亿左右的神经元个体；人类个体具有的复杂认知和心理功能正是在这样一个大规模的神经元群体及其构成个体之间复杂交互的基础上涌现产生的。人类社会的不断发展和演化也同样是一种群体智能现象，人类社会的重要

---

⊖ 参见梅宏、金芝和周明辉的《开源软件生态：研究与实践》一文。

文明成果都是人类个体在长期群体化、社会化的生活中逐渐演化形成的产物。从哲学的角度观察，群体智能是一种"由量变产生质变"的现象；从复杂系统的角度观察，群体智能是一种"涌现"现象，是群体中的个体通过复杂的交互而涌现产生的一种"自组织行为"。

互联网极大地推动了群体智能现象的蓬勃发展，大规模地理分布的人类个体能够在互联网上形成一个具有紧密联系的群体，共同解决一个复杂问题。例如，在知识收集领域内，通过几千万位用户参与和持续协同，构建了高质量的维基百科；在生物学研究领域内，研究者通过一款游戏软件 Foldit，让 57 万名玩家参与到专业的科研活动中，成功解决了困扰研究者 15 年之久的蛋白质的结构问题。

在此趋势下，群体软件工程将互联网群体智能引入了软件工程领域。软件开发活动本质上是一种智力和知识密集型的群体协同活动。群体软件工程利用互联网将全球各地的开发者和用户协同起来，合作创新，快速开发出价廉质高的软件系统。例如，超过 1900 家公司的 21000 位开发者协同开发了最受欢迎的开源操作系统 Linux。美国 TopCoder 公司利用 25 万名开发人员众包开发了美国在线委托的通信后端系统，在 5 个月内完成了这个用传统软件工程需要 1 年才能完成的项目，而且质量超过了行业要求。和传统软件工程相比，群体软件工程呈现出以下特点：软件开发过程从封闭走向开放；开发方法从机器工程转为社会工程；开发组织从工厂扩展到社群；开发人员从精英走向大众。同时，随着人工智能和大模型技术的飞速发展，人类智能和机器智能的融合与集成成为软件工程不可阻挡的发展趋势。

作为云时代的软件工程新模式，群体软件工程目前已经在工业界形成了三种新形态，包括开源软件、软件众包以及应用程序商店。这三种原始形态通过汇聚软件开发者的群体智能，创造了巨大的社会价值和经济价值。以下各节将分别阐述这三种新形态。

## 16.2　开源软件

开源软件（Open Source Software，OSS）是一种源代码开放的计算机软件，软件的版权方通过开源许可证（license）来赋予和限制用户研究、修改、发布软件代码的权利。开源软件工程能够集众智、采众长，加速软件迭代升级，促进产用协同创新，推动产业生态完善，已成为全球软件技术和产业创新的主导模式。2021 年 RedHat 的调查报告显示，全球 1250 家 IT 著名企业中有 90% 的开发人员正在使用开源软件。

### 16.2.1　开源软件运动

开源软件运动起源于 20 世纪 80 年代的自由软件运动。Richard Stallman 于 1984 年启动 GNU 项目，拉开了自由软件运动的序幕，并在 1985 年创办了自由软件基金会（Free Software Foundation，FSF）。1989 年 FSF 发布通用公共许可证第一版（GPLv1），为自由软件运动制定了行为规则。到 1998 年，在部分业界人士的倡导下，改称自由软件（free software）为开源软件，自由软件运动也由此演化为开源软件运动。到了 20 世纪末，开源软件经过数十年的蓬勃发展，已经成为软件领域不可或缺的重要组成部分。很多成功的开源软件项目如 Linux、Apache、Eclipse 等，由于出色的质量和固有的开放性，被当作事实上的工业标准软件，广泛地应用于各个领域，产生了巨大的社会价值。

和传统商业软件相比，开源软件具有以下主要优点：①节约购买软件的成本；②安全，源码开放使得安全漏洞更易发现；③自由定制，使用者可以进行灵活的二次开发，以满足个性化的需求；④更好的质量，开源软件是大规模用户和开发者群智的汇聚结晶，具有卓越的技术和功能的创新；⑤无供应商锁定。正因为开源软件的上述优点，越来越多的企业、高校和个人参与到了开源软件的创建、开发和维护中。

近年来，开源软件运动如火如荼，它呈现出以下趋势：

1）从模仿到引领。开源软件起初只是商用软件的模仿，例如 Linux 模仿各类商用 Unix，Eclipse 模仿 Visual Studio，Xen/KVM 模仿 VMWare，OpenStack 模仿 Amazon AWS 等。从容器技术开始，开源不再是商用软件的简单模仿，而是开始引领行业的发展方向。

2）商业 – 开源混合模式兴盛。越来越多的公司参与到开源软件的创建、开发和维护中，建立起很多商业 – 开源混合开发的项目。这些项目由软件工业界驱动，围绕开源软件技术或平台搭建各种业务模型；利益相关者之间相互协作、利益彼此关联，形成了各种开源软件生态系统。

3）从软件延展到硬件与教育。开源不仅打破了软件领域的垄断，而且正在从软件领域向硬件和教育等领域扩展。

4）企业内部开源。在公司内部使用开源，简称内源，是指项目并不向外部社区开发，而是在公司内部采用开源的模式，以此来推动企业内部的代码复用和创新。

## 16.2.2　开源软件生态

开源软件成功的核心表征就是生态，软件产品的竞争本质上是生态系统的竞争。开源软件的开发者、用户、基金会、公司等利益相关者之间依托开源社区相互协作，利益彼此关联，形成了开源软件生态，如图 16-1 所示 ⊖。

（1）开源项目

开源项目是开源协作的对象，即开源软件的开发和维护项目，例如 Linux、MySQL、OpenStack 等。开源项目种类繁多，涉及了软件系统的各个层次：系统层的操作系统、编译器、虚拟机和编程语言，数据层的数据库、大数据处理、机器学习等，中间件层的云计算、消息队列、应用服务器和汽车机器人等，应用层的应用框架、编辑器等。

---

⊖　参见周明辉《开源软件开发》。

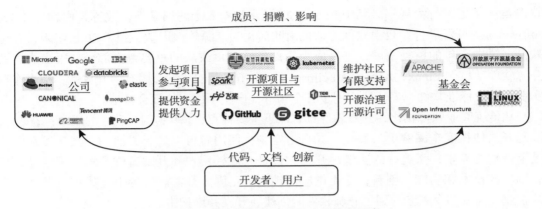

图 16-1    开源软件生态的基本结构和要素

（2）开源社区

开源社区是开源项目的社区交互平台，在该平台上开发者和用户互相学习交流，协同开发开源软件，并根据相应的开源许可证发布和共享软件源代码。这是一个自组织、自愿参与的社会合作网络。著名的开源软件社区有 Linux Kernel 社区、Eclipse 社区、Mozilla 社区、SourceForge、Github、Gitee 等。以 Github 为例，截至 2022 年，托管了 3 亿行代码，9400 万名开发者参与了开源项目的开发和贡献。

（3）开源贡献者

开源软件通过开放源代码，以声誉、兴趣、理想为激励，吸引了大规模的软件开发者和用户群体参与到开源项目中。尽管这些贡献者可能分布在世界各地，素不相识，但他们依旧能够像一个团队一样紧密合作，协同开发，彼此交流开发经验，共享知识。在开源软件开发中，核心开发贡献者是少数，修复缺陷的贡献者数量超过核心团队一个数量级，而报告问题的贡献者数量超过核心团队两个数量级。数量最大的是开源软件的用户，他们在软件的创新和需求方面做出了不可替代的贡献。

（4）开源基金会

任何人都可以在互联网上发布项目的源代码，但是要构建一个可持续的项目社区，仅靠代码是不够的，而基金会就扮演了"社区看门人"的角色。开源基金会作为管理和推广开源项目的非营利机构，为开源项目提供基础设施、活动、培训以及法律、商业、技术等服务。著名的开源基金会有自由软件基金会（FSF）、Apache 基金会、Linux 基金会等。

（5）公司

为了利用开源软件开发的优势，越来越多的公司发起、主导和参与开源项目，建立起很多商业 – 开源混合开发的项目，如 OpenStack、Docker 以及 Android 等。这些公司为项目提供资金和人力。例如作为全球开源贡献最多的谷歌和微软公司，其活跃开源开发人员都超过了 6000 人。

开源软件生态既能融合合作伙伴，又能融合应用伙伴；既能突破关键核心技术，又能延展上下游的供应链。构建健康的开源软件生态，是保障开源软件持续发展的基石。

### 16.2.3　开源软件的开发模式

开源软件开发模式的本质特征在于用户需求驱动和开放透明的同行评审以及众多开发人员的协作。这是开放与规则的完美平衡，是一种自下而上、开放协作的开发模式。具体地，开源软件在开发模式上展现出如下特征。

1）迭代开发与持续演化。开源软件采用增量迭代开发过程，不断进行软件演化，持续发布产品新版本，以此来提高软件质量，并迅速响应用户问题。

2）用户创新驱动。传统工程化方法有明确的用户和明确一致的用户需求描述，这是软件开发的前提。而开源软件没有明确的需求，由开发者和用户自下而上地进行需求的创新。

3）以代码为中心的开发。开源软件更多集中在对源码的管理和汇聚上，在一个小规模的精英核心小团队完成顶层架构设计后，大规模开发者们会进行新特性的实现和缺陷的修复。在版本控制工具、代码评审工具、缺陷追踪工具等的支持下，代码的版本与质量得到严格的规划和控制，软件缺陷从报告、修复和验证关闭得到全流程的管理。

4）"众人之眼"的质量保障。埃里克·雷蒙关于开源特性的名言是"足够多的眼睛使得错误无处遁形"，即只要有足够多的共同开发者与测试员，很多软件缺陷都会在很短时间内被发现和解决。开源将源代码公布，把代码呈现给大众，让大家一起评审、测试和检查代码是否合格，不良代码逃不脱众人之眼。

5）分布式组织方式。有别于传统"集中式层级结构"的组织方式，通过不断发展，开源软件逐渐形成了多样化的分布式组织方式，并在互联网环境下表现出显著优势，例如 Linux 内核开源项目的松散式层级结构的组织方式，Apache Web 服务器开源项目的基于委员会投票的民主式组织方式等。

6）松耦合的团队协同。开源软件开发模式是一种以开放、对等、共享为核心理念的协作开发模式。该模式具有典型的松耦合特征，开发者之间可能在地理上相隔万里之遥，甚至在很多情况下可能素未谋面。开源项目采用"小内核 – 大外围"的协同模式：由一个很小的核心精英团队负责设计软件架构，管理整个系统的开发方向，并完成项目中大部分的开发工作；同时有一个大规模的外围开发者和用户团队工作在分散而并行的子任务上，包括问题报告、缺陷修复和子特性开发等。

7）无障碍的代码复用。群体化的开源软件开发方式适应了网络时代软件需求的快速变化，无障碍的代码复用消除了开发组织间的技术壁垒，大量的源代码在开源社区中被积累与共享。不少代码搜索、生成与推荐工具也应运而生。

这种大众开源的技术和模式成为现代软件开发的一个标志性趋势。开源软件的群体协同机制使得可持续发展的社会化软件开发成为现实，提供不断满足多种多样、不断变化的应用需求的软件开发能力；开源软件的开放透明的用户创新机制有助于保证其所提供的海量软件制品的质量和适用性。

### 16.2.4 开源项目贡献

开源项目贡献就是指使用一切办法来提升开源项目。贡献源代码是参与开源项目的一种形式，但是还有其他方式，例如撰写或更新文档、参与设计和方案讨论、测试软件、发现和报告问题、评审和检查源代码、提交新的需求、帮助解答用户的问题、创建文章和视频等内容来提升项目的知名度、帮助创建兴趣社区等。

参与开源项目贡献能增强开发能力，提升自己在开源社区的声望，建立更多的人脉。作为一位新人，如何才能成功地做出第一个开源项目贡献？建议进行如下操作。

1）根据自己的能力、兴趣、时间、擅长的领域，以及项目的活跃度和发展潜力，选择合适的开源项目。

2）阅读文档，了解社区规则、交流和协作方式、开发流程和工具。

3）挑选适合新人解决的问题，明确需要解决的任务。

4）完成任务，以符合项目贡献规范的方式提交贡献。

贡献者（contributor）是开源项目基本的参与角色，通过持续的项目贡献后，就能晋升为提交者（committer）。提交者是拥有代码仓库写操作权限的开发者，负责将贡献者贡献的代码或文档提交到代码的分支里去，评审代码以决定是否可以合并提交。项目中具有最高决策权力的角色是维护者（maintainer），决策项目发展方向，负责版本的发布以及提交者的提拔。在 Apache 软件基金会的组织架构体系中，项目管理委员会（PMC）承担了维护者角色。

## 16.3 软件众包

软件众包是指利用互联网将软件开发中的具体任务和问题公开发布，以金钱为激励，吸引大量的个体去承担任务，解决问题。原先由精英专业人员完成的软件开发工作被众包给地域分布不同的大众协同完成。这是网络时代另一种新的社会化软件开发新模式，普通大众的能力和创新被聚集起来，协同完成大规模的软件项目。

### 16.3.1 众包概念

众包（crowdsourcing）一词正式被发布于 2006 年 *WIRED* 杂志 6 月刊，该杂志的编辑 Jeff Howe 首次阐述了众包的概念 <sup>⊖</sup>，这是"一种公司或机构把过去由员工执行的工作任

---

⊖ 参见 Howe J. 的"The Rise of Crowdsourcing"一文。

务，以自由自愿的形式外包给非特定的（通常是大型的）大众网络的模式。众包的任务通常由个人来承担，但如果涉及需要多人协作完成的任务，也可以采用开源项目的形式开展"。众包和普通意义上的外包（outsourcing）的不同点在于，外包是社会专业化分工的必然结果，它剥离非核心业务，转包给其他组织来完成，从而节省更多人力、物力、财力，集中于主业。而众包是由社会需求的多样化和差异化导致的，能够满足更多的要求。外包实施的是低成本战略，众包实施的是差异化战略；外包是规模经济的发展模式，众包是范围经济的发展模式。众包技术已被成功应用于大规模数据的生产、标注和质量保证，以及古文识别、药物开发、logo 设计、软件开发、语言翻译等领域。

软件众包是采用众包技术进行社会化软件开发的新模式。根据大众参与众包的不同形式，软件众包可分为协作式软件众包（collaborative software crowdsourcing）和竞赛式软件众包（software crowdsourcing contest）<sup>⊖</sup>。协作式软件众包的任务需要多人协作来完成；竞赛式软件众包的任务通常是由个人独立完成，完成任务后由发布方进行对比选择最佳者。在软件众包中，接包者在完成任务后通常会得到相应的奖励，如金钱报酬。软件众包对企业核心需求的满足显而易见，用人而不养人，降低开发成本；通过大众创新中心，提升核心竞争力；通过消费者设计，引领市场。

## 16.3.2　众包模型

众包的基础模型可以用图 16-2 表示。它由任务发布方（the crowdsourcer）、任务接包者（the crowd）、众包任务（the crowdsourced task）和众包平台（the crowdsourcing platform）组成。任务发布方将软件开发与测试等任务发布到众包平台上，接包者各自获得任务后，完成任务并进行交付，任务发布方根据总体的反馈情况来获得解决方案。最终完成任务后，接包者常常会获得一定的报酬。

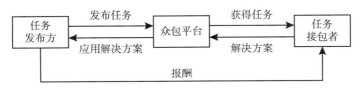

图 16-2　众包的基础模型

众包平台是众包的第三方中介，是任务发布、发包接包、任务悬赏、雇佣接包者的服务平台。和软件众包相关的平台有 Upwork、TopCoder、crowdsourcedtesting、猪八戒、一品威客、智城外包、开源众包、百度众测等。

---

　⊖　参见冯剑红、李国良和冯建华的《众包技术研究综述》。

### 16.3.3　众包流程

2013 年 CMU、MIT、Stanford 等多家著名高校的专家在 CSCW 会议上提出了众包的通用流程 <sup>⊖</sup>，如图 16-3 所示。众包流程在众包平台的支持下分为以下步骤：

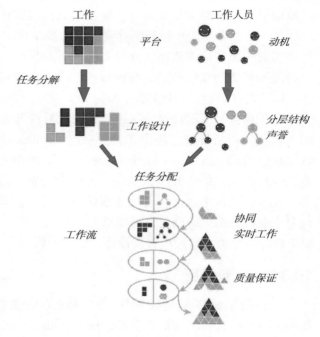

图 16-3　众包流程

1）任务设计与分解。复杂任务被分解成较小的子任务，每个子任务被设计以适应特殊需求或具备某种特点，使其能被分配到合适的接包者；

2）接包者管理。接包的工作人员被适当地激励、选择（例如，通过口碑）和组织（例如，通过分层结构）；

3）任务分配。采用拉（pull）或推（push）的方式将任务交给接包者。基于拉的方法是由接包者主动搜索相关任务进行认领；而基于推的方法则是由众包平台进行任务的推荐与分派；

4）任务执行。在交流协同机制的支持下，接包者同步或异步地完成所分配的任务；

5）质量保证。通过评审、测试等质量保证活动，确保每位接包者提交的单项成果是高质量的；

6）成果集成。组装各接包者以及人工智能的成果，集成为整体解决方案，并进行最终的质量保证。

### 16.3.4　众包质量保障

由于接包者采用自由组织的工作形式，可能来自不同的国家和地区，他们的年龄、教育背景不尽相同，因此他们所交付的成果的质量参差不齐，存在较大的不确定性。如何获得高质量的众包结果？须进行众包全流程的质量保障，从任务设计、任务执行到任务完成，全面保障众包的质量。

任务众包的完成质量和很多因素有关，例如任务的难度与粒度、报酬与奖励、人员的信誉与能力、众包平台的人员数和易用性等。除了进行合适的任务分解、定价、分配

---

⊖　参见 Aniket Kittur 和 Jeffrey V. Nickerson 等人的 "The Future of Crowd Work" 一文。

和激励之外，还有以下两种主要的众包质量保障措施。

1）任务多重分配。由于依赖一个人给出的结果很难确保任务的完成质量，因此任务发布方可将任务分配给多个人，然后在任务完成时利用不同的策略选择任务的最佳结果。软件测试、验收结果、专家投票等就是常用的选择策略，选择最佳绩效的投标者。

2）基于众包的质量评估。针对复杂的软件众包任务，常常无法由计算机基于机器学习等算法进行自动质量评估。采用传统的甲方手工测试或验收方式，效率较低。在这种情况下，质量评估众包是一种有效的解决途径，不仅任务的执行采用众包，任务结果的质量评估也采用众包方法，交给大众进行评估，如软件的众测等。众测的目的是利用大众的测试能力和测试资源，在短时间内完成大工作量的产品体验，并保证质量，第一时间将体验与测试结果反馈至平台，再由平台管理人员将信息收集起来交给开发人员，这样就能从用户角度出发，改善产品质量。

## 16.3.5　众包激励机制

即使像 InnoCentive 这样具有影响力的创新众包平台，其问题解决率也只有 50% 左右，激发专家与用户的"空余能量"至关重要。研究者们正在研究众包的声誉与凭据、动机与奖励的原理与机制。

（1）众包的参与动机

经实证调查，众包的参与动机总结起来主要有以下几个方面[一]：来自直接用户的问题解决需求、获取酬金、长期的社区声望、来自其他接包者或者公司的认可，以及最深层次的基于人的本能的创新的快乐和能力的增长。除此之外，人们参与众包还有其他动机，包括升职、无聊地打发时间、认识新人、接触新社会。极低的加入门槛也是参与众包的重要原因。因此，众包平台和众包任务发布方应该努力收集和分析数据，增进对接包者的整体了解，根据其参与动机设立合理的、高效的激励机制。

（2）货币型激励

货币型激励仍然是众包的重要激励因素，货币型激励对接包者有很大的吸引力，决定了接包者的努力程度，并最终影响了众包的运行效率和质量。国内外有影响力的众包网站基本上都在用货币激励来吸引接包者，而采用"奖金 + 提成"式的线性激励机制比固定奖金式激励更有效。所以奖金结构的合理设置是众包整体高效运行的基础。

货币型激励常常会遇到以下争议：如果任务发布方发现一些任务返回的结果质量较差，而拒绝给接包者付酬，则接包者会进行争辩，并发布相关消息，从而影响发布方的口碑，降低他人对任务的参与度。为了解决这个问题，一般的方法是，接包者完成任务后支付基本报酬，只有接包者提供的任务结果质量较高时，才给予奖励金额，这也有利

---

〇　参见 Wenjun Wu、Wei-Tek TSAI 和 Wei Li 的 " Creative Software Crowdsourcing: From Components and Algorithm Development to Project Concept Formations" 一文。

于提高任务的结果质量。

（3）竞争型激励

接包者互相交流可以提高其努力程度，进而提高产出，这会在众包过程中产生接包者"竞争激励"效应。例如，某个具有得奖预期的接包者在发现他人软件的优秀之处后，会产生自己软件不如人、奖金会被抢走的担忧，从而激励其思考如何进一步完善自己的软件。这在众包竞赛中有充分的体现，也是多主体参与的一个普遍特点。

## 16.4　应用程序商店

应用程序商店（Application Store）是移动应用软件的服务平台，它以互联网、移动互联网为媒介渠道，提供各类付费或免费软件的查阅与下载服务，同时为应用开发个人或公司提供技术指导服务及产品销售通道。应用程序商店利用市场机制来引导软件的生产和销售。著名的应用程序商店包括苹果 App Store、谷歌 Play、华为应用市场、腾讯的微信小程序平台等。这些应用程序商店发动了千万级的开发人员，在短时间内推出了一大批移动软件。

### 16.4.1　应用程序商店的分类

应用程序商店涉及移动互联网产业链中的所有环节，涵盖了用户、软件开发者、运营商、终端品牌商、操作系统提供商等。根据供应链中核心主导企业主体的不同，通常将应用程序商店分为终端厂商主导、电信运营商主导、互联网公司主导、操作系统提供商主导四种类型 <sup>⊖</sup>。

（1）终端厂商主导型

终端厂商主导型应用程序商店，又称终端应用程序商店，指的是手机供应链中的手机品牌厂商推出的应用程序商店，除苹果 App Store 外，还涵盖了诺基亚、三星、RIM 等国际品牌的应用程序商店，以及以联想、华为等为代表的国内手机品牌厂商的应用程序商店。终端厂商主导的应用程序商店具有如下优势：第一是具有较强的产业链掌控力和号召力，可以通过终端内嵌的方式来快速扩大装机量；第二是终端厂商的产品研发能力相对较强，能够给予软件开发者更为有效、合理的技术指导；第三是终端厂商具备品牌优势，这使得其应用程序商店有着较高的用户忠诚度。

（2）电信运营商主导型

电信运营商主导型应用程序商店是指在电信产业链中处于核心厂商地位的电信运营商建立的应用程序商店。这种以中国移动的 MM、联通的 Wo Store 和电信的天翼空间为代表。运营商涉足应用程序商店的目的是在无线互联网时代寻求新的价值增长，避免自

---

⊖　参见龚德祥的《手机供应链终端应用商店运营模式研究》一文。

已在无线互联网时代被沦为"管道"的风险，维持或增强其主导地位，它们的优势主要表现在如下方面：第一是用户规模数量庞大，超过任何一种类型；第二是支付方式便利，手机用户通过话费支付方式购买应用方便、灵活；第三是资源丰富，电信运营商所具有的渠道、内容、合作伙伴、用户等资源十分丰富，加之其位于手机产业链上游，这使得这一类应用程序商店具有较强的产业链整合能力。

（3）互联网公司主导型

随着互联网的移动化，互联网公司逐步进入应用程序商店领域，并将其作为抢占无线互联网的入口的一个重要战略。互联网企业由于不只是面向某一特定的电信运营商网络、终端设备或手机操作系统，而是提供跨平台的标准应用程序，因此它提供的各种应用需要支持各类的操作系统平台和大量的手机型号。互联网公司主导的应用程序商店有91手机助手、百度手机助手、腾讯应用宝、机锋网、安智市场、腾讯的微信小程序平台等。互联网公司主导的应用程序商店的优势表现在：第一是互联网运营经验十分丰富，具有较强的运营能力、客户关系管理能力和相对灵活的互联网推广与营销渠道；第二是商业模式灵活多变，能够对市场需求做出灵敏把握。

（4）操作系统提供商主导

典型代表是微软的WMM、谷歌的Play。谷歌作为传统的互联网企业，为了抢占移动互联网的更多入口资源和获取更多的用户，进入了手机操作系统开发和应用程序商店市场领域，而微软则希望通过提供给用户多样化的手机软件应用，提升其手机操作系统市场份额。这类应用程序商店的优势主要表现在：第一是操作系统提供商掌控着底层技术，具有极强的产业链掌控力和号召力；第二是它们的产品研发能力相对较强，能够给予软件开发者更为有效、合理的技术指导；第三是能够掌控终端，可以通过操作系统内嵌应用程序商店模块，快速扩大商店的装机量。

## 16.4.2 应用程序商店的架构

应用程序商店的架构由三个部分组成，即开发者门户、应用程序商店平台和用户门户，三个参与者主体分别为软件开发者（开发商）、商店运营方及终端用户（消费者）。应用程序商店并不仅仅是一个软件商店，而是涵盖了一条完整的由多方成员共同维护着的软件产业链。商店运营方通过开放的移动应用SDK为开发者提供开发支持，开发者基于该SDK开发符合应用程序商店上线标准的应用，由应用程序商店统一进行营销，获得的收益由APP与开发者分成。

以商店平台为中心，应用程序商店的价值来源在于第三方开发商开发的应用程序。在商店里面，应用程序的价格大都不超过10美元，这对消费者来说是可以接受的，正是由于价格适宜而又方便获取，应用程序商店吸引了大量的消费者，满足了消费者的应用需求，大批的消费者反过来又会吸引更多的开发商，同时，商店运营方和开发者之间有一套完善的结算方法来保障开发者利益。应用程序商店软件平台完善的体系激发了开发者的积极性，也刺激了用户对软件的需求，形成三方共赢的局面，构建成一条良性循环的生态链，图 16-4 显示了三方的关系 <sup>⊖</sup>。

三方在产业链中的角色与职责表现如下：

1）商店平台运营方，掌握应用程序商店的开发与管理权，是平台的主要掌控者。其主要职责包括：提供平台和开发工具包；负责应用的营销工作；负责收费，再按月结算给开发者；提供数据

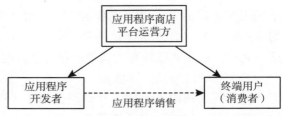

图 16-4    应用程序商店的三方关系

分析资料，帮助开发者了解用户最近的需求点，并提供指导性的意见，指导开发者进行应用程序定价、调价或是免费提供。

2）开发者，是应用软件的上传者。其主要职责包括：负责应用程序的开发；自主运营平台上的自有产品或应用，如自由定价或自主调整价格等。

3）终端用户，是应用软件的购买者和体验者。用户只需要注册登录应用程序商店并捆绑信用卡即可下载应用程序。应用程序商店为用户提供了丰富的应用软件、良好的用户体验及方便的购买流程。

### 16.4.3    应用程序商店的成功因素

应用程序商店的成功因素包括：

1）良好的客户体验。应用程序商店成功的很重要的原因是，它将以消费者为中心的理念作为基本点，不断关注客户的需求，并尽力满足。

2）共赢的合作机制。应用程序商店平台拥有大量的用户，用户下载的付费收入和广告收入采用一定比例分成，极大地刺激了开发者的积极性，为平台源源不断地提供新应用。

3）较低的开发门槛。应用程序商店平台提供一整套完整的 SDK 开发工具，简单易上手，并提供广阔的消费平台，大大降低了软件开发销售成本。

4）社区化的运营机制。应用程序商店提供了一个交流平台，让消费者和开发者之间能够进行交流，消费者可以及时反馈，开发者可以实时了解用户的需求，不断改进产品。

5）合理的定价策略。允许开发者自行定价，但又对开发者定价进行适度的限制和指导，从免费应用到付费应用，满足了不同用户的个性需求。

成功应用程序商店的典型代表是苹果 App Store。2008 年 7 月，苹果公司推出了基于 iPhone 终端的应用服务产品的平台 App Store，从而增加了 iPhone 终端的附加值，推动了苹果总体收入的增长和利润的增加，同时为全球软件市场带来了一种全新的模式。该模

---

⊖    参见李仲辉的《企业云应用商店运作模式研究》一文。

式被称为 App Store 模式，即苹果公司做一个平台，由开发者提供内容，不管是个人还是公司，都可以把产品放在上面进行销售，苹果公司与开发者之间进行利润分成。至 2023 年 1 月，App Store 中总计有约 200 万款应用，软件开发者总数达 3400 多万，每天都有不同的应用上架。

纵观近几年移动应用商店的发展历程，苹果公司的 App Store 的成功客观上带动了其他世界性的大企业相继建立移动应用商店，同时其组织架构、产业链形式与创新理念等也成为应用程序商店商业模式的标准要素。

## 16.5　研究展望

越来越多的商业公司将其主要或核心业务建立在开源、众包及应用程序商店之上，这在很大程度上验证了这些原始形态具有的巨大商业价值。但与理想的互联网群体智能现象相比，上述几种基于群体智能的软件开发形态在开发者群体的规模、个体之间的交互以及个体行为的有效聚合方面还存在较大的差距。目前的软件开发实践与其所追求的完全分布式的社会化软件开发还相距甚远。

1）大多数成功的开源软件项目依赖于一个小规模的精英群体对其顶层架构进行设计，并对其版本发布进行严格的规划和控制，且更多集中在对源码的管理和汇聚上，对需求分析、协同设计、开源供应链治理等方面支持不足。

2）众包软件开发在实施过程中，竞争多、协同少，缺乏制品知识提取与共享，存在人力资源的严重浪费问题；众包任务的完成时间呈长尾分布，很多任务需要很长时间才能完成，效率太低；缺少有效的技术和机制支持复杂任务的分解与众包协同。

3）应用程序商店则更多地促进了大量高质量的小规模软件的不断涌现，不适用于大规模复杂软件的群体化开发。

因此，对于软件这样一种复杂的知识制品而言，如何基于群体智能的方式对其进行构造和演化，还存在很多可研究的内容。

## 思考题

1. 请列举出群体软件工程的三种新形态。
2. 和传统商业软件相比，开源软件具有哪些优点？
3. 开源软件生态由哪些部分组成？
4. 众包流程主要分为哪几个步骤？
5. 应用程序商店可以分为哪四类？

## 软件工程：实践者的研究方法（原书第9版）

作者：[美] 罗杰 S.普莱斯曼(Roger S. Pressman) 布鲁斯 R. 马克西姆(Bruce R. Maxim)
译者：王林章 崔展齐 潘敏学 王海青 贲可荣 等
ISBN：978-7-111-68394-0 定价：149.00元

## 现代软件工程：面向软件产品

作者：[英] 伊恩·萨默维尔（Ian Sommerville） 译者：李必信 廖力 等
ISBN：978-7-111-67464-1 定价：99.00元

## 现代软件工程：面向软件产品（英文版）

作者：[英] 伊恩·萨默维尔（Ian Sommerville）
ISBN：978-7-111-67156-5 定价：99.00元